Springer Tracts in Natural Philosophy

Volume 12

Edited by B. D. Coleman

Co-Editors: R. Aris · L. Collatz · J. L. Ericksen
P. Germain · M. E. Gurtin · M. M. Schiffer
A. Seeger · E. Sternberg · C. Truesdell

Helmut Kronmüller

Nachwirkung in Ferromagnetika

Mit 92 Abbildungen

Springer-Verlag Berlin Heidelberg New York 1968

Helmut Kronmüller
Max-Planck-Institut für Metallforschung
Institut für Physik, Stuttgart

ISBN-13: 978-3-642-87579-3   e-ISBN-13: 978-3-642-87578-6
DOI: 10.1007/978-3-642-87578-6

© by Springer-Verlag Berlin · Heidelberg 1968
Softcover reprint of the hardcover 1st edition 1968

Library of Congress Catalog Card Number 67-28185.

Titel-Nr. 6740

Vorwort

Über Nachwirkungserscheinungen in Ferromagnetika wurde erstmals Ende des 19. Jahrhunderts berichtet. In der Folgezeit befaßten sich zahlreiche experimentelle Arbeiten mit diesem Problemkreis, ohne daß es jedoch gelungen wäre, mehr als eine phänomenologische Beschreibung der ferromagnetischen Nachwirkung zu geben. Der im letzten Jahrzehnt erzielte Fortschritt bei der Deutung der Nachwirkungsphänomene beruht im wesentlichen auf der Entwicklung zweier anderer Teilgebiete der Festkörperphysik, nämlich der Theorie der Fehlstellen in Kristallen und der Theorie des Mikromagnetismus. Diese zwei Gebiete haben sich als unerläßliche Grundlage für das atomistische Verständnis der Nachwirkung erwiesen, da einerseits die Gitterfehler als die Ursache der Nachwirkung anzusehen sind, andererseits die Theorie des Mikromagnetismus uns in die Lage versetzt, Magnetisierungsvorgänge sowie die Wechselwirkungsenergie zwischen Gitterfehlern und der spontanen Magnetisierung quantitativ zu behandeln.

Im Zusammenhang mit dem zuletzt genannten Problemkreis wurden am Max-Planck-Institut für Metallforschung in Stuttgart im Laufe der letzten dreißig Jahre zahlreiche Arbeiten über die störungsempfindlichen Eigenschaften der ferromagnetischen Hystereseschleife ausgeführt. Die neueren Ergebnisse zu diesem Problemkreis sind in der von A. SEEGER herausgegebenen Reihe „Moderne Probleme der Metallphysik", Band II, zusammenfassend dargestellt. Während in jenem Werke die Behandlung statischer Eigenschaften der Magnetisierungskurve im Vordergrund stand, ist das jetzt vorliegende Buch ausschließlich den zeitabhängigen Eigenschaften der Ferromagnetika gewidmet. Das zentrale Anliegen dieses Buches ist die Anwendung der modernen Erkenntnisse über Gitterfehler und Mikromagnetismus auf die Analyse der bei der Nachwirkung ablaufenden Vorgänge. Dabei werden sowohl die vorliegenden experimentellen Ergebnisse diskutiert als auch eine auf atomistischer Grundlage beruhende einheitliche mikromagnetische Nachwirkungstheorie entwickelt. Um die Geschlossenheit der Darstellung zu wahren, wird in Kapitel 5 und 6 ein Überblick über die in Metallen auftretenden relaxationsfähigen Gitterfehler gegeben. Im Mittelpunkt steht dabei die gruppentheoretische Untersuchung der Gitterfehler und ihrer Wechselwirkungsenergie mit der spontanen Magnetisierung.

Der mikromagnetischen Behandlungsweise geht in Kapitel 2 bis 4 eine Diskussion der verschiedenen Meßmethoden und der phänomenologischen Beschreibung der Nachwirkung voraus. Diese Kapitel sollen einen Überblick über die experimentellen Möglichkeiten zur Untersuchung der Nachwirkung bieten und den Leser mit den grundlegenden Eigenschaften verschiedener Nachwirkungstypen vertraut machen. Unter anderem werden hier auch die zur Analyse von Nachwirkungsmessungen erforderlichen Kenntnisse über Magnetisierungsprozesse und die zur Berücksichtigung des Skineffektes notwendigen theoretischen Grundlagen behandelt. Die mikromagnetische Theorie der Nachwirkung wird in den folgenden Kapiteln 5 bis 12 entwickelt. Neben einer ausführlichen Darstellung der Nachwirkung der Blochwände werden auch die bei Drehprozessen auftretenden Nachwirkungserscheinungen eingehend untersucht. Insbesondere wird in Kapitel 12 die in der bisherigen Literatur ebenfalls nicht behandelte mikromagnetische Theorie der komplexen Suszeptibilität sowohl für Blochwandverschiebungen als auch für Drehprozesse dargelegt. Um dem Leser die Einarbeitung in die mikromagnetische Beschreibungsweise zu erleichtern, werden in Kapitel 5 am Beispiel der wohlbekannten Nachwirkungsphänomene der C-Atome in α-Fe die Eigenschaften der Orientierungsnachwirkung, der Diffusionsnachwirkung und der kombinierten Nachwirkung anschaulich beschrieben.

Die Nachwirkung in Ferromagnetika interessiert nicht nur als ein besonders auffallender Aspekt des Magnetisierungsvorgangs, sondern auch als Grundlage einer Methode zum experimentellen Studium von atomaren Fehlstellen in Kristallen. Die für diese Anwendung benötigten theoretischen Grundlagen werden im vorliegenden Buch in vollem Umfange dargestellt; ein Teil dieser Ergebnisse wird zum ersten Male veröffentlicht. Es ist zu hoffen, daß die vorliegende Darstellung zur weiteren Anwendung dieser vielversprechenden Methode anregen wird. Kapitel 13 bringt eine Auswahl der von verschiedenen Arbeitsgruppen zum Studium von atomaren Fehlstellen unternommenen Nachwirkungsexperimente und Beispiele für deren Analyse.

Die vertiefte Behandlung der Nachwirkung auf Grund der mikromagnetischen Theorie befaßt sich ausschließlich mit der sogenannten reversiblen Nachwirkung. Neuere Arbeiten zur sogenannten irreversiblen Nachwirkung, insbesondere diejenigen von BITTEL und Mitarbeitern an der Universität München und von STIERSTADT und PFRENGER an der Universität München, lassen hoffen, daß auch dieser Nachwirkungstyp bald einer mikromagnetischen Behandlung zugänglich sein wird.

Zum Schluß bleibt mir die angenehme Pflicht, all denjenigen zu danken, die zum Gelingen dieses Werkes beigetragen haben. Hier ist vor allem Herr Professor Dr. A. SEEGER zu nennen, der als Mitherausgeber der Springer Tracts am Entwurf des Buches wesentlich beteiligt war. Für seine zahlreichen Anregungen und seine stete Bereitschaft zu Diskussionen sowie seine selbstlose Mithilfe bei der Auswahl des behandelten Stoffes möchte ich mich herzlich bedanken. Dank schulde ich auch Herrn Dr. A. HOLZ, der die numerische Berechnung der Funktionen I_1, I_2 und J_{2n} (Kapitel 9, 10) mit Hilfe der Rechenmaschine TR 4 ausgeführt hat. Herr Diplom-Physiker H. MEHRER hat die in Figur 56 dargestellte Zeitabhängigkeit der Nachwirkungskonstanten bei der Diffusionsnachwirkung und der kombinierten Nachwirkung numerisch berechnet. Herr MEHRER hat ferner durch seine tatkräftige Mithilfe und zahlreiche Hinweise beim Lesen der Korrekturen sehr zur raschen Fertigstellung des Buches beigetragen. Dafür sei ihm an dieser Stelle herzlich gedankt. Herrn Dr. F. WALZ, der mir einen Teil seiner Meßergebnisse zur Verfügung gestellt hat, möchte ich ebenfalls meinen Dank zum Ausdruck bringen.

Schließlich sei allen Institutsangehörigen gedankt, die durch ihre Messungen zum experimentellen Teil des vorliegenden Buches beigetragen haben. Auch dem Verlag gebührt mein bester Dank für die ausgezeichnete Ausstattung des Werkes sowie die jederzeit reibungslose und entgegenkommende Zusammenarbeit.

Stuttgart, im Januar 1968

Inhalt

1. Einleitung

Schon im 19. Jahrhundert hatten namhafte Wissenschaftler wie EWING und Lord RAYLEIGH entdeckt, daß die magnetischen Eigenschaften eines Ferromagnetikums, je nach der Vorbehandlung der Probe, bei konstanten äußeren Bedingungen mehr oder weniger stark von der Zeit abhängig sind. Diesen Experimenten folgten in den ersten Jahrzehnten des 20. Jahrhunderts ausgedehnte Untersuchungen zu diesem Problemkreis, die schließlich in den dreißiger Jahren zu einem qualitativen Verständnis der Nachwirkung in Ferromagnetika führten. Eine quantitative Deutung der Meßergebnisse konnte dann im letzten Jahrzehnt für den speziellen Fall der sog. *Richter-Nachwirkung* in Eisen gegeben werden.

Ein grundlegendes Verständnis der ferromagnetischen Nachwirkung ist sowohl von technischer Seite als auch von Seiten der Grundlagenforschung von Interesse. So hat der rasche technische Fortschritt in der Fernmeldetechnik die Entwicklung von Permanentmagneten erforderlich gemacht, deren ferromagnetischen Eigenschaften über große Zeiträume konstant bleiben. Ferner spielt bei der Herstellung von wiedergabetreuen Magnettonbändern die Unterdrückung der ferromagnetischen Nachwirkung ein große Rolle. Auch für die Entwicklung zuverlässiger Magnetspeicherelemente werden ferromagnetische Werkstoffe benötigt, die einen möglichst kleinen Nachwirkungseffekt aufweisen.

Während die ferromagnetische Nachwirkung in der Technik meist eine höchst unerwünschte Erscheinung darstellt, deren Elimination recht kostspielig sein kann, ist sie vom Standpunkte der Grundlagenforschung aus als eine äußerst willkommene Eigenschaft zu betrachten. Die Untersuchungen der letzten Jahre haben nämlich gezeigt, daß man mit ihrer Hilfe wertvolle Aussagen über Gitterfehler in Kristallen erhalten kann. Man darf dabei ohne Übertreibung sagen, daß die magnetische Methode im allgemeinen der konventionellen Untersuchungsmethode von Gitterfehlern in Metallen, die in der Messung des elektrischen Restwiderstandes besteht, überlegen ist, da man aus magnetischen Messungen zusätzliche Informationen über die Konfiguration und die Bewegung der Gitterfehler erhalten kann. Im folgenden werden wir die technische Seite des Problems nicht weiter beleuchten und in erster Linie den zweitgenannten Aspekt, die Untersuchung von Gitterfehlstellen, genauer betrachten. Wir werden uns dabei im wesentlichen auf die Nachwirkung in Metallen beschränken und auf die Nachwirkungserscheinungen in Ferriten, die einen eigenen Problemkreis darstellen, nicht systematisch eingehen.

In einem ersten Teil des Buches werden wir zunächst in Kapitel 2 anhand einiger einfacher Beispiele die grundlegenden Eigenschaften der ferromagnetischen Nachwirkung sowie die angewandten Meßmethoden diskutieren. In den anschließenden Kapiteln 3 und 4 wird ein Überblick über die in Ferromagnetika ablaufenden Magnetisierungsprozesse und die phänomenologische Theorie der Nachwirkung und der komplexen Suszeptibilität gegeben. In den darauf folgenden Kapiteln wird die bis dahin angewandte phänomenologische Betrachtungsweise verlassen und eine auf mikromagnetischer Grundlage aufbauende Nachwirkungstheorie entwickelt. Grundlage dieser mikromagnetischen Theorie sind die Ausführungen in Kapitel 6 über die Wechselwirkungsenergie zwischen der spontanen Magnetisierung und den Gitterfehlern. Die dabei erforderlichen gruppentheoretischen Kenntnisse sind elementar, so daß auch der Experimentalphysiker ohne Schwierigkeiten zu einem Verständnis der dort gewonnenen Ergebnisse gelangen kann. Einen breiten Raum nimmt die Untersuchung der Einstellung des thermischen Gleichgewichts bei Anwesenheit orientierungsfähiger Gitterfehler sowie die Berechnung der sog. Stabilisierungsenergie in Kapitel 9 ein. Es werden dabei die allgemeinen Methoden zur Berechnung der drei Nachwirkungstypen (Orientierungs-, Diffusions-, kombinierte Nachwirkung), die von Gitterfehlern hervorgerufen werden können, dargelegt. Die Kapitel 10 und 11 schließlich sind der Anwendung der allgemeinen Theorie auf spezielle Fehlstellen gewidmet. Dabei wurde besonders Wert auf eine explizite Durchführung der Rechnungen gelegt, so daß es jederzeit möglich ist, einen numerischen Vergleich mit den Experimenten durchzuführen. In Kapitel 9, Abschnitt 6 und Kapitel 11 wird die in der bisherigen Literatur praktisch nicht diskutierte Nachwirkung magnetischer Drehprozesse erstmals ausführlich behandelt. Kapitel 12 befaßt sich mit der mikromagnetischen Theorie der komplexen Suszeptibilität und stellt somit eine Ergänzung der in Kapitel 3 gegebenen Ausführungen über die phänomenologische Theorie der komplexen Suszeptibilität dar. Die theoretischen Untersuchungen werden in Kapitel 13 durch einen Überblick über die ferromagnetische Nachwirkung der Eigenfehlstellen in kubisch-flächenzentrierten Metallen ergänzt. Ausführlich werden dabei die experimentellen Ergebnisse an Ni-Proben diskutiert.

Neben diesen neueren Messungen wird die schon seit längerer Zeit bekannte Richternachwirkung der in α-Fe gelösten C-Atome dazu herangezogen, die angewandten Meßmethoden zu erläutern sowie die theoretischen Ergebnisse zu veranschaulichen.

2. Grundlegende Experimente zur ferromagnetischen Nachwirkung

2.1. Untersuchung der Nachwirkung

Ändert man das an ein Ferromagnetikum angelegte Magnetfeld plötzlich, so stellen sich die den Magnetisierungszustand charakterisierenden Größen, wie z. B. die Induktion $\mathfrak{B}$, die Magnetisierung $\mathfrak{J}$ oder die reversible Suszeptibilität χ_{rev}, erst im Laufe der Zeit auf einen wohldefinierten Endwert ein. Dies zeigt, daß in einem Ferromagnetikum auch bei konstantem Magnetfeld noch Magnetisierungsprozesse ablaufen können. Da an den Magnetisierungsprozessen in starkem Maße auch *irreversible* Prozesse beteiligt sein können, ist es bei allen Nachwirkungsexperimenten notwendig, reproduzierbare Ausgangsbedingungen zu schaffen. Man erreicht dies im allgemeinen durch sorgfältiges Entmagnetisieren der Probe in einem Wechselfeld mit abnehmender Amplitude.

Die Untersuchung der Nachwirkungserscheinungen erfolgt entweder durch Ein- und Ausschaltexperimente oder durch Wechselstromversuche. Je nachdem, ob man den zeitlichen Verlauf der Magnetisierung, der Feldstärke oder der Anfangssuszeptibilität verfolgt, unterscheidet man zwischen den folgenden drei Versuchsführungen:

1. Retardationsversuch[1]:   Messung des zeitlichen Verlaufs der Magnetisierung $\mathfrak{J}$ bei konstantem Magnetfeld $\mathfrak{H}$.

2. Relaxationsversuch[2]:   Messung des zeitlichen Verlaufs des zur Aufrechterhaltung einer konstanten Magnetisierung $\mathfrak{J}$ erforderlichen Feldstärke $\mathfrak{H}$.

3. Desakkommodationsversuch: Messung des zeitlichen Verlaufs der reversiblen Suszeptibilität χ_{rev} bei vorgegebenem Magnetfeld $\mathfrak{H}$.

Die Unterscheidung zwischen *Retardation* und *Relaxation* erscheint zweckmäßig, weil man im ersten Falle die verzögerte Gleichgewichtseinstellung einer *Intensitätsgröße* und im zweiten Falle die Entspannung einer *Quantitätsgröße* untersucht. Die Messung der Relaxation des Ma-

---

[1] retardation (franz.) = Verzögerung.
[2] relaxation (engl.) = Entspannung.

gnetfeldes ist experimentell nur schwer durchführbar und würde beträchtlichen experimentellen Aufwand erfordern. Deshalb sind aus der Literatur nur Messungen der Retardation von $\mathfrak{J}$ und der Desakkommodation von χ_{rev} bekannt. Diesen beiden Nachwirkungserscheinungen ist gemeinsam, daß sich der zu einer bestimmten Feldstärke gehörende Gleichgewichtswert nicht sofort nach Änderung des Magnetfeldes, sondern zeitlich verzögert einstellt. Ihre Untersuchung erfolgt im allgemeinen anhand einer der folgenden beiden Versuchsführungen:

1. *Kontinuierliche Messung* der magnetischen Eigenschaft als Funktion der Zeit unmittelbar nach dem Entmagnetisieren.

2. Messung der magnetischen Eigenschaft bei *verschiedenen Wartezeiten* nach dem Entmagnetisieren.

Das erste Verfahren ist anwendbar, wenn eine kontinuierliche Messung der Magnetisierung oder der reversiblen Suszeptibilität möglich ist. Bekannte Beispiele hierfür sind die Messung der reversiblen Suszeptibilität in einer *Gegeninduktivitätsmeßbrücke* nach WILDE oder die Messung der Magnetisierung mit einem *Magnetometer*. Beim zweiten Verfahren wird nach dem Entmagnetisieren entweder sofort ein Magnetfeld angelegt und $\mathfrak{J}$ bzw. χ_{rev} erst nach einer bestimmten Wartezeit t_i gemessen, oder es wird die Probe bis zur Zeit t_i beim Magnetfeld $H = 0$ gehalten und dann ballistisch oder mit einer Wechselstrommethode $\mathfrak{J}$ bzw. χ_{rev} bei einer bestimmten Feldstärke gemessen. Der Feldverlauf für diese zwei Versuchsführungen ist in Fig. 1 a, b wiedergegeben. Der entsprechende Verlauf der Magnetisierung und der Suszeptibilität ist in Fig. 2 und Fig. 4 dargestellt.

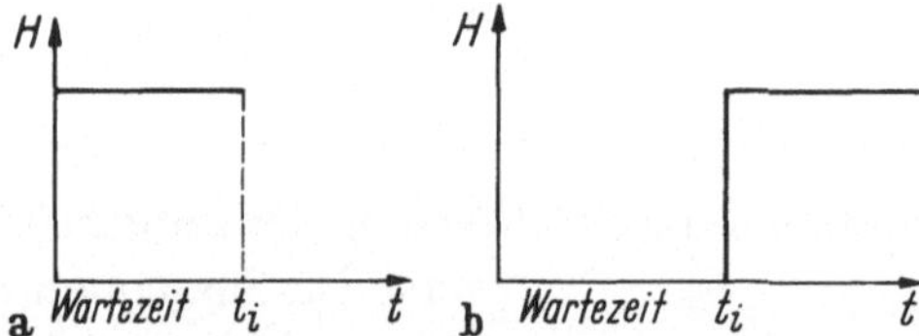

Fig. 1. a) Zeitlicher Verlauf des angelegten Magnetfeldes bei kontinuierlicher Messung der magnetischen Nachwirkung im Zeitintervall $0 < t < t_i$. b) Zeitlicher Verlauf des angelegten Magnetfeldes beim ballistischen oder magnetometrischen Schaltversuch.

Mit den angeführten Meßmethoden kann man die Nachwirkung als Funktion der Wartezeit t_i, der Meßtemperatur T und des angelegten Feldes $\mathfrak{H}$ untersuchen. Die Nachwirkungskurven, die man bei konstanter Temperatur und Feldstärke als Funktion der Wartezeit t_i erhält, bezeichnet man als *isotherme* Nachwirkungskurven. Sogenannte *isochrone* Nachwirkungskurven erhält man, wenn man die retardierende Eigenschaft bei konstanter Wartezeit t_i und konstantem Magnetfeld als Funktion der

Temperatur T bestimmt. Werden die Messungen außerdem noch bei verschiedenen Feldstärken $\mathfrak{H}$ durchgeführt, so erhält man zusätzlich Auskunft über den Einfluß des Magnetisierungszustandes der Probe auf die Nachwirkung.

Die in Fig. 1 a, b dargestellten Versuchsführungen führen bei den verschiedenen Nachwirkungsarten zu unterschiedlichen experimentellen Resultaten. Deshalb ist es zweckmäßig, zunächst anhand einiger charakteristischer Experimente die Grundphänomene der verschiedenen Nachwirkungsarten zu beschreiben.

2.2. Beispiele zur ferromagnetischen Nachwirkung

a) Jordan-Nachwirkung

Über eine Nachwirkungserscheinung der Magnetisierung in Eisen wurde erstmals Ende des 19. Jahrhunderts von EWING und Lord RAYLEIGH berichtet. Diese Autoren konnten zeigen, daß ein gewisser Bruchteil der Magnetisierung erst nach längerer Zeit seinen Gleichgewichtswert annimmt, während der größte Teil der Magnetisierung, wie schon HELMHOLTZ 1851 auf Grund ballistischer Messungen nachwies, sich innerhalb der kleinen Zeit von $\frac{1}{30000}$ sec nach Anlegen des Feldes spontan einstellt. Im Anschluß an die Messungen von EWING und Lord RAYLEIGH wurde die Nachwirkung der Magnetisierung noch mehrmals untersucht (vergl. MARTENS, HOLBORN [1, 2], KLEMENCIC, GILDEMEISTER, TOBUSCH, BOZORTH [1], KÜHLEWEIN, ATORF, KIESSLING), ohne daß dies jedoch zu einer endgültigen Klärung dieser zeitabhängigen Effekte geführt hätte. Einen entscheidenden Fortschritt brachten die Messungen von TOBUSCH, der experimentell beweisen konnte, daß zwischen der magnetischen und der mechanischen Nachwirkung des Fe ein enger Zusammenhang besteht. In einer Arbeit von BOZORTH [1] wurde auch die Meinung vertreten, daß es sich bei den zeitabhängigen Effekten um einen Wirbelstromeffekt handle.

Systematische Versuche wurden erstmals von JORDAN [1–2] ausgeführt. Dessen Messungen ergaben, daß in gepreßten Permalloypulverkernen magnetische Verluste auftreten, die nur mit einer Nachwirkungserscheinung gedeutet werden können und nichts mit Hysterese- oder Wirbelstromverlusten zu tun haben (die Untersuchungen von JORDAN waren in jener Zeit von großem technischem Interesse, da die damals einsetzende Entwicklung der Fernmeldetechnik die Herstellung von Magnetspulkernen erforderlich machte, die sowohl zeitlich konstant waren als auch möglichst kleine magnetische Verluste aufwiesen).

In späteren Arbeiten konnten HERMANN und PREISACH nachweisen, daß die von JORDAN gefundenen magnetischen Verluste in unmittelbarem Zusammenhang mit der bei Schaltversuchen gefundenen zeitlichen Variation der Magnetisierung stehen.

Eine theoretische Deutung der *Jordanschen Nachwirkung* verdankt man NÉEL [2, 3] sowie den Untersuchungen von STREET und WOOLLEY [1–3], die nach Vorarbeiten von PREISACH die Jordan-Nachwirkung als eine thermisch aktivierte Fluktuationsbewegung von Blochwänden deuten konnten. Kritische Bemerkungen zu den von diesen Autoren veröffentlichten Theorien stammen von BROWN.

Das Verhalten eines Ferromagneten mit Jordannachwirkung wird am Beispiel eines *Schaltversuches* am einfachsten verständlich. Wird an einer ferromagnetischen Probe der in Fig. 1a dargestellte Schaltversuch vorgenommen, so wird diese zunächst, wie in Fig. 2 veranschaulicht, bis zu einer Magnetisierung J_0 magnetisiert. Man bezeichnet J_0 als die *unretardierte* Magnetisierung. Im Zeitintervall $0 < t < t_1$ wächst die Magnetisierung unter dem Einfluß des Feldes $\mathfrak{H}$ bis zum Wert $\mathfrak{J}(t_1)$ an, den wir als die *retardierte* Magnetisierung bezeichnen.

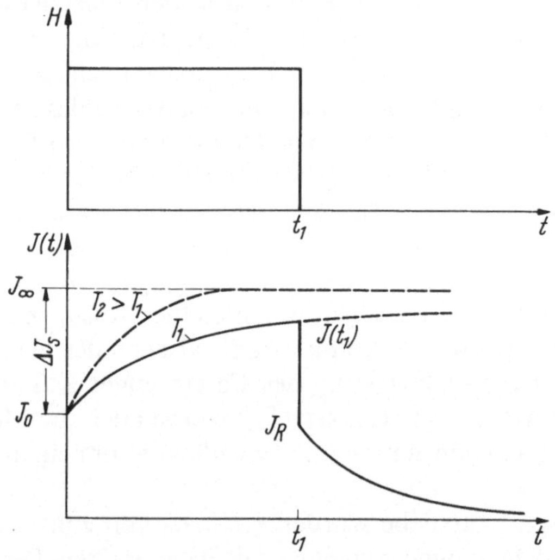

Fig. 2. Zeitlicher Verlauf des Magnetfeldes und der Magnetisierung bei der Jordan-Nachwirkung (schematisch).

Würde das Magnetfeld bis zu unendlich langen Zeiten auf die Probe einwirken, so würde sich der in Fig. 2 durch eine gestrichelte Linie gekennzeichnete retardierte Sättigungswert J_∞ einstellen. Wird zur Zeit t_1 das

Magnetfeld abgeschaltet, so nimmt die Magnetisierung momentan bis zur *remanenten Magnetisierung* J_R ab. Unter dem Einfluß des jetzt noch auf die Probe einwirkenden magnetischen Streufeldes, welches von den Oberflächenpolen herrührt und dem ursprünglich angelegten Magnetfeld entgegengerichtet ist, erfolgt nun eine allmähliche Abnahme der Magnetisierung. Der stabile Zustand ist erst erreicht, wenn die Magnetisierung den Wert Null besitzt, da dann das Streufeld ebenfalls verschwindet.

Führt man den in Fig. 1b dargestellten Schaltversuch aus, so zeigt sich, daß die nach Anlegen des Magnetfeldes bei t_i gemessene Magnetisierung der Probe unabhängig von der Wartezeit t_i ist. Wie erstmals von PREISACH gezeigt wurde, ist die Jordan-Nachwirkung somit unabhängig von der magnetischen Vorgeschichte der Probe. Experimentell bedeutet dies, daß bei einer Erhöhung des angelegten Magnetfeldes von H_1 auf H_2 die dann auftretende Retardation unabhängig von der ursprünglich angelegten Feldstärke H_1 und der Wartezeit t_1 bis zur Erhöhung des Feldes ist. Die von den Feldern H_1 und $H_2 - H_1$ hervorgerufene Nachwirkung ist demnach nicht in der Weise superponierbar, daß man sagt, die Summe der vom Magnetfeld H_1 und $H_2 - H_1$ erzeugten Nachwirkung entspricht der Nachwirkung des Feldes H_2.

Zusammenfassende Darstellungen der älteren Literatur der ferromagnetischen Nachwirkung stammen von BECKER und DÖRING, KINDLER und THOMA sowie BOZORTH [2]. Eine Zusammenfassung der neueren Meßergebnisse wurde von NÉEL [3], BRISSONNEAU [1] und KNELLER gegeben. Neuere Messungen stammen von COURVOISIER (harter Stahl), STREET und WOOLLEY [1–3] (Alnico), TAOKA, TAOKA und OKTSUKA, FELDTKELLER und KOLB [3] (Si-Ferrit) sowie FELDTKELLER und SORGER [5] (Permenorm).

Insgesamt haben diese Messungen gezeigt, daß die Jordan-Nachwirkung praktisch in allen ferromagnetischen Substanzen und auch in Ferriten auftritt. Mit den wichtigsten Eigenschaften der in Fig. 2 wiedergegebenen Nachwirkungskurve werden wir uns im folgenden befassen.

α) Zeitabhängigkeit

Der zeitliche Verlauf der in Fig. 2 dargestellten isothermen Nachwirkungskurve läßt sich im allgemeinen über einen großen Zeitbereich durch ein logarithmisches Gesetz der Form

$$J(t) = J_0 + S \ln(t/t_0 + 1) \tag{2.1}$$

beschreiben. In Gl. (2.1) bedeuten J_0, S und t_0 Größen, die von der Temperatur und der angelegten Feldstärke abhängig sind. Gl. (2.1) verliert ihre Gültigkeit bei großen Zeiten t, wenn $J(t) \approx J_\infty$ ist.

β) Temperaturabhängigkeit

Grundsätzlich gilt, daß die Jordan-Nachwirkung, wie in Fig. 2 angedeutet, umso rascher abläuft, je größer die Meßtemperatur ist. Die Jordan-Nachwirkung tritt im gesamten Temperaturbereich unterhalb der Curietemperatur auf. Die Temperaturabhängigkeit der Größe S wird je nach untersuchtem Material mit $S \propto T^{3/4}$ BARBIER [1] bis $S \propto T$ angegeben (STREET und WOOLLEY [2], TAOKA).

γ) Abhängigkeit vom Magnetisierungszustand

Für die Größe S finden STREET, WOLLEY und SMITH [3] bei einer Alnico-Legierung als Funktion der Feldstärke den in Fig. 3 schematisch wiedergegebenen Verlauf. Bei einer Feldstärke, die der Koerzitivfeldstärke H_c der Probe entspricht, also im steilen Teil der Magnetisierungskurve, besitzt S ein Maximum. Genauere Untersuchungen von BARBIER [4] haben ergeben, daß S proportional zur irreversiblen Suszeptibilität χ_{irr} ist. Da χ_{irr} nur im Bereich der Blochwandverschiebungen von Null verschieden ist, verschwindet die Jordannachwirkung bei großen Feldstärken, wenn der Kristall nur noch aus einer einzigen Domäne besteht. Wie wir in Kapitel 3 sehen werden, ist χ_{irr} bei $H=0$ ebenfalls Null, so daß auch in diesem Falle die Jordan-Nachwirkung nicht auftritt. Aufgrund des Zusammenhangs $S \propto \chi_{irr}$ wird die Jordan-Nachwirkung nach einer von NÉEL [3] eingeführten Bezeichnungsweise auch als *irreversible Nachwirkung* bezeichnet. In Abschnitt 4 werden wir darlegen, daß die Jordan-Nachwirkung auf *thermischen* Schwankungen des Spinsystems beruht. Deshalb wird die Jordannachwirkung auch *thermische* Nachwirkung oder *Fluktuationsnachwirkung* genannt.

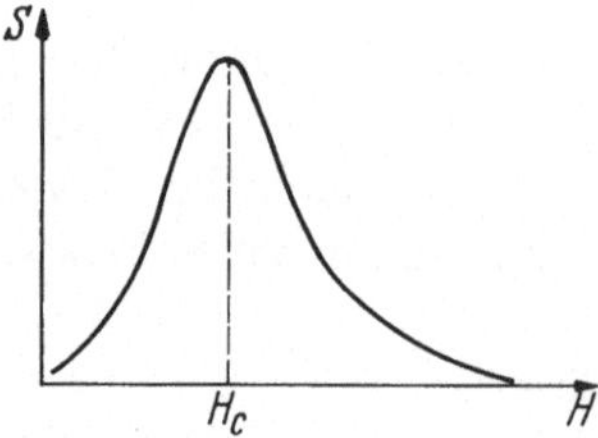

Fig. 3. Feldstärkeabhängigkeit des Nachwirkungsparameters S bei einer Alnico-Legierung. Nach STREET und WOOLLEY [1–3].

b) Richter-Nachwirkung

Im Jahre 1937 wurde von RICHTER [1] in einer ausführlichen Arbeit über eine Nachwirkungserscheinung in Carbonyleisen berichtet. Es muß angenommen werden, daß in mehreren früheren Arbeiten ebenfalls diese Nachwirkung untersucht worden war.

In diesen älteren Arbeiten ging es u. a. um die Frage, ob die Entstehung des magnetisierten Zustandes eine endliche Zeit benötigt. Diese

Fragestellung spielte bei RICHTER [1–3], zu dessen Zeit das Weisssche Modell (WEISS 1907) eines in einzelne, spontan magnetisierte Bereiche aufgeteilten Ferromagneten bereits bekannt und allgemein angenommen war, keine Rolle mehr. Es gelang, aufgrund systematischer Messungen, RICHTER zum ersten Male, die wesentlichen Eigenschaften – Zeitabhängigkeit und Temperaturabhängigkeit der Nachwirkung – formelmäßig zu beschreiben. RICHTER konnte ferner die Unterschiede zwischen der von ihm gefundenen Nachwirkung und der, wie wir heute wissen, von PREISACH untersuchten Jordan-Nachwirkung, aufzeigen. Es erscheint daher als berechtigt, daß man die von RICHTER untersuchte Nachwirkung sowie alle die Nachwirkungserscheinungen, die denselben Gesetzmäßigkeiten gehorchen, als *Richter-Nachwirkung* bezeichnet.

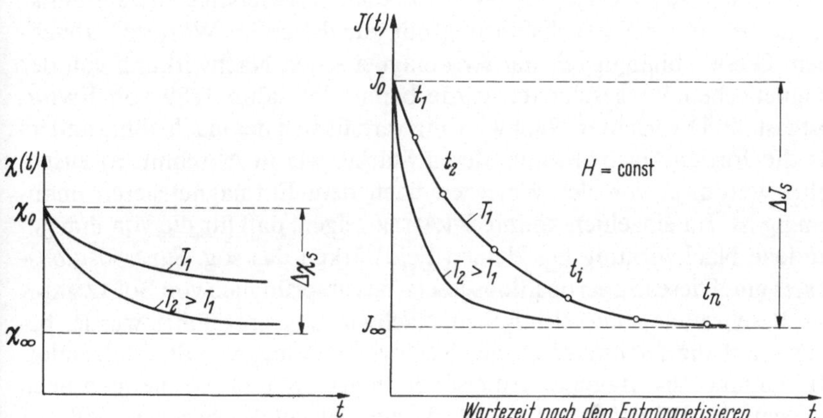

<table>
<tr><td>

Fig. 4. Die Zeitabhängigkeit der Anfangssuszeptibilität beim Desakommodationsversuch (schematisch).

</td><td>

Fig. 5. Isotherme Nachwirkungskurve der Magnetisierung beim ballistischen Schaltversuch für zwei verschiedene Temperaturen. Feldverlauf entsprechend Fig. 1b.

</td></tr>
</table>

Eine Deutung der Richter-Nachwirkung auf atomistischer Grundlage verdankt man SNOEK [1–5], der, einem Gedanken von GORSKI folgend, zeigen konnte (SNOEK [5]), daß die Richter-Nachwirkung von einer Reorientierung der Vorzugsachsen der interstitiell gelösten C-Atome herrührt (vgl. Abschn. 7.3.d). Hier ist zu bemerken, daß bereits RICHTER die von ihm gefundene Nachwirkung mit Gitterfehlern in Zusammenhang gebracht hatte. Dies ist von besonderer Bedeutung für die folgenden Untersuchungen, aus denen hervorgeht, daß als alleinige Ursache der Jordan- und der Richter-Nachwirkung die Gitterfehlstellen maßgebend sind.

Die Richter-Nachwirkung wurde sowohl mit Hilfe von Desakkommodationsmessungen als auch anhand von Schaltversuchen (ballistisch und magnetometrisch) untersucht. Ein Beispiel für die Desakkommodationsmessung ist in Fig. 4 schematisch wiedergegeben. Nach dem Entmagnetisieren nimmt die Anfangssuszeptibilität von einem unrelaxierten Wert χ_0 bei $t = 0$ auf einen relaxierten Wert χ_∞ für $t \to \infty$ ab. Neuere Messungen dieser Art wurden vor allem von SNOEK [1,2], BOSMAN [1] sowie BOSMAN, BROMMER und RATHENAU [3] ausgeführt. Untersuchungen der Richter-Nachwirkung mit Hilfe von Schaltversuchen stammen insbesondere von RICHTER [1–3] und BRISSONNEAU [2]. Eine Versuchsführung entsprechend Fig. 1b führt zu den in Fig. 5 wiedergegebenen isothermen Nachwirkungskurven. Mit zunehmender Wartezeit nach dem Entmagnetisieren nimmt die vom Magnetfeld H zur Zeit t_i hervorgerufene Magnetisierungsänderung von einem unrelaxierten Wert J_0 bei $t = 0$ auf einen relaxierten Wert J_∞ für $t \to \infty$ ab. Auch die reversible Suszeptibilität würde bei dieser Versuchsführung mit zunehmender Wartezeit abnehmen. Diese Abhängigkeit der ferromagnetischen Nachwirkung von der magnetischen Vorgeschichte wurde bereits im Jahre 1889 von EWING festgestellt. Die Richter-Nachwirkung verhält sich demnach völlig anders als die Jordan-Nachwirkung, deren Stärke, wie in Abschnitt a) ausgeführt wurde, ja von der Wartezeit nach dem Entmagnetisieren unabhängig ist. Im einzelnen konnte RICHTER zeigen, daß für die von ihm gefundene Nachwirkung bei kleinen Feldstärken das sog. *Superpositionsgesetz* gilt. Dieses Superpositionsgesetz, das ursprünglich von BOLTZMANN zur Beschreibung der elastischen Nachwirkung eingeführt wurde, besagt – auf die ferromagnetische Nachwirkung angewandt – folgendes: Die Summe der Magnetisierungsänderungen $\mathfrak{J}_1$ und $\mathfrak{J}_2$, die man nach Anlegen der Feldstärken $\mathfrak{H}_1$ bzw. $\mathfrak{H}_2$ bei gleicher Wartezeit t_0 mißt, ist gleich der Magnetisierungsänderung, die vom Feld $\mathfrak{H}_1 + \mathfrak{H}_2$ nach der Wartezeit t_0 erzeugt würde.

Neben der von RICHTER gefundenen Nachwirkung, die auf einer Umordnung der C-Atome beruht, wurde auch die Nachwirkung infolge interstitiell gelöster Stickstoffatome von BOSMAN, BROMMER, van DAAL und RATHENAU [2] nachgewiesen. Neuerdings wurden auch einige der Richter-Nachwirkung entsprechende Nachwirkungserscheinungen, die auf Eigenfehlstellen (Zwischengitteratome, Leerstellen und Doppelleerstellen) zurückzuführen sind, näher untersucht. Dabei handelt es sich um Messungen der ferromagnetischen Desakkommodation an FeSi-Legierungen (vgl. FAHLENBRACH [1,2], FAHLENBRACH und SOMMERKORN [3], DIETZE und BALTHESEN [3,4] sowie BALTHESEN [1]) und an Nickel für Temperaturen um Raumtemperatur und darüber (vgl. MORKOWSKI, SEEGER u. Mitarb. [10–14], KRONMÜLLER u. Mitarb. [3,4], RIEGER sowie JÄGER). Messungen bei tiefen Temperaturen wurden von PERETTO u. Mitarb. [2–4], MOSER [1], MOSER u. Mitarb. [2] sowie von BALTHESEN u. Mitarb. [2] an Eisen und Nickel durchgeführt. Diese Messungen haben gezeigt, daß die Richter-Nachwirkung, im Gegensatz zur Jordan-Nachwirkung, keinesfalls prinzipiell in allen Ferromagnetika auftritt, sondern in weit stärkerem Maße von der Vorbehandlung sowie von den Eigenschaften der *Fremdatome* und *Eigenfehlstellen* der Probe abhängt als die Jordan-Nachwirkung. Neuere zusammenfassende Darstellungen über die Richter-Nachwirkung wurden von RATHENAU, BRISSONNEAU [2], FELDTKELLER [1], SCHREIBER, KNELLER, MAGER sowie KRONMÜLLER [2] gegeben. Über die Nachwirkung von Eigenfehlstellen in Ni und Fe berichten NÉEL [11] sowie SEEGER, KRONMÜLLER und RIEGER [11] zusammenfassend. Über die wichtigsten Eigenschaften der Richter-Nachwirkung werden wir im folgenden einen kurzen Überblick geben.

α) Zeitabhängigkeit

Die Zeitabhängigkeit der Richter-Nachwirkung läßt sich in vielen Fällen näherungsweise durch ein exponentielles Zeitgesetz der Form

$$J(t) = J_0 - \Delta J_s (1 - e^{-t/\tau_H}) \tag{2.2}$$

bzw.

$$\chi(t) = \chi_0 - \Delta \chi_s (1 - e^{-t/\tau_H}) \tag{2.3}$$

beschreiben, wobei

$$\Delta J_s = J_0 - J_\infty \tag{2.4}$$

und

$$\Delta \chi_s = \chi_0 - \chi_\infty \tag{2.5}$$

die Änderung der Magnetisierung bzw. der reversiblen Suszeptibilität zwischen den Zeiten $t = 0$ und $t = \infty$ bedeuten. τ_H wird als Relaxationszeit bezeichnet.[1]

Im folgenden bezeichnen wir ΔJ_s als Stabilisierungsmagnetisierung und $\Delta \chi_s$ als die Stabilisierungssuszeptibilität. Häufig ist es nicht möglich, die gemessene Zeitabhängigkeit mit einer einzigen Relaxationszeit gemäß Gl. (2.2) richtig wiederzugeben. Zum Beispiel hat bereits RICHTER [1] zur Beschreibung der Zeitabhängigkeit ein Spektrum der Relaxationszeiten zugrundegelegt (vgl. Abschn. 4.2.c). Wie wir in Abschn. 4.2.c noch zeigen werden, ist die Kenntnis der Zeitabhängigkeit nicht ausreichend, um zu entscheiden, ob es sich um eine Richter- oder die Jordan-Nachwirkung handelt.

---

[1] Aufgrund unserer Ausführungen in Abschn. 2.1 bedeutet in Gl. (2.2) und Gl. (2.3) τ_H eigentlich eine Retardationszeit, da in beiden Fällen die Feldstärke vorgegeben wird. Es ist jedoch üblich, sowohl beim Retardations- als auch beim Relaxationsversuch von einer Relaxationszeit zu sprechen. Die bei diesen Versuchsführungen auftretenden Relaxationszeiten unterscheidet man durch Indizes H (Retardation) bzw. J (Relaxation).

Aus meßtechnischen Gründen ist es im allgemeinen nicht möglich, die Nachwirkung vom Zeitpunkt $t=0$ an zu messen. Man mißt vielmehr die Änderung der Magnetisierung oder der reversiblen Suszeptibilität im Zeitintervall $t_1 < t < t_2$. Die in diesem Zeitintervall gemessenen Änderungen

$$\Delta J_N(t_1, t_2) = J(t_1) - J(t_2) \tag{2.6}$$

und

$$\Delta \chi_N(t_1, t_2) = \chi(t_1) - \chi(t_2) \tag{2.7}$$

bezeichnet man als die *Nachwirkungsamplituden* der Magnetisierung und der Suszeptibilität.

Häufig ist es, wie wir in Abschn. 8.2 noch sehen werden, zweckmäßig, nicht die reversible Suszeptibilität, sondern deren Kehrwert, die sog. *Reluktivität*

$$r(t) = 1/\chi(t) \tag{2.8}$$

aufzutragen. Man bezeichnet dann

$$\Delta r_N(t_1, t_2) = \frac{1}{\chi(t_1)} - \frac{1}{\chi(t_2)} \tag{2.9}$$

als die Nachwirkungsamplitude der Reluktivität und

$$\Delta r_s = \frac{1}{\chi(0)} - \frac{1}{\chi(\infty)} \tag{2.10}$$

als die *Stabilisierungsreluktivität*. Falls die Stabilisierungssuszeptibilität $\Delta \chi_s$ klein gegen χ_0 ist, besteht folgender Zusammenhang:

$$\Delta r_s \chi_0^2 = -\Delta \chi_s.$$

β) Temperaturabhängigkeit

Im Gegensatz zur Jordan-Nachwirkung ist die Richter-Nachwirkung stark temperaturabhängig. Insbesondere kann man die Richter-Nachwirkung der C-Atome in α-Fe nur in einem engen Temperaturintervall von 220° K bis 260° K beobachten. Bereits von RICHTER wurde diese starke Temperaturabhängigkeit auf einen thermisch aktivierten Prozeß zurückgeführt, dessen Relaxationszeit τ_H der Arrheniusgleichung

$$\tau_H = \tau_0 \, e^{\frac{Q}{kT}} \tag{2.11}$$

gehorcht. In Gl. (2.11) bedeutet τ_0 einen prä-exponentiellen Faktor von der Größenordnung 10^{-13} sec, Q eine Aktivierungsenergie, k die Boltzmannkonstante und T die absolute Temperatur. Die Temperaturabhängigkeit eines Nachwirkungsprozesses läßt sich am einfachsten anhand der isochronen Nachwirkungskurven studieren. Man erhält diese *Isochronen*, indem man die aus *Isothermen* gewonnenen Nachwirkungsamplituden $\Delta J_N(t_1, t_2)$ oder $\Delta \chi_N(t_1, t_2)$ als Funktion der Meßtemperatur bei konstanten Meßzeiten t_1 und t_2 aufträgt. Bei dieser Art Auftragung besitzt die Nachwirkungsamplitude bei einer bestimmten Temperatur $T_{\max}$ ein Maximum. Läßt sich der Nachwirkungsprozeß durch eine einzige Relaxationszeit gemäß Gl. (2.2) und Gl. (2.3) beschreiben, so gilt für die Relaxationszeit $\tau_H(T_{\max})$ bei der Temperatur des Maximums

$$\tau_H(T_{\max}) = \frac{t_2 - t_1}{\ln \dfrac{t_2}{t_1}} \tag{2.12}$$

Fig. 6 zeigt ein Beispiel derartiger Isochronen, wie sie an neutronenbestrahlten Ni-Einkristallen gemessen wurden. In Abschn. 13.5.b werden wir sehen, daß das bei $-20\,°\mathrm{C}$ auftretende Relaxationsmaximum auf die Reorientierung von Doppelleerstellen zurückzuführen ist.

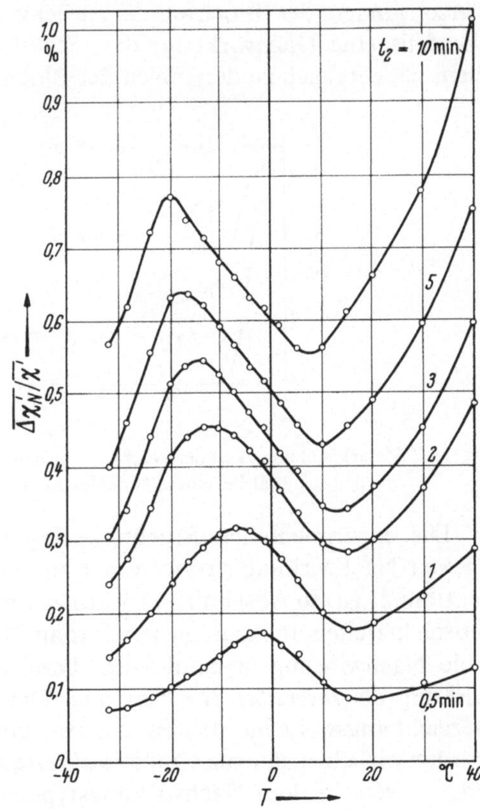

Fig. 6. Isochrone Nachwirkungskurven eines neutronenbestrahlten Ni-Einkristalls (nach SEEGER u. Mitarb. [*11*], $t_1 = 0,25$ min, Bestrahlungsdosis $\Phi = 3.10^{18}$ Neutronen/cm², Bestrahlungstemperatur $\sim 90\,°\mathrm{C}$).

γ) Einfluß des Magnetisierungszustandes

Bei Nachwirkungsprozessen vom Richter-Typ nimmt die Nachwirkungsamplitude mit zunehmender Feldstärke, d.h. wachsender Magnetisierung J, stetig ab. In Fig. 7 sind die von RIEGER an einem neutronenbestrahlten Ni-Einkristall als Funktion des angelegten Gleichfeldes gemessenen Kurven der reversiblen Suszeptibilität χ_{rev} und der Nachwirkungsamplitude miteinander verglichen. Die Nachwirkungsamplitude fällt innerhalb des mit A bezeichneten Feldstärkenbereichs ($H < 30\,\mathrm{Oe}$) auf einen sehr kleinen Wert ab, wogegen die reversible Suszeptibilität bei $H = 30\,\mathrm{Oe}$ noch relativ groß ist.

Wie wir später sehen werden, hängt dieses Verhalten eng mit den in den Bereichen A und B auftretenden Magnetisierungsprozessen zusammen. Im Bereich A erfolgt die Magnetisierungszunahme im wesentlichen durch Blochwandverschiebungen, während im Bereich B praktisch nur noch reversible Drehprozesse stattfinden. Die Richter-Nachwirkung ist damit wie die Jordan-Nachwirkung eng an das Auftreten von Blochwänden gekoppelt. Die Abnahme im Bereich A ist auf das allmähliche Verschwinden der Blochwände zurückzuführen. Drehprozesse liefern ebenfalls eine Nachwirkung; ihre Stabilisierungsamplitude ist jedoch klein im Vergleich zu derjenigen der Blochwandverschiebungen.

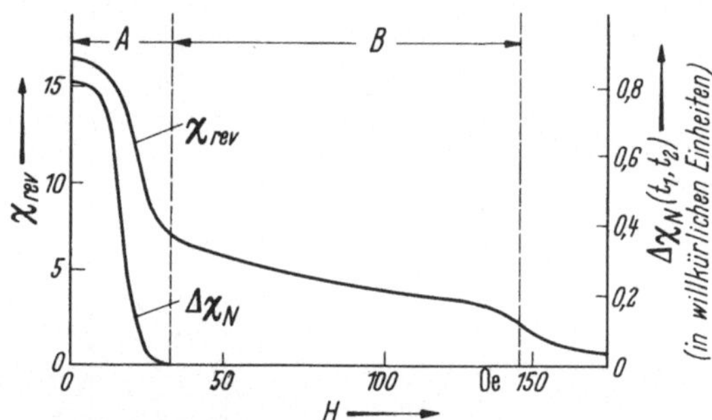

Fig. 7. Feldstärkeabhängigkeit der Nachwirkungsamplitude und der reversiblen Suszeptibilität bei einem Nickeleinkristall (nach RIEGER).

Die experimentellen Ergebnisse legen den Schluß nahe, daß die Richter-Nachwirkung proportional zur reversiblen differentiellen Suszeptibilität ist. In Abschnitt 4.1 werden wir diese Gesetzmäßigkeit theoretisch herleiten. In Analogie zur Jordan-Nachwirkung, die auch irreversible Nachwirkung genannt wird, bezeichnet man die Richter-Nachwirkung als *reversible Nachwirkung*. Diese von NÉEL [3] eingeführte Bezeichnungsweise hat sich als sehr zweckmäßig erwiesen. In Abschnitt 4 werden wir sehen, daß man auf diese Weise zwei in ihren Ursachen grundsätzlich verschiedene Nachwirkungstypen charakterisieren kann.

2.3. Messungen der komplexen Suszeptibilität

Werden an einer ferromagnetischen Probe die Permeabilität μ oder die Suszeptibilität χ mit einem Wechselfeld gemessen, so setzen sich diese im allgemeinen gemäß

$$\mu = \mu' - i\,\mu''$$
$$\chi = \chi' - i\chi'' \tag{2.13}$$

aus einem Real- und einem Imaginärteil zusammen. Wie in Abschnitt 4 gezeigt wird, sind die Imaginärteile μ'', χ'', sofern wir uns auf die *Anfangssuszeptibilität* und die *Anfangspermeabilität* beschränken, allein auf die im Material ablaufenden Relaxationsprozesse zurückzuführen, wenn wir von den in Metallen allerdings immer auftretenden Wirbelstromverlusten absehen. Bei endlicher Amplitude des angelegten Wechselfeldes spielen außerdem Hystereseverluste eine Rolle. Bekanntlich ist die ferromagnetische Nachwirkung dadurch gekennzeichnet, daß der zu einer bestimmten Feldstärke gehörende Gleichgewichtswert der Magnetisierung sich erst im Laufe der Zeit einstellt. Im Falle eines Wechselstromversuches bei vorgegebener, sinusförmiger Feldstärke entspricht diesem Nachhinken der Magnetisierung eine konstante Phasenverschiebung δ zwischen H und J. Den Tangens des Phasenwinkels δ bezeichnet man als den Verlustwinkel, der durch

$$\mathrm{tg}\,\delta = \frac{\mu''}{\mu'} = \frac{4\pi\chi''}{1+4\pi\chi'} \tag{2.14}$$

gegeben ist. Der Verlustwinkel $\mathrm{tg}\,\delta$ ist ein Maß für die vom Magnetfeld während eines halben Zyklus in irreversibler Weise geleisteten Arbeit. Der Verlustwinkel $\mathrm{tg}\,\delta$ sowie χ' und χ'' hängen bei der Jordan-Nachwirkung und der Richter-Nachwirkung in charakteristischer Weise von der Meßfrequenz und der Temperatur ab. Im folgenden wollen wir die experimentellen Ergebnisse für $\mathrm{tg}\,\delta$ kurz diskutieren. Über die Abhängigkeit der Größen χ' und χ'' von der Meßfrequenz und der Temperatur werden wir in Abschnitt 4.3.a berichten.

a) Messungen des Verlustwinkels

α) Jordan-Nachwirkung

Das Auftreten von Verlusten in ferromagnetischen Materialien, die nicht mit Hysterese- oder Wirbelstromverlusten in Zusammenhang stehen, wurde erstmals von JORDAN [1,2] nachgewiesen. Die endgültige Bestätigung, daß es sich hierbei um Verluste infolge einer Nachwirkung handelt, verdankt man PREISACH. Der von JORDAN gemessene Verlustwinkel an Eisen- und Permalloypulverkernen ist von der Größenordnung 10^{-3}. Nach FELDTKELLER und KOLB [3] beträgt der Verlustwinkel eines Ni-Zn-Ferrits bei R. T. und kleinen Wechselamplituden $\mathrm{tg}\,\delta \sim 10^{-2}$. Bei Permenorm ($36\%\,\mathrm{Ni} - 64\%\,\mathrm{Fe}$) geben FELDTKELLER und SORGER [5] sowie STOLL den Verlustwinkel zu $\mathrm{tg}\,\delta \sim 4.10^{-3}$ an. Aus den von FELDTKELLER und SORGER [5] durchgeführten Messungen geht ferner hervor, daß der Verlustwinkel bei niederer Frequenz ($f = 1\,\mathrm{kHz}$) nur geringfügig von der Meßfrequenz und der Temperatur abhängt (vgl. KNELLER).

Diese Messungen zeigen außerdem, daß der Verlustwinkel von 10^{-3} in einem Material, das Jordan-Nachwirkung aufweist, praktisch nicht unterschritten werden kann. Für die Technik ist dies insofern von Bedeutung, als hier Spulenkerne mit möglichst kleinem Verlustwinkel angestrebt werden.

β) Richter-Nachwirkung

Im Gegensatz zur Jordan-Nachwirkung besitzt der Verlustwinkel $\mathrm{tg}\,\delta$ bei der Richter-Nachwirkung eine ausgeprägte Temperatur- und Frequenzabhängigkeit, die bereits von RICHTER [1–3] eingehend untersucht wurde; Messungen des Verlustwinkels wurden von SCHULZE, SNOEK

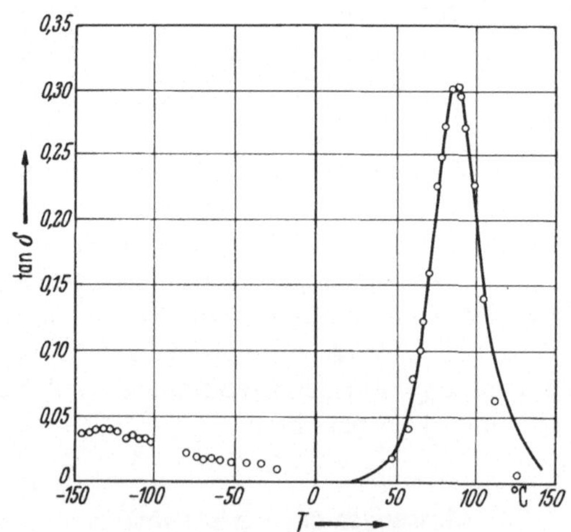

Fig. 8. Die Temperaturabhängigkeit des Verlustwinkels $\mathrm{tg}\,\delta$ bei kohlenstoffhaltigem Eisen (nach BOSMAN [1]).

[2], BOSMAN [1] und TOMONO ausgeführt. Es werden dabei maximale Verlustwinkel von $\mathrm{tg}\,\delta = 0{,}3$ gemessen. In Fig. 8 sind die Meßergebnisse von BOSMAN für eine Eisenprobe mit 0,007 Gewichtsprozent Kohlen-

stoff wiedergegeben. Das Maximum bei 86°C läßt sich durch die Funktion

$$\operatorname{tg}\delta = \text{const.} \; \frac{\omega\,\tau_H}{1+\omega^2\,\tau_H^2} \qquad (2.15)$$

befriedigend beschreiben, wobei τ_H durch Gl. (2.11) gegeben ist und ω die Kreisfrequenz des Magnetfeldes bedeutet. In Abschnitt 4.3.a werden wir sehen, daß Gl. (2.15) dem Verlustwinkel eines einfachen Relaxationsprozesses mit der Relaxationszeit τ_H entspricht. Das kleine Relaxationsmaximum bei $-150°C$ ist nach BOSMAN vermutlich auf eine Relaxation der im Fe gelösten Wasserstoffatome zurückzuführen. Im Temperaturbereich zwischen $-100°C$ und $50°C$ ist der Verlustwinkel annähernd konstant und beträgt $\operatorname{tg}\delta \approx 0,02$. Es ist möglich, daß diese Verluste auf die immer vorhandene Jordansche Nachwirkung zurückzuführen sind.

b) Messungen der Ortskurve

In der Vergangenheit hat es sich als besonders vorteilhaft erwiesen, die komplexe Suszeptibilität in Analogie zur komplexen Dielektrizitätskonstante (DEBYE) anhand der sog. Ortskurve zu untersuchen. Man

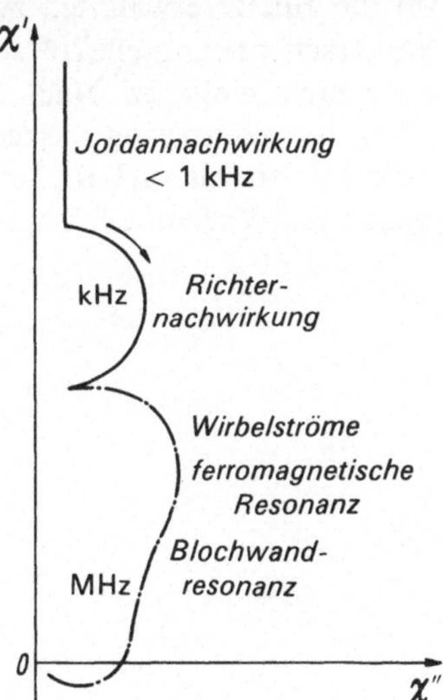

Fig. 9. Die Ortskurve eines Ferromagnetikums mit Jordan- und Richter-Nachwirkung.

wählt bei dieser Darstellungsart der komplexen Suszeptibilität den Realteil χ' als Ordinate und den Imaginärteil χ'' als Abszisse eines kartesischen Koordinatensystems. Die für verschiedene Frequenzen gemessenen Punkte $\chi = \chi(\chi'(\omega), \chi''(\omega))$ durchlaufen dann, mit der Kreisfrequenz ω als Parameter, die sog. Ortskurve. Die Ortskurve macht besonders den

Zusammenhang zwischen χ' und χ'' deutlich. Es ist mit ihrer Hilfe ferner möglich, die von anderen Prozessen herrührenden Beiträge zum Verlustwinkel, wie Hysterese- und Wirbelstromverluste, in übersichtlicher Weise von den Nachwirkungsverlusten abzutrennen. Ein besonderer Vorteil der Ortskurve ist darin zu sehen, daß ein einfacher Relaxationsprozeß, der durch eine einzige Zeitkonstante entsprechend Gl. (2.15) beschrieben werden kann, in dieser Darstellung auf einen Halbkreis in der (χ',χ'')-Ebene führt. Demgegenüber liefert die Jordan-Nachwirkung bei nicht zu hohen Frequenzen ($f < 10^3\,\mathrm{Hz}$) als Ortskurve eine parallele Gerade zur Ordinate, da der Imaginärteil, wie die Messungen von FELDTKELLER und KOLB, FELDTKELLER und SORGER sowie STOLL zeigen, praktisch unabhängig von der Frequenz ist. Der Realteil hängt nach Messungen dieser Autoren logarithmisch von der Frequenz ab. Wie in Abschnitt 4.3.c noch eingehend diskutiert werden wird, sind den Nachwirkungseffekten in Metallen im allgemeinen auch Wirbelstromverluste überlagert. Die dann bei der Analyse der Ortskurve anzuwendende Methode wird in Abschnitt 4.3.c erläutert werden. Bei sehr großen Frequenzen schließlich (Megahertz-Bereich) ist die komplexe Suszeptibilität durch die ferromagnetische Resonanz und die Blochwandresonanz bestimmt (vgl. hierzu BOLL [1,2], HAMPE [3], KNELLER, HAMPE und FELDTKELLER [4]). Auf die zuletzt erwähnten zwei Erscheinungen, bei denen es sich nicht um Nachwirkungseffekte sondern um Resonanzeffekte handelt, werden wir nicht eingehen. Nach dem oben Gesagten erwartet man für den Verlauf der komplexen Suszeptibilität in einem Ferromagnetikum, das sowohl Jordan- als auch Richter-Nachwirkung aufweist, den in Fig. 9 wiedergegebenen Verlauf.

3. Magnetisierungsprozesse in Ferromagnetika

3.1. Phasentheorie

Die in einem Ferromagnetikum ablaufenden Magnetisierungsprozesse lassen sich anschaulich beschreiben, wenn man die Magnetisierungsverteilung in einem Kristall durch das Weisssche Modell [1] eines in einzelne, homogen magnetisierte Bereiche (auch als Domänen bezeichnet) aufgeteilten Ferromagneten beschreibt. Innerhalb dieser sog. Weissschen Bereiche zeigt der Vektor der spontanen Magnetisierung, deren absoluter Betrag $|\mathfrak{J}_s|$ als konstant zu betrachten ist, bei $H = 0$ parallel zu einer der leichten Magnetisierungsrichtungen. Bei Raumtemperatur sind dies in Ni die $\langle 111 \rangle$-Richtungen, in Fe die $\langle 100 \rangle$-Richtungen und in Co die beiden $\langle 0001 \rangle$-Richtungen. Infolge der Aufteilung in Bereiche mit verschiedener Richtung der spontanen Magnetisierung ist es möglich, die Probe durch Entmagnetisieren in einen Zustand mit dem mittleren magnetischen Moment Null überzuführen. Man erzeugt diesen „unmagnetischen" Zustand durch Entmagnetisieren in einem Wechselfeld mit abnehmender Amplitude oder durch Erhitzen der Probe bis oberhalb der Curietemperatur und anschließendes Abkühlen im Magnetfeld Null. Die Übergangsbereiche zwischen den einzelnen Bereichen werden *Bereichs-* oder *Domänenwände* genannt. Sofern es sich um Proben handelt, deren Dicke größer als eine kritische Dicke D_{krit} (Ni $= 750$Å; Fe $= 330$Å; nach DIETZE und THOMAS [5]) ist, erfolgt der Übergang von der einen Magnetisierungseinrichtung in die der benachbarten Domäne streufeldfrei. Übergangsbereiche dieser Art werden *Blochwände* genannt. Die Ausdehnung der ebenen Blochwände senkrecht zur Blochwandebene bezeichnet man als die Blochwanddicke δ_B (siehe hierzu die Definition von LILLEY). Die Blochwanddicke ist bei Ni um Raumtemperatur je nach Blochwandtyp von der Größenordnung $1\,000 - 2\,000$Å und nach TRÄUBLE u. Mitarb. [2] bei Co ~ 150Å. Demgegenüber beträgt die lineare Ausdehnung der Domänen $L_3 \sim 10^{-2} - 10^{-3}$ cm, ist also um etwa den Faktor 10^3 größer als die Blochwanddicke δ_B. Die Blochwände dürfen daher bei Berechnungen der Magnetisierung in guter Näherung als unendlich dünn aufgefaßt werden.

Unter der Wirkung eines angelegten äußeren Magnetfeldes kann die Zunahme der Magnetisierung auf dreierlei Arten erfolgen:

1. Vergrößerung der energetisch günstig gelegenen Domänen durch reine Blochwandverschiebungen.

2. Rotation der spontanen Magnetisierung in Richtung des angelegten Feldes; man spricht dann von Drehprozessen.

3. Gleichzeitige Wandverschiebung und Rotation der spontanen Magnetisierung; man bezeichnet dies als einen kombinierten Magnetisierungsprozeß.

Die aufgrund der angeführten Prozesse auftretende Magnetisierungsänderung der Probe läßt sich durch Einführung der sog. *Phasenvolumina* v_i übersichtlich beschreiben. Eine auf dem Konzept der Phasenvolumina von NÉEL [1] und LAWTON und STEWART entwickelte Theorie der Magnetisierungskurve idealer Einkristalle hat sich in der Vergangenheit sehr bewährt und dient als Grundlage der nachstehenden Ausführungen. Das Phasenvolumen gibt an, wie groß der relative Volumenanteil derjenigen Domänen ist, die in der durch den Einheitsvektor $\mathfrak{n}_i$ gekennzeichneten Richtung magnetisiert sind. Für die Komponente ΔJ der Magnetisierung in einer bestimmten Richtung $\mathfrak{n}$ ($\mathfrak{n}=$ Einheitsvektor) gilt somit

$$\Delta J = J_s \sum_i v_i \mathfrak{n}_i \cdot \mathfrak{n}, \tag{3.1}$$

wo J_s die spontane Magnetisierung bedeutet und die Nebenbedingung

$$\sum_i v_i = 1 \tag{3.2}$$

erfüllt ist. Für die Magnetisierungszunahme ΔJ_n parallel zur Richtung $\mathfrak{n}$, bei einer infinitisimalen Änderung des angelegten Magnetfeldes, gilt beim kombinierten Magnetisierungsprozeß

$$\Delta J = J_s \{ \sum_i \Delta v_i \mathfrak{n}_i \cdot \mathfrak{n} + \sum_i v_i \Delta \mathfrak{n}_i \cdot \mathfrak{n} \}, \tag{3.3}$$

wobei Δv_i und $\Delta \mathfrak{n}_i$ die Änderung der Phasenvolumina und der Richtung der spontanen Magnetisierung innerhalb der Domäne bedeuten. Unter Berücksichtigung von Gl. (3.2) gilt für die Δv_i die Nebenbedingung:

$$\sum_i \Delta v_i = 0 \tag{3.4}$$

Das erste Glied von Gl. (3.3) entspricht dem Magnetisierungsanteil infolge von Wandverschiebungen, das zweite Glied entspricht dem Anteil der Drehprozesse. Für die differentielle Suszeptibilität folgt aus Gl. (3.1) durch Differentiation nach dem äußeren Feld:

$$\chi = \frac{dJ}{dH} = J_s \left\{ \sum_i \left(\frac{dv_i}{dH} \mathfrak{n}_i \cdot \mathfrak{n} + v_i \frac{d\mathfrak{n}_i}{dH} \cdot \mathfrak{n} \right) \right\} \tag{3.5}$$

Entsprechend Gl. (3.5) können wir χ gemäß

$$\chi = \chi_W + \chi_D \tag{3.6}$$

in einen von den Wandverschiebungen und den Drehprozessen herrührenden Anteil zur Suszeptibilität aufteilen, wobei

$$\chi_W = J_s \sum_i \mathfrak{n}_i \cdot \mathfrak{n} \, \frac{d v_i}{d H} \tag{3.7.a}$$

und

$$\chi_D = J_s \sum_i v_i \mathfrak{n} \cdot \frac{d \mathfrak{n}_i}{d H} \tag{3.8.a}$$

gilt. Führen wir in Gl. (3.7.a) und Gl. (3.8.a) noch die Richtungskosinus der Winkel φ_i zwischen den Richtungen $\mathfrak{n}$ und $\mathfrak{n}_i$ ein, so ergibt sich

$$\chi_W = J_s \sum_i \cos \varphi_i \, \frac{d v_i}{d H} \tag{3.8.b}$$

$$\chi_D = J_s \sum_i v_i \, \frac{d \cos \varphi_i}{d H} . \tag{3.7.b}$$

In einem Ferromagnetikum mit Gitterfehlern erfolgt die Magnetisierungszunahme, die wir durch Δv_i und $\Delta \mathfrak{n}_i$ charakterisiert haben, im allgemeinen sowohl durch *reversible* als auch durch *irreversible* Prozesse. Die in Gl. (3.6) vorgenommene Aufspaltung in einen Wandverschiebungsund einen Rotationsanteil sagt jedoch nichts darüber aus, wie groß der Anteil reversibler und irreversibler Prozesse zur Magnetisierungsänderung ist. Um hierüber Angaben machen zu können, müßten genaue Kenntnisse über die Wechselwirkung zwischen den Blochwänden und den Gitterfehlern vorliegen. Wie die Arbeit von BARKHAUSEN gezeigt hat, ist der irreversible Anteil zur Gesamtmagnetisierung auf irreversible Sprünge der Blochwände, sog. *Barkhausensprünge*, zurückzuführen. Diese Tatsache, daß praktisch nur die Blochwände, nicht aber die Drehprozesse einen wesentlichen Beitrag zum irreversiblen Magnetisierungsanteil liefern, hängt eng mit dem Verlauf des Wechselwirkungspotentials zwischen Blochwänden und Gitterfehlern zusammen. Die von TRÄUBLE [1] durchgeführten quantitativen Untersuchungen zu diesem Problemkreis zeigen, daß die mittlere Wellenlänge des Wechselwirkungspotentials der Blochwände $\sim 8 \delta_B$ beträgt. Bei einem derartig rasch veränderlichen Potential wird die Blochwand bei ihrer Bewegung längs der z-Koordinate, wie aus Fig. 12 hervorgeht, relativ häufig einen irreversiblen Sprung vornehmen. Irreversible Drehprozesse treten dagegen nur in Einbereichsteilchen auf, da in einer Multibereichsstruktur die bis zum Eintritt einer irreversiblen Drehung der Magnetisierung erforderlichen Rotationen, die von der Größenordnung $\frac{\pi}{2}$ sein müssen, durch Blochwandbewegungen vermieden werden. Unsere Betrachtung zeigt somit, daß wir χ_D als einen rein reversiblen Anteil zur Gesamtsuszeptibilität auffassen können, wogegen sich χ_W sowohl aus einem reversiblen als auch einem irreversiblen Anteil zusammensetzt.

3.2. Reversible Prozesse

Besonders einfache Verhältnisse liegen vor, wenn die Magnetisierungszunahme beim Anlegen eines Magnetfeldes H allein durch reversible Wandverschiebungen und Drehprozesse zustande kommt. Welcher dieser beiden Prozesse für die Magnetisierungszunahme maßgebend ist, kann – wie von KRONMÜLLER [1,2] gezeigt wurde – durch eine energetische Betrachtung entschieden werden. Der zu einer bestimmten Feldstärke gehörende Gleichgewichtswert der Magnetisierungsverteilung ist in diesem Falle durch das Minimum der freien Enthalpie Φ_G bezüglich der Phasenvolumina v_i und der Richtungskosinus φ_i bestimmt. Die Parameter der Magnetisierungsverteilung bestimmen sich demnach aus den Extremalbedingungen

$$\frac{\partial \Phi_G}{\partial v_i} = 0; \qquad \frac{\partial \Phi_G}{\partial \varphi_i} = 0, \tag{3.9}$$

wobei noch die Nebenbedingung $\sum_i v_i = 1$ zu berücksichtigen ist. Eine grundlegende Darstellung der Methode zur Berechnung der Magnetisierungskurve idealer Einkristalle unter Zugrundelegung von Gl. (3.9) wurde von TRÄUBLE, KRONMÜLLER [1,2] sowie KRONMÜLLER u. Mitarb. [6] gegeben. Ein allgemeines Ergebnis der Variationsrechnung ist die bereits von NÉEL [1] und STEWART und LAWTON ihren Betrachtungen zugrundegelegte Hypothese, daß in Idealkristallen Rotationen nur auftreten, wenn ein inneres Feld wirksam ist, d. h. wenn die Summe aus angelegtem Feld und magnetischem Streufeld infolge von Oberflächenpolen nicht Null ist. Wie vom Autor gezeigt wurde, muß diese Hypothese in Realkristallen dahingehend erweitert werden, daß nicht nur magnetostatische innere Felder, sondern auch innere Spannungen, deren Wirkung durch ein effektives Feld beschrieben werden kann, Rotationen der spontanen Magnetisierung hervorrufen können. Neuere Messungen von KÖSTER und KRONMÜLLER haben ergeben, daß in plastisch verformten Nickelproben der Anteil der Drehprozesse zur Magnetisierung mit dem Anteil der Wandverschiebung vergleichbar werden kann. Dagegen erfolgt in idealen oder nahezu idealen Einkristallen die Magnetisierungszunahme in kubischen Kristallen bei kleinen Feldstärken immer so, daß kein inneres Feld auftritt und damit auch keine Drehprozesse stattfinden. Anhand eines einfachen Modells wollen wir nun für die in Abschnitt 3.1 unter 1.–3. aufgeführten Magnetisierungsprozesse die reversible Suszeptibilität berechnen.

a) Wandverschiebungen

Zur Berechnung der reversiblen Suszeptibilität gehen wir davon aus, daß die Blochwände entsprechend Fig. 11 im entmagnetisierten Zustand in Potentialmulden liegen. Das Potentialgebirge $\Phi_W(z)$ ist auf die Wechselwirkung der Blochwände mit den Gitterfehlstellen zurückzuführen.

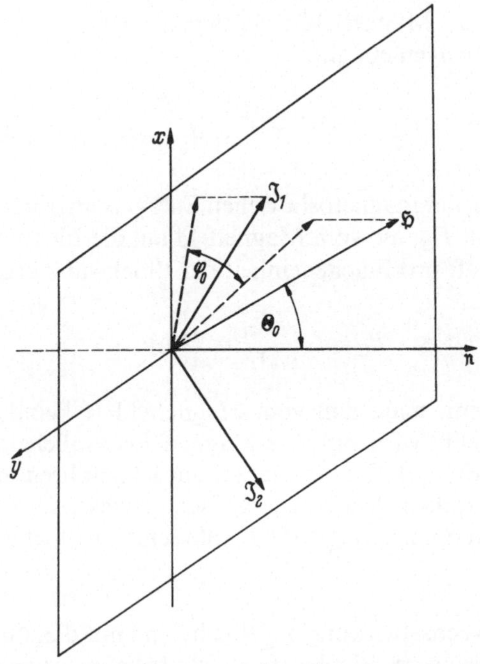

Fig. 10. Zur Berechnung der magnetostatischen Energie zweier Domänen, die durch eine Blochwand voneinander getrennt sind. $\mathfrak{n} = $ Blochwandnormale.

Wird in Fig. 10 die bei A liegende Blochwand unter dem Einfluß eines Magnetfeldes um die Strecke U aus ihrer Gleichgewichtslage ausgelenkt, so entspricht dies einer Änderung des Phasenvolumens um den Betrag

$$\Delta v = \frac{U}{L_3}, \qquad (3.10)$$

wobei L_3 den mittleren Abstand der Blochwände bedeutet. Mit der Auslenkung der Blochwand ist eine Abnahme der magnetostatischen Energie verknüpft, die pro Flächeneinheit der Blochwand

$$\Phi_H = -U\,\mathfrak{H}\cdot(\mathfrak{J}_1 - \mathfrak{J}_2) = -\Delta v\,L_3\,\mathfrak{H}\cdot(\mathfrak{J}_1 - \mathfrak{J}_2) \qquad (3.11)$$

beträgt. Dabei bedeuten in Gl. (3.11) $\mathfrak{J}_1$ und $\mathfrak{J}_2$ die Magnetisierungsvektoren in den beiden benachbarten Weissschen Bezirken (siehe Fig. 10). Führen wir den Winkel Θ_0 zwischen Magnetfeld und Blochwandnormalen $\mathfrak{n}$ sowie den Winkel φ_0 zwischen den Projektionen des Magnetfeldes und von $\mathfrak{J}_1$ auf die Blochwandebene ein, so läßt sich Gl. (3.11) folgendermaßen schreiben:

$$\Phi_H = - U H J_s p(\Theta_0, \varphi_0); \tag{3.12}$$

p ist ein Orientierungsfaktor, welcher der Geometrie der Blochwand und der Richtung des Magnetfeldes bezüglich der Blochwandnormalen Rechnung trägt. Allgemein gilt:

$$p = \frac{|\mathfrak{J}_1 - \mathfrak{J}_2|}{J_s} \sin \Theta_0 \cos \varphi_0. \tag{3.13}$$

Der Änderung Φ_H der magnetostatischen Energie entspricht einer magnetostatischen Kraft P_H, die vom Magnetfeld auf die Blochwand ausgeübt wird. Für die Kraft pro Flächeneinheit der Blochwand ergibt sich

$$P_H = - \frac{d \Phi_H}{d U} = H J_s p. \tag{3.14}$$

Gl. (3.14) entnimmt man, daß vom Magnetfeld H keine Kraft auf die Blochwand ausgeübt wird, falls das Magnetfeld parallel zur Blochwandnormalen liegt ($\Theta_0 = 0$). Dies ist darauf zurückzuführen, daß in diesem Falle beide Weissschen Bezirke energetisch gleichwertig sind. Die Kraft ist am größten, wenn das Magnetfeld senkrecht zur Blochwandnormalen steht $\left(\Theta_0 = \dfrac{\pi}{2} \right)$.

Infolge der Wechselwirkung der Blochwand mit den Gitterfehlstellen kann die Auslenkung der Blochwände nicht beliebig groß werden, da das Wechselwirkungspotential auf die Blochwände eine rücktreibende Kraft P_R ausübt. Für kleine Auslenkungen der Blochwand aus ihrer Ruhelage lautet die Zunahme Φ_W der Wechselwirkungsenergie pro Flächeneinheit der Blochwand

$$\Phi_W = \frac{1}{2} R_0 \frac{U^2}{L_3^2} = \frac{1}{2} R_0 \Delta v^2, \tag{3.15}$$

wobei R_0 eine Wechselwirkungskonstante bedeutet, die aus der Wechselwirkungsenergie Φ_W gemäß

$$R_0 = L_3^2 \frac{d^2 \Phi_W(U)}{d U^2} \bigg|_{U=0} \tag{3.16}$$

zu berechnen ist. Die Bestimmung von R_0 für den Fall, daß die Wechselwirkung auf Versetzungen zurückzuführen ist, wurde von TRÄUBLE [1] durchgeführt (vergleiche Abschnitt 9.5). Aus Gl. (3.15) ergibt sich für die Wechselwirkungskraft P_R

$$P_R = -R_0 U/L_3^2. \tag{3.17}$$

Das Minuszeichen in Gl. (3.17) bringt zum Ausdruck, daß P_R eine rücktreibende Kraft ist, die der magnetostatischen Kraft P_H entgegen gerichtet ist.

Die Gleichgewichtslage der Blochwand berechnet sich aus der Bedingung, daß für die auf die Blochwand wirkende Gesamtkraft

$$P_G = P_H + P_R = 0 \tag{3.18}$$

gilt. Werden Gl. (3.14) und Gl. (3.17) in Gl. (3.18) eingesetzt, so findet man für die Auslenkung der Blochwand

$$U = \frac{H J_s p}{R_0} L_3^2. \tag{3.19}$$

Beträgt die in der Volumeneinheit vorhandene Fläche der betreffenden Blochwand S (spezifische Blochwandfläche), so ergibt sich für die Änderung der Magnetisierung parallel zum Magnetfeld infolge der Auslenkung U aus der Ruhelage

$$\Delta J' = U S J_s p. \tag{3.20}$$

Im allgemeinen werden in einem Kristall mehrere Blochwandtypen vorhanden sein, z. B. bei Eisen 90°- und 180°-Blochwände und in Nickel 71°-, 109°- und 180°-Blochwände. Einem bestimmten Blochwandtyp gehören dabei alle die Blochwände an, die denselben Orientierungsfaktor besitzen (d. h., gleiche Blochwandnormale und gleichen Winkel zwischen den Richtungen der spontanen Magnetisierung in den der Blochwand benachbarten Domänen). Sowohl die Blochwände verschiedenen Typs als auch die Blochwände desselben Typs unterscheiden sich bezüglich ihrer Wechselwirkungskonstanten und ihrer Blochwandfläche. Man muß daher im allgemeinen mit einer Streuung der Wechselwirkungskonstanten rechnen. Die gesamte Magnetisierungsänderung ist dann eine Summe über die durch Gl. (3.20) gegebenen Beiträge der einzelnen Blochwände. Charakterisieren wir die i-te Blochwand vom Typ j durch die Indizes i, j, so ergibt sich für die gesamte von den Blochwänden hervorgerufene Magnetisierungsänderung

$$\Delta J = J_s \sum_i \sum_j U_i^{(j)} S_i^{(j)} p^{(j)}, \tag{3.21.a}$$

mit

$$U_i^{(j)} = \frac{H J_s p^{(j)}}{R_{0,i}^{(j)}} L_3^2.$$

(3.21.b)

Wird in Gl. (3.21.a) $U_i^{(j)}$ gemäß Gl. (3.21.b) ersetzt, so findet man schließlich für die reversible Suszeptibilität

$$\chi_{\text{rev}} = \frac{\Delta J}{H} = J_s^2 \sum_i \sum_j \frac{S_i^{(j)} (p^j)^2}{R_{0,i}^{(j)}} L_3^2.$$

(3.22)

Gl. (3.22) gilt auch für den Fall großer Auslenkungen der Blochwand aus ihrer Ruhelage. Anstelle der durch Gl. (3.16) gegebenen Wechselwirkungskonstanten ist dann in Gl. (3.22)

$$R_{0,i}^{(j)}(U_0) = \frac{d^2 \Phi_{W,i}^{(j)}(U)}{dU^2}\bigg|_{U=U_0} \cdot L_3^2$$

(3.23)

einzusetzen. $R_0(U_0)$ ist ein Maß für die Krümmung des Wechselwirkungspotentials am Ort $U = U_0$.

b) Drehprozesse

Reine Drehprozesse treten immer dann auf, wenn entweder der Ferromagnet nur aus einer einzigen Domäne besteht, oder wenn das äußere Magnetfeld auf die Blochwände keine Kraft ausübt. Um die spontane Magnetisierung in die Richtung des Magnetfeldes einzudrehen, muß Arbeit gegen die Kristallenergie Φ_K geleistet werden. Bei kleinen Auslenkungen aus der leichten Magnetisierungsrichtung um den Winkel φ beträgt die Zunahme der Kristallenergie

$$\Phi_K = c_k K_1 \sin^2 \varphi.$$

(3.24)

Ist die leichte Magnetisierungsrichtung parallel zur $\langle 111 \rangle$-Richtung, wie z. B. in Nickel unterhalb 212°C, so beträgt $c_k = -2/3$. Bei Eisen mit der leichten Magnetisierungsrichtung $\langle 100 \rangle$ gilt im gesamten ferromagnetischen Temperaturbereich $c_k = 1$, wobei in beiden Fällen K_1 die erste Kristallanisotropiekonstante bedeutet (siehe z. B. KNELLER). Für die reversible Suszeptibilität liefert die Variationsrechnung bei Berücksichtigung von Gl. (3.7.b) mit $v_1 = 1$ und $v_i = 0$

$$\chi_{\text{rev}} = \frac{J_s^2 \sin^2 \varphi_0}{2 c_k K_1},$$

(3.25)

wobei φ_0 den Winkel zwischen der spontanen Magnetisierung bei $H = 0$ und der Richtung des Magnetfeldes bedeutet.

c) Der kombinierte Magnetisierungsprozeß "Wandverschiebungen + Drehprozesse"

Ein bekanntes Beispiel für den kombinierten Magnetisierungsprozeß ist die Magnetisierungskurve hexagonaler Kobalteinkristalle, die von Barnier u. Mitarb., Boser u. Mitarb., Träuble u. Mitarb. [2] sowie Kronmüller u. Mitarb. [6] experimentell und theoretisch untersucht wurde. In diesen magnetisch einachsigen Kristallen liegen unterhalb $420°$K nur zwei Phasen vor, die bei $H = 0$ parallel bzw. antiparallel zur c-Achse magnetisiert sind. Im Gegensatz zu Nickel und Eisen treten bei Kobalt auch in idealen Kristallen bereits bei kleinen Feldstärken Rotationen der spontanen Magnetisierung auf, da die zwei Phasen das entstehende Streufeld nicht kompensieren können und daher ein inneres Streufeld auftritt. Für die reversible Suszeptibilität ergibt sich für einen unendlich ausgedehnten, zylinderförmigen, idealen Einkristall bei Vernachlässigung des Energiebeitrages der zweiten Kristallenergiekonstanten K_2 nach Kronmüller [1] sowie Kronmüller, Träuble, Seeger und Boser [6]

$$\chi_{\text{rev}} = \frac{J_s^2}{2K_1\sin^2\varphi_c} + \frac{\text{ctg}^2\varphi_c}{2\pi}, \tag{3.26}$$

wobei φ_c den Winkel zwischen der hexagonalen Achse und der Stabachse des Kristalls (Feldrichtung) bedeutet. Sind im Kobaltkristall innere Spannungen vorhanden, so müssen wir den in Abschnitt 3.2.a betrachteten Energieterm Φ_w bei der Bestimmung von χ_{rev} berücksichtigen. Wenn wir vereinfacht annehmen, daß sämtliche Blochwände dieselbe Wechselwirkungskonstante R_0 besitzen, ergibt sich für die reversible Suszeptibilität

$$\chi_{\text{rev}} = \frac{N\bot J_s^2 + 2K_1\cos^2\varphi_c + R_0\bar{S}\sin^2\varphi_c}{2K_1 N\bot J_s^2\sin^2\varphi_c + \bar{S}R_0(2K_1 + N\bot J_s^2\cos^2\varphi_c)}\, J_s^2, \tag{3.27}$$

wobei $\bar{S}$ die gesamte pro Volumeinheit vorhandene Blochwandfläche darstellt ($N_\bot$ = Entmagnetisierungsfaktor senkrecht zur Stabachse).

Drehprozesse treten in kubischen Kristallen neben den Blochwandverschiebungen bei kleinen Feldstärken immer dann auf, wenn der Kristall innere Spannungen enthält. Für einen zylindrischen Nickeleinkristall, dessen Stabachse parallel zur $\langle 100\rangle$-Richtung orientiert ist, liefert die Extremalrechnung unter denselben Voraussetzungen wie im vorhergehenden Fall

$$\chi_{\text{rev}} = \frac{J_s^2}{3}\left(\frac{1}{\bar{S}R_0} + \frac{1}{K_{\text{eff}}}\right), \tag{3.28}$$

wobei sich nach Kronmüller [1,2] K_{eff} aus der Kristallenergiekonstanten des idealen Einkristalls $-\frac{2}{3}K_1$ und einem von den inneren Spannungen herrührenden Anteil K_σ zusammensetzt. Das zweite Glied in Gl. (3.28) entspricht dem Anteil der Drehprozesse zur Magnetisierung.

3.3. Irreversible Magnetisierungsprozesse

Unsere in Abschnitt 3.2. durchgeführten Überlegungen sind nur gültig, sofern die Bewegung der Blochwände in reversibler Weise erfolgt. Diese Bedingung ist sicher erfüllt, so lange die Auslenkungen der Blochwände aus ihrer Ruhelage klein sind. Das Wechselwirkungspotential wird im allgemeinen den in Fig. 11 wiedergegebenen unregelmäßigen Verlauf besitzen. Die mittlere Wellenlänge des Wechselwirkungspotentials beträgt nach Rechnungen von TRÄUBLE [1] mehrere Blochwanddicken $(8\,\delta_B)$. Der dem Wechselwirkungspotential von Fig. 11 entsprechende Verlauf der Kraft zwischen Blochwand und Gitterfehlern

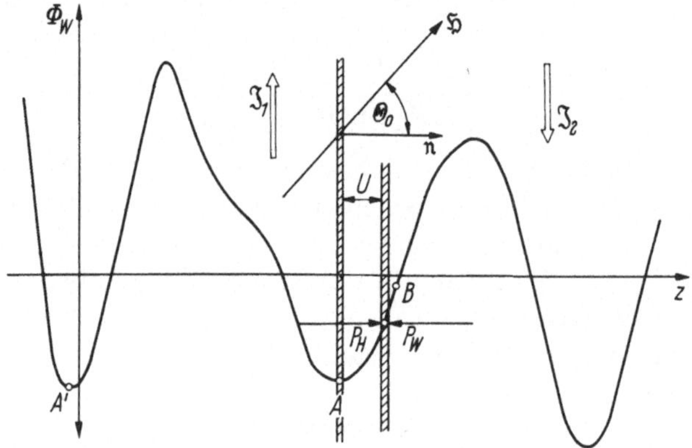

Fig. 11. Verlauf des Wechselwirkungspotentials Φ_W einer Blochwand in einem Realkristall parallel zur Blochwandnormalen.

ist in Fig. 12 dargestellt. In der Ruhelage befindet sich die Blochwand am Punkt A bei $P=0$. Bei Anlegen eines Magnetfeldes erfahre die Blochwand eine Kraft in $(+)$-z-Richtung. Sie bewegt sich dann zunächst reversibel bis zum Punkt B. Bei einer weiteren Vergrößerung des Magnetfeldes springt die Blochwand dann spontan vom Punkt B zum Punkt C (Barkhausensprung), um dann wieder reversibel bis zum Punkt D zu wandern, von wo aus erneut ein sogenannter Barkhausensprung möglich ist. Betrachten wir nun den Fall, daß am Punkt D das Magnetfeld wieder auf Null abnimmt, so bewegt sich die Blochwand reversibel bis zum Punkt F. Nimmt das Magnetfeld nun in der Gegenrichtung zu, so bewegt sich die Blochwand in reversibler Weise bis zum Punkt G, führt dort einen Barkhausensprung bis zum Punkt H aus und bewegt sich dann wieder reversibel bis zum Punkt J, wo das Magnetfeld wieder kleiner werden soll, bis die Blochwand beim Magnetfeld $H=0$ sich im Punkte A' befindet. Auf diese Weise hat die Blochwand einen vollen Magnetisierungszyklus durchlaufen. Ihre Endposition ist um die Strecke $A'A$

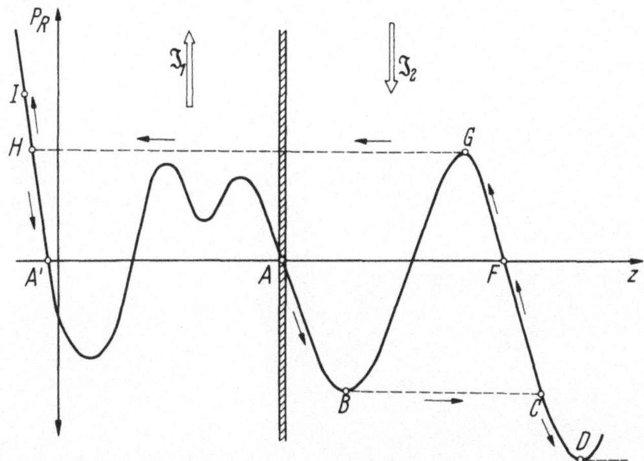

Fig. 12. Die Wechselwirkungskraft P_R einer Blochwand mit den Gitterfehlern für das in Fig. 11 dargestellte Wechselwirkungspotential.

gegenüber der Ausgangsposition verschoben. Diese Strecke entspricht gewissermaßen der „Remanenz" der betreffenden Blochwand. Die Magnetisierung setzt sich dabei aus einem reversiblen Anteil J_{rev} und einem irreversiblen Anteil J_{irr}, der auf die Barkhausensprünge zurückzuführen ist, zusammen. Bei kleinen Magnetisierungen im sog. Rayleighgebiet gilt nach RAYLEIGH

$$J = \chi_0 H + \alpha H^2, \tag{3.29}$$

wobei $\chi_0 H$ dem reversiblen Anteil der Magnetisierung und αH^2 dem irreversiblen Anteil der Magnetisierungskurve entspricht. α wird als Rayleighkonstante bezeichnet und χ_0 bedeutet die Anfangssuszeptibilität bei $H=0$. Dementsprechend gilt für die Suszeptibilität

$$\chi = \chi_{\text{rev}} + \chi_{\text{irr}} \tag{3.30}$$

mit dem reversiblen Anteil
$$\chi_{\text{rev}} = \chi_0, \tag{3.31}$$

dem irreversiblen Anteil
$$\chi_{\text{irr}} = 2\alpha H. \tag{3.32}$$

Gl. (3.32) entnimmt man, daß im Grenzfall $H=0$, der irreversible Anteil zur Gesamtsuszeptibilität verschwindet und die Magnetisierung demnach allein durch reversible Prozesse erfolgt. Bei größeren Feldstärken nimmt die irreversible Suszeptibilität stärker als linear zu, durchläuft dann ein Maximum bei Feldstärken von der Größenordnung der Koerzitivfeldstärke H_c und wird schließlich Null, wenn sämtliche Blochwandbewegungen abgelaufen sind.

4. Phänomenologische Theorie der ferromagnetischen Nachwirkung

4.1. Reversible und irreversible Nachwirkung

Als Ursache der ferromagnetischen Relaxation sind in einem Realkristall grundsätzlich die Gitterfehlstellen zu betrachten, sofern wir von Erscheinungen wie Elektronen- und Kernspinresonanz absehen.[1] Die Gitterfehlstellen verursachen das im vorhergehenden Abschnitt eingeführte Wechselwirkungspotential Φ_w zwischen Blochwand und Gitterfehlstellen. Infolge dieses Wechselwirkungspotentials kann der Kristall beim Entmagnetisieren im allgemeinen nicht sofort in den Zustand kleinster freier Enthalpie gelangen, da zum Erreichen der tiefsten Potentialmulden die Überwindung der Potentialmaxima notwendig ist. Der Kristall nimmt nach dem Entmagnetisieren vielmehr einen metastabilen Gleichgewichtszustand ein, der nicht mit dem absolut tiefsten Minimum der freien Enthalpie identisch ist. Nach dem 1. und 2. Hauptsatz der Thermodynamik ist der stabile Gleichgewichtszustand eines isotherm-isobaren Systems jedoch erst erreicht, wenn durch eine Zustandsänderung keine weitere Verminderung der freien Enthalpie mehr möglich ist. In einem isotherm-isobaren System kann nach dem 1. und 2. Hauptsatz der Thermodynamik bei einer Zustandsänderung die freie Enthalpie Φ_G nur abnehmen oder gleichbleiben. Es gilt also allgemein

$$\delta \Phi_G \leqq 0. \tag{4.1}$$

Wird im Verlauf einer Zustandsänderung das absolute Minimum der freien Enthalpie erreicht, so finden im zeitlichen Mittel keine weiteren Zustandsänderungen mehr statt und in Gl. (4.1) gilt das Gleichheitszeichen. Die Einstellung des stabilen Gleichgewichtszustandes erfolgt zeitlich verzögert, da bei diesem Vorgang die spontane Magnetisierung bzw. die Fehlstellen ihre Potentialschwellen mit Hilfe thermischer Aktivierung überwinden müssen. Das stabile Gleichgewicht der Magnetisierungsverteilung in einem Ferromagneten kann sich grundsätzlich auf zwei qualitativ verschiedene Arten einstellen:

---

[1] Elektronen- und Kernspinresonanz, die in allen Stoffen auftreten, sind keine Nachwirkungseffekte, sondern sie beruhen auf reinen Resonanzerscheinungen die wir hier nicht weiter verfolgen werden.

1. Infolge einer Umordnung der Gitterfehler kommt es gemäß Gl. (4.1) zu einer Erniedrigung des Wechselwirkungspotentials und damit zu einer Vertiefung der Potentialmulden, in welchen sich die Blochwände befinden. Dabei nimmt die Beweglichkeit der Blochwand ab.

2. Die Blochwand führt infolge thermischer Schwankungen des Spinsystems einen Barkhausensprung durch und gelangt im Laufe der Zeit bis zum Erreichen des stabilen Gleichgewichts in immer tiefere Potentialmulden.

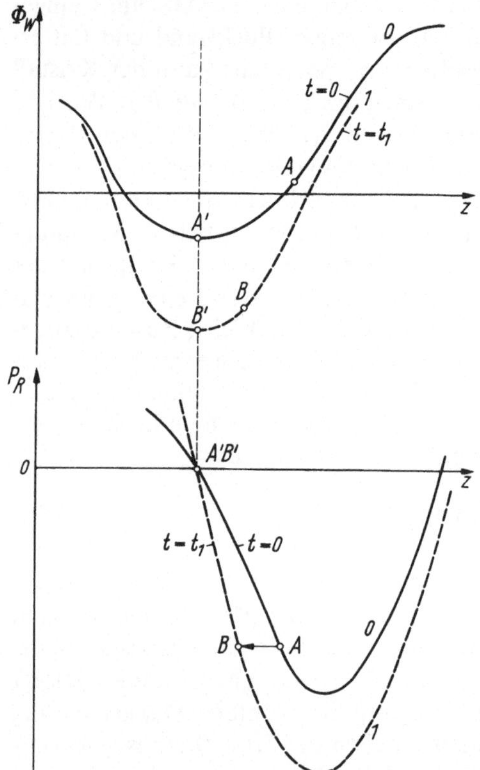

Fig. 13. a) Zur Veranschaulichung des ballistischen Schaltversuchs und der Desakkommodation bei der Richter-Nachwirkung.

Wir werden im folgenden sehen, daß der erste Nachwirkungsprozeß die Richter-Nachwirkung und der zweite die Jordan-Nachwirkung qualitativ richtig beschreibt.

Die unter 1. und 2. beschriebenen Nachwirkungsarten sind in Fig. 13a und Fig. 14 veranschaulicht. In beiden Figuren soll eine 180°-Blochwand, die zwei entgegengesetzt magnetisierte Bereiche voneinander trennt, am Punkte A liegen. Die Gleichgewichtslage der Blochwand bei A bestimmt sich, wie in Abschnitt 3.2.a ausgeführt wurde, aus der Forderung, daß die rücktreibende Wechselwirkungskraft P_W entgegengesetzt gleich der von einem Magnetfeld H auf die Blochwand ausgeübten magnetostatischen Kraft P_H ist. Am Punkt A gilt demnach

$$P_W = -P_H.$$

In Fig. 13a wird gezeigt, wie man die in Fig. 4 und Fig. 5 dargestellten Nachwirkungskurven der Richter-Nachwirkung mit Hilfe einer zeitlichen Variation des Wechselwirkungspotentials verstehen kann. Betrachten wir zuerst den in Fig. 5 erläuterten ballistischen Schaltversuch. Nach dem Entmagnetisieren trifft die Blochwand den in Fig. 13a mit 0 bezeichneten Potentialverlauf an. Wird die Blochwand zunächst keinem Magnetfeld ausgesetzt, so nimmt sie die Position bei A' ein. Infolge einer Umordnung der Gitterfehler erniedrigt sich nun das Potential Φ_w, bis zur Zeit t_1, die mit 1 bezeichnete Potentialkurve erreicht wird und die Blochwand bei B' liegt.

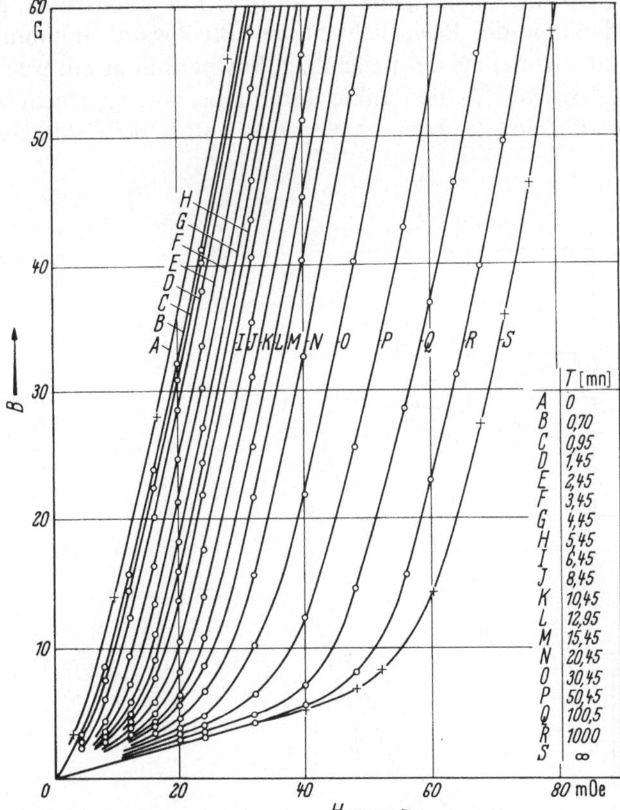

Fig. 13. b) Ballistisch gemessene Nachwirkungskurven an kohlenstoffhaltigem α-Fe bei verschiedenen Zeiten nach dem Entmagnetisieren. Konzentration der C-Atome $c = 4{,}6 \cdot 10^{-6}\,\%$. Meßtemperatur $T = -33{,}8\,°C$ (nach BRISSONNEAU [2]).

Die Vertiefung der Potentialmulde hat zur Folge, daß sich die Blochwand bei Anlegen eines Magnetfeldes nur bis zum Punkt B bewegt, während sie unmittelbar nach dem Entmagnetisieren von einem Magnetfeld gleicher Größe auf der Potentialkurve 0 bis zum Punkt A bewegt worden wäre. Die Magnetisierung, die von der Blochwandbewegung hervorgerufen wird, ist daher bei $t=0$ größer als zur Zeit $t=t_1$. Die kleinste Magnetisierungsänderung erhält man nach unendlich langer Zeit, wenn keine weitere Vertiefung der Potentialmulde mehr auftritt. Bestimmen wir die der Erniedrigung des Potentials entsprechende Änderung des Kraftverlaufs, so erhalten wir den in Fig. 13a dargestellten Verlauf der Wechselwirkungskraft. Wird immer dasselbe Magnetfeld angelegt, so kann sich die Blochwand nur auf einer Parallelen zur z-Achse verschieben. Den Punkten A und B im Potentialdiagramm entsprechen auch im Kraftdiagramm die Punkte A und B. Fig. 13a entnimmt man außerdem, daß die Steigung der Kraftkurve mit wachsender Zeit zunimmt und damit die Beweglichkeit der Blochwand abnimmt. Dem entspricht eine Abnahme der reversiblen Suszeptibilität mit wachsender Zeit. Dies gilt sowohl für die Punkte A und B bei vorgegebenem Magnetfeld als auch für die Gleichgewichtslagen A' und B' bei $H=0$. Damit ge-

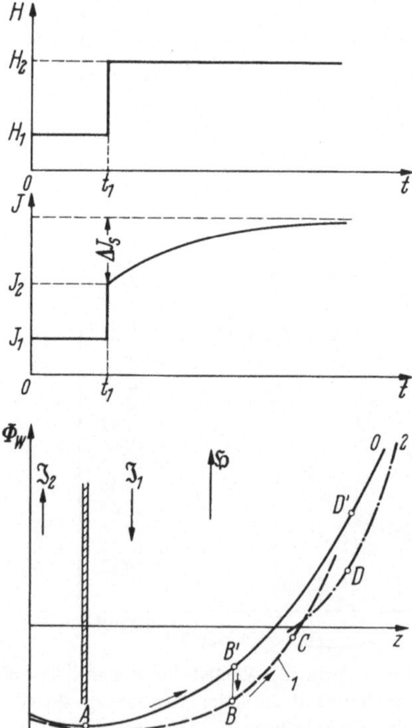

Fig. 13. c) Zur Deutung der Retardation der Magnetisierung bei der Richternachwirkung (Erklärung siehe Text).

langen wir zu einem qualitativen Verständnis des in Fig. 4 veranschaulichten Desakkommodationsversuchs. Eine quantitative Behandlung der Desakkommodation der reversiblen Suszeptibilität werden wir in Kapitel 8 geben.

Einen sehr überzeugenden Beweis des zeitlich variablen Nachwirkungspotentials liefern die nach verschiedenen Zeiten ballistisch gemessenen Magnetisierungskurven. Als Beispiel hierfür sind in Fig. 13b die Messungen von BRISSONNEAU [1] an kohlenstoffhaltigem α-Fe wiedergegeben. Den Magnetisierungskurven entnimmt man, daß unmittelbar nach dem Entmagnetisieren zum Erreichen einer Magnetisierung von 40 Gauss (Kurve A) ein Magnetfeld von $\sim 23\,\text{mOe}$ erforderlich ist, während nach sehr langen Zeiten (Kurve S) zum Erreichen derselben Magnetisierung ein Magnetfeld von $\sim 74\,\text{mOe}$ angelegt werden muß.

Anhand des Modells eines zeitlich variablen Blochwandpotentials läßt sich auch die *magnetometrisch* gemessene Nachwirkung der Magnetisierung bei der Richter-Nachwirkung veranschaulichen. Bei dieser Versuchsführung wird die Magnetisierung nicht nur unmittelbar nach Anlegen des Magnetfeldes gemessen, sondern deren zeitliche Änderung unter dem Einfluß des Magnetfeldes mit Hilfe eines Magnetometers verfolgt. Der zeitliche Verlauf des angelegten Magnetfeldes und der Magnetisierung ist für diesen Versuch in Fig. 13c dargestellt. Im Zeitintervall $0 < t < t_1$ wurde nach dem Entmagnetisieren das Magnetfeld H_1 angelegt. Dadurch erfährt die Probe bei $t = 0$ eine Magnetisierung J_1; die ursprünglich bei A liegende Blochwand wird, wie in Fig. 13c gezeigt ist, auf der Potentialkurve von 0 bis B' verschoben. In der Umgebung des Punktes B' erniedrigt sich nun das gesamte Wechselwirkungspotential, bis die Blochwand bei B liegt. Die Erniedrigung des Wechselwirkungspotentials erfolgt dabei symmetrisch zur Lage des Blochwandmittelpunktes. Deshalb findet keine Verschiebung der Blochwand statt und die Magnetisierung bleibt im Zeitintervall $0 < t < t_1$ konstant. Wird zur Zeit t_1 das Magnetfeld auf H_2 erhöht, so wird die Blochwand auf der Potentialkurve 1 bis zum Punkt C verschoben. Dem entspricht in Fig. 13c ein Anwachsen der Magnetisierung auf J_2. In der Position C beginnt sich nun erneut eine Potentialmulde auszubilden, wobei gleichzeitig die Potentialmulde 1 abgebaut wird. Bei diesem Prozeß erniedrigt sich die rücktreibende Kraft des Nachwirkungspotentials, so daß sich die Blochwand allmählich immer mehr nach rechts bewegt, bis die neue Potentialmulde 2 wieder voll ausgebildet ist. Die Blochwand befindet sich nun bei D. Diese Position entspricht der Lage D' auf der Potentialkurve 0, die die Blochwand in einem nachwirkungsfreien Potential bei Anlegen des Magnetfeldes H_2 ohne zeitliche Verzögerung einnehmen würde. Die Verschiebung der Blochwand von C nach D hat, wie aus Fig. 13c hervorgeht, eine Zunahme der Magnetisierung um den Betrag ΔJ_s zur Folge.

Fig. 13c gibt u.a. auch eine qualitative Deutung des in Abschnitt 2.2.b erläuterten Superpositionsgesetzes.

Abschließend halten wir fest, daß die endgültige Lage der Blochwand derjenigen entspricht, die sie auch im nachwirkungsfreien Wechselwirkungspotential einnehmen würde.

In Fig. 14 ist der zweite Fall erläutert. Eine Blochwand befindet sich unter dem Einfluß eines Magnetfeldes H in einer metastabilen Gleichgewichtslage bei A. Das absolute Minimum der freien Enthalpie sei am Punkt A' erreicht. Zur Überwindung des Kraftmaximums M_1 wird ein zusätzliches Magnetfeld der Größe H_{M_1} benötigt. Wie von Néel [2,3] erstmals erkannt wurde, kann dieses zusätzliche Magnetfeld durch *thermische Schwankungen* des Spinsystems spontan entstehen, so daß die Blochwand das Kraftmaximum überwinden kann.

Dabei führt die Blochwand einen Barkhausensprung aus und gelangt in die neue Gleichgewichtslage bei B. Das auf thermische Schwankungen zurückzuführende Streufeld nimmt im Laufe der Zeit sowohl positive als auch negative Werte an. Deshalb besteht die Möglichkeit, daß die Blochwand auch in entgegengesetzter Richtung springt und unter

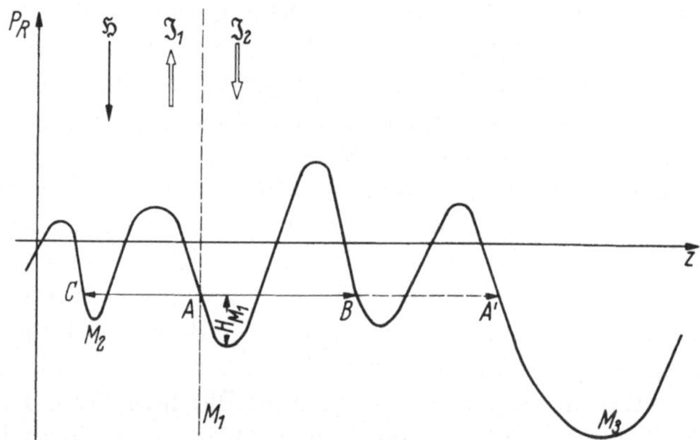

Fig. 14. Zur Deutung der Nachwirkung durch irreversible Blochwandbewegungen (Jordan-Nachwirkung).

Überwindung des Kraftmaximums M_2 zum Punkt C gelangt. Da bei dem letzteren Prozeß Arbeit gegen das äußere Magnetfeld zu leisten ist, werden die Sprünge in $(-)$-z-Richtung weniger häufig stattfinden als in $(+)$-z-Richtung. Im zeitlichen Mittel kommt es daher zu einer Verschiebung der Blochwand in Richtung der stabilen Gleichgewichtslage bei A'. Der Verschiebung der Blochwand entspricht eine im Laufe der Zeit stetig anwachsende Magnetisierung. Der unter 2. beschriebene Nachwirkungsprozeß gibt demnach eine Deutung der in Fig. 2 dargestellten

Jordan-Nachwirkung. Es ist hier zu bemerken, daß die Jordan-Nachwirkung, im Gegensatz zur Richter-Nachwirkung der Magnetisierung (Fig. 13c), unmittelbar nach Anlegen des Magnetfeldes nach dem Entmagnetisieren beobachtet werden kann.

Die in Fig. 13 und Fig. 14 veranschaulichten Nachwirkungstypen (Richter-Nachwirkung und Jordan-Nachwirkung) lassen sich formal durch ein sog. *Nachwirkungsfeld* $H_N(t)$ beschreiben. Dieses Nachwirkungsfeld wurde ursprünglich von NÉEL [3] eingeführt und entspricht einem von der Zeit abhängigen fiktiven Magnetfeld, das eine Veränderung der Magnetisierung J entsprechend

$$\Delta J_N(0,t) = \chi_N H_N(t) \tag{4.2}$$

hervorruft, wobei χ_N die für den Nachwirkungsprozeß maßgebende Suszeptibilität bedeutet. Unsere weitere Aufgabe besteht darin, die Nachwirkungssuszeptibilität χ_N in Zusammenhang mit den in Abschnitt 3.3. definierten Suszeptibilitäten χ_{rev} und χ_{irr} zu bringen. Der Darstellung von NÉEL [3] folgend, betrachten wir zunächst den Fall 1. Aufgrund der bei einem isotherm-isobaren System gültigen Bedingung (4.1) kann sich bei einer Umordnung der Fehlstellen die gesamte freie Enthalpie nur erniedrigen. Dem entspricht die in Fig. 13a dargestellte Vertiefung der Potentialmulde mit zunehmender Zeit. Einer Vertiefung der Potentialmulde entspricht aber ein fiktives negatives Magnetfeld $H_N(t)$, welches die Magnetisierung stets zu verkleinern trachtet. Wenn dieses sog. Nachwirkungsfeld klein im Vergleich zur Koerzitivfeldstärke ist, so können nur reversible Magnetisierungsänderungen in der in Fig. 13a angedeuteten Weise stattfinden. Im Falle des Nachwirkungstyps 1, bei einem stetig abnehmenden negativen Nachwirkungsfeld, gilt somit

$$\Delta J_N(0,t) = \chi_{\mathrm{rev}} H_N(t). \tag{4.3}$$

Im Grenzfall $H = 0$ ist in Gl. (4.3) für χ_{rev} nach Gl. (3.31) die Anfangssuszeptibilität χ_0 einzusetzen. Bei $H = 0$ findet keine Nachwirkung der magnetischen Induktion statt, sondern allein die reversible Suszeptibilität verringert, wie in Fig. 4 dargestellt, ihren Wert. Aufgrund der Tatsache, daß der unter 1. erwähnte Nachwirkungstyp proportional zur reversiblen Suszeptibilität ist, wird diese auch als *reversible Nachwirkung* bezeichnet. Gl. (4.3) gibt unter anderem eine theoretische Begründung der in Abschnitt 2.2.b. γ mitgeteilten Feldstärkenabhängigkeit der Nachwirkungsamplitude bei der Richter-Nachwirkung.

Im zweiten Fall unserer Nachwirkungsarten kann das auf thermische Schwankungen zurückzuführende Nachwirkungsfeld sowohl positive als auch negative Werte annehmen. Solange das thermische Streufeld klein gegen die zur Überwindung des Kraftmaximums erforderliche Feldstärke H_{M_1} ist (siehe Fig. 14), wird die Magnetisierung der Probe im zeitlichen Mittel nicht verändert. Erst wenn die Größe des thermischen Streufeldes ausreicht, die Blochwand über das Kraftmaximum hinweg nach B zu schieben, kommt es zu einer bleibenden Magnetisierungsänderung. Die Blochwand wird nach dem Sprung um die neue Position B schwanken, bis das Nachwirkungsfeld wieder groß genug ist, um die Blochwand entweder zurück in die Stellung A oder nach A' zu schieben. Wie aus unserer bisherigen Darstellung hervorgeht, findet eine Magnetisierungsänderung im Falle eines alternierenden Nachwirkungsfeldes allein durch irreversible Barkhausensprünge statt. Gl. (3.29) für die Magnetisierungskurve im Rayleighgebiet entnehmen wir, daß das erste Glied bei einem alternierenden Magnetfeld im zeitlichen Mittel keinen Beitrag zur Magnetisierung liefert, während der irreversible Anteil, welcher durch das zweite Glied von Gl. (3.29) gegeben ist, unabhängig von der Richtung des Magnetfeldes ist. Für die Nachwirkungssuszeptibilität χ_N im Falle eines alternierenden Nachwirkungsfeldes müssen wir daher die irreversible Suszeptibilität χ_{irr} in Gl. (4.2) einsetzen. Sofern wir die Magnetisierungskurve durch ein Rayleighgesetz entsprechend Gl. (3.29) beschreiben können, gilt somit

$$\Delta J_N(0,t) = \chi_{irr} H_N(t) = 2\alpha H H_N(t). \tag{4.4}$$

Das ursprünglich nur für kleine Feldstärken abgeleitete Rayleighgesetz gilt auch bei großen Feldstärken, wenn wir nur kleine Magnetisierungsänderungen infolge einer Magnetfeldänderung ΔH betrachten. Die Größe α ist dann als von der Feldstärke abhängig anzusehen und für H die Feldstärkeänderung ΔH einzusetzen. Gl. (4.4) gibt eine Begründung für die dort eingeführte Bezeichnungsweise „irreversible Nachwirkung" anstelle von „Jordan-Nachwirkung". Außerdem liefert Gl. (4.4) eine Deutung der in Abschnitt 2.4. mitgeteilten Feldstärkeabhängigkeit der Jordan-Nachwirkung, die wie χ_{irr} bei $H \sim H_c$ am größten ist. Ferner zeigt Gl. (4.4), daß bei $H = 0$ die Nachwirkung infolge von Barkhausensprüngen verschwindet. Das Auftreten eines Maximums der thermischen Nachwirkung bei Feldstärken, die von der Größenordnung der Koerzitivkraft sind, wurde experimentell von STREET, WOOLLEY und SMITH [3], BARBIER [4] sowie COURVOISIER nachgewiesen (siehe Fig. 3).

4.2. Die Zeitabhängigkeit des Nachwirkungsfeldes
bei der reversiblen Nachwirkung

a) Ein- und Ausschaltexperimente

In Abschnitt 4.1 wurde die Zeitabhängigkeit der Nachwirkung auf ein sog. Nachwirkungsfeld $H_N(t)$ zurückgeführt, dessen Zeitabhängigkeit, wie wir im folgenden Kapitel sehen werden (Kapitel 8, 10), bei

Kenntnis des speziellen Nachwirkungsprozesses berechnet werden kann. Eine Analyse des zeitlichen Verlaufs der Nachwirkungserscheinungen hat ergeben, daß die Zeitabhängigkeit der reversiblen Nachwirkung bei der sog. Orientierungsnachwirkung (siehe Kapitel 9) nach BOSMAN u. Mitarb. [2], [3] sowie SEEGER u. Mitarb. [11] häufig durch ein Exponentialgesetz beschrieben werden kann, wogegen die irreversible Nachwirkung nach STREET und WOOLLEY [2] sowie Courvoisier in guter Näherung einer logarithmischen Zeitabhängigkeit gehorcht. Neuerdings wurden jedoch von RIEGER auch bei der reversiblen Nachwirkung logarithmische Zeitabhängigkeiten gefunden. Aus der Zeitabhängigkeit der Nachwirkung kann deshalb noch nicht auf die Art der Nachwirkung geschlossen werden. Um den Nachwirkungstyp zu ermitteln, muß vielmehr nach Gl. (4.3) und Gl. (4.4) untersucht werden, ob diese proportional zur reversiblen oder zur irreversiblen Suszeptibilität ist.

Die einfachste Annahme, um die bei der reversiblen Nachwirkung häufig gefundene exponentielle Zeitabhängigkeit abzuleiten, besteht in dem Ansatz, daß die Änderungsgeschwindigkeit $\dot{J}$ bzw. $\dot{\chi}$ der Magnetisierung oder der Suszeptibilität proportional zur Abweichung vom Sättigungswert der betreffenden Eigenschaft bei unendlich großer Zeit ist. Für die in Fig. 5 und Fig. 13c dargestellten Retardationsversuche bei konstantem Magnetfeld gilt dann

$$\dot{J}(t) = (J_\infty - J)\frac{1}{\tau_H}, \qquad (4.5)$$

wobei τ_H die Bedeutung einer Relaxationszeit bei konstanter Feldstärke besitzt. Die Integration von Gl. (4.5) mit der Anfangsbedingung

$$J = J_0 \quad \text{für} \quad t = 0$$

liefert
$$J(t) = J_0 - \Delta J_s(1 - e^{-t/\tau_H}), \qquad (4.6)$$

bzw.
$$\Delta J_N(t) = -\Delta J_s(1 - e^{-t/\tau_H}),$$

mit
$$\Delta J_s = J_0 - J_\infty. \qquad (4.7)$$

ΔJ_s entspricht der in Abschnitt 2 eingeführten Stabilisierungsmagnetisierung. Sie gibt an, wie groß die maximale Änderung der Magnetisierung nach unendlich langer Wartezeit ist. ΔJ_s ist beim ballistischen Schaltversuch (Fig. 5, 13b) positiv und beim magnetometrischen Schaltversuch (Fig. 13c) negativ.

Ähnlich wie im Falle eines konstanten angelegten Magnetfeldes können wir auch einen Schaltversuch bei konstanter Magnetisierung J durchführen (Relaxationsversuch). Physikalisch bedeutet eine derartige Versuchsführung, daß man die Blochwände durch ein Feld H aus ihrer Ruhelage um eine konstante Strecke U auslenkt. Um die Blochwände beim ballistischen Schaltversuch mit zunehmender Wartezeit in diese Position zu verschieben, muß das angelegte Magnetfeld erhöht werden, da entsprechend Fig. 13a mit wachsender Zeit die rücktreibende Wechselwirkungskraft am Punkt A zunimmt. In Analogie zu Gl. (4.5) lautet dann die Differentialgleichung für diesen Prozeß

$$\dot{H} = (H_\infty - H)\frac{1}{\tau_J}, \tag{4.8}$$

wobei τ_J die Relaxationszeit bei konstanter Magnetisierung J und H_∞ die Gleichgewichtsfeldstärke bei unendlich großer Zeit bedeutet. Die Integration von Gl. (4.8) mit der Anfangsbedingung $H = H_0$ für $t = 0$ liefert

$$H = H_0 - \Delta H_s(1 - e^{-t/\tau_J}), \tag{4.9}$$

mit

$$\Delta H_s = H_0 - H_\infty. \tag{4.10}$$

Das in Abschnitt 4.1 eingeführte Nachwirkungsfeld $H_N(t)$ können wir nun anhand von Gl. (4.6) sofort bestimmen. Gl. (4.6) in G. (4.3) einsetzt, ergibt unmittelbar

$$\frac{\Delta J_N}{\chi_{\mathrm{rev}}} = H_N(t) = -\frac{\Delta J_s}{\chi_{\mathrm{rev}}}(1 - e^{-t/\tau_H}). \tag{4.11}$$

Man entnimmt Gl. (4.11), daß das Nachwirkungsfeld für große Zeiten t einem endlichen Grenzwert

$$H_N(\infty) = H_s = -\Delta J_s/\chi_{\mathrm{rev}} \tag{4.12}$$

zustrebt, der beim ballistischen Schaltversuch einen negativen und beim magnetometrischen Schaltversuch einen positiven Wert besitzt. Man bezeichnet $H_N(\infty)$ auch als Stabilisierungsfeldstärke H_s, da sich nach unendlich langer Zeit eine stabile Gleichgewichtsverteilung der Magnetisierung und der Fehlstellen eingestellt hat.

Ähnliche Beziehungen wie für die Magnetisierung J können wir auch für die Nachwirkung der reversiblen Suszeptibilität beim Desakkommodationsversuch und beim magnetometrischen Schaltversuch ableiten. Wenn wir voraussetzen, daß für die Magnetisierung J das Rayleighgesetz gemäß Gl. (3.29) zutrifft, so dürfen wir in Gl. (4.6) folgende Substitution vornehmen:

$$J = \chi(t)H, \quad J_\infty = \chi_\infty H, \quad J_0 = \chi_0 H. \tag{4.13}$$

Dabei bedeutet $\chi(t)$ die Suszeptibilität zur Zeit t, χ_∞ die Suszeptibilität nach unendlich langer Zeit t und χ_0 die unrelaxierte Suszeptibilität zur Zeit $t = 0$.

Mit diesen Ansätzen folgt aus Gl. (4.6) für die Suszeptibilität

$$\chi(t) = \chi_0 - (\chi_0 - \chi_\infty)(1 - e^{-t/\tau_H}) = \chi_0 - \Delta\chi_s(1 - e^{-t/\tau_H}), \qquad (4.14)$$

wobei wir

$$\Delta\chi_s = \chi_0 - \chi_\infty = \frac{\Delta J_s}{H} \qquad (4.15)$$

gesetzt haben. Im folgenden werden wir $\Delta\chi_s$ als die *Stabilisierungssuszeptibilität* bezeichnen. $\Delta\chi_s$ ist positiv beim Desakkommodationsversuch und negativ beim magnetometrischen Schaltversuch.

b) Allgemeine Theorie der Zeitabhängigkeit

Die in den vorhergehenden Abschnitten abgeleiteten Gleichungen gelten für den Fall, daß man den Relaxationsprozeß durch *eine* Relaxationszeit beschreiben kann. Der zeitliche Verlauf der Nachwirkung beim Ein- oder Ausschaltversuch wird dann durch eine exponentielle Zeitabhängigkeit wiedergegeben. Wie wir im folgenden sehen werden, liegen derartige einfache Verhältnisse nur in bestimmten Fällen der Orientierungsnachwirkung vor. Dagegen wird die Zeitabhängigkeit der Diffusionsnachwirkung (siehe Kapitel 9.4.c) bei großen Zeiten durch ein $1/t^{3/2}$-Gesetz beschrieben. Dieser Nachwirkungstyp gehorcht dann nicht mehr der Differentialgleichung (4.5). Wir wollen daher im folgenden eine allgemeine Beziehung für die Nachwirkung der Suszeptibilität ableiten, die von keiner speziellen Annahme über die Zeitabhängigkeit des Nachwirkungsprozesses Gebrauch macht. Grundlage dieser allgemeinen Theorie ist das Boltzmannsche Superpositionsprinzip, welches ursprünglich für die elastische Nachwirkung eingeführt wurde. Das Superpositionsprinzip besagt, daß, wenn die von den Magnetfeldern $\mathfrak{H}_1$ und $\mathfrak{H}_2$ hervorgerufenen Änderungen der Magnetisierung $\mathfrak{J}_1$ und $\mathfrak{J}_2$ betragen, das Magnetfeld $\mathfrak{H}_1 + \mathfrak{H}_2$ die Änderung $\mathfrak{J}_1 + \mathfrak{J}_2$ bewirkt. Wir führen nun die sogenannte Nachwirkungsfunktion $G(t)$ ein, mit deren Hilfe die Zeitabhängigkeit der Nachwirkung einfach beschrieben werden kann. Zunächst betrachten wir die in Abschnitt 4.2.a behandelte Versuchsführung bei konstanter Magnetisierung. Für das zeitabhängige Magnetfeld $H(t)$, das zur Aufrechterhaltung der Magnetisierung J notwendig ist, gelte die Beziehung

$$H(t) = \frac{J}{\chi_0}(1 + G(t))$$

oder $\qquad\qquad\qquad\qquad\qquad\qquad\qquad\qquad\qquad\qquad$ (4.16)

$$\frac{1}{\chi(t)} = \frac{1}{\chi_0}(1 + G(t)).$$

Aus Gl. (4.16) erhält man für $G(t) = 0$ die statische unrelaxierte Magnetisierungskurve. Die Nachwirkungsfunktion $G(t)$ besitzt folgende Grenzwerte:

$$G(0) \ = 0,$$

$$G(\infty) = \frac{\chi_0}{\chi_\infty} - 1 = \frac{\Delta\chi_s}{\chi_\infty}. \tag{4.17}$$

Unter Zugrundelegung des Superpositionsprinzips können wir nun auch das Magnetfeld angeben, wenn sich zur Zeit t die Magnetisierung sprunghaft ändert.

Werden zu den Zeiten t_i unstetige Änderungen der Magnetisierung (ΔJ_i) vorgenommen, so gilt allgemein

$$H(t) = \frac{1}{\chi_0} \sum_i \Delta J_i \{G(t - t_i) + 1\},$$

$$\frac{1}{\chi(t)} = \sum_i \frac{1}{\chi_i(t)} = \frac{1}{\chi_0} \sum_i \{G(t - t_i) + 1\} \frac{\Delta J_i}{\sum_i \Delta J_i}. \tag{4.18}$$

Sofern die Änderung der Magnetisierung kontinuierlich erfolgt, gilt bei einer differentiellen Änderung dJ der Magnetisierung zur Zeit t' für die dazugehörige Änderung des Magnetfeldes

$$\frac{dH(t)}{dt} = \frac{1}{\chi_0} \frac{dJ(t')}{dt'} (G(t - t') + 1). \tag{4.19}$$

Allgemein erhält man damit für das Magnetfeld H zur Zeit t aus Gl. (4.19) durch Integration über t'

$$H(t) = \frac{1}{\chi_0} \int_{-\infty}^{t} \dot{J}(t')(G(t - t') + 1)\, dt', \tag{4.20}$$

oder wenn wir eine partielle Integration ausführen

$$H(t) = + \frac{1}{\chi_0} J(t) + \frac{1}{\chi_0} \int_{-\infty}^{t} J(t)\dot{G}(t - t')\, dt', \tag{4.21}$$

wobei angenommen wurde, daß zur Zeit $t = -\infty$ ein entmagnetisierter Zustand vorliegt, also $J(-\infty) = 0$ gilt. Ist die Magnetisierung J durch eine periodische Funktion der Form $J = \hat{J}_0\, e^{-i\omega t}$ vorgegeben, so wird auch das Magnetfeld H proportional zu $e^{-i\omega t}$ sein, sofern wir von einer linearen Beziehung (Rayleighgesetz) zwischen J und H ausgeht. Aus Gl. (4.20) können wir dann eine einfache Beziehung für die Relaxation der Suszeptibilität ableiten, und zwar gilt:

$$\frac{1}{\chi(t)} = \frac{1}{\chi_0} - \frac{i\omega}{\chi_0} \int\limits_{-\infty}^{t} G(t-t') e^{-i\omega(t'-t)} dt'.$$ (4.22)

Mit der Substitution $i\omega(t-t') = \xi$ lautet Gl. (4.22) in der von SEEGER [4] angegebenen Form folgendermaßen:

$$\frac{1}{\chi(t)} - \frac{1}{\chi_0} = - \frac{1}{\chi_0} \int\limits_{0}^{i\infty} G\left(\frac{\xi}{i\omega}\right) e^{\xi} d\xi.$$ (4.23)

Nach RATHENAU, BOSMAN [1] und HAMPE [1, 2, 3] ist es häufig praktisch anstelle der reziproken Suszeptibilität χ^{-1} die Reluktivität r einzuführen; dann ergibt sich für Gl. (4.23):

$$r(t) - r_0 = - r_0 \int\limits_{0}^{i\infty} G\left(\frac{\xi}{i\omega}\right) e^{\xi} d\xi.$$ (4.24)

Aus Gl. (4.21) − Gl. (4.24) können die bisher behandelten Fälle abgeleitet werden. Zum Beispiel lautet die Nachwirkungsfunktion bei einem Relaxationsprozeß, der durch eine einzige Relaxationszeit τ_H beschrieben wird:

$$G(t) = \frac{\Delta\chi_s}{\chi_\infty} \left(1 - e^{-\frac{t}{\tau_H}}\right)$$ (4.25)

Im folgenden wollen wir nun die Nachwirkungsfunktion für den Fall berechnen, daß anstelle *einer* Relaxationszeit ein ganzes Spektrum von Relaxationszeiten vorhanden ist.

c) Die Nachwirkungsfunktion bei Zeitkonstantenstreuung

Der zeitliche Verlauf der ferromagnetischen Nachwirkung läßt sich häufig nicht durch eine einzige Relaxationszeit entsprechend Gl. (4.6) bzw. Gl. (4.9) richtig beschreiben. Man geht daher, wie bei der mechanischen Nachwirkung (vgl. hierzu WIECHERT, BECKER und RICHTER [1] zu einem Spektrum der Relaxationszeiten über, das wir durch eine Verteilungsfunktion $p(\tau_H)$ beschreiben. $p(\tau_H)$ soll angeben, mit welcher relativen Häufigkeit die Relaxationszeit τ_H im Intervall τ_H bis $\tau_H + d\tau_H$ auftritt. $p(\tau_H)$ ist daher gleichzeitig ein Maß für denjenigen Anteil der Magnetisierung, welcher mit der Relaxationszeit τ_H relaxiert. Die Verteilungsfunktion $p(\tau_H)$ soll der Normierungsbedingung

$$\int\limits_0^\infty p(\tau_H)\, d\tau_H = 1 \tag{4.26}$$

gehorchen.

Für die Nachwirkungsfunktion $G(t)$ ergibt sich dann im Falle eines Spektrums der Relaxationszeiten bei Berücksichtigung von Gl. (4.25)

$$G(t) = \frac{\Delta\chi_s}{\chi_\infty} \int\limits_0^\infty p(\tau_H)\,(1 - e^{-\frac{t}{\tau_H}})\, d\tau_H. \tag{4.27}$$

Wie man anhand der Normierungsbedingung (4.26) leicht zeigen kann, nimmt $G(t)$ bei einer Zeitvariation von $t=0$ bis $t=\infty$ vom Wert 0 bis auf den Wert 1 zu. Für die Verteilungsfunktion $p(\tau_H)$ hat sich speziell die von BECKER im Anschluß an die Arbeiten von WIECHERT für die mechanische Nachwirkung eingeführte und von RICHTER [1] auch auf die magnetische Nachwirkung angewandte sog. *logarithmische Verteilungsfunktion*

$$p(\tau_H)\,d\tau_H = \frac{1}{\ln\dfrac{\tau_2}{\tau_1}}\, d\ln\tau_H = \frac{d\tau_H}{\tau_H\ln\dfrac{\tau_2}{\tau_1}} \quad \text{für} \quad \tau_1 < \tau_H < \tau_2 \tag{4.28.a}$$

und

$$p(\tau_H) = 0 \quad \text{für} \quad \tau_2 < \tau_H;\quad \tau_1 > \tau_H \tag{4.28.b}$$

sehr bewährt. Wenn man davon ausgeht, daß für die Relaxationszeiten Arrheniusgleichungen gelten ($\tau_1 = \tau_0 \exp(Q_1/kT)$; $\tau_2 = \tau_0 \exp(Q_2/kT)$), so lautet Gl. (4.28 a)

$$p(\tau_H)\,d\tau_H = \frac{dQ}{Q_1 - Q_2}. \tag{4.29}$$

Gl. (4.29) bringt zum Ausdruck, daß eine logarithmische Verteilungsfunktion der Relaxationszeiten einer konstanten Wahrscheinlichkeit für das Auftreten einer bestimmten Aktivierungsenergie im Intervall $Q_2 < Q < Q_1$ entspricht.

Wird Gl. (4.29) in Gl. (4.27) eingesetzt, so erhalten wir für die Nachwirkungsfunktion

$$G(t) = 1 + \frac{1}{\ln\dfrac{\tau_2}{\tau_1}} \{E_i(-t/\tau_2) - E_i(-t/\tau_1)\}, \tag{4.30}$$

wo $E_i(-x)$ den bei JAHNKE und EMDE behandelten Integrallogarithmus

$$E_i(-x) = -\int\limits_x^\infty \frac{e^{-x}}{x}\,dx \qquad (4.31)$$

bedeutet.

Aus Gl. (4.30) können wir einfache Näherungsausdrücke für bestimmte Zeitintervalle ableiten. Für Zeiten $t < \tau_1$ ergibt sich

$$G(t) = \frac{t}{\tau_1 \ln \dfrac{\tau_2}{\tau_1}}. \qquad (4.32)$$

Im Zeitintervall $\tau_1 < t < \tau_2$ gilt

$$G(t) = 1 + \frac{0{,}5772}{\ln \dfrac{\tau_2}{\tau_1}} - \frac{\ln \tau_2}{\ln \dfrac{\tau_2}{\tau_1}} + \frac{\ln t}{\ln \dfrac{\tau_2}{\tau_1}}. \qquad (4.33)$$

Für große t schließlich nähert sich $G(t)$ dem Wert 1. Nach Gl. (4.33) verläuft die ferromagnetische Relaxation in einem mittleren Zeitintervall nach einem logarithmischen Zeitgesetz. Anhand der Zeitabhängigkeit der ferromagnetischen Relaxation können wir daher keine Rückschlüsse darauf ziehen, ob es sich um eine reversible oder eine irreversible Nachwirkung handelt, da in beiden Fällen die logarithmische Zeitabhängigkeit auftreten kann. Die Einführung einer Zeitkonstantenstreuung ist deshalb nur von beschränktem Wert für die physikalische Deutung der Nachwirkungserscheinungen.

4.3. Theorie der komplexen Suszeptibilität

a) Wechselstromversuche

Wie bereits in Abschnitt 2.3 ausgeführt wurde, kann die ferromagnetische Nachwirkung neben der Untersuchung der zeitabhängigen Effekte auch durch Messungen der komplexen Suszeptibilität studiert werden. In diesem Abschnitt werden wir die Zusammenhänge zwischen der komplexen Suszeptibilität und den Kenngrößen $\Delta\chi_s$ und τ eines einfachen Relaxationsprozesses ableiten. Die Vorteile bei Messungen der komplexen Suszeptibilität liegen in der großen Meßgenauigkeit und der Möglichkeit, die Relaxationszeit τ in einem großen Temperaturintervall bestimmen zu können. Zum Beispiel ist es möglich, Relaxationszeiten von der Größenordnung 10^{-3} sec ohne Schwierigkeiten zu messen, wogegen bei Messungen des zeitlichen Verlaufs der Nachwirkung Relaxationszeiten, die kleiner als 60 sec sind, praktisch nicht ermittelt werden können. Systematische Messungen der magnetischen Verluste wurden erstmals von JORDAN [1, 2] und SCHULZE ausgeführt.

Die Experimente können bei einem beliebigen vorgegebenen Gleichfeld längs der Magnetisierungskurve durchgeführt werden. Da im Wechselstromversuch sowohl die Magnetisierung J als auch das angelegte Magnetfeld H von der Zeit abhängen, sind die in Abschnitt 4.2.a) abgeleiteten Beziehungen für die statische Versuchsdurchführung nicht in der Lage, die Zeitabhängigkeit der Nachwirkung beim Wechselstromversuch richtig wiederzugeben.

Man kann das Verhalten des Ferromagneten mit dem eines anelastischen Körpers vergleichen, da in beiden Fällen bei kleinen Amplituden eine lineare Beziehung zwischen den Größen J und H bzw. zwischen der elastischen Spannung σ und der Dehnung ε besteht. Es liegt nahe, zur Beschreibung der zeitabhängigen Erscheinungen in Ferromagnetika eine phänomenologische Theorie zu entwickeln, die sich an die für den anelastischen Körper abgeleitete Theorie der mechanischen Nachwirkung anlehnt (vgl. ZENER). Ausgangspunkt dieser Theorie ist die allgemeinste lineare Beziehung zwischen den zu verknüpfenden Größen J und H sowie deren zeitlichen Ableitungen $\dot{J}$ und $\dot{H}$. Im folgenden geben wir die Beziehungen zwischen den magnetischen Größen J und H sowie χ an. Man gewinnt aus diesen Gleichungen die entsprechenden Beziehungen für die mechanischen Größen σ und ε, indem wir die magnetischen Größen nach dem in Tabelle 1 angegebenen Schema durch die entsprechenden mechanischen Größen ersetzen.

Hier ist zu bemerken, daß sich die Analogie zwischen der mechanischen und der magnetischen Nachwirkung nur auf den in Abschnitt 4.1 beschriebenen *magnetometrischen* Schaltversuch (Fig. 13c) bezieht, also auf die Nachwirkung der Magnetisierung oder des Magnetfeldes nach Vorgabe eines Magnetfeldes bzw. einer Magnetisierung. Der *ballistische* Schaltversuch (Fig. 5) sowie der Desakkommodationsversuch (Fig. 4) sind eng an das Auftreten von Blochwänden gebunden. Versuche dieser Art können daher bei der mechanischen Nachwirkung nicht ausgeführt werden.

Tabelle 1. *Die einander entsprechenden Größen bei der mechanischen und der magnetischen Relaxation.*

H	J	χ	τ_H	τ_J	$\Delta\chi_s$	χ_0	χ_∞
ε	σ	M	τ_ε	τ_σ	ΔM_s	M_0	M_∞

$M_0 =$ unrelaxierter Schubmodul. $M_\infty =$ relaxierter Schubmodul. $\Delta M_s = M_0 - M_\infty$.

Die Grundgleichung der magnetischen Nachwirkung lautet nach dem oben Gesagten für ein isotropes Medium und für einen einfachen Relaxationsprozeß im Rayleighgebiet

$$J + \tau_H \dot{J} = \chi_\infty (H + \tau_J \dot{H}). \tag{4.34}$$

In Gl. (4.34) wird dem bei Wechselfeldern auftretenden Skineffekt nicht Rechnung getragen. Die folgenden Betrachtungen gelten daher in Strenge nur für ein Ferromagnetikum mit der Leitfähigkeit 0. Den Einfluß des Skineffektes werden wir in Abschnitt e) berücksichtigen. In Gl. (4.34) bedeuten die τ_x Relaxationszeiten, deren Bedeutung wir anhand der Grenzfälle $\dot{J} = 0$ und $\dot{H} = 0$ sofort ableiten können. Für diese beiden Grenzfälle geht Gl. (4.34) in Gl. (4.5) und Gl. (4.8) über. τ_H und τ_J haben demnach die Bedeutung von Relaxationszeiten bei konstantem Feld bzw. konstanter Magnetisierung. Bei unendlich großen Zeiten dürfen bei einer statischen Versuchsführung $\dot{J}$ und $\dot{H}$ gleich 0 gesetzt werden. Gl. (4.34) lautet dann:

$$J_\infty = \chi_\infty H\,; \tag{4.35}$$

Gl. (4.35) entspricht der statischen relaxierten Magnetisierungskurve bei kleinen Feldstärken. χ_∞ bedeutet demnach die bereits in Abschnitt 4.2.a eingeführte relaxierte Suszeptibilität beim magnetometrischen Schaltversuch. Um einen Zusammenhang zwischen den beiden Relaxationszeiten τ_H und τ_J zu erhalten, betrachten wir nun Gl. (4.34) für kleine Zeiten t, bei denen J und H gegenüber $\tau_H \dot{J}$ und $\tau_J \dot{H}$ vernachlässigt werden können. Dann erhält man

$$\frac{\Delta J}{\Delta H} = \chi_0 = \chi_\infty \frac{\tau_J}{\tau_H}, \tag{4.36}$$

wobei χ_0 die in Abschnitt 4.2.a eingeführte unrelaxierte Suszeptibilität zur Zeit $t = 0$ bedeutet. Zwischen der unrelaxierten Suszeptibilität χ_0 und der relaxierten Suszeptibilität χ_∞ besteht damit folgender Zusammenhang:

$$\chi_0 / \chi_\infty = \tau_J / \tau_H. \tag{4.37}$$

Für die Stabilisierungssuszeptibilität ergibt sich

$$\Delta \chi_s = \chi_0 - \chi_\infty = \chi_0 \left(1 - \frac{\tau_H}{\tau_J} \right). \tag{4.38}$$

Entsprechend der Ableitung von Gl. (4.37) und Gl. (4.38) aus der Magnetisierungskurve bei kleinen Zeiten bedeuten χ_0 und χ_∞ die Werte der reversiblen Suszeptibilität beim magnetometrischen Schaltversuch.

Da bei dieser Versuchsführung, wie in Abschnitt 4.2.a angeführt wurde, $J_\infty > J_0$ und $\chi_0 < \chi_\infty$ gilt, ist im folgenden die Stabilisierungssuszeptibilität

$$\Delta\chi_s = \chi_0 - \chi_\infty$$

als negative Größe zu betrachten.

Gl. (4.34) stellt eine lineare Differentialgleichung 1. Ordnung dar, deren allgemeine Lösung folgendermaßen lautet

$$J(t) = \frac{\chi_\infty}{\tau_H} \int\limits_0^t (H(t') + \tau_J \dot{H}(t')) e^{\frac{t-t'}{\tau_H}} dt' + \text{const} \cdot e^{-\frac{t}{\tau_H}}. \tag{4.39}$$

Wird die Integration über $\dot{H}(t')$ mit Hilfe einer partiellen Integration ausgeführt, so findet man

$$J(t) - \chi_0 H(t) = -\frac{\Delta\chi_s}{\tau_H} \int\limits_0^t H(t') \exp\left[-\frac{t-t'}{\tau_H}\right] dt', \tag{4.40}$$

wobei als Anfangsbedingung für $t=0$ die unrelaxierte Magnetisierungskurve $J(0) = \chi_0 H(0)$ zugrundegelegt wurde. Gl. (4.40) lösen wir nun für den Fall eines periodischen Wechselfeldes

$$H(t) = \hat{H}_0 e^{i\omega t}, \tag{4.41}$$

wo $\hat{H}_0$ die Amplitude und ω die Kreisfrequenz des Wechselfeldes bedeutet.

Wird die Gleichung (4.41) in Gl. (4.40) eingesetzt, so erhält man

$$\begin{aligned}
J(t) &= -\frac{\Delta\chi_s}{\tau_H} \hat{H}_0 e^{-t/\tau_H} \int\limits_0^{t'} \exp\left[\frac{t'}{\tau_H} + i\omega t'\right] dt' + \chi_0 H(t) \\
&= \chi_\infty H(t) \frac{1 + i\omega\tau_J}{1 + i\omega\tau_H} + \frac{\Delta\chi_s \hat{H}_0}{1 + i\omega\tau_H} e^{-t/\tau_H}.
\end{aligned} \tag{4.42}$$

Für große Zeiten dürfen wir das zweite Glied in Gl. (4.42), das den Einschwingvorgang beschreibt, vernachlässigen. Dann ergibt sich für die komplexe Suszeptibilität des Ferromagnetikums

$$\chi(t) = \frac{dJ(t)}{dH} = \chi_\infty \frac{1 + i\omega\tau_J}{1 + i\omega\tau_H}. \tag{4.43}$$

Die Magnetisierung J können wir für große Zeiten auch in der Form

$$J(t) = \hat{J}_0 e^{i(\omega t + \delta)} \tag{4.44}$$

darstellen mit der Amplitude der Magnetisierung

$$\hat{J}_0 = \frac{\chi_\infty \hat{H}_0}{1+\omega^2 \tau_H^2}\left((1+\omega^2 \tau_H \tau_J)^2 + \omega^2(\tau_J - \tau_H)^2\right)^{1/2} \qquad (4.45)$$

und der Phasenverschiebung zwischen Magnetfeld und Magnetisierung

$$\mathrm{tg}\,\delta = \frac{\omega(\tau_J - \tau_H)}{1+\omega^2 \tau_H \tau_J} = \frac{\Delta\chi_s}{\chi_0}\,\frac{\omega\tau_J}{1+\omega^2 \tau_J \tau_H}. \qquad (4.46)$$

Mit der Phasenverschiebung ist ein Energieverlust pro Zyklus des Wechselfeldes verknüpft, der

$$\Delta E = \oint H \cdot dJ = \pi \chi_\infty \hat{H}_0^2\,\frac{\omega(\tau_J - \tau_H)}{1+\omega^2 \tau_H^2} = \pi\,\Delta\chi_s \hat{H}_0^2\,\frac{\omega\tau_H}{1+\omega^2 \tau_H^2} \qquad (4.47)$$

beträgt. Beziehen wir den Energieverlust auf die an der unrelaxierten Probe während eines halben Zyklus geleistete Arbeit

$$E_0 = \tfrac{1}{2}\chi_0 \hat{H}_0^2, \qquad (4.48)$$

so erhält man

$$\frac{\Delta E}{E_0} = 2\pi\,\frac{\Delta\chi_s}{\chi_0}\,\frac{\omega\tau_H}{1+\omega^2 \tau_H^2}. \qquad (4.49.a)$$

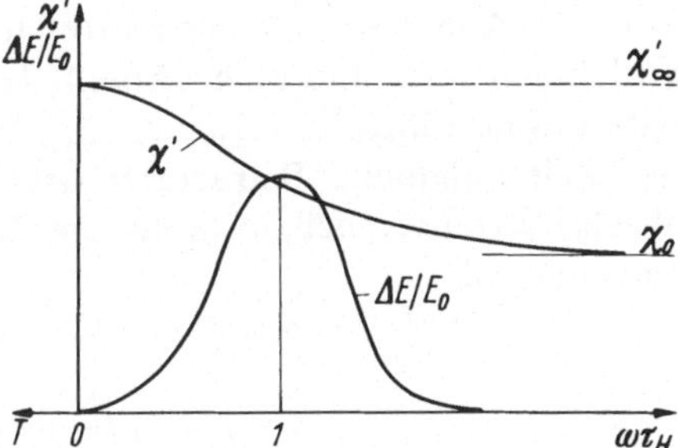

Fig. 15. Die Abhängigkeit des Energieverlustes und des Realteils der Suszeptibilität von der Frequenz bzw. der Temperatur.

Ein Vergleich von Gl. (4.49.a) mit Gl. (4.46) zeigt, daß im Grenzfall einer kleinen Nachwirkungsamplitude, d.h. $\Delta\chi_s \ll \chi_0, \chi_\infty$ und $\tau_J \sim \tau_H \sim \tau$ die Beziehung

$$\frac{\Delta E}{E_0} = 2\pi\,\mathrm{tg}\,\delta = 2\pi\,\frac{\Delta\chi_s}{\chi_0}\,\frac{\omega\tau}{1+\omega^2 \tau^2} \qquad (4.49.b)$$

gilt.

Die Abhängigkeit des Energieverlustes von der Größe $\omega\tau_H$ ist in Fig. 15 dargestellt. Das Auftreten eines Verlustmaximums bei $\omega\tau_H = 1$ bietet eine einfache Möglichkeit, die Relaxationszeit als Funktion der Temperatur zu bestimmen. Man kann dabei grundsätzlich nach zwei verschiedenen Methoden vorgehen. Man mißt entweder den Verlustwinkel $tg\delta$ bei konstanter Temperatur als Funktion der Frequenz oder den Verlustwinkel bei festgehaltener Frequenz als Funktion der Temperatur (vgl. Fig. 8).

b) Ortskurve und komplexe Suszeptibilität

Eine häufig angewandte Methode zur Untersuchung von Relaxationsprozessen besteht in der Darstellung der komplexen Suszeptibilität in einer sog. Ortskurve. Diese Methode wurde bereits von DEBYE zur Beschreibung dielektrischer Verluste benützt und in der Folgezeit vor allem von FELDTKELLER [2] und FELDTKELLER u. Mitarb. [3–7] zum Studium der magnetischen Verluste in Fe-Legierungen angewandt.

Man erhält die Ortskurve der komplexen Permeabilität oder der komplexen Suszeptibilität, indem man den Realteil dieser Eigenschaften auf der Ordinate und den negativen Imaginärteil auf der Abszisse eines rechtswinkeligen Koordinatensystems aufträgt. Für das folgende ist es zweckmäßig, die Suszeptibilität bzw. die Permeabilität gemäß

$$\left.\begin{aligned}\chi&=\chi_0+\varDelta\chi_N\\[1em]\mu&=\mu_0+\varDelta\mu_N\end{aligned}\right\}, \qquad \left.\begin{aligned}\mu_0&=1+4\pi\chi_0\\[1em]\varDelta\mu_N&=4\pi\varDelta\chi_N\end{aligned}\right\} \tag{4.50}$$

in einem Anteil $\chi_0,(\mu_0)$, der auftreten würde, wenn keine Nachwirkung vorhanden wäre und einen Anteil $\varDelta\chi_N$ $(\varDelta\mu_N)$, der allein von der Nachwirkung herrührt, zu zerlegen. $\varDelta\chi_N$ bzw. $\varDelta\mu_N$ sind im allgemeinen von der Zeit abhängig. Betrachten wir den in Abschnitt a) behandelten Wechselstromversuch, so lautet die Zerlegung von χ und μ in Real- und Imaginärteil

$$\chi=\chi'-i\chi''=\chi_0+\varDelta\chi_N'-i\,\varDelta\chi_N'',$$

$$\mu=\mu'-i\mu''=\mu_0+\varDelta\mu_N'-i\,\varDelta\mu_N'' \tag{4.51}$$

mit

$$\varDelta\chi_N'=-\varDelta\chi_s\frac{1}{1+\omega^2\tau_H^2},$$

$$\varDelta\chi_N''=-\varDelta\chi_s\frac{\omega\tau_H}{1+\omega^2\tau_H^2}. \tag{4.52}$$

Der qualitative Verlauf des Real- und des Imaginärteils als Funktion von $\omega\tau_H$ ist in Fig. 16 für den Fall $\dfrac{\varDelta\chi_s}{\chi_0}=-\dfrac{1}{2}$ wiedergegeben. Die Stabilisierungssuszeptibilität ist, wie in Abschnitt 4.3.a ausgeführt wurde, mit negativem Vorzeichen in Gl. (4.52) einzusetzen. χ' besitzt bei $\omega = 0$ den Wert χ_∞ und bei $\omega \to \infty$ den Wert χ_0. In diesen beiden Grenzfällen verschwindet der Imaginärteil der Suszeptibilität. Bei $\omega \tau_H = 1$ hat χ'' ein

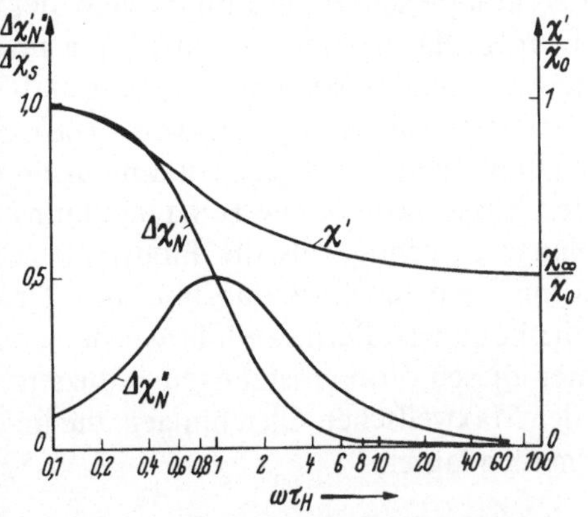

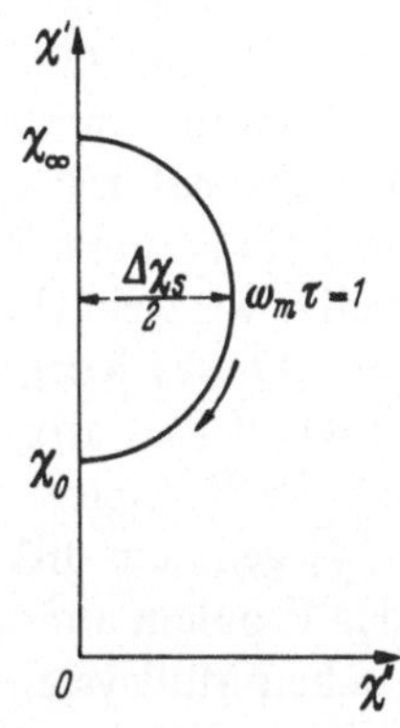

Fig. 16. Real- und Imaginärteil der komplexen Suszeptibilität in Abhängigkeit von der Meßfrequenz bzw. der Relaxationszeit $\cdot \dfrac{\Delta\chi_s}{\chi_0} = -\dfrac{1}{2}$.

Fig. 17. Ortskurve der komplexen Suszeptibilität für einen einfachen Relaxationsprozeß.

Maximum und χ' seine größte Steigung. Werden χ' und χ'' in einem kartesischen Koordinatensystem in der oben angegebenen Weise gegeneinander aufgetragen, so ergibt sich der in Fig. 17 dargestellte Halbkreis mit dem Mittelpunkt auf der Ordinate bei $\chi_M' = \chi_0 - \dfrac{\Delta\chi_s}{2}$ und dem Radius $\dfrac{|\Delta\chi_s|}{2}$.

c) Einfluß des Skineffektes

α) Allgemeine Theorie

Die in den vorhergehenden Abschnitten a) und b) für den Wechselstromversuch abgeleiteten Beziehungen sind nur dann exakt gültig, wenn das Ferromagnetikum keine Leitfähigkeit besitzt, d. h., wenn die Probe ein ferromagnetischer Isolator ist. Diese Bedingung ist bei den Ferriten (Granaten) annähernd erfüllt. Dagegen ist die Leitfähigkeit in Metallen im allgemeinen so groß, daß die vom angelegten Magnetfeld induzierten Wirbelströme eine Verdrängung des Magnetfeldes aus dem Innern der Probe zur Folge haben. Man bezeichnet diese Erscheinung als Skineffekt, da bei großen Frequenzen des angelegten Magnetfeldes dieses praktisch nicht in das Medium eindringen kann, sondern auf eine dünne Haut an der Oberfläche beschränkt ist. Bei Messungen an Ferromagnetika mit Wechselfeldern mißt man daher nicht die statischen magnetischen Eigenschaften, sondern Effektivwerte in Form einer komplexen Permeabilität oder Suszeptibilität. Für einen quantitativen Vergleich der Wechselstromexperimente mit der Theorie ist es notwendig, die Zusammenhänge zwischen der komplexen Permeabilität und der Permeabilität im Gleichfeld zu kennen, da man die Nachwirkung im allgemeinen für ein ideal nichtleitendes Medium berechnet. Eine grundlegende Darstellung der komplexen Permeabilität wurde von FELDTKELLER [2] in seinem Buch „Spulen und Übertrager" gegeben. Im folgenden wollen wir weiterhin von der Bereichsstruktur des Ferromagnetikums absehen. Dieses Vorgehen ist solange berechtigt, als die Eindringtiefe des Magnetfeldes groß gegen den mittleren Blochwandabstand ist. Der Einfluß der Bereichsstruktur auf die komplexe Permeabilität wurde von NÉEL [4] genauer diskutiert. Unter diesen Voraussetzungen reduziert sich das Problem auf die Lösung der Maxwellschen Gleichungen, die im Gaußschen Maßsystem folgendermaßen lauten:

$$\mathrm{rot}\,\mathfrak{H} = \frac{4\pi\mathfrak{j}}{c}; \quad \mathrm{rot}\,\mathfrak{E} = -\frac{1}{c}\frac{\partial\mathfrak{B}}{\partial t}. \tag{4.53}$$

In Gl. (4.53) bedeuten $\mathfrak{H}$ das gesamte Magnetfeld, $\mathfrak{B}$ die magnetische Induktion, $\mathfrak{E}$ das elektrische Feld, $\mathfrak{j}$ die elektrische Stromdichte und c die Lichtgeschwindigkeit. In Gl. (4.53) wurde der elektrische Verschiebungsstrom vernachlässigt, da bei metallischen Leitern in dem hier interessierenden Frequenzbereich ($v<10^{10}\,\mathrm{Hz}$) die Dielektrizitätskonstante praktisch ~ 1 ist. Die Maxwellschen Gleichungen sind zusammen mit den Materialgleichungen

$$\mathfrak{E} = \rho\mathfrak{j}; \quad \mathfrak{B} = \mu_0\mathfrak{H} = 1 + 4\pi\chi_0\mathfrak{H} \tag{4.54}$$

zu lösen, wobei ρ den spezifischen elektrischen Widerstand und μ_0 die Permeabilität im Gleichfeld bedeutet. Dabei kann μ_0 oder χ_0 entsprechend Gl. (4.14) auch zeitabhängige Anteile infolge von Nachwirkungsprozessen enthalten. Durch den linearen Ansatz zwischen dem Magnetfeld und der magnetischen Induktion ist die Gültigkeit unserer Rechnung auf den Anfangsteil der Magnetisierungskurve für $H\to 0$ beschränkt. Falls μ_0 im ganzen Medium denselben Wert besitzt, gilt infolge div $\mathfrak{B}=0$ auch die Bedingung div $\mathfrak{H}=0$. Unter Berücksichtigung dieser Bedingung sowie der Vektordifferentialformel rotrot $\mathfrak{H}=$ graddiv $\mathfrak{H} - \Delta\mathfrak{H}$ folgt aus Gl. (4.53) und Gl. (4.54) unmittelbar die Differentialgleichung für das Magnetfeld

$$\Delta\mathfrak{H} = \frac{4\pi}{\rho c^2}\left(\mu_0\frac{\partial\mathfrak{H}}{\partial t} + \dot{\mu}_0\mathfrak{H}\right). \tag{4.55}$$

Bei hinreichend hohen Frequenzen oder großen Zeiten t darf man das Glied mit $\dot{\mu}_0$ vernachlässigen. Gl. (4.55) lautet dann, wenn wir für H ein periodisches Magnetfeld der Form

$$\mathfrak{H}(\mathfrak{r}) = \hat{\mathfrak{H}}_0(\mathfrak{r})\, e^{i\omega t} \tag{4.56}$$

zugrundelegen,

$$\Delta\mathfrak{H} = \frac{i\mathfrak{H}}{r_s^2}\,. \tag{4.57}$$

Dabei bedeutet

$$r_s = \left(\frac{4\pi\omega\mu_0}{\rho c^2}\right)^{-1/2} \tag{4.58}$$

einen Parameter von der Dimension einer Länge, der — wie wir später sehen werden — mit der Eindringtiefe des Magnetfeldes in die Probe in Zusammenhang steht. Gl. (4.57) lösen wir nun für die praktisch wichtigen Fälle, daß es sich bei den zu untersuchenden Proben um eine ebene Platte bzw. um einen zylindrischen Stab handelt.

β) Ebene Platte

Die Platte besitze die Dicke d, und das Magnetfeld verlaufe parallel zur Platte in z-Richtung. Die x-Richtung des kartesischen Koordinatensystems sei parallel zur Plattennormalen und der Koordinatenursprung

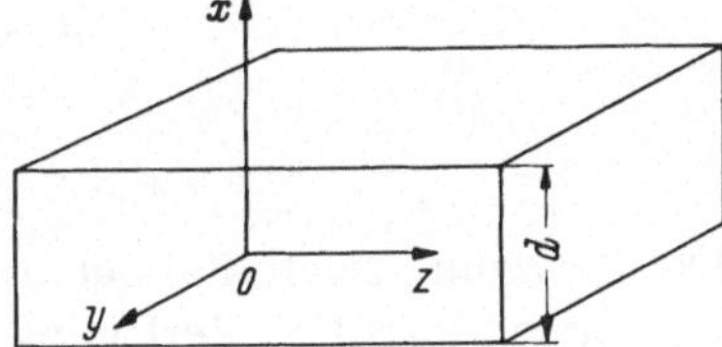

Fig. 18. Zur Definition des Koordinatensystems in einer ebenen Platte.

liege in der Mitte der Platte (siehe Fig. 18). Das Magnetfeld im Innern der Probe besitzt dann nur eine z-Komponente, die von x abhängig ist. Die Differentialgleichung für das Innere der Platte lautet somit

$$\frac{d^2 H_z}{dx^2} - \frac{i H_z}{r_s^2} = 0\,. \tag{4.59}$$

Mit der Randbedingung $H_z(d/2) = \hat{H}_0\, e^{i\omega t}$ findet man als Lösung von Gl. (4.59)

$$H_z(x) = \frac{\mathfrak{Cos}(x/r_s\sqrt{i})}{\mathfrak{Cos}\left(\dfrac{d}{2r_s}\right)\sqrt{i}}\,\hat{H}_0\, e^{i\omega t}\,. \tag{4.60}$$

Die effektive komplexe Permeabilität μ ergibt sich durch Mittelung der magnetischen Induktion über den Flächenquerschnitt der Probe und Differentiation nach dem angelegten Feld $H = \hat{H}_0\, e^{i\omega t}$. Die Ausführung dieser Rechnung liefert

$$\bar{B}_z(t) = \frac{\mu_0}{d} \int\limits_{-\frac{d}{2}}^{\frac{d}{2}} H_z(x)\, dx = \frac{\mathfrak{Tg}\left(\dfrac{d}{2r_s}\sqrt{i}\right)}{\left(\dfrac{d}{2r_s}\sqrt{i}\right)}\,\mu_0\,\hat{H}_0\,e^{i\omega t}$$

und

$$\mu = \frac{\bar{B}_z(t)}{\hat{H}_0\,e^{i\omega t}} = \frac{\mathfrak{Tg}\left(\dfrac{d}{2r_s}\sqrt{i}\right)}{\sqrt{i}\,(d/2r_s)}\,\mu_0. \tag{4.61}$$

Führen wir die sog. Wolmannsche Wirbelstromfrequenz ω_w ein, so lautet Gl. (4.61) mit

$$\omega_w = \frac{2\rho c^2}{\pi\mu_0 d^2} \tag{4.62}$$

$$\mu = \frac{\mathfrak{Tg}\left(\sqrt{i\dfrac{2\omega}{\omega_w}}\right)}{\sqrt{i\dfrac{2\omega}{\omega_w}}}\,\mu_0. \tag{4.63}$$

Die Rechnung zeigt, daß bei $\omega = \omega_w$ der Realteil von μ gerade auf $\frac{2}{3}$ abgenommen hat. Die Zerlegung der komplexen Permeabilität in einen Real- und einen Imaginärteil gemäß Gl. (4.34) ermöglicht wieder eine Darstellung der Permeabilität durch die in Abschnitt d) behandelte Ortskurve. Für die normierte komplexe Permeabilität

$$\frac{\mu}{\mu_0} = \frac{\mu'}{\mu_0} - i\frac{\mu''}{\mu_0} \tag{4.64}$$

ergibt sich bei verschwindender Nachwirkung $\Delta\mu_N = 0$ der in Fig. 19 wiedergegebene Verlauf der Ortskurve. Die relativen Komponenten der komplexen Suszeptibilität sind in Fig. 20 dargestellt. Bei kleinen Frequenzen $\omega < \omega_w$ besitzt die Ortskurve die Form eines Kreisbogens mit dem Verlustwinkel

$$\operatorname{tg}\delta_w = \frac{2}{3}\frac{\omega}{\omega_w}. \tag{4.65}$$

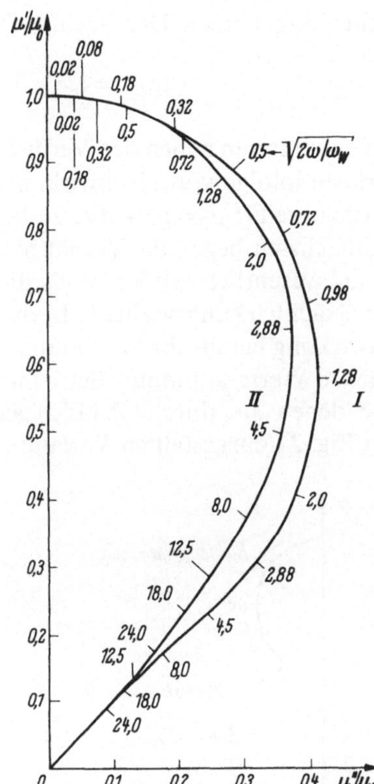

Fig. 19. Die Ortskurve der komplexen Suszeptibilität bei Wirbelstromverlusten. Kurve I: Ebene Platte. Kurve II: Zylindrischer Stab.

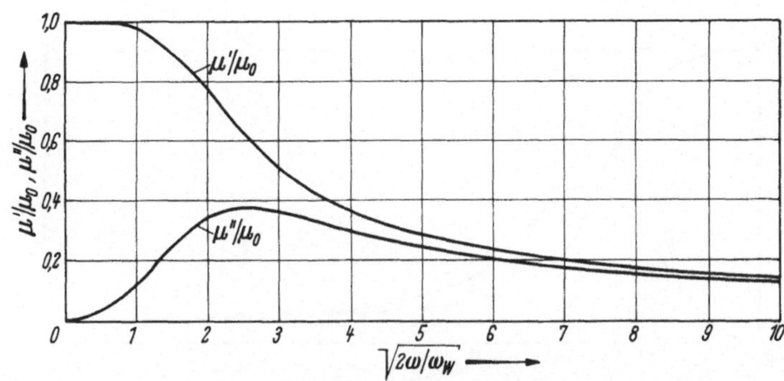

Fig. 20. Real- und Imaginärteil der komplexen Suszeptibilität einer ebenen Platte in Abhängigkeit von der Frequenz.

Bei großen Frequenzen $\dfrac{\omega}{\omega_w} > 3$ geht die Ortskurve in eine gerade Linie mit der Steigung 1 über. Der Verlustwinkel beträgt in diesem Teil der Ortskurve

$$\operatorname{tg}\delta_w = 1; \qquad \delta_w = \frac{\pi}{4}. \tag{4.66}$$

Im allgemeinen treten neben den Verlusten durch Wirbelstromdämpfung auch Verluste infolge von Nachwirkungsprozessen auf. In diesem Falle ist die Ortskurve für $\mu_0' = \mu_0 + \Delta\mu_N$ zu berechnen.

Am einfachsten liegen die Verhältnisse, wenn die Wirbelstromgrenzfrequenz ω_w wesentlich größer ist als die Frequenz $\omega_m = 1/\tau_H$ des Maximums der Nachwirkungsverluste. In diesem Fall erreichen die Verluste der Nachwirkung bereits ihr Maximum, bevor die Wirbelstromdämpfung vergleichbare Werte annimmt. Betrachtet man die Ortskurve für große Zeiten, bei denen $\Delta\mu_N$ durch Gl. (4.52) gegeben ist, so erhält man qualitativ den in Fig. 21 dargestellten Verlauf.

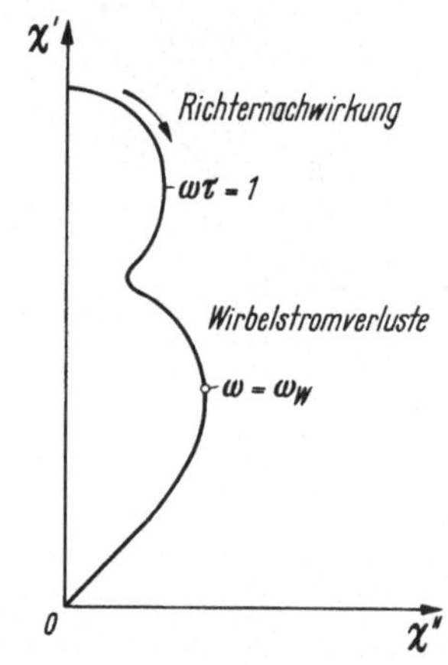

Fig. 21. Verlauf der Ortskurve bei gleichzeitiger Anwesenheit von Wirbelstromdämpfung und Nachwirkungsverlusten.

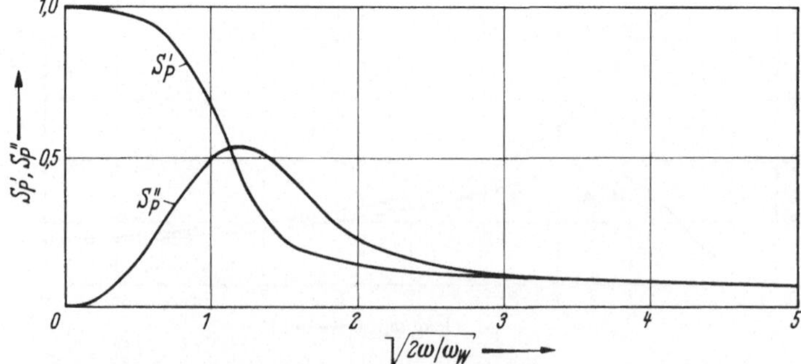

Fig. 22. Die Abhängigkeit der Entwicklungskoeffizienten S_p' und S_p'' von der Meßfrequenz.

Ein weiterer wichtiger Grenzfall liegt vor, wenn der Beitrag $\Delta\mu_N(t)$ zur Permeabilität klein gegen μ_0 ist. In diesem Fall können wir in Gl. (4.63) eine Taylorentwicklung nach $\Delta\mu_N$ vornehmen. Brechen wir die Reihe nach dem zweiten Glied ab, so ergibt sich für die Änderung der komplexen Permeabilität bzw. der komplexen Suszeptibilität infolge der Nachwirkung (im folgenden kennzeichnen wir komplexe Größen, die mit Skineffekt und Nachwirkung gemessen werden durch einen Querstrich):

$$\overline{\mu(t)} - \mu = \Delta\overline{\mu}_N = \Delta\overline{\mu}' - i\,\Delta\overline{\mu}'' = 4\pi\,\Delta\overline{\chi}_N = S_P\,\Delta\mu_N = 4\pi\,S_P\,\Delta\chi_N. \qquad (4.67)$$

Dabei bedeutet S_P eine für die ebene Platte charakteristische komplexe Größe

$$S_p = S_p' - iS_p'' = \frac{1}{2}\left[1 + \frac{\mathfrak{T}g\left(\dfrac{d}{2r_s}\sqrt{i}\right)}{\dfrac{d}{2r_s}\sqrt{i}}\left\{ 1 - i\cdot\frac{\mathfrak{T}g\left(\dfrac{d}{2r_s}\sqrt{i}\right)}{\dfrac{d}{2r_s}\sqrt{i}}\left(\dfrac{d}{2r_s}\right)^2 \right\} \right]$$

$$= \frac{1}{2}\left\{ 1 + \frac{\mu}{\mu_0}\left(1 - i\cdot\frac{\mu}{\mu_0}\left(\dfrac{d}{2r_s}\right)^2 \right) \right\} \qquad (4.68)$$

wobei μ_0 die Permeabilität im Gleichfeld ohne Nachwirkung bezeichnet.

Der Verlauf von S_p' und S_p'' als Funktion der Frequenz ω ist in Fig. 22 dargestellt. Mit Hilfe von Gl. (4.68) ist es nun möglich, den Zusammenhang zwischen der bei einem Wechselstromversuch gemessenen Nachwirkung des Realteiles der komplexen Suszeptibilität und der Nachwirkungsamplitude $\Delta\chi_N(t)$ im Gleichfeld herzustellen. Bedeutet $\Delta\overline{\chi}_N'$ die gemessene Änderung des Realteils von $\Delta\chi_N$, so gilt für die Nachwirkungsamplitude im Gleichfeld

$$\Delta\chi_N'(t) = \frac{\overline{\Delta\chi_N'(t)}}{S_p'}. \qquad (4.69.\mathrm{a})$$

Häufig ist es üblich, nicht die Nachwirkungsamplitude sondern das Verhältnis $\dfrac{\overline{\Delta\chi_N'}}{\overline{\chi}'}$ anzugeben, wo $\overline{\chi}'$ den Realteil der komplexen Suszeptibilität bedeutet. Um aus dieser experimentell zu bestimmenden Größe die für den Schaltversuch mit Gleichstrom maßgebende Größe $\dfrac{\Delta\chi_N'}{\chi_0}$ bestimmen zu können, müssen wir $\overline{\Delta\chi_N'}$ gemäß Gl. (4.69.a) und $\overline{\chi}'$ aus der Beziehung

$$\frac{\overline{\mu}'}{\mu_0} = \frac{1+4\pi\overline{\chi}'}{1+4\pi\chi_0}$$

berechnen. Dann erhält man folgenden Zusammenhang:

$$\frac{\Delta\chi'_N(t)}{\chi_0} = \frac{\overline{\Delta\chi'_N}}{\overline{\chi'}} \frac{\overline{\mu'}/\mu_0}{S'_p} \left(1 - \frac{1-\overline{\mu'}/\mu_0}{\chi_0(\overline{\mu'}/\mu_0)4\pi}\right). \tag{4.69.b}$$

Im allgemeinen ist μ_0 so groß, daß man das zweite Glied in der Klammer von Gl. (4.69.b) gegenüber 1 vernachlässigen und außerdem $\overline{\mu'} = \mu'$ setzen kann. Dann gilt

$$\frac{\Delta\chi'_N(t)}{\chi_0} = \frac{\overline{\Delta\chi'_N}}{\overline{\chi'}} \frac{\mu'/\mu_0}{S'_p}. \tag{4.69.c}$$

Der Umrechnungsfaktor $\dfrac{\mu'}{\mu_0}\dfrac{1}{S'_p}$ ist in Fig. 23 als Funktion von $\sqrt{\dfrac{2\omega}{\omega_w}}$ dargestellt. Bei kleinen Frequenzen $\omega < \omega_w$ besitzt der Umrechnungsnungsfaktor den Wert 1. Bei $\dfrac{\omega}{\omega_w} = 1{,}45$ erreicht $\dfrac{\mu'}{\mu_0}\dfrac{1}{S'_p}$ einen Maximalwert von 2,8, und bei großen Frequenzen nimmt der Umrechnungsfaktor den konstanten Wert 2 an.

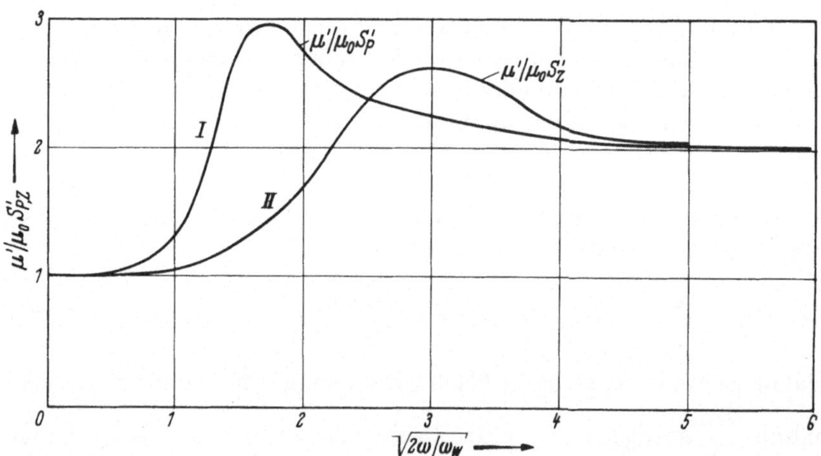

Fig. 23. Der Umrechnungsfaktor $\dfrac{\mu'}{\mu}\cdot\dfrac{1}{S'_{p,z}}$ in Abhängigkeit von der Meßfrequenz. Kurve I: Ebene Platte. Kurve II: Zylindrischer Stab.

Etwas komplizierter liegen die Verhältnisse bei Messungen der komplexen Suszeptibilität, wenn außer der Frequenzabhängigkeit des Skineffektes zusätzlich eine Frequenzabhängigkeit infolge eines Relaxationsprozesses auftritt. Im Falle eines einfachen Relaxationsprozesses ist gemäß Gl. (4.34) in Gl. (4.67) für $\Delta\mu_N$ die Beziehung

$$\Delta\mu_N = \Delta\mu_N' - i\,\Delta\mu_N'' \tag{4.70}$$

einzusetzen. Dann sind Realteil und Imaginärteil der Änderung der komplexen Suszeptibilität durch folgende Ausdrücke gegeben:

$$\overline{\Delta\mu_N'} = S_p'\,\Delta\mu_N' + S_p''\,\Delta\mu_N'' = -S_p'\,\frac{\Delta\chi_s}{1+\omega^2\tau_H^2} + S_p''\,\frac{\omega\tau_H}{1+\omega^2\tau_H^2}\,\Delta\chi_s,$$

$$\overline{\Delta\mu_N''} = -S_p'\,\Delta\mu_N'' + S_p''\,\Delta\mu_N' = +S_p'\,\frac{\omega\tau_H}{1+\omega^2\tau_H^2}\,\Delta\chi_s - S_p''\,\frac{\Delta\chi_s}{1+\omega^2\tau_H^2}. \tag{4.71.a}$$

Wie man Gl. (4.71 a) entnimmt, ist die Überlagerung von Skineffekt und Nachwirkung nicht durch eine einfache Addition von Real- und Imaginärteil gegeben. Aus Gl. (4.71.a) können die für den Vergleich mit der Theorie maßgebenden Größen $\Delta\mu_N'$ und $\Delta\mu_N''$ als Funktion der gemessenen Größen $\overline{\Delta\mu'_N}$ und $\overline{\Delta\mu''_N}$ berechnet werden und wir erhalten

$$\Delta\mu_N' = \frac{S_p'\,\overline{\Delta\mu_N'} - S_p''\,\overline{\Delta\mu_N''}}{(S_p')^2 + (S_p'')^2}, \qquad \Delta\mu_N'' = \frac{S_p''\,\overline{\Delta\mu_N'} + S_p'\,\overline{\Delta\mu_N''}}{(S_p')^2 + (S_p'')^2}. \tag{4.71.b}$$

Aus Gl. (4.71.b) folgt für den Tangens des Verlustwinkels

$$\mathrm{tg}\,\delta = \frac{\overline{\Delta\mu_N''}}{\overline{\Delta\mu_N'}} = \frac{S_p''\,\Delta\mu_N' + S_p'\,\Delta\mu_N''}{S_p'\,\Delta\mu_N' - S_p''\,\Delta\mu_N''}. \tag{4.71.c}$$

γ) Der zylindrische Stab

Ein zylindrischer, unendlich ausgedehnter Stab mit dem Radius r_0 werde parallel zu seiner Stabachse (z-Richtung) durch ein periodisches Magnetfeld

$$H_z = \hat{H}_0\,e^{-i\omega t} \tag{4.72}$$

magnetisiert. Das Magnetfeld im Innern der Probe hängt nur vom Abstand r von der Zylinderachse ab und ist unabhängig vom Azimutwinkel. Die Differentialgleichung für $H(r)$ lautet somit

$$\frac{d^2 H_z(r)}{dr^2} + \frac{1}{r}\,\frac{dH_z(r)}{dr} + \frac{i\,H_z(r)}{r_s^2} = 0. \tag{4.73}$$

Gl. (4.73) ist die Differentialgleichung für Besselfunktionen, deren Lösung mit der Randbedingung $H_z(r_0) = \hat{H}_0 e^{-i\omega t}$ folgendermaßen lautet:

$$H_z(r) = \frac{J_0\left(\frac{r}{r_s}\sqrt{i}\right)}{J_0\left(\frac{r_0}{r_s}\sqrt{i}\right)} \hat{H}_0 e^{-i\omega t} \qquad (4.74)$$

Dabei bedeutet J_0 die Besselfunktion nullter Ordnung.

Die komplexe Permeabilität erhalten wir wieder durch Mittelung der magnetischen Induktion über den Querschnitt des Zylinders. Aus

$$\bar{B} = \frac{2\pi\mu_0}{\pi r_0^2} \int\limits_0^{r_0} H_z(r)r_0\,dr = -2i\sqrt{i}\,(r_s/r_0)\frac{J_1\left[\frac{r_0}{r_s}\sqrt{i}\right]}{J_0\left[\frac{r_0}{r_s}\sqrt{i}\right]}\mu_0\hat{H}_0 e^{i\omega t}$$

ergibt sich

$$\mu = \mu' - i\mu'' = \frac{\bar{B}}{\hat{H}_0 e^{-i\omega t}} = -2\mu_0 i\sqrt{i}\,\frac{r_s}{r_0}\frac{J_1\left[\frac{r_0}{r_s}\sqrt{i}\right]}{J_0\left[\frac{r_0}{r_s}\sqrt{i}\right]}. \qquad (4.75)$$

Die Frequenzabhängigkeit von μ' und μ'' ist in Fig. 24 wiedergegeben. Dabei wurde wiederum der Anteil der Nachwirkung zur Permeabilität Null gesetzt. Die in Fig. 19 dargestellte Ortskurve besitzt eine ähnliche Form wie bei der ebenen Platte, nur ist die Amplitude des Imaginärteils

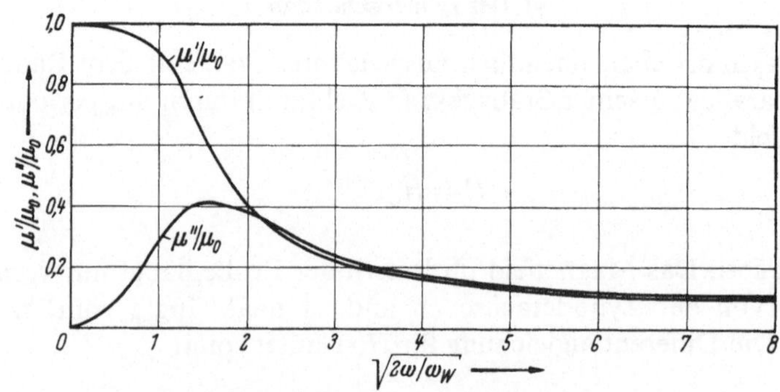

Fig. 24. Real- und Imaginärteil der komplexen Suszeptibilität eines zylindrischen Stabes in Abhängigkeit von der Meßfrequenz.

kleiner. Der Verlustwinkel beträgt bei großen Frequenzen $\omega > 3\,\omega_w$ wie bei der ebenen Platte

$$\operatorname{tg}\delta_w = 1; \quad \delta_w = \frac{\pi}{4}, \tag{4.76}$$

während bei kleinen Frequenzen $(\omega < \omega_w)$ die Ortskurve durch einen Kreisbogen angenähert werden kann, mit dem frequenzabhängigen Verlustwinkel

$$\operatorname{tg}\delta_w = \frac{2}{3}\,\frac{\omega}{\omega_w}. \tag{4.77}$$

Treten Wirbelstromverluste und Nachwirkungsverluste gleichzeitig auf, so lassen sich beide Effekte wiederum am einfachsten voneinander trennen, wenn die Bedingung $\omega_w \tau_H \gg 1$ erfüllt ist. Die Ortskurve verläuft dann qualitativ wie in Fig. 21.

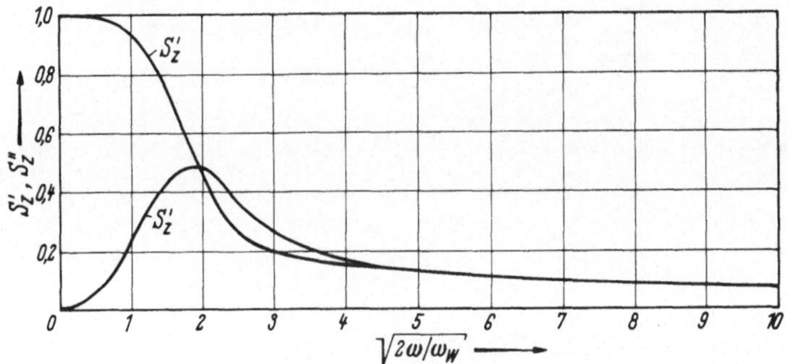

Fig. 25. Die Abhängigkeit der Komponenten S_z' und S_z'' von der Meßfrequenz.

Ist der Beitrag $\Delta\mu_N$ der Nachwirkung zur Gesamtpermeabilität klein, so ist – wie bei der Platte – die Änderung der Permeabilität durch

$$\overline{\Delta\mu_N} = 4\,\pi\,\overline{\Delta\chi_N} = S_z\,\Delta\mu_N \tag{4.78}$$

gegeben, wobei

$$S_z = S_z' - i\,S_z'' = 1 + \left\{ \frac{J_0\left(\dfrac{r_0}{r_s}\sqrt{i}\right)}{J_1\left(\dfrac{r_0}{r_s}\sqrt{i}\right)} \right\}^2$$

$$= 1 + \frac{i}{4}\left(\frac{\mu}{\mu_0}\right)^2 \frac{r_0^2}{r_s^2} \tag{4.79}$$

gilt.

Die Frequenzabhängigkeit der Größen S_z' und S_z'' wurde von SEEGER [4] berechnet und ist in Fig. 25 dargestellt. Die Beziehungen für die Nachwirkungsamplitude $\Delta\chi_N'(t)$ sowie die komplexe Nachwirkungsamplitude $\Delta\mu_N'$ sind dieselben wie Gl. (4.69) und Gl. (4.71) bei der ebenen Platte, nur daß anstelle von S_p' bzw. S_p'' die Größen S_z' und S_z'' einzusetzen sind.

5. Mikromagnetisches Modell der reversiblen ferromagnetischen Nachwirkung

a) Definition der Nachwirkungstypen

In den vorhergehenden Abschnitten wurde die ferromagnetische Nachwirkung auf die „zeitliche Veränderung" des Blochwandpotentials zurückgeführt. Die Abnahme der reversiblen Suszeptibilität mit wachsender Zeit wird in diesem Modell durch eine Abnahme der Blochwandbeweglichkeit gedeutet. Dies wiederum ist darauf zurückzuführen, daß sich die Blochwände mit zunehmender Zeit in immer tieferen Potentialmulden bewegen (siehe Fig. 13 und Fig. 14). Wie wir in Abschnitt 4.1 gesehen haben, sind die Vorgänge, die zu einer Vertiefung der Potentialmulde einer Blochwand führen, bei der reversiblen und der irreversiblen Nachwirkung voneinander verschieden. Bei der irreversiblen Nachwirkung wird die Vertiefung der Potentialmulde in indirekter Weise durch einen Barkhausensprung der Blochwand in eine benachbarte tiefere Potentialmulde erzeugt. Die Gitterfehlstellen werden dabei als unbeweglich betrachtet. Bei der reversiblen Nachwirkung hingegen bewegen sich die Blochwände immer in derselben Potentialmulde. Die Vertiefung der Potentialmulde erfolgt durch thermisch aktivierte Bewegung von Gitterfehlstellen.

Sowohl bei der reversiblen als auch bei der irreversiblen Nachwirkung ist als Ursache der zeitlichen Veränderung des Blochwandpotentials das Bestreben des Kristalls anzusehen, in einen Zustand mit möglichst kleiner freier Enthalpie überzugehen. Die treibende Kraft für den Übergang in einen Zustand kleinerer freien Enthalpie ist dabei auf die Wechselwirkungsenergie E zwischen den Gitterfehlstellen und der spontanen Magnetisierung zurückzuführen. Diese Wechselwirkungsenergie ist eine Funktion der Richtung der spontanen Magnetisierung $\mathfrak{J}$. Bei atomaren Fehlstellen, deren Symmetrie kleiner ist als die des idealen Kristalls, hängt E außerdem noch von der Orientierung der Symmetrieachsen der Fehlstelle bezüglich des Grundgitters ab (siehe hierzu Kapitel 6). Charakterisieren wir die verschiedenen Orientierungen der Fehlstelle mit einem Index n, so lautet die Wechselwirkungsenergie der Fehlstelle in der n-ten Orientierung allgemein

$$E_n = E_n(\mathfrak{J}(\mathfrak{r}, t)) , \tag{5.1}$$

wobei die Richtung der spontanen Magnetisierung $\mathfrak{J}$ als von Ort $\mathfrak{r}$ und der Zeit t abhängig betrachtet werden muß.

Anhand von Gl. (5.1) können über die reversible Nachwirkung, mit der wir uns im folgenden ausschließlich befassen werden, noch detalliertere Aussagen gemacht werden. Untersuchen wir die verschiedenen Möglichkeiten, die eine Fehlstelle hat, um ihre Wechselwirkungsenergie mit der spontanen Magnetisierung zu erniedrigen, so gelangt man zu einer Einteilung der zu erwartenden Nachwirkungserscheinungen in drei verschiedene Nachwirkungstypen:

1. Man spricht von *Orientierungsnachwirkung*, wenn der energetisch tiefste Zustand des Systems durch eine lokale Umordnung der Orientierung der Symmetrieachsen der anisotropen Fehlstellen in energetisch günstigere Positionen zustande kommt. Die Einstellung des Gleichgewichtszustandes ist bei dieser Nachwirkung demnach durch einen Prozeß der Art

$$n \rightleftarrows m \tag{5.2}$$

charakterisiert, wobei $E_m < E_n$ gilt und die Prozesse $n \rightarrow m$ häufiger stattfinden als die Prozesse $m \rightarrow n$.

2. Erfolgt die Gleichgewichtseinstellung durch eine weitreichende räumliche Verlagerung der Fehlstellen innerhalb der Blochwände, so handelt es sich um die sog. *Diffusionsnachwirkung*. Die Verschiebung der Fehlstelle um den Betrag $d\mathfrak{r}$ erfolgt dabei so, daß im zeitlichen Mittel die Bedingung

$$E_n(\mathfrak{J}(\mathfrak{r},t)) > E_n(\mathfrak{J}(\mathfrak{r}+d\mathfrak{r},t+dt)) \tag{5.3}$$

erfüllt ist.

3. Häufig tritt bei derselben Fehlstelle sowohl Orientierungs- als auch Diffusionsnachwirkung gleichzeitig auf. Dies ist immer dann der Fall, wenn die Reorientierungsprozesse $n \rightarrow m$ nur unter gleichzeitiger Verlagerung des Fehlstellenmittelpunktes möglich sind. Man bezeichnet diesen Nachwirkungstyp als eine *kombinierte Nachwirkung*.

b) Mikromagnetische Beschreibung der reversiblen Nachwirkung am Beispiel der C-Atome in α-Fe

Die Aufgabe einer mikromagnetischen Theorie der Nachwirkung besteht darin, die zeitliche Veränderung des Wechselwirkungspotentials auf die Bewegung von Gitterfehlstellen zurückzuführen. Die in Abschnitt 5.a gegebenen formalen Definitionen der verschiedenen Nachwirkungstypen vermitteln noch kein anschauliches Verständnis der im einzelnen ablaufenden Vorgänge. Wir werden daher in diesem Abschnitt die Orientierungs- und Diffusionsnachwirkung anhand eines konkreten Beispiels näher untersuchen. Als Beispiel wählen wir die C-Atome in α-Fe, deren Nachwirkung heute als die am besten erforschte angesehen werden kann. Die C-Atome in α-Fe befinden sich auf den Kantenmitten des Elementarwürfels (vgl. Fig. 40). Das Gitter erfährt hierdurch eine tetragonale Verzerrung. Die Gitterfehlstelle selbst besitzt ebenfalls tetragonale Symmetrie mit einer vierzähligen $\langle 100 \rangle$-Symmetrieachse parallel zu derjenigen Würfelkante, auf der sich das C-Atom befindet. Bei einer Orientierungsänderung der Symmetrieachse muß das C-Atom auf die Kantenmitte einer der benachbarten Würfelkanten springen. Dabei verlagert die Fehlstelle ihren Schwerpunkt. Wie in Abschnitt a) ausgeführt wurde, geben Fehlstellen mit dieser Eigenschaft Anlaß zur kombinierten Nachwirkung. Die Nachwirkung der C-Atome eignet sich daher besonders gut für eine einführende Betrachtung der mikromagnetischen Nachwirkungstheorie, da man an diesem Beispiel Orientierungs- und Diffusionsnachwirkung gleichzeitig studieren kann.

α) Die Orientierungsnachwirkung der C-Atome

Ausgangspunkt zur Berechnung der Orientierungsnachwirkung ist die Wechselwirkungsenergie E_i der Fehlstelle in der i-ten Position. Bei Fehlstellen mit tetragonaler Symmetrie gilt, wenn wir nur Glieder, die quadratisch in den Richtungskosinus der spontanen Magnetisierung sind, berücksichtigen

$$E_i = \varepsilon_1 \, \gamma_i^2, \tag{5.4}$$

wobei γ_i den Richtungskosinus der spontanen Magnetisierung bezüglich der i-ten $\langle 100 \rangle$-Achse bedeutet. ε_1 ist eine Wechselwirkungskonstante, die nach Messungen von DE VRIES, VAN GEEST, VAN GERSDORF und RATHENAU [2] (vgl. Abschnitt 6.1) positives Vorzeichen hat und nach BOSMAN den Wert

$$\varepsilon_1 = 8{,}4 \cdot 10^{-16} \, \text{erg}$$

besitzt. Die genannten Autoren haben auch die Nachwirkung von in α-Fe gelösten Stickstoffatomen, die ebenfalls eine tetragonale Verzerrung hervorrufen, untersucht und eine Wechselwirkungskonstante von

$$\varepsilon_1 = 5{,}7 \cdot 10^{-16} \, \text{erg}$$

ermittelt.

Bei einer allgemeinen Richtung der spontanen Magnetisierung sind sämtliche drei $\langle 100 \rangle$-Richtungen der Symmetrieachsen energetisch verschieden. Infolge des positiven Vorzeichens von ε_1 ist diejenige $\langle 100 \rangle$-Kante, die den größten Winkel mit der Magnetisierung einschließt, am stärksten besetzt. Im Falle $\varepsilon_1 < 0$ würde die Kante mit dem kleinsten Winkel mit $\mathfrak{J}_s$ bevorzugt mit C-Atomen belegt.

Die Nachwirkungsmessungen werden im allgemeinen nach Entmagnetisieren der Probe in einem Wechselfeld mit abnehmender Amplitude ausgeführt. Bei einer derartigen Versuchsführung liegt als Anfangsbedingung eine Gleichverteilung der C-Atome auf sämtliche drei $\langle 100\rangle$-Richtungen vor. Dies führt besonders bei der quantitativen

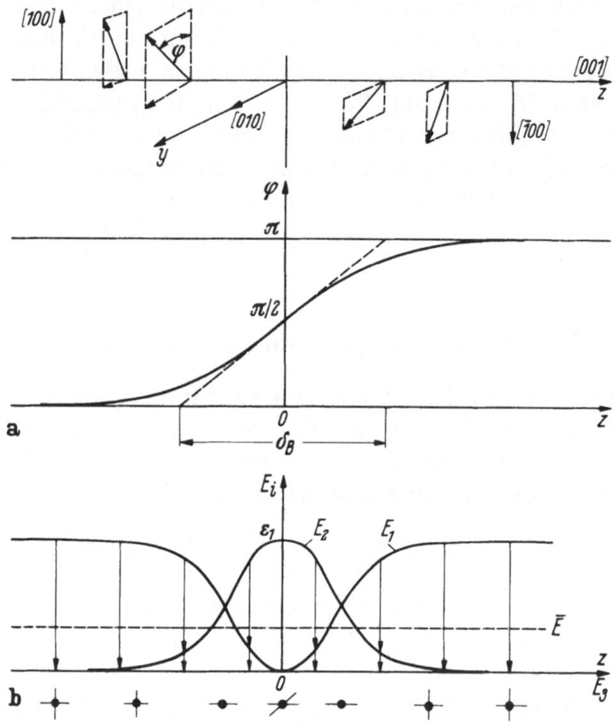

Fig. 26. a) Qualitativer Spinverlauf in einer (001)-180°-Blochwand. Die spontane Magnetisierung dreht sich in der (xy)-Ebene aus der $[\bar{1}00]$-Richtung in die $[100]$-Richtung. b) Verlauf der Wechselwirkungsenergien E_i in der Blochwand. $\bar{E}$ bedeutet den Mittelwert der Wechselwirkungsenergien. Die bevorzugt mit C-Atomen besetzten $\langle 100\rangle$-Kanten sind im unteren Teil des Bildes veranschaulicht. In den Domänen ist die Verteilung der C-Atome dieselbe.

Berechnung der Nachwirkung zu einer Vereinfachung. Nach dem Entmagnetisieren wird die Probe, wie in Kapitel 3 beschrieben wurde, in eine Vielzahl homogen magnetisierter Weissscher Bezirke aufgeteilt sein. Betrachten wir zunächst eine (001)-180°-Blochwand, die, wie in Fig. 26 dargestellt, zwei entgegengesetzt magnetisierte Domänen voneinander trennt. Da die Wechselwirkungskonstante ε_1 der C-Atome positiv ist (vgl. hierzu Abschnitt 6.1), sind in den Domänen jeweils die $[010]$- und die [001]-Richtungen energetisch günstiger als die [100]-Richtung. Es kommt daher zu einer Verarmung der C-Atome auf den [100]-Kanten zugunsten einer Ansammlung der C-Atome auf den beiden anderen $\langle 100 \rangle$-Richtungen. Die Verteilung der C-Atome auf die drei $\langle 100 \rangle$-Richtungen innerhalb der Blochwand macht man sich am einfachsten klar, indem man den Verlauf der Wechselwirkungsenergien E_i in Abhängigkeit vom Drehwinkel φ der spontanen Magnetisierung untersucht. Ist φ der Winkel zwischen der [100]-Achse und der spontanen Magnetisierung, die sich in der (xy)-Ebene dreht, so gilt

$$E_1 = \varepsilon_1 \cos^2 \varphi; \quad E_2 = \varepsilon_1 \sin^2 \varphi; \quad E_3 = 0. \tag{5.5}$$

Der Spinverlauf in der Blochwand und die Abhängigkeit der Wechselwirkungsenergien E_i vom Drehwinkel φ sind in Fig. 26a und 26b dargestellt. Mit eingezeichnet ist der Mittelwert $\bar{E} = \frac{1}{3} \sum_i E_i = \frac{1}{3}\varepsilon_1$. Man entnimmt Fig. 26a, daß innerhalb der Blochwand mit Ausnahme des Punktes $\varphi = \dfrac{\pi}{2}$ die [001]-Achse durchweg die energetisch günstigste ist. Die bei den verschiedenen Drehwinkeln bevorzugt besetzten Kanten sind durch eine kurze Linie parallel zur Kante in Fig. 26b symbolisch angedeutet. Bei $\varphi = \pm \dfrac{\pi}{4}$ ist jeweils die [001]-Richtung gegenüber den beiden anderen Richtungen energetisch bevorzugt. Die Umordnung der C-Atome in ihre energetisch günstigen Positionen (in Fig. 26 durch Pfeile angedeutet) hat eine Vertiefung des Blochwandpotentials zur Folge. Die Vertiefung erfolgt zeitlich verzögert, da die C-Atome beim Sprung von einer Kantenmitte zur anderen einen Potentialberg überspringen müssen, dessen Überwindung nur mit Hilfe einer thermischen Aktivierung möglich ist. Die Einstellung der Gleichgewichtsverteilung der C-Atome wird durch eine exponentielle Zeitabhängigkeit beschrieben. Wie in Kapitel 9 noch gezeigt wird, gilt für die Konzentration c_i auf der i-ten $\langle 100 \rangle$-Achse

$$c_i(t) = c_0 - c_0 \left(\frac{E_i - \bar{E}}{kT} \right)(1 - e^{-t/\tau}). \tag{5.6}$$

Dabei bedeutet τ eine Relaxationszeit, die durch eine Arrheniusgleichung entsprechend Gl. (2.11) gegeben ist. Die relativen Abweichungen von der Ausgangskonzentration c_0 sind bei $t > \tau$ nach Gl. (5.6) und Gl. (5.5) von der Größenordnung $\dfrac{\varepsilon_1}{kT}$. Mit dem oben angegebenen Wert für ε_1 bedeutet dies, daß die Abweichungen von der Gleichverteilung bei Raumtemperatur $\sim 2\%$ betragen. Entsprechend Gl. (5.6) erfolgt auch die Vertiefung des Potentials nach einem exponentiellen Zeitgesetz. Diese Vertiefung des Blochwandpotentials wurde nach Vorarbeiten von SNOEK [1–5] erstmals von NÉEL [5,6] für die Orientierungsnachwirkung der C-Atome quantitativ berechnet. Man bezeichnet die von der Umorientierung der Fehlstellen herrührende Potentialänderung als Nachwirkungspotential oder nach der Bezeichnungsweise von NÉEL [5,6] auch als *Stabilisierungsenergie*, da die Lage der Blochwand durch die Ausbildung des Nachwirkungspotentials stabilisiert wird. Die Ausbildung einer Potentialmulde hat zur Folge, daß man bei einer Verschiebung der Blochwand eine zusätzliche Kraft, die sog. *Nachwirkungskraft*, aufwenden muß. Sowohl das Nachwirkungspotential als auch die Nachwirkungskraft hängen in charakteristischer Weise von der Auslenkung U der Blochwand ab. Wie aus Fig. 26b hervorgeht, ist die Verteilung der C-Atome auf die $\langle 100 \rangle$-Achsen in den beiden Domänen vollkommen identisch, da die Wechselwirkungsenergie invariant gegen Drehungen der Magnetisierung um 180° ist. Dies bedeutet, daß sich bei Auslenkungen der Blochwand, die groß gegen die Blochwanddicke δ_B sind, das Nachwirkungspotential nicht mehr verändert und damit die Nachwirkungskraft gleich Null ist. Bei kleinen Auslenkungen $U < \delta_B$ dagegen gelangt die Blochwand in Bereiche, in denen die Verteilung der C-Atome auf die $\langle 100 \rangle$-Achsen stark ortsabhängig ist. In diesem Bereich nimmt daher

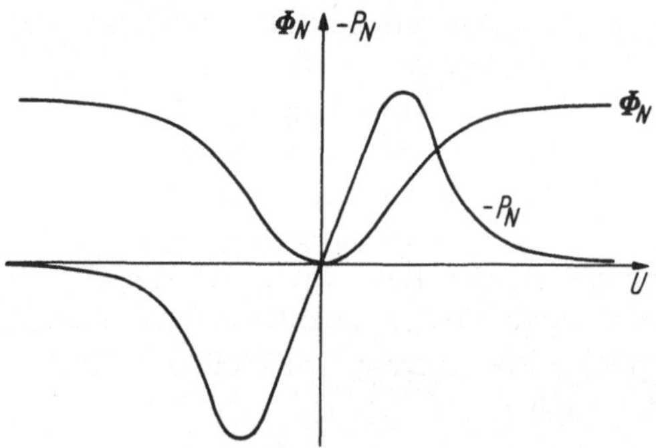

Fig. 27. Qualitativer Verlauf des Nachwirkungspotentials (Stabilisierungsenergie) und der Nachwirkungskraft bei einer 180°-Blochwand.

das Wechselwirkungspotential bei einer Verschiebung der Blochwand zu. Man gelangt damit qualitativ zu dem in Fig. 27 angegebenen Verlauf des Nachwirkungspotentials und der Nachwirkungskraft einer (001)-180°-Blochwand.

Wir wenden uns nun dem Nachwirkungspotential einer (001)-90°-Blochwand zu. Der Spinverlauf und die φ-Abhängigkeit der Wechselwirkungsenergien ergibt sich bei dieser Blochwand aus Fig. 26a, b, indem wir nur die eine Hälfte der 180°-Blochwand betrachten. Die bevorzugten $\langle 100 \rangle$-Kanten sind Fig. 28b zu entnehmen. Im Gegensatz zur 180°-Blochwand ist die Verteilung der C-Atome in den benachbarten Domänen nicht dieselbe. Z. B. verändert sich die Wechselwirkungsenergie E_1 beim Übergang von der einen Domäne zur anderen, von ε_1

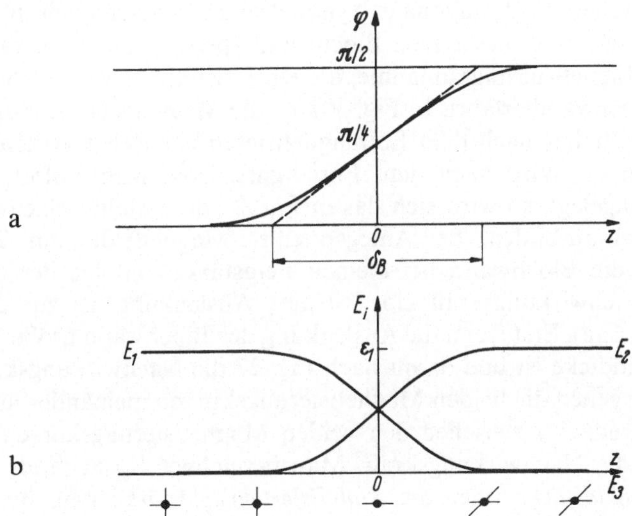

Fig. 28. a) Spinverlauf in einer (001)-90°-Blochwand. Die spontane Magnetisierung dreht sich in der (xy)-Ebene aus der $[100]$-Richtung in die $[010]$-Richtung. b) Verlauf der Wechselwirkungsenergien E_i in der Blochwand. Die bevorzugt mit C-Atomen besetzten $\langle 100 \rangle$-Kanten sind im unteren Teil des Bildes veranschaulicht. In den der Blochwand benachbarten Domänen ist die Verteilung der C-Atome auf die $\langle 100 \rangle$-Kanten nicht dieselbe.

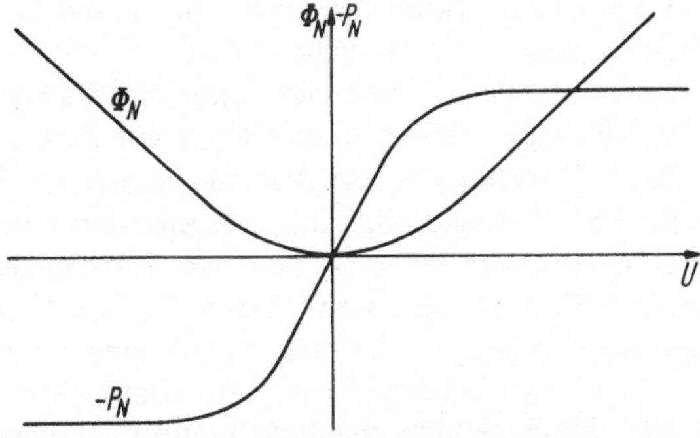

Fig. 29. Qualitativer Verlauf des Nachwirkungspotentials (Stabilisierungsenergie) und der Nachwirkungskraft bei einer 90°-Blochwand.

auf 0 und E_2 von 0 auf ε_1. Dies bedeutet, daß bei großen Verschiebungen der 90°-Blochwand das Nachwirkungspotential linear mit der Auslenkung U anwächst und damit auf die Blochwand eine konstante rücktreibende Nachwirkungskraft wirkt. Der qualitative Verlauf des Nachwirkungspotentials und der Nachwirkungskraft einer 90°-Blochwand ist in Fig. 29 dargestellt.

Das unterschiedliche Verhalten der 180°- und 90°-Blochwände bezüglich Fehlstellen mit tetragonaler Symmetrie äußert sich auch in der Magnetisierungskurve dieser zwei Blochwandtypen. Zunächst betrachten wir die Magnetisierungszunahme, die ein Kristall bei Verschiebung einer 180°-Blochwand erfährt. In Fig. 30a ist die Magnetisierungskurve, die man unmittelbar nach dem Entmagnetisieren zur Zeit $t = 0$ erhält, mit 0 bezeichnet. Wird nach dem Entmagnetisieren nicht sofort ein Magnetfeld angelegt, so wird sich das in Fig. 27 dargestellte Nachwirkungspotential ausbilden. Bei Anlegen eines Magnetfeldes zur Zeit $t = t_0$ erfährt die Blochwand bei kleinen Feldstärken infolge der nun wirkenden Nachwirkungskraft eine kleinere Auslenkung als zur Zeit $t = 0$ (vgl. Fig. 13a). Erst wenn die Auslenkung der Blochwand größer als die Blochwanddicke ist und damit nach Fig. 27 die Nachwirkungskraft verschwindet, gehen die beiden Magnetisierungskurven ineinander über. Die Felddifferenz H_N zwischen den beiden Magnetisierungskurven ist ein Maß für die Nachwirkungskraft. Man bezeichnet H_N auch als die *Nachwirkungsfeldstärke* oder die *Stabilisierungsfeldstärke* (vgl. hierzu Abschnitt 8.2a).

Im Gegensatz zur 180°-Blochwand wirkt auf die 90°-Blochwand auch bei großer Auslenkungen eine rücktreibende Nachwirkungskraft. Zum Erreichen derselben Magnetisierung wie bei $t = 0$ muß daher immer eine größere Feldstärke angelegt werden. Die Magnetisierungskurven gehen bei großen Auslenkungen nicht ineinander über. Man erhält somit den in Fig. 30b wiedergegebenen Verlauf der Magnetisierungskurve einer 90°-Blochwand. Die Nachwirkungsfeldstärke H_N besitzt in diesem Falle bei großen Auslenkungen einen endlichen Wert

Eine experimentelle Bestätigung des unterschiedlichen Verhaltens der 180°- und 90°-Blochwände bei Anwesenheit von C-Atomen stammt von BOSMAN und DE VRIES [4]. Diese Autoren haben an einer kohlenstoffhaltigen Fe-3,5% Si-Legierung die Magnetisierungskurven speziell orientierter Einkristalle bei verschiedenen Wartezeiten nach dem Entmagnetisieren ballistisch gemessen. Durch die Wahl spezieller Einkristallorientierungen gelang es, Domänenstrukturen zu erzeugen, bei denen im einen Fall die Magnetisierungszunahme allein durch Verschieben von 180°-Blochwänden zustande kommt (Stabachse des Kristalls parallel $\langle 110 \rangle$), während in einem andern Kristall (Stabachse parallel $\langle 001 \rangle$) die Magnetisierungszunahme allein durch 90°-Bloch-

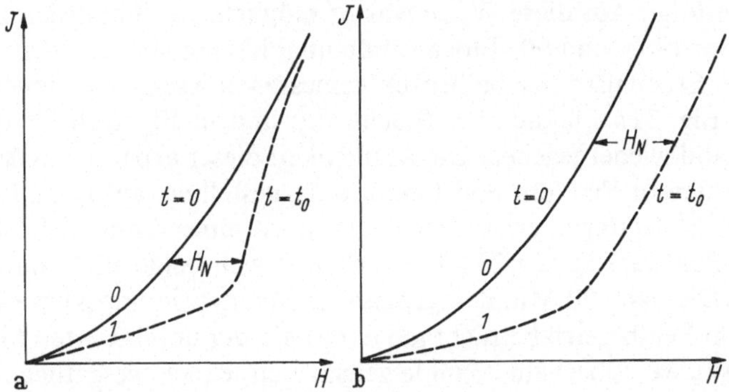

Fig. 30. a) Die Magnetisierungszunahme bei Verschiebung einer 180°-Blochwand. Kurve 0: Unmittelbar nach dem Entmagnetisieren. Kurve 1: Nach der Wartezeit t_0. Die eingezeichnete Feldstärke H_N entspricht der Stabilisierungsfeldstärke. b) Die Magnetisierungszunahme bei Verschiebung einer 90°-Blochwand. Kurve 0: Unmittelbar nach dem Entmagnetisieren. Kurve 1: Nach der Wartezeit t_0. Die Stabilisierungsfeldstärke erreicht bei großen Feldstärken (große Auslenkung der Blochwand) einen konstanten, endlichen Wert.

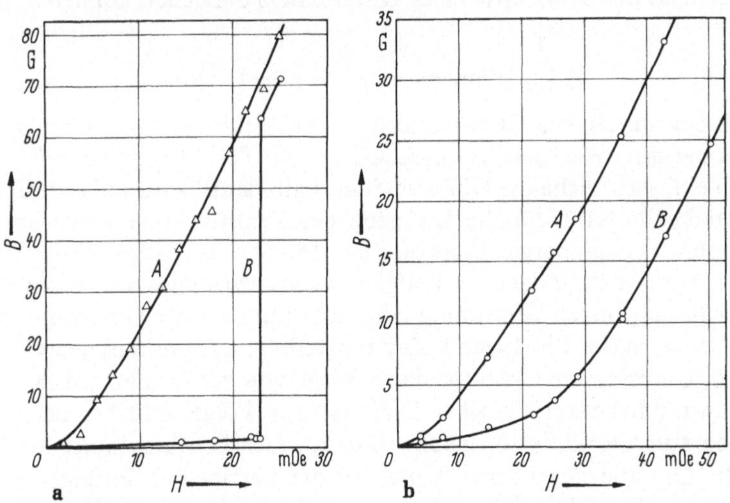

Fig. 31. Nachwirkung in kohlenstoffhaltigen Fe-3,5 % Si-Einkristallen. a) Die ballistisch gemessenen Magnetisierungskurven bei 180°-Wandverschiebungen. Kurve A 10s und Kurve B 20 min nach dem Entmagnetisieren. Meßtemperatur $-23\,°$C. Kristallachse parallel $\langle 110 \rangle$. b) Die ballistisch gemessenen Magnetisierungskurven bei 90°-Blochwandverschiebungen. Kurve A 10s und Kurve B 20 min nach dem Entmagnetisieren. Meßtemperatur $-23\,°$C. Kristallachse parallel $\langle 001 \rangle$ (nach Bosman und de Vries [4]).

wände erfolgt. Auf diese Weise war es möglich, die Stabilisierungsfeldstärke der 180°- und 90°-Blochwände unabhängig voneinander zu messen. Die Ergebnisse der ballistisch gemessenen Magnetisierungskurven sind in Fig. 31a für die 180°-Blochwand und in Fig. 31b für die 90°-Blochwand wiedergegeben. Die Ähnlichkeit dieser experimentellen Kurven mit den in Fig. 30a und Fig. 30b dargestellten, auf Grund theoretischer Überlegungen erhaltenen Kurven, ist unverkennbar. Im Bereich kleiner Feldstärken $H < 23$ mOe verhalten sich beide Blochwandtypen analog. Die nach 20 Minuten gemessene Magnetisierungskurve verläuft in diesem Feldbereich beträchtlich unterhalb der unrelaxierten Magnetisierungskurve. Oberhalb 23 mOe zeigen sich jedoch wesentliche Unterschiede der relaxierten Magnetisierungskurven beider Kristalle. Bei der 180°-Blochwand geht die relaxierte Magnetisierungskurve sehr schnell in die unrelaxierte Magnetisierungskurve über, während bei der 90°-Blochwand oberhalb 23 mOe eine Parallelverschiebung zwischen unrelaxierter und relaxierter Magnetisierungskurve festzustellen ist. Die Stabilisierungsfeldstärke beträgt ~ 17 mOe.

Diese Messungen zeigen, daß die theoretischen Vorstellungen über die tetragonale Symmetrie der gelösten Kohlenstoffatome richtig sind und somit Messungen der Stabilisierungsfeldstärke ein wertvolles Hilfsmittel zur Analyse der Symmetrie eines Gitterfehlers darstellen können.

β) Die Diffusionsnachwirkung der C-Atome

Außer durch eine Reorientierung der Vorzugsachsen können die C-Atome ihre Wechselwirkungsenergien mit der Magnetisierung auch durch eine weitreichende Diffusion innerhalb der Blochwand reduzieren. Als treibende Kraft für die Diffusion der Fehlstellen ist wiederum die Wechselwirkungsenergie E_i anzusehen. Infolge der Diffusion der Fehlstellen kommt es, je nach Verlauf der Wechselwirkungsenergie, zu einer Anreicherung, einer Verarmung oder aber nur zu einer Umordnung der Fehlstellen in der Blochwand. Zur Einstellung des thermischen Gleichgewichts müssen die C-Atome dabei Wege von der Größenordnung der Blochwanddicke zurücklegen. Dies hat zur Folge, daß bei derselben Temperatur die Diffusionsnachwirkung wesentlich langsamer verläuft als die Orientierungsnachwirkung, bei der bereits 1–2 Sprünge der C-Atome zur Einstellung des lokalen Gleichgewichts ausreichen. Die für die Diffusionsnachwirkung maßgebende Relaxationszeit τ'_D hängt mit der für die Orientierungsnachwirkung maßgebenden Relaxationszeit τ nach Rechnungen von DIETZE [1] folgendermaßen zusammen:

$$\tau'_D = \left(\frac{\delta_B}{a}\right)^2 \tau, \tag{5.7}$$

wo a die Kantenlänge der Elementarzelle bedeutet. Der Faktor $\left(\dfrac{\delta_B}{a}\right)^2$ trägt der Tatsache Rechnung, daß zum Durchlaufen der Strecke δ_B $(\delta_B/a)^2$ Sprünge notwendig sind. $(\delta_B/a)^2$ ist bei Fe und Ni von der Größenordnung 10^5–10^6 und beträgt bei Kobalt $\sim 10^4$. Wie man sieht, ist demnach die Relaxationszeit τ_D' bei derselben Temperatur um Größenordnungen größer als die Relaxationszeit τ der Orientierungsnachwirkung.

Wie wir in Abschnitt 9.3. noch ausführlich zeigen werden, gilt für die Gesamtkonzentration c^∞ im thermodynamischen Gleichgewicht

$$c^\infty(z) = \bar{c}\, e^{-\overline{E}(z)/kT}, \tag{5.8}$$

wobei $\bar{c}$ die mittlere Gesamtkonzentration der Fehlstellen und $\bar{E}$ den Mittelwert über sämtliche Wechselwirkungsenergien E_i bedeutet. Die Einstellung des Gleichgewichts erfolgt dabei nicht nach einem Exponentialgesetz, wie bei der Orientierungsnachwirkung, sondern, wie wir in Kapitel 9 noch darlegen werden, nach einem Potenzgesetz in $\dfrac{1}{t_0^{1/2}}$; und zwar gilt folgendes Einmündungsgesetz

$$c(z) = c^\infty(z) - \frac{a_1}{t_0^{3/2}} - \frac{a_2}{t_0^{7/2}} - \cdots, \tag{5.9}$$

wobei $t_0 = \dfrac{t}{\tau_D'}$ gesetzt wurde.

In Abschnitt 5.b.α haben wir gezeigt, daß der Mittelwert $\bar{E}$ bei alleiniger Berücksichtigung der quadratischen Glieder in den γ_i eine Konstante ist. Dies bedeutet aber, daß die quadratischen Glieder für die Diffusionsnachwirkung nicht verantwortlich sind. Die ausführliche Rechnung ergibt (vgl. Kapitel 7), daß erst die Glieder 4. Ordnung einen ortsabhängigen Mittelwert liefern. Dieser lautet bei kubischen Kristallen, wie wir in Kapitel 7 noch zeigen werden

$$\bar{E} = \bar{\varepsilon} Q$$

mit

$$Q = \sum_{i>j} \gamma_i^2 \gamma_j^2. \tag{5.10}$$

Der Mittelwert der Wechselwirkungsenergie besitzt also dieselbe Form wie die Kristallenergie des idealen Einkristalls. Die Größe Q lautet bei der (001)-180°-Blochwand

$$Q = \sin^2\varphi \, \cos^2\varphi. \tag{5.11}$$

Der Verlauf von $\bar{E}$ ist in Fig. 32a für die (001)-180°-Blochwand dargestellt. Durch Pfeile ist gekennzeichnet, in welcher Richtung die C-Atome

sich innerhalb der Blochwand bewegen. Im mittleren Bereich der Blochwand kommt es zu einer Anhäufung der C-Atome, während in den Bereichen, die den Domänen benachbart sind, eine Verarmung an C-

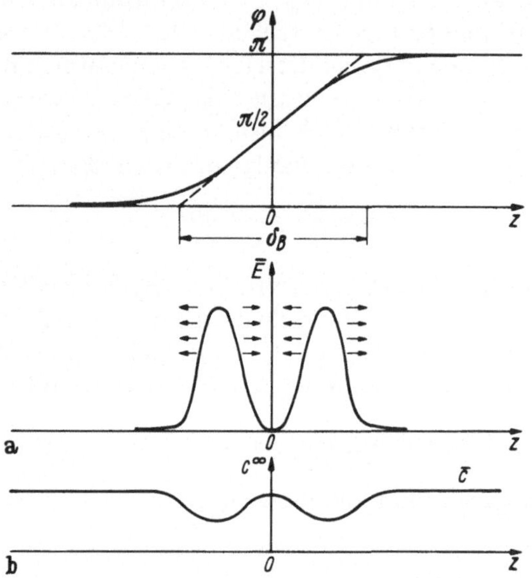

Fig. 32. a) Die Abhängigkeit des Mittelwertes $\bar{E}$ von der z-Koordinate in einer (001)-180°-
Blochwand. Die Diffusionsrichtung der C-Atome ist durch Pfeile angedeutet. b) Die
Gleichgewichtsverteilung der C-Atome in einer (001)-180°-Blochwand.

Atomen auftritt. Der Verlauf von c^∞ ist in Fig. 32b zu entnehmen. Die
Diffusion der C-Atome hat die Bildung einer Potentialmulde zur Folge,
die qualitativ denselben Verlauf wie bei der Orientierungsnachwirkung
der 180°-Blochwand besitzt (siehe Fig. 27).

γ) Die kombinierte Nachwirkung der C-Atome

In den Abschnitten α) und β) wurde die reine Orientierungs- und Diffusionsnachwirkung der C-Atome behandelt. Bei Berücksichtigung der
dort gewonnenen Erkenntnisse erhält man für die Relaxation der Anfangssuszeptibilität den in Fig. 33 schematisch dargestellten zeitlichen
Verlauf. Nach einem zunächst raschen Abfall der Anfangssuszeptibilität,
der von der Orientierungsnachwirkung herrührt, verändert sich χ_0 bei
größeren Zeiten infolge der sich nun bemerkbar machenden Diffusionsnachwirkung nur noch sehr langsam. Kurven der in Fig. 33 dargestellten
Art wurden z. B. von BOSMAN im Falle der Kohlenstoff- und Stickstoff-
nachwirkung in α-Fe gemessen. Die Diffusion der C-Atome hat eine
inhomogene Verteilung derselben in der Blochwand zur Folge (vgl.

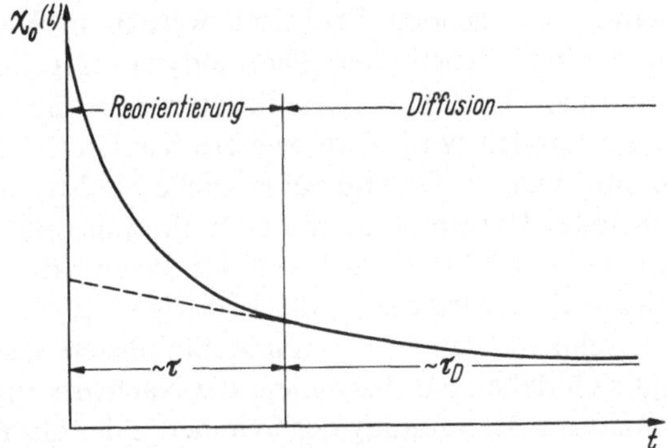

Fig. 33. Die Zeitabhängigkeit der Anfangssuszeptibilität bei der kombinierten Nachwirkung (schematisch).

Fig. 32 b). Damit ist eine Änderung der Potentialmulde, die von der Orientierungsnachwirkung herrührt, verbunden. Eine quantitative Theorie dieses für die kombinierte Nachwirkung charakteristischen Effekts werden wir in Abschnitt 9.7 geben.

c) Ausblick auf die folgenden Kapitel

Aus unseren bisherigen Ausführungen geht hervor, daß zur quantitativen Behandlung der reversiblen Nachwirkung eine ganze Reihe von Teilproblemen gelöst werden müssen. Die Untersuchung dieser Teilprobleme, die wir noch näher erläutern werden, wird das Thema der nun folgenden Abschnitte sein.

Wie wir gesehen haben, lassen sich die bei der Nachwirkung auftretenden Effekte mit Hilfe des zeitabhängigen Nachwirkungspotentials übersichtlich darstellen. Der Berechnung des Nachwirkungspotentials für verschiedene Blochwände und Gitterfehlstellen wird daher im Folgenden ein breiter Raum eingeräumt. Voraussetzung zur Berechnung des Nachwirkungspotentials ist die Kenntnis der Wechselwirkungsenergie E_i als Funktion der Magnetisierungsrichtung. Die Theorie der Wechselwirkungsenergie werden wir in Kapitel 6 entwickeln und in Kapitel 7 auf bekannte Fehlstellen in kubischen und hexagonalen Metallen anwenden. In Kapitel 7 werden wir auch die Bewegungsmöglichkeiten der verschiedenen Fehlstellen diskutieren und die zur Beschreibung der Bewegung erforderlichen Parameter bestimmen.

Die Ausführungen über das Nachwirkungspotential gliedern sich in vier große Abschnitte. In Kapitel 8 und 9 werden die theoretischen Grundlagen zur Berechnung des Nachwirkungspotentials dargelegt. In Abschnitt 5.b.α, β haben wir gesehen, daß hierbei besonders die Einstellung des thermodynamischen Gleichgewichts eine große Rolle spielt.

Die damit zusammenhängenden Probleme werden in Kapitel 9 mit Hilfe der Methoden der statistischen Thermodynamik gelöst, während in Kapitel 8 die formale Theorie der Stabilisierungsenergie und der Desakkommodation behandelt wird. Zwei weitere Kapitel (10, 11) sind der Anwendung der allgemeinen Theorie auf spezielle Fehlstellen gewidmet. Dabei wird in Kapitel 10 insbesondere der Einfluß des Blochwandtyps und der Symmetrie der Gitterfehler auf das Nachwirkungspotential untersucht. In Kapitel 11 wird die (in der bisherigen Literatur nicht behandelte) von Drehprozessen herrührende Stabilisierungsenergie berechnet. Es zeigt sich dabei, daß besonders die Nachwirkung der Drehprozesse im Prinzip zur Bestimmung der Symmetrie der Gitterfehler hervorragend geeignet ist.

6. Die Wechselwirkungsenergie zwischen der spontanen Magnetisierung und atomaren Gitterfehlstellen

6.1. Magnetokristalline und magnetoelastische Wechselwirkungsenergie

Die Wechselwirkungsenergie zwischen der spontanen Magnetisierung und den Gitterfehlstellen wird von den Verzerrungen des Kristallgitters und den Änderungen der elektronischen Struktur in der Umgebung der Gitterfehler hervorgerufen. Die Veränderungen der Elektronenstruktur sind sowohl direkt auf die Gitterfehler (Fremdatome, Zwischengitteratome, Leerstellen) als auch auf die von diesen erzeugten Verzerrungen zurückzuführen. Der Einfluß der Gitterfehler auf das Kristallgitter ist demnach durch die Angabe der Gitterverzerrungen und die damit zusammenhängende Veränderung der Elektronenstruktur vollständig beschrieben.

Im größeren Abstand von der Gitterfehlstelle kann die Verschiebung der Atome aus ihren regulären Gitterplätzen durch die linearisierte Elastizitätstheorie kontinuumsmäßig beschrieben werden. In der unmittelbaren Umgebung des Gitterfehlers sind die Verzerrungen atomistisch zu berechnen, da hier die lineare Elastizitätstheorie ihre Gültigkeit verliert und die Wechselwirkung zwischen den Ionenrümpfen nicht mehr kontinuumstheoretisch behandelt werden darf. Dementsprechend setzt sich die gesamte Wechselwirkungsenergie aus einem *weitreichenden elastischen* und einem im Vergleich dazu *kurzreichenden elektronischen* Anteil zusammen. Für unsere weiteren Betrachtungen müssen wir nun die von der spontanen Magnetisierung J_s abhängigen Anteile dieser zwei Beiträge untersuchen.

Die Wechselwirkung zwischen den inneren Spannungen der Fehlstelle und der spontanen Magnetisierung beruht auf der *magnetostriktiven Kopplungsenergie*, die wir im Folgenden mit E^M bezeichnen werden. In Abschnitt 6.4 werden wir zeigen, daß diese Wechselwirkungsenergie auf die Wechselwirkung zwischen der Magnetostriktion des Ferromagneten und einem elastischen Dipol zurückgeführt werden kann.

Über die Ursachen des elektronischen, von der Magnetisierung abhängigen Anteils zur Wechselwirkungsenergie, ist zur Zeit nichts Endgültiges bekannt. Als von der Magnetisierung abhängige Eigenschaft kommt z. B. die sog. *Spin-Bahn-Kopplung* infrage. Da die Bahnmomente der Elektronen auch im gestörten Kristallbereich als fest im Gitter verankert anzusehen sind, ist mit einer Richtungsänderung des Elektronenspins bzw. der spontanen Magnetisierung auch eine Änderung der Spin-Bahn-Kopplungsenergie verknüpft. Es ist denkbar, daß die Spin-Bahn-Kopplungsenergie in der unmittelbaren Umgebung der Fehlstelle um ein Vielfaches des idealen Gitters anwächst und so Anlaß zu einer im Vergleich zur Kristallenergie großen Wechselwirkungsenergie gibt. Diesen Anteil zur Wechselwirkungsenergie bezeichnen wir im folgenden als magnetokristalline Wechselwirkungsenergie E^K, da man auch die Kristallenergie des idealen Gitters auf die Spin-Bahn-Kopplung zurückführt. Die gesamte Wechselwirkungsenergie der Gitterfehlstelle mit der spontanen Magnetisierung setzt sich somit gemäß

$$E = E^K + E^M \tag{6.1}$$

aus einem magnetokristallinen Anteil E^K und einem magnetoelastischen Anteil E^M zusammen. Ursprünglich war unter Zugrundelegung der Snoekschen Arbeiten [1–5] die magnetoelastische Kopplungsenergie als allein maßgebend für die gesamte Wechselwirkungsenergie angesehen worden. Diese Vorstellung wurde in der Folgezeit mit Hilfe der Richternachwirkung mehrmals nachgeprüft. Unter der Richternachwirkung versteht man die in Kapitel 5 behandelte, erstmals von RICHTER [1–3] genauer untersuchte ferromagnetische Nachwirkung der als Zwischengitteratome in α-Fe gelösten C-Atome. Die C-Atome belegen dabei Plätze auf den Kantenmitten des Elementarwürfels. Infolge der positiven Magnetostriktion des α-Eisens sollten die C-Atome bevorzugt auf den zur spontanen Magnetisierung parallelen Kanten liegen, sofern E^M den überwiegenden Anteil der Wechselwirkungsenergie darstellt.

Wie in Abschnitt 5.b.α ausgeführt wurde, entspräche dies einer negativen Wechselwirkungskonstanten ε_1. Um diese Vorhersage nachzuprüfen, wurde von DE VRIES, VAN GEEST, VAN GERSDORF und RATHENAU [2] die Nachwirkung der Magnetostriktion untersucht. Bei negativer Wechselwirkungskonstante müßte sich der Kristall bei Magnetisierung parallel zu einer ⟨100⟩-Richtung in dieser Richtung verlängern. Der zeitliche Ablauf dieser Verlängerung sollte denselben Gesetzmäßigkeiten gehorchen wie die Nachwirkung der Magnetisierung oder der Desakkommodation. Die Untersuchungen haben ergeben, daß sich der Kristall parallel zur spontanen Magnetisierung verkürzt, die Wechselwirkungskonstante ε_1 also positiv ist und damit die C-Atome sich im Gegensatz zu den Snoekschen Vorstellungen bevorzugt auf den Kanten senkrecht zur Richtung der spontanen Magnetisierung befinden. Die magnetoelastische Kopplungsenergie ist daher im Falle der Richter-Nachwirkung nicht in der Lage, die tatsächlichen Verhältnisse richtig zu beschreiben.

Zu denselben Schlußfolgerungen war bereits schon vorher NÉEL [5,6] gekommen, der aufgrund einer quantitativen Berechnung der ferromagnetischen Nachwirkung zeigen konnte, daß die magnetoelastische Kopplungsenergie nicht ausreicht, die Stärke der Richter-Nachwirkung quantitativ zu deuten. NÉEL [5] führte deshalb die oben besprochene magnetokristalline Kopplungsenergie ein. Diese magnetokristalline Kopplungsenergie ist auch für die in Legierungen auftretende sog. Diffusionsanisotropie verantwortlich. Unter dieser von PENDER und JONES an einer Fe-3,5% Si-Legierung entdeckten Erscheinung versteht man die in binären und ternären Legierungen der ferromagnetischen Metalle durch die Magnetfeldglühung zusätzlich induzierte einachsige Anisotropie. Die Deutung dieses Effektes geht auf NÉEL [7,9], TANIGUCHI und YAMAMOTO [3], TANIGUCHI [1,2], CHIKAZUMI sowie CHIKAZUMI und OOMURA, zurück. Diese Autoren nehmen an, daß sich in Legierungen gleichartige benachbarte Atome infolge ihrer magnetokristallinen Kopplungsenergie parallel zur spontanen Magnetisierung auszurichten versuchen. Die Ausrichtung gleichartiger Atome ruft, wie die Umorientierung der C-Atome in α-Fe, eine Orientierungsnachwirkung hervor, die von TANIGUCHI [2] sowie GERSTNER und KNELLER (Ni-45% Fe) untersucht wurde. Die Nachwirkungserscheinungen in Legierungen werden wir im folgenden nicht weiter betrachten, sondern allein die Nachwirkung atomarer Gitterfehler (und auch von Fremdatomen) ausführlich diskutieren. Die dabei abgeleiteten Beziehungen sind jederzeit auch auf Legierungen anwendbar.

6.2. Die Symmetrie der Gitterfehler

Um genauere Aussagen über die Abhängigkeit der Wechselwirkungsenergien E^M und E^K von der Richtung der spontanen Magnetisierung machen zu können, muß die Punktsymmetrie des zu untersuchenden Gitterfehlers bekannt sein. Wird in einem zunächst idealen Kristallgitter durch Zufügen oder Entnahme von Atomen ein Gitterfehler erzeugt, so wird im allgemeinen außer der trivialen Zerstörung der Translationsinvarianz auch die Punktsymmetrie des Kristalls erniedrigt. Zur Bestimmung der Punktsymmetrie des Gitterfehlers denkt man sich nach Entnahme oder Hinzufügen der zur Erzeugung des Fehlers erforderlichen Atome die übrigen Atome des Kristalls auf ihren regulären Gitterplätzen festgehalten.

Infolge der Zerstörung der Translationsinvarianz ist der Kristall nun als ein Riesenmolekül aufzufassen. Die Symmetrie dieses Riesenmoleküls entspricht einer Untergruppe der Kristallklasse des idealen Kristalls. Diese Einschränkung hat zur Folge, daß in einem Kristall nur Gitterfehler ganz bestimmter Symmetrie auftreten können. In Tab. 2 sind die für eine bestimmte Kristallklasse möglichen Symmetrien der Gitterfehler angegeben. Die angeführte Bedingung, daß die Symmetrie des Gitterfehlers einer Untergruppe des idealen Gitters entsprechen muß, hat zur Folge, daß z. B. in hexagonalen Gittern keine Gitterfehler mit kubischer oder tetragonaler Symmetrie auftreten können und in kubischen Gittern keine solchen mit hexagonaler Symmetrie. Im allgemeinen kann eine Fehlstelle in sämtlichen Konfigurationen vorkommen, deren Symmetrie einer Untergruppe des idealen Gitters entspricht. Da diese verschiedenen Konfigurationen sich jedoch bezüglich ihrer Bildungsenergie stark unterscheiden, wird im allgemeinen diejenige Konfiguration mit der kleinsten Bildungsenergie am häufigsten auftreten. Bei Fehlstellen, die aus mehr als einem Gitterplatz bestehen, dürften dabei diejenigen Konfigurationen, die von nächst benachbarten Gitterplätzen gebildet werden können, die kleinste Bildungsenergie besitzen. Die Kristallklasse des idealen Gitters bezeichnen wir im folgenden mit K_G und die des Riesenmoleküls mit K_F. Man bestimmt K_F durch Anwendung der üblichen Symmetrieoperationen (Spiegelebenen, Drehachsen, Inversions-Drehachsen, Inversionszentrum) auf das Riesenmolekül. Die Punktgruppe des Gitterfehlers wird häufig noch weiter erniedrigt, wenn wir die oben gemachte Voraussetzung festgehaltener Gitteratome fallenlassen und Gitterverzerrungen zulassen. Dann kann es, wenn dabei eine Energieerniedrigung auftritt, unter Verringerung der Symmetrie zu einer *Aufspaltung der Fehlstelle* in zwei *Halbfehlstellen* kommen. Bei den Molekülen ist diese Erscheinung als der sog. *Jahn-Teller-Effekt* bekannt. Ein Beispiel für den Festkörper sind die Zwischengitteratome in der sog. Hantellage in kubisch flächenzentrierten Kristallen (vgl. SEEGER, MANN und VON JAN [*13*] sowie GIBSON, GOLAND, MILGRAM und VINEYARD) sowie die von SCHOLZ [*1,2*] und SCHOLZ und SEEGER [*3*] untersuchte aufgespaltene Konfiguration der Leerstelle in Germanium.

Am einfachsten liegen die Verhältnisse, wenn

$$K_F \equiv K_G$$

gilt und die Symmetrie des Grundgitters mit der des Gitterfehlers übereinstimmt. Dies ist z. B. der Fall, wenn der Gitterfehler durch Substitution oder Entnahme eines einzigen Atoms entsteht, und die oben erwähnte Aufspaltung in Halbfehlstellen nicht auftritt. Man spricht dann von sog. *isotropen* Gitterfehlstellen. Sofern die Punktsymmetrie des Gitterfehlers kleiner ist als die des Grundgitters, spricht man von *anisotropen* Gitterfehlern. In kubisch flächenzentrierten Gittern können z. B. Fehlstellen mit trigonaler, tetragonaler oder orthorhombischer Punktsymmetrie auftreten. Es ist praktisch, die Gitterfehler durch ihre Achse größter Zähligkeit, wodurch das Kristallsystem des Gitterfehlers bestimmt ist, zu charakterisieren. Diese Achse wird als *Hauptachse* des Gitterfehlers, häufig auch als *Symmetrieachse* des Gitterfehlers bezeichnet. (Bei orthorhombischen Gitterfehlern ist eine derartige Bezeichnung nicht

Tabelle 2. *Die Punktsymmetrie (Lauegruppe) der Wechselwirkungsenergie der möglichen Gitterfehler in den 32 Kristallklassen und die Zahl ihrer energetisch verschiedenen Einstellmöglichkeiten. 1 bedeutet, daß in der betreffenden Kristallklasse Fehlstellen verschiedener Punktsymmetrie möglich sind, die jedoch keine Orientierungsnachwirkung hervorrufen können. /1/ bedeutet, daß in dieser Lauegruppe nur Gitterfehler mit der Symmetrie des Grundgitters möglich sind. – bedeutet, daß Gitterfehler dieser Lauegruppe mit der Symmetrie dieser Kristallklasse nicht verträglich sind.*

Kristall-system	Punkt-fehler K_E / K_G	kubisch		hexagonal		trigonal		tetragonal		ortho-rhomb.	mono-klin	tri-klin
		O_h	T_h	D_{6h}	C_{6h}	D_{3d}	C_{3i}	D_{4h}	C_{4h}	D_{2h}	C_{2h}	C_i
kubisch	O_h	1	2	–	–	4	8	3	6	6	12	24
	T_d	/1/	1	–	–	2	4	1	3	3	6	12
	O	/1/	1	–	–	2	4	1	3	3	6	12
	T_h	–	1	–	–	–	4	–	–	3	6	12
	T	–	/1/	–	–	–	2	–	–	1	3	6
hexagonal	D_{6h}	–	–	1	2	2	4	–	–	3	6	12
	D_{3h}	–	–	/1/	1	2	2	–	–	1	3	6
	C_{6v}	–	–	/1/	1	2	2	–	–	1	3	6
	D_6	–	–	/1/	1	2	2	–	–	1	3	6
	C_{6h}	–	–	–	1	–	2	–	–	–	3	6
	C_{3h}	–	–	–	/1/	–	1	–	–	–	1	3
	C_6	–	–	–	/1/	–	1	–	–	–	1	3
trigonal	D_{3d}	–	–	–	–	1	2	–	–	–	3	6
	C_{3v}	–	–	–	–	/1/	1	–	–	–	1	3
	D_3	–	–	–	–	/1/	1	–	–	–	1	3
	C_{3i}	–	–	–	–	–	1	–	–	–	–	3
	C_3	–	–	–	–	–	/1/	–	–	–	–	1
tetragonal	D_{4h}	–	–	–	–	–	–	1	2	2	4	8
	D_{2d}	–	–	–	–	–	–	/1/	1	1	2	4
	C_{4v}	–	–	–	–	–	–	/1/	1	1	2	4
	D_4	–	–	–	–	–	–	/1/	1	1	2	4
	C_{4h}	–	–	–	–	–	–	–	1	–	2	4
	S_4	–	–	–	–	–	–	–	/1/	–	1	2
	C_4	–	–	–	–	–	–	–	/1/	–	1	2
ortho-rhombisch	D_{2h}	–	–	–	–	–	–	–	–	1	2	4
	C_{2v}	–	–	–	–	–	–	–	–	/1/	1	2
	D_2	–	–	–	–	–	–	–	–	/1/	1	2
monoklin	C_{2h}	–	–	–	–	–	–	–	–	–	1	2
	C_s	–	–	–	–	–	–	–	–	–	/1/	1
	C_2	–	–	–	–	–	–	–	–	–	/1/	1

Tabelle 3. *Die Eigenschaften der wichtigsten Fehlstellen. Bei den Fehlstellen in hexagonalen Metallen wird jeweils die Größe Γ für die Diffusion in der Basisebene angegeben. a bedeutet in diesem Falle den Abstand nächst benachbarter Atome in der Basisebene. Bei den Crowdionen entspricht Θ_i dem Winkel zwischen der Laufgeraden des Crowdions und der Blochwandnormalen.*

Kristallsystem des Gitterfehlers	K_G Kristallklasse des idealen Gitters	Bezeichnung der Fehlstelle	K_F Kristallklasse der Fehlstelle	K_E	Hauptachse der Fehlstelle	k_G	k_F	k_E	$n_F = \frac{k_G}{k_F}$	$n_E = \frac{k_G}{k_E}$	N	α	Γ	Relaxationszeiten in Einheiten $\tau_0 e^{Q_0/kT}$
kubisch	k.f.z.O_h	L	O_h(m3m)	O_h	—	48	48	48	1	1	12	12	$\frac{2}{3}$	—
	k.f.z.O_h	Z	O_h(m3m)		—	48	48	48	1	1	6	6	$\frac{1}{3}$	—
	k.r.z.O_h	L	O_h(m3m)		—	48	48	48	1	1	8	8	$\frac{1}{2}$	—
hexagonal	h.d.gep.D_{6h}	L	D_{6h}(6/mmm)	D_{6h}	—	24	24	24	1	1	6	6	$\perp c;\frac{3}{2}$	—
	h.d.gep.D_{6h}	Z	D_{6h}(6/mmm)		—	24	24	24	1	1	6	6	$\perp c;\frac{3}{2}$	—
trigonal	k.f.z.O_h	$Z-F$	C_{3v}(3m)	D_{3d}	$\langle 111 \rangle$	48	6	12	4	4	3	1	0	1/4
	k.r.z.O_h	L_2	D_{3d}($\bar{3}$m)		$\langle 111 \rangle$	48	12	12	4	4	6	2	$\frac{1}{4}$	1/2
	k.r.z.O_h	$(L)_s$	D_{3d}($\bar{3}$m)		$\langle 111 \rangle$	48	12	12	4	4	6	2	1	1/8
	k.r.z.O_h	Crowdion	D_{3d}($\bar{3}$m)		$\langle 111 \rangle$	48	12	12	4	4	2	1	$\frac{1}{2}\cos^2\theta_i$	—
	k.r.z.O_h	$L-F$	C_{3v}(3m)		$\langle 111 \rangle$	48	6	12	8	4	2	1	0	1/3
	k.f.z.O_h	$L_3(L_3-F)$	D_3(32)		$\langle 111 \rangle$	48	12	12	4(8)	4	3	1	0	1/4
tetragonal	k.f.z.O_h	$(Z)_s$	D_{4h}(4/mmm)	D_{4h}	$\langle 100 \rangle \frac{\text{Rot}}{\text{Wand.}}$	48	16	16	3	3	4	2	0	1/6
						48	16	16	3	3	8	4		1/12
	k.f.z.O_h	$(Z-F)_s$	C_{4v}(4mm)		$\langle 100 \rangle$	48	8	16	6	3	4	2	0	1/6
	k.r.z.O_h	Z_F	D_{4h}(4/mmm)		$\langle 100 \rangle$	48	8	16	6	3	4	2	$\frac{1}{2}$	1/6
orthorhombisch	k.f.z.O_h	L_2	D_{2h}(mmm)	D_{2h}	3 zwei-zählige Achsen	48	8	8	6	6	8	2	$\frac{1}{6}$	1/12; 1/8
	k.f.z.O_h	$(L-F)$	C_{2v}(mm2)			48	4	8	12	6	4	1	0	1/5
	k.f.z.O_h	Crowdion	D_{2h}(mmm)			48	8	8	6	6	2	1	$-\frac{1}{2}\cos^2\theta_i$	—
	k.r.z.O_h	$(Z)_s$	D_{2h}(mmm)		Rot $\frac{60°}{90°}$	48	8	8	6	6	8	2	0	1/12; 1/8
						48	8	8	6	6	2	2	0	1/4
	h.d.gep.D_{6h}	$(L)_s$	D_{2h}(mmm)		$\langle 1\bar{1}04 \rangle$	24	8	8	3	3	8	4	$\perp c;\ \frac{8}{9}$	1/12
	h.d.gep.D_{6h}	L_2(Konf. $A B$)	D_{2h}(mmm)		$\langle 11\bar{2}0 \rangle$	24	8	8	3	3	4	2	$\perp c;\ \frac{1}{8}$	1/6
	h.d.gep.D_{6h}	L_2(Konf. $A A'$)	D_{2h}(mmm)		$\langle 1\bar{1}04 \rangle$	24	8	8	3	3	4	2	$\perp c;\frac{1}{8}$	1/6
	h.d.gep.D_{6h}	Crowdion	D_{2h}(mmm)		$\langle 11\bar{2}0 \rangle$	24	8	8	3	3	2	1	$\frac{1}{2}\cos^2\theta_i$	—
	h.d.gep.D_{6h}	Crowdion	D_{2h}(mmm)		$\langle 1\bar{1}04 \rangle$	24	8	8	3	3	2	1	$\frac{1}{2}\cos^2\theta_i$	—
monoklin	h.d.gep.D_{6h}	$(Z)_s$	C_s(m)	C_s	$\langle 1\bar{1}0i \rangle$	24	2	4	12	6	5	1	0	1/6

möglich, da alle drei Achsen zweizählige Symmetrie besitzen.) In kubisch flächenzentrierten Gittern ist die $\langle 100 \rangle$-Achse eine *tetragonale* Achse und die $\langle 111 \rangle$-Achse eine *trigonale* Achse. Die Hauptachse der Fehlstelle kann im allgemeinen mehrere Orientierungen bezüglich des Grundgitters einnehmen. Bezeichnen wir mit k_G und k_F die Zahl der Symmetrieoperationen der Punktgruppe des Grundgitters bzw. des Gitterfehlers, so beträgt die Zahl der maximal möglichen verschiedenen Orientierungen des Gitterfehlers

$$n_F = k_G/k_F. \tag{6.2}$$

In Tab. 3 sind mehrere Fehlstellentypen (monoatomare und biatomare), wie sie in kubisch flächenzentrierten, kubisch raumzentrierten und hexagonalen Metallen auftreten können, zusammengestellt. Behandelt werden dabei Leerstellen (L_1), Zwischengitteratome (Z), Doppelleerstellen (L_2), Leerstellen-Fremdatom-Komplexe (L–F), Einlagerungsatome (Z_F, C in α-Fe) sowie Zwischengitteratom-Fremdatom-Komplexe (Z–F). Die verschiedenartigen Fehlstellen sind nach den 7 Kristallsystemen geordnet. In Spalte 4 wird jeweils die Kristallklasse des Gitterfehlers angegeben. Mit aufgeführt in Tab. 3 sind außerdem die Zahl der kristallographisch verschiedenen Einstellmöglichkeiten n_F sowie die Zahl N der nächsten Nachbarn, d. h., die Zahl derjenigen Orientierungen, die mit dem kürzest möglichen Sprung der Fehlstelle erreicht werden können. Die Sprungkinetik der Fehlstellen werden wir in Kapitel 7 noch genauer behandeln.

Wie wir im folgenden Abschnitt sehen werden, ist für das Auftreten einer Relaxation jedoch nicht die Zahl n_F maßgebend, sondern, wie bereits von NOWICK und HELLER [*1,2*] betont wurde, die Zahl derjenigen Einstellungen, die von einem elastischen Spannungsfeld oder der spontanen Magnetisierung J_s unterschieden werden können. Physikalisch bedeutet dies, daß nur die Zahl der Einstellungen, die mit einem elastischen Spannungsfeld oder mit der spontanen Magnetisierung eine verschiedene Wechselwirkungsenergie E besitzen, für die Relaxation eine Rolle spielt. Unsere weitere Aufgabe besteht damit in der Bestimmung der Symmetrie der Wechselwirkungsenergie. Dabei wird sich zeigen, daß die Symmetrie des Tensorfeldes, welches die Wechselwirkungsenergie hervorruft, einen maßgebenden Einfluß auf die Punktsymmetrie der Wechselwirkungsenergie hat.

6.3. Die Symmetrie der Wechselwirkungsenergie

Allgemein kommt die Wechselwirkungsenergie eines Gitterfehlers durch dessen Wechselwirkung mit den auf ihn einwirkenden Tensorfeldern zustande. Als Tensorfelder sind in unserem Falle der symmetrische Tensor 2. Stufe der elastischen Verzerrungen und der axiale Tensor 1. Stufe der spontanen Magnetisierung zu betrachten. Der Verzerrungstensor ist durch seine Komponenten ε_{ik} gegeben. Die Verzerrungen können dabei die verschiedensten Ursachen haben und z. B. von äußeren Spannungen, den inneren Spannungen anderer Gitterfehler (vor allem Versetzungen) oder den magnetostriktiven Eigenspannungen der Blochwände herrühren.

Mit den elastischen magnetostriktiven Eigenspannungen der Blochwände befassen sich die Arbeiten von RIEDER $[1\text{–}3]$, auf dessen Ergebnisse wir uns im folgenden stützen werden. Die Wechselwirkungsenergie ist eine Funktion der Richtungskosinus γ_i der spontanen Magnetisierung J_s und der Verzerrungskomponenten ε_{ik}. Man gewinnt die Abhängigkeit der Wechselwirkungsenergie E von den γ_i und den ε_{ik} durch Reihenentwicklung von E nach Potenzen der γ_i und der ε_{ik}. Allgemein ergibt sich dann, wenn wir von dem konstanten 1. Glied der Reihenentwicklung absehen

$$E(\gamma_i, \varepsilon_{ik}) = k_i \gamma_i + k_{ij} \gamma_i \gamma_j + k_{ijk} \gamma_i \gamma_j \gamma_k + k_{ijkl}(\gamma_i \gamma_j \gamma_k \gamma_l) + \cdots -$$

$$- P_{ij} \varepsilon_{ij} - P_{ijkl} \varepsilon_{ij} \varepsilon_{kl} + \cdots + \tag{6.3}$$

$$+ \Lambda_{ijk} \varepsilon_{ij} \gamma_k + \Lambda_{ijkl} \, \varepsilon_{ij} \gamma_k \gamma_l + \cdots,$$

wobei in Gl. (6.3) über doppelt vorkommende Indizes von 1 bis 3 zu summieren ist. In Gl. (6.3) stellt die 1. Zeile den Anteil der magnetokristallinen Wechselwirkungsenergie dar. Die 2. Zeile entspricht dem Anteil der elastischen Wechselwirkungsenergie, die in Ferromagnetika als magnetoelastische Kopplungsenergie bezeichnet wird. Die Wahl der negativen Vorzeichen wird in Abschnitt 6.4. erläutert werden. In der 3. Zeile schließlich stehen gemischte Glieder, die der Abhängigkeit der magnetokristallinen Wechselwirkungsenergie von den elastischen Spannungen σ Rechnung tragen. Die Konstanten $k_i \ldots$, $P_i \ldots$ und $\Lambda_i \ldots$ sind die Komponenten der sog. Eigenschaftstensoren n-ter Stufe. Diese Eigenschaftstensoren enthalten nach dem Neumannschen Prinzip die Symmetrie des Gitterfehlers. Dies bedeutet, daß die Eigenschaftstensoren wohl größere Symmetrie als der Gitterfehler, jedoch keine kleinere besitzen können. Die Symmetrie der Eigenschaftstensoren entspricht demnach einer Untergruppe des Grundgitters und einer Obergruppe der Symmetrie der Gitterfehler. So kann z. B. der Fall eintreten, wie noch gezeigt wird, daß die Fehlstellen L_2 und $L\text{–}F$ in kubisch flächenzentrierten Metallen dieselben Eigenschaftstensoren besitzen, obwohl L_2 die Punktsymmetrie D_{2h} und $L\text{–}F$ die Punktsymmetrie D_2 hat. Der

Grund für diese Erhöhung der Symmetrie bei der Wechselwirkungsenergie ist in der Wirkung der Tensorfelder $\mathfrak{J}_s$ und ε zu suchen, die den Gitterfehlern eine zusätzliche Symmetrie aufprägen. Zur Bestimmung der Symmetrie der Wechselwirkungsenergie müssen wir daher den Einfluß der Tensorfelder auf die Punktsymmetrie K_E der Eigenschaftstensoren genauer untersuchen. Mit diesem Problem befassen sich Arbeiten von NYE, SHUBNIKOV und BIRSS.

Zunächst ist zu berücksichtigen, daß die Wechselwirkungsenergie eine skalare Größe oder in Tensorsprechweise ausgedrückt, ein polarer Tensor nullter Stufe ist, während J_s einen axialen Tensor 1. Stufe und ε einen polaren Tensor 2. Stufe darstellt. Damit sich die Wechselwirkungsenergie aus Gl. (6.3) als ein Skalar ergibt, müssen die Eigenschaftstensoren ungerader Ordnung axiale Tensoren darstellen, während die Eigenschaftstensoren gerader Ordnung polare Tensoren sein müssen. Die in Gl. (6.3) auftretenden axialen Eigenschaftstensoren ungerader Ordnung besitzen außerdem die Eigenschaft, daß sie bei Zeitumkehr nicht invariant sind, sondern ihr Vorzeichen wechseln. Dem entspricht, daß sie bei einer Umdrehung der Richtung der spontanen Magnetisierung ebenfalls ihr Vorzeichen wechseln. Aus den Arbeiten von SHUBNIKOV und BIRSS geht hervor, daß derartige Tensoren bei statischen Eigenschaften, wie es die Wechselwirkungsenergie E darstellt, Null zu setzen sind, da durch die Wechselwirkungsenergie keine Richtung in der Zeit ausgezeichnet ist. Wir dürfen also in Gl. (6.3) die Eigenschaftstensoren ungerader Ordnung Null setzen und erhalten dann

$$E = k_{ij}\gamma_i\gamma_j + k_{ijkl}\gamma_i\gamma_j\gamma_k\gamma_l + \cdots$$

$$-P_{ij}\varepsilon_{ij} - P_{ijkl}\varepsilon_{ij}\varepsilon_{kl} + \cdots \tag{6.4}$$

$$+\Lambda_{ijkl}\varepsilon_{ij}\gamma_k\gamma_l + \cdots$$

Die Symmetrie der geradzahligen polaren Eigenschaftstensoren k, P und Λ ist vollkommen durch die Symmetrie der Kristallklasse des entsprechenden Gitterfehlers bestimmt. Werden die Tensoren 2. Stufe auf ein Hauptachsensystem bezogen, so lassen sie sich in der Form

$$k = \begin{pmatrix} k_{11} & 0 & 0 \\ & k_{22} & 0 \\ & & k_{33} \end{pmatrix} \tag{6.5}$$

angeben. Die Tensoren 2. Stufe besitzen außerdem die Eigenschaft, daß sie für sämtliche Kristallklassen, die demselben Kristallsystem angehören, dieselbe Form besitzen. Da bei einer Vertauschung von γ_i mit γ_j keine Änderung der Wechselwirkungsenergie auftritt und außerdem $\varepsilon_{ij} = \varepsilon_{ji}$ gilt, müssen die zweistufigen Tensoren k und P symmetrisch in den Indizes sein, also gilt allgemein

$$P_{ij} = P_{ji}$$

und

$$k_{ij} = k_{ji} \, . \tag{6.6}$$

Häufig wird die zweiziffrige Indizierung durch eine einziffrige Indizierung ersetzt. Nach dem Vorgehen von VOIGT wird dabei

$$11 \rightarrow 1, \quad 22 \rightarrow 2, \quad 33 \rightarrow 3, \quad 23 = 32 \rightarrow 4, \quad 13 = 31 \rightarrow 5, \quad 12 = 21 \rightarrow 6 \tag{6.7}$$

gesetzt. Die zweistufigen Tensoren lauten dann in einem beliebigen Achsensystem

$$k = \begin{pmatrix} k_{11} & k_{12} & k_{13} \\ & k_{22} & k_{23} \\ & & k_{33} \end{pmatrix} \equiv \begin{pmatrix} k_1 & \tfrac{1}{2}k_6 & \tfrac{1}{2}k_5 \\ & k_2 & \tfrac{1}{2}k_4 \\ & & k_3 \end{pmatrix} \tag{6.8}$$

mit $k_{12} = \tfrac{1}{2}k_6$; $k_{13} = \tfrac{1}{2}k_5$; $k_{23} = \tfrac{1}{2}k_4$.

Der Faktor $\tfrac{1}{2}$ tritt in Gl. (6.8) deshalb auf, weil bei der einziffrigen Indizierung die Summation über i und j in ein einziges Glied übergeht. Die spezielle Form der zweistufigen Tensoren der sieben Kristallsysteme ist in Tab. 4 angegeben. Gl. (6.8) entspricht der Form des zweistufigen Tensors im *triklinen* Kristallsystem. Aus der Form der in Tab. 4 angegegebenen Tensoren 2. Stufe geht hervor, daß diese bei kubischer Symmetrie durch eine Komponente, bei hexagonaler, trigonaler und tetragonaler Symmetrie durch zwei Komponenten und bei orthorhombischer, monokliner und trikliner Symmetrie durch drei Komponenten vollkommen bestimmt sind. Messungen des Tensors 2. Stufe erlauben daher grundsätzlich nur eine Unterscheidung zwischen drei verschiedenen Kristallklassen.

Bei den vierstufigen Tensoren k, P und Λ betrachten wir zunächst den einfachen Fall des k-Tensors. Hier ist offensichtlich die Reihenfolge der Indizes beliebig permutierbar, da eine Vertauschung der γ_i keine Änderung der Wechselwirkungsenergie zur Folge hat. Dies bedeutet, daß Tensorkomponenten mit denselben Indizes gleich groß sind; also gilt z. B.

$$k_{ijkl} = k_{likj} \, .$$

Der k-Tensor 4. Stufe lautet damit in seiner allgemeinsten Form, die mit seiner Darstellung im *triklinen* Kristallsystem identisch ist:

$$k = \begin{vmatrix} k_{1111} & k_{1122} & k_{1133} & k_{1123} & k_{1123} & k_{1131} & k_{1131} & k_{1112} & k_{1112} \\ \cdot & k_{2222} & k_{2233} & k_{2223} & k_{2223} & k_{2231} & k_{2231} & k_{2212} & k_{2212} \\ \cdot & \cdot & k_{3333} & k_{3323} & k_{3323} & k_{3331} & k_{3331} & k_{3312} & k_{3312} \\ \cdot & \cdot & \cdot & k_{2323} & k_{2323} & k_{2331} & k_{2331} & k_{2312} & k_{2312} \\ \cdot & \cdot & \cdot & \cdot & k_{2323} & k_{2331} & k_{2331} & k_{2312} & k_{2312} \\ \cdot & \cdot & \cdot & \cdot & \cdot & k_{3131} & k_{3131} & k_{3112} & k_{3112} \\ \cdot & \cdot & \cdot & \cdot & \cdot & \cdot & k_{3131} & k_{3112} & k_{3112} \\ \cdot & \cdot & \cdot & \cdot & \cdot & \cdot & \cdot & k_{1212} & k_{1212} \\ \cdot & \cdot & \cdot & \cdot & \cdot & \cdot & \cdot & \cdot & k_{1212} \end{vmatrix} \cdot \quad (6.9)$$

Auch bei den vierstufigen Tensoren ist es üblich, wie im Falle der Tensoren 2. Stufe, zu einer zweiziffrigen Indizierung k_{mn} überzugehen. Dabei werden jeweils die ersten zwei und die letzten zwei Indizes entsprechend dem in Gl. (6.7) angegebenen Schema ersetzt. Bei den Tensorkomponenten mit m oder $n=4$, 5, 6 tritt wieder ein Faktor $\frac{1}{2}$ auf. Da man die Indizes beliebig permutieren darf, dürfen Tensorkomponenten mit denselben Indizes einander gleichgesetzt werden. Der k-Tensor lautet dann allgemein

$$k = \begin{vmatrix} k_{11} & k_{12} & k_{13} & \tfrac{1}{2}k_{14} & \tfrac{1}{2}k_{15} & \tfrac{1}{2}k_{16} \\ \cdot & k_{22} & k_{23} & \tfrac{1}{2}k_{24} & \tfrac{1}{2}k_{25} & \tfrac{1}{2}k_{26} \\ \cdot & & k_{33} & \tfrac{1}{2}k_{34} & \tfrac{1}{2}k_{35} & \tfrac{1}{2}k_{36} \\ \cdot & \cdot & \cdot & k_{23} & \tfrac{1}{2}k_{36} & \tfrac{1}{2}k_{24} \\ \cdot & \cdot & \cdot & \cdot & k_{13} & \tfrac{1}{2}k_{14} \\ \cdot & \cdot & \cdot & \cdot & \cdot & k_{12} \end{vmatrix} \cdot \quad (6.10)$$

mit $\quad k_{ijkl} = \tfrac{1}{4}k_{mn}$, $\quad$ wenn $\quad i \neq j, k=l \quad$ oder $\quad k \neq l, i=j$,

$\qquad k_{ijkl} = k_{mn}$, $\quad$ wenn $\quad i=j \quad$ und $\quad k=l$

$\qquad k_{ijkl} = \tfrac{1}{4}k_{mn}$, $\quad$ wenn $\quad i=k, j=l, i \neq j, k \neq l$

und $\quad k_{ijkl} = \tfrac{1}{8}k_{mn}$, $\quad$ wenn $\quad i \neq j \quad$ und $\quad k \neq l$

gilt.

Von den Tensorkomponenten k_{mn} können je nach Kristallklasse zahlreiche Null werden oder gleich groß sein. Die Ergebnisse der Ausreduzierung sind in Tab. 4 angegeben. Mit Ausnahme der Kristallklassen 4, $\bar{4}$, 4/m, 3, $\bar{3}$ besitzen die Tensoren 4. Stufe bei sämtlichen Kristallklassen die Symmetrie der höchstsymmetrischen Kristallklasse des betreffenden Kristallsystems. Z.B. besitzen die Eigenschaftstensoren der

Tabelle 4. *Die zweistufigen und vierstufigen Eigenschaftstensoren der magnetokristallinen Kopplungsenergie. In der letzten Spalte ist die magnetokristalline Kopplungsenergie bezogen auf das Koordinatensystem des Gitterfehlers angegeben.* (γ_i = Richtungskosinus zwischen spon-

Kristall-systeme	Kristall-klasse K_F	Symmetrie der Wechselwirk.-energie K_E	Zahl der Symmetrie-elemente k_F	k_E	Koordinaten-system	2-stufige Tensoren $k_{ij}(P_{ij})$
kubisch	$O_h(\mathrm{m\,3\,m})$ $T_d(\bar{4}3\,\mathrm{m})$ $O(432)$	O_h	48 24 24	48	$x\|\,[100]$ $y\|\,[010]$ $z\|\,[001]$	$\begin{pmatrix} k_1 & & \\ & k_1 & \\ & & k_1 \end{pmatrix}$
	$T_h(\mathrm{m\,3})$ $T(23)$	T_h	24 12	24		
hexagonal (einachsig)	$D_{6h}(6/\mathrm{mmm})$ $D_{3h}(\bar{6}\mathrm{m}2)$ $C_{6v}(6\mathrm{mm})$ $D_6(622)$	D_{6h}	24 12 12 12	24	$z|$6-zähliger Symmetrie-achse (x,y) beliebig	$\begin{pmatrix} k_1 & & \\ & k_1 & \\ & & k_3 \end{pmatrix}$
	$C_{6h}(6/\mathrm{m})$ $C_{3h}(\bar{6})$ $C_6(6)$	C_{6h}	12 6 6	12		
trigonal (einachsig)	$D_{3d}(\bar{3}\mathrm{m})$ $C_{3v}(3\mathrm{m})$ $D_3(32)$	D_{3d}	12 6 6	12	$z|$3-zähliger Symmetrie-achse	$\begin{pmatrix} k_1 & & \\ & k_1 & \\ & & k_3 \end{pmatrix}$
	$C_{3i}(\bar{3})$ $C_3(3)$	C_{3i}	6 6 3	6	(x,y) beliebig	
tetragonal (einachsig)	$D_{4h}(4/\mathrm{mmm})$ $D_{2d}(\bar{4}2\mathrm{m})$ $C_{4v}(4\mathrm{mm})$ $D_4(422)$	D_{4h}	16 8 8 8	16	$z|$4-zähliger Symmetrie-achse	$\begin{pmatrix} k_1 & & \\ & k_1 & \\ & & k_3 \end{pmatrix}$
	$C_{4h}(4/\mathrm{m})$ $S_4(\bar{4})$ $C_4(4)$	C_{4h}	8 4 4	8	(x,y) beliebig	
ortho-rhombisch	$D_{2h}(\mathrm{mmm})$ $C_{2v}(\mathrm{mm}2)$ $D_2(222)$	D_{2h}	8 4 4	8	$(x,y,z)\|$zu den 2-zähligen Sym-metrieachsen	$\begin{pmatrix} k_1 & & \\ & k_2 & \\ & & k_3 \end{pmatrix}$
monoklin	$C_{2h}(2/\mathrm{m})$ $C(\mathrm{m})$ $C_2(2)$	C_{2h}	4 2 2	4	$y\|$zur 2-zähligen Symmetrie-achse	$\begin{pmatrix} k_1 & 0 & \frac{1}{2}k_5 \\ 0 & k_2 & 0 \\ \frac{1}{2}k_5 & 0 & k_3 \end{pmatrix}$
triklin	$C_i(\bar{1})$ $C_1(1)$	C_i	2 1	2	x,y,z	$\begin{pmatrix} k_1 & \frac{1}{2}k_6 & \frac{1}{2}k_5 \\ \frac{1}{2}k_6 & k_2 & \frac{1}{2}k_4 \\ \frac{1}{2}k_5 & \frac{1}{2}k_4 & k_3 \end{pmatrix}$

taner Magnetisierung und den Koordinatenachsen des Gitterfehlers.) Die Kristallsysteme sind nach Lauegruppen unterteilt. Bei den trigonalen und tetragonalen Kristallen sind die Tensoren 4. Stufe nur für die Lauegruppen C_{3i} und C_{4h} angegeben (siehe Text).

4-stufige Tensoren (k_{ijkl}, P_{ijkl}) (ausreduziert) $11\to1;\ 22\to2;\ 33\to3;\ 23,32\to4;\ 13,31\to5;\ 12,21\to6$	E^K
$\begin{pmatrix} k_{11} & k_{12} & k_{12} & & & \\ k_{12} & k_{11} & k_{12} & & & \\ k_{12} & k_{12} & k_{11} & & & \\ & & & k_{12} & & \\ & & & & k_{12} & \\ & & & & & k_{12} \end{pmatrix}$	$k_1 - k_{11} + (k_{12} - 2k_{11}) \cdot \sum_{i \neq j} \gamma_i^2 \gamma_j^2 + \cdots$
$\begin{pmatrix} k_{11} & k_{12} & k_{13} & & & \\ k_{12} & k_{11} & k_{13} & & & \\ k_{13} & k_{13} & k_{13} & & & \\ & & & k_{13} & & \\ & & & & k_{13} & \\ & & & & & k_{12} \end{pmatrix}$	$k_1(1-\gamma_3^2) + k_3\gamma_3^2 + k_{11} \cdot (1-\gamma_3^2)^2 + k_{33}\gamma_3^4 + 3k_{13} \cdot \gamma_3^2(1-\gamma_3^2) + (3k_{12}-2k_{11})\gamma_1^2\gamma_2^2$
$\begin{pmatrix} k_{11} & k_{12} & k_{13} & -\tfrac{1}{2}k_{14} & \tfrac{1}{2}k_{15} & \cdot \\ k_{12} & k_{11} & k_{13} & \tfrac{1}{2}k_{14} & -\tfrac{1}{2}k_{15} & \cdot \\ k_{13} & k_{13} & k_{33} & \cdot & \cdot & \cdot \\ -\tfrac{1}{2}k_{14} & \tfrac{1}{2}k_{14} & \cdot & k_{13} & \cdot & -k_{15} \\ \tfrac{1}{2}k_{15} & -\tfrac{1}{2}k_{15} & \cdot & \cdot & k_{13} & k_{14} \\ \cdot & \cdot & \cdot & -k_{15} & k_{14} & k_{12} \end{pmatrix}$	$k_1(1-\gamma_3^2) + k_3\gamma_3^2 + k_{11}(1-\gamma_3^2) + {} + k_{33}\gamma_3^4 + 3k_{13}\gamma_3^2(1-\gamma_3^2) + {} + (3k_{12}-2k_{11})\gamma_1^2\gamma_2^2 + k_{15}\gamma_1\gamma_3 \cdot (\gamma_1^2 - 3\gamma_2^2) + \cdots + [k_{14}\gamma_2\gamma_3(3\gamma_1^2 - \gamma_2^2)] + \cdots$
$\begin{pmatrix} k_{11} & k_{12} & k_{13} & \cdot & \cdot & \tfrac{1}{2}k_{16} \\ k_{12} & k_{11} & k_{13} & \cdot & \cdot & -\tfrac{1}{2}k_{16} \\ k_{13} & k_{13} & k_{33} & \cdot & \cdot & \cdot \\ \cdot & \cdot & \cdot & k_{13} & \cdot & \cdot \\ \cdot & \cdot & \cdot & \cdot & k_{13} & \cdot \\ \tfrac{1}{2}k_{16} & -\tfrac{1}{2}k_{16} & \cdot & \cdot & \cdot & k_{12} \end{pmatrix}$	$k_1(1-\gamma_3^2) + k_3\gamma_3^2 + k_{11}(1-\gamma_3^2)^2 + {} + k_{33}\gamma_3^4 + (3k_{12}-2k_{11})\gamma_1^2\gamma_2^2 + {} + k_{13}\gamma_3^2(1-\gamma_3^2) + \cdots + {} + [k_{16}\gamma_1\gamma_3(\gamma_1^2 - \gamma_2^2)] + \cdots$
$\begin{pmatrix} k_{11} & k_{12} & k_{13} & \cdot & \cdot & \cdot \\ k_{12} & k_{22} & k_{23} & \cdot & \cdot & \cdot \\ k_{13} & k_{23} & k_{33} & \cdot & \cdot & \cdot \\ \cdot & \cdot & \cdot & k_{23} & \cdot & \cdot \\ \cdot & \cdot & \cdot & \cdot & k_{13} & \cdot \\ \cdot & \cdot & \cdot & \cdot & \cdot & k_{12} \end{pmatrix}$	$k_1\gamma_1^2 + k_2\gamma_2^2 + k_3\gamma_3^2 + k_{11}\gamma_1^4 + {} + k_{22}\gamma_2^4 + k_{33}\gamma_3^4 + k_{12}\gamma_1^2\gamma_2^2 + {} + k_{13}\gamma_1^2\gamma_2^2 + k_{23}\gamma_2^2\gamma_3^2 + $
$\begin{pmatrix} k_{11} & k_{12} & k_{13} & \cdot & \tfrac{1}{2}k_{15} & \cdot \\ k_{12} & k_{22} & k_{23} & \cdot & \tfrac{1}{2}k_{25} & \cdot \\ k_{13} & k_{23} & k_{33} & \cdot & \tfrac{1}{2}k_{35} & \cdot \\ \cdot & \cdot & \cdot & k_{44} & \cdot & \tfrac{1}{2}k_{24} \\ \tfrac{1}{2}k_{15} & \tfrac{1}{2}k_{25} & \tfrac{1}{2}k_{35} & \cdot & k_{35} & \cdot \\ \cdot & \cdot & \cdot & \tfrac{1}{2}k_{46} & \cdot & k_{66} \end{pmatrix}$	$k_1\gamma_1^2 + k_2\gamma_2^2 + k_3\gamma_3^2 + k_5\gamma_1\gamma_3 + k_{11}\gamma_1^4 + {} + k_{22}\gamma_2^4 + k_{33}\gamma_3^4 + (2k_{12}+k_{66})\gamma_1^2\gamma_2^2 + {} + k_{44}\gamma_2^2\gamma_3^2 + k_{55}\gamma_1^2\gamma_3^2 + k_{15}\gamma_1^2\gamma_1\gamma_3 + k_{24} \cdot \gamma_2^2\gamma_1\gamma_3 + k_{35}\gamma_3^2\gamma_1\gamma_3 + k_{46}\gamma_2^2\gamma_1\gamma_3$
$\begin{pmatrix} k_{11} & k_{12} & k_{13} & \tfrac{1}{2}k_{14} & \tfrac{1}{2}k_{15} & \tfrac{1}{2}k_{16} \\ \cdot & k_{22} & k_{23} & \tfrac{1}{2}k_{24} & \tfrac{1}{2}k_{25} & \tfrac{1}{2}k_{26} \\ \cdot & \cdot & k_{33} & \tfrac{1}{2}k_{34} & \tfrac{1}{2}k_{35} & \tfrac{1}{2}k_{36} \\ \cdot & \cdot & \cdot & k_{44} & \tfrac{1}{2}k_{36} & \tfrac{1}{2}k_{24} \\ \cdot & \cdot & \cdot & \cdot & k_{55} & \tfrac{1}{2}k_{14} \\ \cdot & \cdot & \cdot & \cdot & \cdot & k_{66} \end{pmatrix}$	$k_1\gamma_1^2 + k_2\gamma_2^2 + k_3\gamma_3^2 + k_6\gamma_1\gamma_2 + k_5\gamma_1\gamma_3 + {} + k_4\gamma_2\gamma_3 + k_{11}\gamma_1^4 + k_{22}\gamma_2^4 + k_{33}\gamma_3^4 + {} + 2k_{12}\gamma_1^2\gamma_2^2 + 2k_{13}\gamma_1^2\gamma_3^2 + 2k_{23}\gamma_2^2\gamma_3^2 + {} + (k_{14}\gamma_1^2 + k_{24}\gamma_2^2 + k_{34}\gamma_3^2)\gamma_2\gamma_3 + (k_{15}\gamma_1^2 + {} + k_{24}\gamma_2^2 + k_{35}\gamma_3^2)\gamma_1\gamma_3 + (k_{16}\gamma_1^2 + k_{26}\gamma_2^2 + {} + k_{36}\gamma_3^2)\gamma_1\gamma_2 + (k_{45}\gamma_2\gamma_3 + k_{56}\gamma_1\gamma_2)\gamma_1\gamma_3 + {} + (k_{46}\gamma_2\gamma_3 + k_{56}\gamma_1\gamma_3)\gamma_1\gamma_2$

Wechselwirkungsenergie eines Gitterfehlers der Kristallklasse D_{2v} die Symmetrie der Kristallklasse D_{2h}.

Physikalisch beruht dies darauf, daß ein Spannungsfeld oder die spontane Magnetisierung nicht zu unterscheiden vermag, ob ein Gitterfehler ein Symmetriezentrum besitzt oder nicht. Die Tensorfelder ε und $\mathfrak{J}_s$ behandeln die Gitterfehler vielmehr so, als ob diese ein Symmetriezentrum besitzen würden. Die Symmetriegruppen, die man erhält, wenn man jeder Kristallklasse ein Symmetriezentrum zuordnet, werden in der Kristallographie als die *Lauegruppen* bezeichnet. Insgesamt gibt es, wie Tab. 4 entnommen werden kann, 11 derartige Lauegruppen; und zwar je zwei bei den kubischen, hexagonalen, trigonalen und tetragonalen Kristallklassen und je eine bei den orthorhombischen, monoklinen und triklinen Kristallklassen. Die Eigenschaftstensoren 4. Stufe sind jedoch nur bei den Lauegruppen des trigonalen und tetragonalen Kristallsystems voneinander verschieden, während bei den kubischen und hexagonalen Kristallklassen, wie beim orthorhombischen, monoklinen und triklinen Kristallsystem nur je ein Eigenschaftstensor 4. Stufe auftritt. Aus Messungen des Tensors 4. Stufe kann man daher nur zwischen 9 verschiedenen Kristallgruppen unterschieden. Es ist üblich, das Symbol der Punktgruppe größter Symmetrie einer Lauegruppe zur Kennzeichnung der betreffenden Lauegruppe zu verwenden. Wie aus Tab. 2 und Tab. 4 hervorgeht, lauten damit die Lauegruppen: O_h, T_h, D_{6h}, C_{6h}, D_{3d}, C_{3i}, D_{4h}, D_{2h}, C_{2h}, C_i, C_{4h}. Die Tensoren 4. Stufe der Lauegruppen D_{3d} und D_{4h} sind in Tab. 4 nicht angegeben. Man gewinnt sie aus den Tensoren für C_{3i} und C_{4h} indem man dort k_{15} bzw. k_{16} Null setzt. Der vierstufige Tensor P besitzt dieselbe Form wie der Tensor k. Infolge der Symmetrie des Verzerrungstensors ε dürfen jeweils die ersten zwei und die letzten zwei Indizes miteinander vertauscht werden. Außerdem dürfen die letzten zwei Indizes mit den ersten zwei vertauscht werden, so daß allgemein

$$P_{ijkl} = P_{lkji} = P_{klji} = P_{ijlk} \tag{6.11}$$

gilt.

Diese Bedingung für die Tensorkomponenten führt für die verschiedenen Kristallklassen auf dieselbe Form des P-Tensors wie beim k-Tensor. Die Symmetrie des P-Tensors ist jedoch geringer als die des k-Tensors, da $P_{ijkl} \neq P_{ikjl}$. Eine genauere Untersuchung zeigt, daß sich diese Bedingung nur auf die in Gl. (6.10) mit einem Rechteck umrandeten Komponenten auswirkt. Für diese Komponenten dürfen im Falle des k-Tensors $k_{36}=k_{45}$, $k_{24}=k_{46}$, $k_{14}=k_{56}$, $k_{23}=k_{44}$, $k_{13}=k_{55}$ und $k_{12}=k_{66}$ gesetzt werden. Beim P-Tensor verliert diese Bedingung ihre Gültigkeit. Ein weiterer Unterschied besteht darin, daß beim P-Tensor im hexagonalen und trigonalen System die Komponente P_{66} durch $\frac{1}{2}(P_{11}-P_{12})$ zu ersetzen ist.

Etwas komplizierter liegen die Verhältnisse beim vierstufigen Λ-Tensor. Hier dürfen die ersten beiden und die letzten beiden Indizes miteinander vertauscht werden, da $\varepsilon_{ij} = \varepsilon_{ji}$ gilt und eine Vertauschung von γ_i mit γ_j keine Änderung der Wechselwirkungsenergie zur Folge hat. Jedoch dürfen im allgemeinen die letzten zwei Indizes nicht mit den ersten zwei vertauscht werden. Dies führt auf die Bedingung

$$\Lambda_{ijkl} = \Lambda_{jilk} \neq \Lambda_{klij}. \tag{6.12}$$

Gl. (6.12) bewirkt, daß der Λ-Tensor kein symmetrischer Tensor ist. Im einzelnen geben wir die Λ-Tensoren für die verschiedenen Kristallklassen nicht an. Man erhält ihre spezielle Form, indem man die für den P-Tensor angegebenen Tensorkomponenten an der Diagonalen der P-Matritzen spiegelt und die Werte der gespiegelten Tensorkomponenten ungleich den Komponenten des Ausgangspunktes setzt.

In Tab. 4 sind die polaren Eigenschaftstensoren 2. und 4. Stufe für die verschiedenen Kristallsysteme angegeben. Die Tensoren P und k beziehen sich in dieser Darstellung jeweils auf das den Symmetrieachsen des Gitterfehlers angepaßte Koordinatensystem (Spalte 5 in Tab. 4). Beziehen wir die Eigenschaftstensoren einer Fehlstelle auf ein festgehaltenes, dem idealen Gitter angepaßtes Koordinatensystem, so gibt es im allgemeinen mehrere von der spontanen Magnetisierung oder einem elastischen Spannungsfeld unterscheidbare Eigenschaftstensoren. Die Zahl n_E dieser energetisch unterscheidbaren Eigenschaftstensoren entspricht den energetisch verschiedenen Einstellmöglichkeiten der Fehlstelle. Man erhält n_E aus der Beziehung

$$n_E = \frac{k_G}{k_E}, \tag{6.13}$$

wobei k_E die Zahl der Symmetrieelemente der Punktgruppe K_E der Wechselwirkungsenergie bedeutet.

In Analogie zum Energiespektrum der Elektronen im Atom können wir die Zahl n_E auch als die Zahl der Energieniveaus bezeichnen, in die die ursprünglich n_F-fach entartete Bildungsenergie der Fehlstelle aufgespalten wird. Da grundsätzlich $k_G \geq k_F \leq k_E$ gilt, ist die Zahl der energetisch verschiedenen Einstellmöglichkeiten eines anisotropen Gitterfehlers immer kleiner oder höchstens gleich der Zahl der kristallographisch verschiedenen Einstellmöglichkeiten, die durch die Zahl n_F gegeben sind. Die Werte für n_E sind in Tab. 3 in Spalte 11 aufgeführt.

Bei Kenntnis der Punktsymmetrie des Grundgitters und des Gitterfehlers kann anhand von Gl. (6.13) sofort entschieden werden, ob eine bestimmte Fehlstelle Anlaß zu Relaxationserscheinungen geben kann oder nicht. Grundsätzlich sind alle die Fehlstellen relaxationsfähig, bei denen die Bedingung $n_E > 1$ erfüllt ist. In Tab. 2 sind die in den verschiedenen Kristallklassen des Grundgitters möglichen Punktgruppen der Gitterfehler sowie deren n_E-Werte aufgeführt.

Die Kristallklassen der Punktfehler sind dabei nach den 11 Lauegruppen aufgeteilt. Diese Aufteilung ist zweckmäßig, da die einer Lauegruppe angehörenden Punktfehler gleiche k_E-Werte besitzen. Fehlt in Tab. 2 in bestimmten Fächern die Angabe für n_E, so bedeutet dies, daß eine Fehlstelle dieser Punktgruppe mit der Symmetrie des Grundgitters nicht verträglich ist.

Unsere Ausführungen in diesem Abschnitt haben somit gezeigt, daß das Verhalten eines Gitterfehlers mit niedrigerer Symmetrie als das Wirtsgitter durch die Punktgruppen des idealen Gitters, des Gitterfehlers und der Wechselwirkungsenergie vollkommen bestimmt ist, wobei die Punktgruppe der Wechselwirkungsenergie durch die des Gitterfehlers und die Art des wirkenden Feldes festgelegt ist.

6.4. Zur Deutung der elastischen (magnetischen) Kopplungsenergie

In Gl. (6.4) wurde die elastische Wechselwirkungsenergie durch die Reihenentwicklung

$$E^M = -P_{ij}\varepsilon_{ij} - P_{ijkl}\varepsilon_{ij}\varepsilon_{kl} + \cdots \tag{6.14}$$

definiert. Physikalisch läßt sich das erste Glied dieser Reihenentwicklung als die Wechselwirkung eines elastischen Dipols mit dem Tensor der elastischen Verzerrung deuten. Die Terme höherer Ordnung in ε_{ij} berücksichtigen die Abweichungen von der linearen Elastizitätstheorie. Im allgemeinen genügt es, sich auf den Beitrag des elastischen Dipols P_{ij} zur gesamten Wechselwirkungsenergie zu beschränken, da der Anteil der nicht linearen Glieder in ε_{ij} vernachlässigt werden kann.

Wie in den Arbeiten von KRÖNER, DEHLINGER und KRÖNER sowie SEEGER, v. JAN und MANN [13] dargelegt wurde, können die Komponenten P_{ij} des *Kräftedipols* als sog. Doppelkraft antiparalleler Kräfte p, deren Angriffspunkte gegeneinander um den Vektor l verschoben sind, gedeutet werden. Für den Tensor des Dipolmoments der Doppelkraft gilt dann

$$P = \lim(l\,p)_S ,$$

$$l \to 0 , \tag{6.15}$$

$$p \to \infty ,$$

wobei von dem dyadischen Produkt in Gl. (6.15) jeweils der symmetrische Teil zu nehmen ist, was durch den Index S angedeutet wird. Eine andere, ebenfalls von den oben genannten Autoren gegebene Deutung des Kräftedipols geht vom sog. *Verschiebungsdipol Q* aus. Dabei denkt man sich ein Volumelement ΔV_P durch einen Verzerrungstensor ε^P plastisch deformiert. Der Tensor des Verschiebungsdipols Q ist dann als

$$Q = \lim \Delta V_p \, \varepsilon^P,$$

$$\Delta V_p \to 0, \qquad\qquad (6.16)$$

$$\varepsilon^P \to \infty$$

definiert.

Man kann sich den Verschiebungsdipol auch durch die Überlagerung der Spannungsfelder kleiner Versetzungsringe entstanden denken. Für die Komponenten des Verschiebungsdipols gilt in diesem Fall

$$Q_{ij} = \sum_n b_i^n f_j^n, \qquad\qquad (6.17)$$

wenn b_i^n die Komponente des Burgersvektors des n-ten Versetzungsringes in i-Richtung und f_j^n die j-Komponente des vektoriellen Flächenelementes des n-ten Versetzungsringes bedeutet. Die Summation in Gl. (6.17) erstreckt sich dabei über sämtliche Versetzungsringe.

Zwischen dem Verschiebungsdipol Q und dem Kräftedipol P besteht entsprechend dem Hookeschen Gesetz eine lineare Beziehung

$$P_{ij} = c_{ijkl} Q_{kl}, \qquad\qquad (6.18)$$

wobei c den Tensor der elastischen Koeffizienten bedeutet. Die von einem elastischen Dipol hervorgerufene Volumdilatation ist gleich der Spur des Q-Tensors und lautet

$$\Delta V = \sum_{i=1}^{3} Q_{ii}. \qquad\qquad (6.19)$$

Wird Gl. (6.18) in Gl. (6.14) eingesetzt, so erhalten wir die elastische Kopplungsenergie ausgedrückt durch den Verschiebungsdipol und die elastischen Spannungen. Allgemein gilt somit:

$$E^M = -P_{ij}\varepsilon_{ij} = -Q_{ij}\sigma_{ij}. \qquad\qquad (6.20)$$

Das negative Vorzeichen in Gl. (6.20) bringt zum Ausdruck, daß sich die Hauptachse eines elastischen Dipols, der eine Volumdilatation hervorruft, parallel zu einer angelegten Zugspannung auszurichten versucht.

6.5. Berechnung der magnetoelastischen Kopplungsenergie

In Gl. (6.20) bedeutet ε einen Verzerrungstensor der elastischen Spannungen, der auf äußere Spannungen, innere Spannungen von Gitterfehlern, z. B. von Versetzungen, oder auf die magnetostriktiven

Eigenspannungen des Ferromagneten zurückzuführen ist. Im folgenden werden wir uns mit der Wechselwirkungsenergie der magnetostriktiven Eigenspannungen, die nach RIEDER $[1-3]$ auch als Extraspannungen bezeichnet werden, befassen. Man bezeichnet deren Wechselwirkungs-energie mit den elastischen Dipolen als magnetoelastische Kopplungs-energie. Magnetostriktive Eigenspannungen treten in einem Ferro-magneten nur auf, wenn ein inhomogener Verlauf der spontanen Magne-tisierung, wie z. B. in Blochwänden, vorhanden ist. Die magnetostriktiven Extradehnungen ε^M und deren Extraspannungen σ^M wurden von RIEDER für die wichtigsten Blochwände in Nickel, α-Eisen und Kobalt berechnet. Seine Ergebnisse für ε^M sind in Tab. 5 angegeben. Zwischen den einzelnen Blochwandtypen bestehen charakteristische Unterschiede, die zu einer Einteilung der Blochwände in solche I. und II. Art geführt haben (vgl. hierzu RIEDER $[3]$, KRONMÜLLER $[2]$ und TRÄUBLE $[1]$). Blochwände zweiter Art sind dadurch gekennzeichnet, daß ihre Extraspannungen innerhalb der Weissschen Bezirke verschwinden und nur innerhalb der Blochwände von Null verschieden sind. Zu dieser Gruppe von Bloch-wänden gehören alle 180°-Blochwände, die (110)-90°-Blochwand in Fe, die (001)-109°-Blochwand in Ni und die (110)-71°-Blochwand in Ni. Bei den Blochwänden I. Art besitzen die magnetostriktiven Eigenspannun-gen innerhalb der Weissschen Bezirke einen endlichen Wert. Beispiele für diesen Blochwandtyp sind die (100)-90°-Blochwand in Eisen und die (001)- und (111)-71°-Blochwände in Nickel. Die in Tab. 5 angegebenen

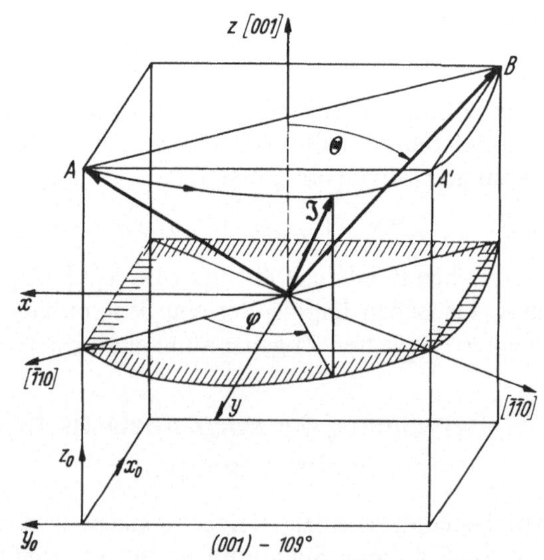

Fig. 34a–c. Zur Definition der Blochwandkoordinatensysteme in Nickel.

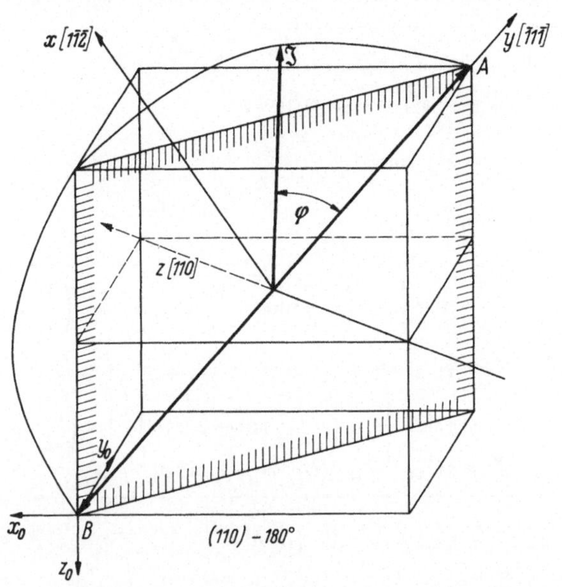

Fig. 34b

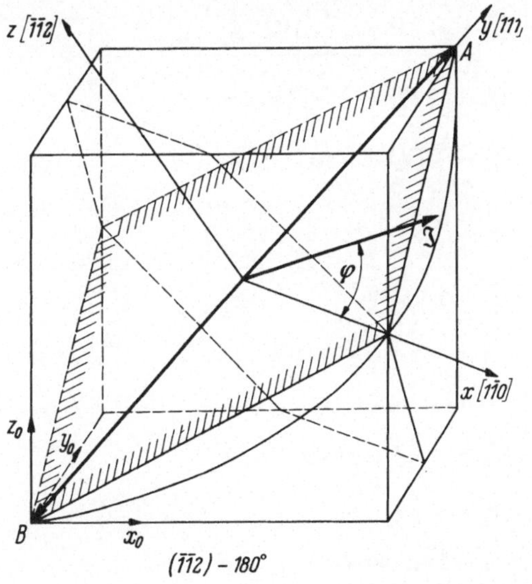

Fig. 34c

Verzerrungskomponenten ebener Blochwände beziehen sich auf ein der Blochwand angepaßtes spezielles Koordinatensystem, das für Ni Fig. 34 und für Fe Fig. 35 zu entnehmen ist. Da die ebenen Blochwände auch

Tabelle 5. *Die magnetostriktiven Extradehnungen der wichtigsten Blochwände nach Rieder* *[3]. β bedeutet den Transformationstensor der Extradehnung bezüglich des kubischen Koordi-*

Wandtyp	$\varepsilon_{11}^M,\quad \varepsilon_{22}^M,\quad \varepsilon_{12}^M$
Ni (001) − 109°	$\varepsilon_{11}^M = -\,\varepsilon_{22}^M = \lambda_{100}\sin\varphi\cos\varphi$ $\varepsilon_{12} = \lambda_{111}\sin^2\varphi$ $\varepsilon_I^M = 0$
Ni (110) − 180°	$\varepsilon_{11}^M = \sin\varphi\left\{\lambda_{100}\left(-\dfrac{1}{4}\sin\varphi + \dfrac{\sqrt{2}}{2}\cos\varphi\right) - \lambda_{111}\left(\dfrac{3}{4}\sin\varphi + \dfrac{\sqrt{2}}{2}\cos\varphi\right)\right\}$ $\varepsilon_{22}^M = \tfrac{3}{2}\lambda_{111}\sin^2\varphi$ $\varepsilon_{12}^M = \tfrac{1}{2}\sin\varphi\left\{\lambda_{100}\left(-\dfrac{\sqrt{2}}{2}\sin\varphi + 2\cos\varphi\right) + \lambda_{111}\left(\dfrac{\sqrt{2}}{2}\sin\varphi + \cos\varphi\right)\right\}$ $\varepsilon_I^M = \tfrac{1}{4}(\lambda_{111}-\lambda_{100})\{\sin^2\varphi - \sqrt{2}\sin2\varphi\}$
Ni ($\bar{1}\bar{1}2$) − 180°	$\varepsilon_{11}^M = \left(-\tfrac{1}{4}\lambda_{100} - \tfrac{5}{4}\lambda_{111}\right)\sin^2\varphi$ $\varepsilon_{22}^M = \tfrac{3}{2}\lambda_{111}\sin^2\varphi$ $\varepsilon_{12}^M = \tfrac{1}{2}(2\lambda_{100}+\lambda_{111})\sin\varphi\cos\varphi$ $\varepsilon_I^M = -\tfrac{1}{4}(\lambda_{100}-\lambda_{111})\sin^2\varphi$
Ni (001) − 71°	$\varepsilon_{11}^M = -\,\varepsilon_{22}^M = -\,\dfrac{\lambda_{100}}{2}\sin2\varphi$ $\varepsilon_{12}^M = -\,\dfrac{\lambda_{111}}{2}\cos2\varphi$ $\varepsilon_I^M = 0$
Fe (001) − 180°	$\varepsilon_{11}^M = \tfrac{3}{2}\lambda_{100}\sin^2\varphi$ $\varepsilon_{22}^M = -\tfrac{3}{2}\lambda_{100}\sin^2\varphi$ $\varepsilon_{12}^M = -\tfrac{3}{2}\lambda_{111}\sin\varphi\cos\varphi$ $\varepsilon_I^M = 0$
Fe (001) − 90°	$\varepsilon_{11}^M = -\tfrac{3}{4}\lambda_{100}\sin2\varphi$ $\varepsilon_{22}^M = +\tfrac{3}{4}\lambda_{100}\sin2\varphi$ $\varepsilon_{12}^M = \tfrac{3}{4}\lambda_{111}\cos2\varphi$ $\varepsilon_I^M = 0$
Co (k1m0) − 180°	$\varepsilon_{11}^M = \lambda_{33}\sin^2\Phi$ $\varepsilon_{22}^M = -\lambda_{11}\sin^2\Phi \qquad x\|\mathfrak{C}\qquad$ (hexagonale Achse) $\varepsilon_{12}^M = -\dfrac{\lambda_{44}}{2}\sin\Phi\cos\Phi \quad \Phi = \sphericalangle\,\mathfrak{J},\mathfrak{C}$ $\varepsilon_I^M = (\lambda_{33}-\lambda_{11})\sin^2\Phi$

natensystems. In der letzten Spalte wurden die Richtungskosinus α_i der spontanen Magnetisierung bezüglich des kubischen Koordinatensystems angegeben.

β	$\alpha_1, \quad \alpha_2, \quad \alpha_3$
$\begin{pmatrix} 1 & 0 & 0 \\ 0 & 1 & 0 \\ 0 & 0 & 1 \end{pmatrix}$	$\begin{aligned} \alpha_1 &= \left(\frac{\sqrt{2}}{2}\sin\varphi + \frac{\sqrt{2}}{2}\cos\varphi \right)\frac{\sqrt{6}}{3} \\ \alpha_2 &= \left(-\frac{\sqrt{2}}{2}\sin\varphi + \frac{\sqrt{2}}{2}\cos\varphi \right)\frac{\sqrt{6}}{3} \\ \alpha_3 &= \frac{\sqrt{3}}{3} \end{aligned}$
$\begin{pmatrix} \dfrac{\sqrt{6}}{6} & -\dfrac{\sqrt{3}}{3} & \dfrac{\sqrt{2}}{2} \\ -\dfrac{\sqrt{6}}{5} & \dfrac{\sqrt{3}}{3} & \dfrac{\sqrt{2}}{2} \\ -\dfrac{\sqrt{6}}{3} & -\dfrac{\sqrt{3}}{3} & 0 \end{pmatrix}$	$\begin{aligned} \alpha_1 &= \frac{\sqrt{6}}{6}\sin\varphi + \frac{\sqrt{3}}{3}\cos\varphi \\ \alpha_2 &= -\frac{\sqrt{6}}{6}\sin\varphi + \frac{\sqrt{3}}{3}\cos\varphi \\ \alpha_3 &= -\frac{\sqrt{6}}{3}\sin\varphi - \frac{\sqrt{3}}{3}\cos\varphi \end{aligned}$
$\begin{pmatrix} \dfrac{\sqrt{2}}{2} & \dfrac{\sqrt{3}}{3} & -\dfrac{\sqrt{6}}{6} \\ -\dfrac{\sqrt{2}}{2} & \dfrac{\sqrt{3}}{3} & -\dfrac{\sqrt{6}}{6} \\ 0 & \dfrac{\sqrt{3}}{3} & \dfrac{\sqrt{6}}{3} \end{pmatrix}$	$\begin{aligned} \alpha_1 &= \frac{\sqrt{2}}{2}\sin\varphi + \frac{\sqrt{3}}{3}\cos\varphi \\ \alpha_2 &= -\frac{\sqrt{2}}{2}\sin\varphi + \frac{\sqrt{3}}{3}\cos\varphi \\ \alpha_3 &= \frac{\sqrt{3}}{3}\cos\varphi \end{aligned}$
$\begin{pmatrix} 1 & 0 & 0 \\ 0 & 1 & 0 \\ 0 & 0 & 1 \end{pmatrix}$	$\begin{aligned} \alpha_1 &= -\frac{\sqrt{6}}{3}\sin\left(\varphi + \frac{\pi}{4}\right) \\ \alpha_2 &= \frac{\sqrt{6}}{3}\cos\left(\varphi + \frac{\pi}{4}\right) \\ \alpha_3 &= \frac{\sqrt{3}}{3} \end{aligned}$
$\begin{pmatrix} 0 & -1 & 0 \\ 1 & 0 & 0 \\ 0 & 0 & 1 \end{pmatrix}$	$\begin{aligned} \alpha_1 &= -\sin\varphi \\ \alpha_2 &= \cos\varphi \\ \alpha_3 &= 0 \end{aligned}$
$\begin{pmatrix} 0 & -1 & 0 \\ 1 & 0 & 0 \\ 0 & 0 & 1 \end{pmatrix}$	$\begin{aligned} \alpha_1 &= -\sin\left(\varphi + \frac{\pi}{4}\right) \\ \alpha_2 &= \cos\left(\varphi + \frac{\pi}{4}\right) \\ \alpha_3 &= 0 \end{aligned}$

einen ebenen Spannungszustand besitzen, lautet der magnetostriktive Verzerrungstensor allgemein

$$\varepsilon^M = \begin{pmatrix} \varepsilon_{11}^M & \varepsilon_{12}^M & 0 \\ & \varepsilon_{22}^M & 0 \\ & & 0 \end{pmatrix}, \tag{6.21}$$

sofern wir ε^M auf das der Blochwand angepaßte Koordinatensystem beziehen. Die Verzerrungskomponenten ε_{ij}^M sind dabei Funktionen der Richtung der spontanen Magnetisierung. Die Richtung der spontanen Magnetisierung ist durch den Winkel Θ zwischen $\mathfrak{J}_s$ und der Blochwandnormalen n und dem Winkel φ zwischen der Projektion von $\mathfrak{J}_s$ auf

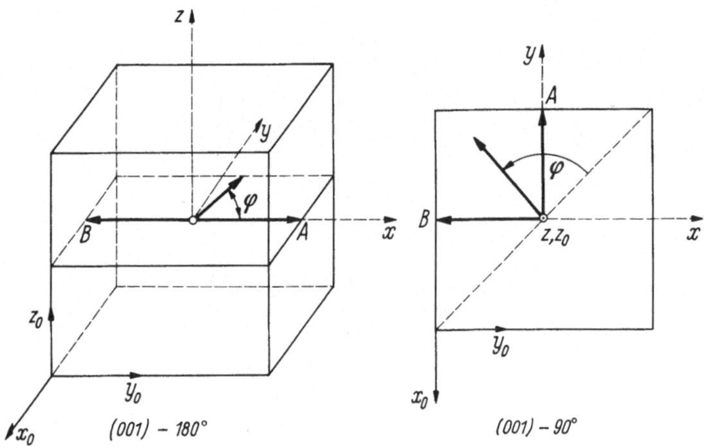

Fig. 35. Zur Definition der Blochwandkoordinatensysteme in Eisen.

die (x, y)-Ebene und der y-Achse bestimmt. Um Streufeldfreiheit zu garantieren, muß dabei bei ebenen Blochwänden der Winkel Θ konstant sein. Der Verlauf des Winkels φ bestimmt sich aus dem Minimum der freien Energie (vgl. LILLEY sowie KRONMÜLLER [2]). Wird die z-Koordinate als parallel zur Blochwandnormalen angenommen, so gilt bei Blochwänden I. Art

$$\operatorname{tg}\varphi = e^{-z/\delta_0} \tag{6.22}$$

und bei
Blochwänden II. Art in Nickel und α-Fe

$$\operatorname{cotg}\varphi = -\sqrt{\varepsilon}\,\operatorname{\mathfrak{Sin}}(z/\delta_0) + \rho. \tag{6.23.a}$$

Für die 180°-Blochwand in Kobalt gilt

$$\operatorname{tg}\frac{\varphi}{2} = e^{-\kappa_k z}. \tag{6.23.b}$$

Werte für die Konstanten κ_k, δ_0, ε und ρ bei Raumtemperatur sind in Tab. 6 für die Blochwände in Nickel, α-Eisen und Kobalt angegeben.

Um die magnetoelastische Kopplungsenergie

$$E^M = -P_{ij}\varepsilon_{ij}^M \tag{6.24}$$

berechnen zu können, müssen sich die Tensoren P und ε^M auf dasselbe Koordinatensystem beziehen. Im allgemeinen ist es jedoch so, daß ε^M und P in verschiedenen Koordinatensystemen eine einfache Form annehmen. Es ist daher eine Frage der Zweckmäßigkeit und des Arbeitsaufwandes, welcher der beiden Tensoren P oder ε^M auf das Koordinatensystem des anderen transformiert wird. Lauten die Richtungskosinus zwischen der i-ten Achse des Koordinatensystems des Kräftedipols und der j-ten Achse des Koordinatensystems der Blochwand β_{ij}, so gilt für die Extradehnungen $\varepsilon^{M'}$ im Koordinatensystem des elastischen Dipols

$$\varepsilon_{ij}^{M'} = \sum_{l,k} \beta_{il}\beta_{jk}\varepsilon_{lk}^M. \tag{6.25}$$

Tabelle 6. *Die Blochwandparameter der wichtigsten Blochwände bei Raumtemperatur.* κ_K *bedeutet die reziproke Austauschlänge* $\kappa_K = (|K_1|/A)^{1/2}$ *($K_1 = $Kristallenergiekonstante, $A = $Austauschkonstante).*

Blochwandtyp	ε	κ	2κ	δ_0
Ni: (001)-109°	0,0672	2,027	4,054	$0{,}66\,\kappa_K^{-1}$
Ni: (110)-180°	0,2005	1,45	2,89	$1{,}66\,\kappa_K^{-1}$
Ni: (112)-180°	0,205	1,43	2,86	$1{,}66\,\kappa_K^{-1}$
Fe: (001)-180°	$4{,}96\cdot10^{-3}$	3,35	6,70	$\sim \kappa_K^{-1}$
Ni: (001)-71°	–	–	–	$\sqrt{\frac{3}{2}}\,\kappa_K^{-1}$
Fe: (001)-90°	–	–	–	κ_K^{-1}
Co: (ijk0)-180°	1	0	0	κ_K^{-1}

Unter Umständen wird die Rechnung einfacher, wenn wir den Kräftedipol auf das Koordinatensystem der Extradehnungen transformieren. Für die Komponenten P'_{ij} des Kräftedipols im neuen Koordinatensystem gilt dann

$$P'_{ij} = \sum_{l,k} \beta_{li}\beta_{kj}P_{lk}, \tag{6.26}$$

wobei die β_{li} dieselbe Bedeutung wie in Gl. (6.25) besitzen. In Tab. 5 sind die Transformationstensoren β_{ij} zwischen den Koordinatensystemen der Blochwände und den kubischen Achsen angegeben.

6.6. Transformation der magnetokristallinen Kopplungsenergie

Grundlage zur Berechnung der magnetokristallinen Kopplungsenergie E^K sind die in Tab. 4 für die verschiedenen Kristallsysteme aufgeführten Beziehungen. In diesen Gleichungen beziehen sich die Richtungskosinus γ_i jeweils auf das Koordinatensystem des Gitterfehlers. Für die praktische Rechnung ist es jedoch zweckmäßig, die Richtungskosinus γ_i durch die Richtungskosinus γ_i^B der spontanen Magnetisierung bezüglich des Blochwandkoordinatensystems zu ersetzen. Allgemein gilt dann

$$\gamma_i = \sum_j \beta_{ij} \gamma_j^B, \tag{6.27}$$

wobei β_{ij} die Richtungskosinus zwischen dem Koordinatensystem des Gitterfehlers und dem Blochwandsystem bedeuten. Die Richtungskosinus der spontanen Magnetisierung im Blochwandsystem lauten

$$\gamma_1^B = \sin \varphi; \quad \gamma_2^B = \cos \varphi; \quad \gamma_3^B = \text{const.}, \tag{6.28}$$

wobei φ den in Fig. 34–35 definierten Drehwinkel zwischen der spontanen Magnetisierung und der y-Achse bedeutet. In Tab. 5 werden die γ_i als Funktion des Winkels φ für tetragonale Gitterfehler angegeben.

7. Anwendung auf spezielle Fehlstellen

7.1. Überblick über die wichtigsten atomaren Gitterfehler

Zusammenfassende Darstellungen über die atomaren Gitterfehler, vor allem in Edelmetallen, wurden von SEITZ, SEEGER [2, 5, 6], VAN BUEREN, DIEHL, DAMASK und DIENES, BALLUFFI, KOEHLER und SIMMONS, FRIEDEL sowie SEEGER und SCHUMACHER [15] gegeben. Unter atomaren Fehlstellen verstehen wir im folgenden diejenigen Gitterfehler, deren Abmessungen nach allen drei Dimensionen von der Größenordnung der nächsten Gitterabstände sind.

Atomare Gitterfehlstellen werden durch plastische Verformung, Abschrecken von hohen Temperaturen und durch Bestrahlung mit schnellen Teilchen, z. B. Elektronen, Neutronen usw., erzeugt. Die so erzeugten Fehlstellen sind nicht im thermischen Gleichgewicht und verschwinden daher beim Anlassen auf höhere Temperaturen. Die im thermischen Gleichgewicht vorhandenen Fehlstellen spielen erst im Gebiet der Schmelztemperaturen eine Rolle und sind für die Selbstdiffusion verantwortlich. Die Gitterfehler können wir uns durch Entfernung von Atomen aus dem Kristall oder durch Hinzufügen von Atomen zum Kristall entstanden denken.

Einfachleerstellen (L_1) entstehen durch Entfernen eines Atoms aus seinem regulären Gitterplatz. Die so entstandene Leerstelle hat, wenn wir uns die anderen Atome auf ihren Gitterplätzen festgehalten denken, dieselbe Punktgruppe wie das ideale Gitter. Unter Umständen kann die Bildungsenergie der Leerstelle erniedrigt werden, wenn eine größere Umgruppierung der Nachbaratome der Leerstelle stattfindet. Dabei handelt es sich um eine dem bei Molekülen auftretenden Jahn-Teller-Effekt vergleichbare Erscheinung, bei der unter Erniedrigung der Symmetrie der Leerstelle diese in zwei Halbleerstellen aufspaltet (splitting). Wir bezeichnen diese aufgespaltene Konfiguration einer Fehlstelle durch Anfügen eines Index S, also im Falle der Leerstelle mit L_S.

Zwischengitteratome (Z) entstehen durch Zufügen eines Atoms zum Gitterverband. Auch hier gibt es verschiedene Konfigurationen. Wie die Leerstelle kann auch das Zwischengitteratom in zwei Halbzwischengitteratome (Z_S) aufspalten. Eine spezielle Konfiguration des Zwischengitteratoms ist das von SEEGER [5] behandelte sog. *metastabile Crowdion*.

Diese entstehen durch Einfügen eines Zwischengitteratoms auf einer dichtest gepackten Gittergeraden.

Doppelleerstellen (L_2) werden durch Entfernung zweier Atome, die auf benachbarten Gitterplätzen liegen, gebildet. Aufgespaltene Konfigurationen der Doppelleerstellen wurden in der Literatur bisher nicht diskutiert.

Befinden sich in einem Kristall Fremdatome, die eine Volumdilatation erzeugen, so üben diese eine Anziehungskraft auf die Leerstellen aus, da durch Zusammenrücken von Fremdatom und Leerstelle die elastische Energie verringert werden kann. Das von dem Fremdatom erzeugte Spannungsfeld wird von der Leerstelle am besten abgeschirmt, wenn sich diese auf einem dem Fremdatom nächstbenachbarten Gitterplatz befindet. Als Konfiguration des Leerstellen-Fremdatom-Komplexes $(L\text{–}F)$ kommen jedoch auch aufgespaltene Konfigurationen in Frage (Fremdatom $+ 2$ Halbleerstellen) $(L\text{–}F)_S$ (siehe Ziff. 7.3. c. α).

Fremdatome, die eine Volumkontraktion des Gitters erzeugen, besitzen eine positive Bindungsenergie mit Zwischengitteratomen, da diese eine Volumdilatation hervorrufen. Die Bindungsenergie der beiden Gitterfehler kann so groß sein, daß die Fremdatome als Senken für die Zwischengitteratome wirksam werden. Den Gesamtkomplex Zwischengitteratom-Fremdatom bezeichnen wir mit $(Z - F)$.

Schließlich können Fremdatome, die einen wesentlich kleineren Atomradius besitzen als die Atome des Grundgitters als Zwischengitteratome (Z_F), eingelagert werden. Ein bekanntes Beispiel dafür sind die C- und N-Atome in α-Eisen, die sich auf den Kantenmitten des Elementarwürfels befinden.

Fehlstellen, die besonders bei tiefen Temperaturen (bei Edelmetallen $< 50\,°\text{K}$) eine wichtige Rolle spielen, sind die nach ihrem Entdecker FRENKEL [*1*] benannten engen *Frenkelpaare*. Ein enges Frenkelpaar wird von einer Leerstelle und einem nahe benachbarten Zwischengitteratom gebildet. Diese Fehlstelle stellt eine mechanisch instabile Konfiguration dar, die nur bei sehr tiefen Temperaturen als metastabile Fehlstelle auftritt. Sie heilt bei höheren Temperaturen $(T > 5\,°\text{K})$ durch Diffusion des Zwischengitteratoms zu der Leerstelle aus.

Außer den hier beschriebenen *monoatomaren* und *biatomaren* Gitterfehlstellen gibt es auch Komplexe, die von mehr als nur zwei regulären Gitterplätzen gebildet werden. Hierzu gehören die Dreifach- und Vierfachleerstelle sowie Doppelzwischengitteratome und höhere Agglomerate von Einfachleerstellen und Zwischengitteratomen. Über die Konfiguration dieser höheren Agglomerate ist zur Zeit noch sehr wenig bekannt. Lediglich über die Dreifachleerstelle L_3 sind neuerdings aufgrund von Abschreckexperimenten von CHIK [*1,2*] an Gold die wichtigsten Daten bekannt.

7.2. Zur Beschreibung der Bewegung der Fehlstellen

Neben der in Kapitel 6 behandelten Symmetrie der Fehlstellen und der Wechselwirkungsenergie ist zu deren vollständigen Beschreibung auch die Kenntnis ihrer Bewegungsmöglichkeiten notwendig. Es ist daher zu untersuchen, auf welche Weise eine Fehlstelle in ihre n_E energetisch verschiedene Positionen gelangen kann.

Der Weg, den eine Fehlstelle zur Diffusion oder zur Umorientierung ihrer Anisotropieachse einschlägt, ist durch das die Fehlstelle umgebende Potentialgebirge bestimmt; und zwar wird die Fehlstelle den Potentialberg in der Regel an denjenigen Stellen überwinden, an denen die aufzubringende Aktivierungsenergie ein Minimum besitzt. Im allgemeinen hat der die Fehlstelle umgebende Potentialberg mehrere derartige Minima, die man als Sattelpunkte des Potentials bezeichnet. Die mittlere Zeit, die verstreicht, bis eine Fehlstelle aus ihrer Gleichgewichtslage über einen Sattelpunkt in eine benachbarte Gleichgewichtslage springt, ist durch eine Arrheniusgleichung

$$\tau = \tau_0\, e^{-S/k}\, e^{Q/kT} \tag{7.1.a}$$

gegeben. Dabei bedeutet Q die zur Überwindung des Sattelpunktes aufzubringende Aktivierungsenergie und S die Aktivierungsentropie. τ_0 ist bei atomaren Fehlstellen in Metallen von der Größenordnung $\tau_0 = 10^{-14}$ $-10^{-13}\,s$.

Wie aus Gl. (7.1.a) hervorgeht, ist die Verweilzeit in einer Potentialmulde um so größer, je größer die Aktivierungsenergie des Sattelpunktes und je tiefer die Temperatur ist. Diesen Sachverhalt kann man auch anders ausdrücken, indem man die Sprungfrequenz

$$v = \frac{1}{\tau} = v_0\, e^{S/k}\, e^{-Q/kT} \tag{7.1.b}$$

betrachtet. Nach Gl. (7.1.b) ist die Zahl der Sprünge, die eine Fehlstelle in der Zeiteinheit ausführt, umso kleiner, je größer die Aktivierungsenergie und je tiefer die Temperatur ist. Aus diesen Überlegungen geht hervor, daß die Fehlstelle das Potentialgebirge bevorzugt an der Stelle mit der kleinsten Aktivierungsenergie überwinden wird. Dies hat zur Folge, daß eine Fehlstelle, die, wie in Fig. 36 dargestellt, die Position 2 entweder über einen Sattelpunkt mit der großen Aktivierungsenergie Q_2 oder über zwei Sattelpunkte mit der kleineren Aktivierungsenergie Q_1 erreichen kann, mit größerer Häufigkeit den letzteren Weg einschlägt. Ist die Differenz $Q_2 - Q_1 \gg kT$, so finden praktisch nur Sprünge über die Sattelpunkte mit der Aktivierungsenergie Q_1 statt.

Diejenigen Positionen, die eine Fehlstelle mit einem Sprung einnehmen kann, bezeichnet man als die nächsten Nachbarn N. Häufig kann eine Fehlstelle nicht sämtliche n_E energetisch verschiedenen Positionen mit einem Sprung erreichen, sondern führt, um in eine bestimmte Energielage zu gelangen, entsprechend Fig. 36 zwei Sprünge aus. Man nennt diese Position eine übernächste Nachbarposition, deren Zahl wir im folgenden mit N' bezeichnen werden.

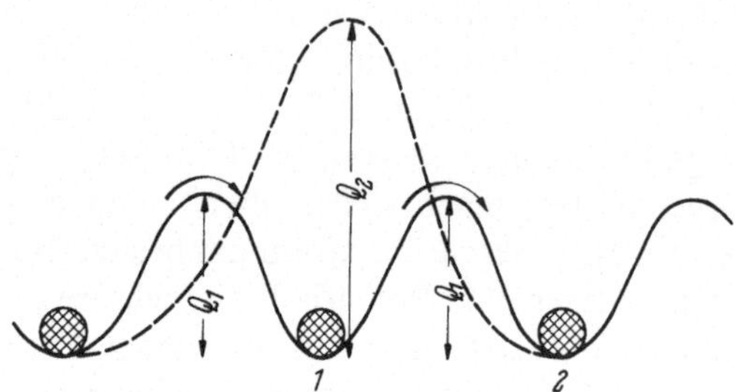

Fig. 36. Zur Definition nächster und übernächster Nachbarpositionen bei der Bewegung von Fehlstellen. (1) entspricht einer nächsten Nachbarposition; (2) bedeutet einen übernächsten Nachbar.

Häufig besitzen die Sattelpunkte, die zum Erreichen der nächsten Nachbarpositionen überwunden werden müssen, nicht alle dieselbe Aktivierungsenergie. Bezeichnen wir die Zahl der zur Aktivierungsenergie Q_i gehörenden Sattelpunkte mit N_i, so gilt allgemein

$$N = \sum_i N_i,\tag{7.2.a}$$

$$N' = \sum_i N'_i.\tag{7.2.b}$$

Die nächsten Nachbarpositionen sind nicht immer alle energetisch ungleichwertig. Nennen wir die Zahl der Sattelpunkte mit der niedrigsten Aktivierungsenergie, über die eine Fehlstelle in Positionen mit gleicher Energie springen kann, α_i, so beträgt die Zahl der energetisch ungleichwertigen nächsten Nachbarn

$$n_0 = \sum_i \frac{N_i}{\alpha_i}\tag{7.3.a}$$

und die Zahl der energetisch ungleichwertigen übernächsten Nachbarn

$$n'_0 = \sum_i \frac{N'_i}{\alpha_i}.\tag{7.3.b}$$

Die einfachsten Verhältnisse liegen vor, wenn die Fehlstelle die Symmetrie des Grundgitters hat, ferner sämtliche Sattelpunkte die gleiche Aktivierungsenergie besitzen und außerdem nur nächste Nachbarn vorhanden sind. Nach Gl. (6.13) gilt dann

$$n_E = 1, \qquad N' = 0, \qquad N = n_0 \alpha, \tag{7.4.a}$$

wobei der Index i in α_i weggelassen werden kann, da sämtliche Sattelpunkte äquivalent sein sollen.

Ein weiterer einfacher Fall, der bei den meisten Fehlstellen auftritt, liegt dann vor, wenn sämtliche Sattelpunkte dieselbe Aktivierungsenergie besitzen. Dann gilt z. B. für eine Fehlstelle mit nächsten und übernächsten Nachbarn

$$n_0 = N/\alpha, \qquad n'_0 = N'/\alpha, \qquad n_E = n_0 + n'_0. \tag{7.4.b}$$

7.3. Bestimmung der Wechselwirkungsenergie spezieller Fehlstellen

In diesem Abschnitt soll die Wechselwirkungsenergie der wichtigsten in kubisch-flächenzentrierten, kubisch-raumzentrierten und hexagonal dichtest gepackten Kristallen vorkommenden Gitterfehlstellen bestimmt werden. Dabei ist es zweckmäßig, die verschiedenen Gitterfehler in der Reihenfolge der Kristallsysteme, denen sie angehören, zu behandeln. Die Symmetrie der Gitterfehler und ihrer Wechselwirkungsenergie ist in Tab. 3 aufgeführt. Wir werden dabei nur Fehlstellen betrachten, deren Wechselwirkungsenergie die Symmetrie der Punktgruppe größter Symmetrie des betreffenden Kristallsystems hat, so daß wir E^K und E^M nur für die verschiedenen Orientierungsmöglichkeiten der anisotropen Gitterfehler bestimmen müssen. Wie in Abschnitt 9.3. gezeigt wird, muß zur Berechnung der Diffusionsnachwirkung der Mittelwert

$$\bar{E} = \frac{\sum\limits_{i}^{n_E} E_i}{n_E} \tag{7.5}$$

der Wechselwirkungsenergie über sämtliche energetisch verschiedenen Orientierungen der Gitterfehler bekannt sein. Wir werden daher in diesem Abschnitt auch diese Größen berechnen.

a) Fehlstellen mit kubischer Symmetrie

Fehlstellen mit kubischer Symmetrie sind die Leerstellen in kubisch flächenzentrierten Metallen. Auch die Leerstellen in kubisch raumzentrierten Metallen treten möglicherweise in der kubisch symmetrischen Lage auf, obwohl hier, wie in Tab. 3 aufgeführt, nach KLEIN [1] auch eine aufgespaltene Konfiguration trigonaler Symmetrie möglich ist.

α) Magnetokristalline Kopplungsenergie

Die magnetokristalline Kopplungsenergie lautet nach den Angaben von Tab. 4

$$E^K = \overline{E^K} = \bar{\varepsilon} \sum_{i>j} \gamma_i^2 \gamma_j^2, \tag{7.6}$$

wobei wir in Gl. (7.6) eine im folgenden unwesentliche Konstante vernachlässigt haben und

$$\bar{\varepsilon} = 3k_{12} - 2k_{11} \tag{7.7}$$

bedeutet. Die in Gl. (7.6) auftretende Größe

$$Q = \sum_{i>j} \gamma_i^2 \gamma_j^2 \tag{7.8}$$

wurde für verschiedene Blochwandtypen berechnet. Die Ergebnisse sind in Tab. 10 angegeben. Die Richtungskosinus γ_i sind dabei in Gl. (7.8) durch die Richtungskosinus γ_i^B bezüglich des Blochwandsystems gemäß Gl. (6.28) zu ersetzen. Den Beziehungen für $Q(\varphi)$ in Tab. 10 entnimmt man, daß $Q(\varphi)$ innerhalb der Weissschen Bezirke ($\varphi = 0, \pi$) bei allen Blochwänden Null wird.

β) Magnetoelastische Kopplungsenergie

Bei Fehlstellen kubischer Symmetrie sind die Komponenten des Kräftedipols im Hauptachsensystem alle gleich groß; die Wechselwirkungsenergie E^M lautet daher

$$E^M = \overline{E^M} = -P_1 \, \varepsilon_I^M(\varphi), \tag{7.9}$$

wobei ε_I^M die Spur des Tensors der magnetostriktiven Eigenspannungen bedeutet. Werte für $\varepsilon_I^M(\varphi)$ verschiedener Blochwände sind in Tab. 5 aufgeführt.

Führen wir in Gl. (7.9) den Verschiebungsdipol Q ein, so ergibt sich bei Berücksichtigung von Gl. (6.19) und Gl. (6.20)

$$E^M = -\frac{\Delta V}{3}(c_{11} + 2c_{12}) \varepsilon_I^M. \tag{7.10}$$

Gl. (7.10) erlaubt eine einfache Berechnung der magnetostriktiven Kopplungsenergie, wenn die von den Fehlstellen hervorgerufene Volumdilatation bekannt ist. Z. B. ergibt sich für $\Delta V = 1{,}5 \times$ Atomvolumen für eine (112)-180°-Blochwand in Nickel bei Raumtemperatur

$$E_M = 2{,}4 \cdot 10^{-16} \sin^2 \varphi \, (\text{erg}).$$

b) Fehlstellen mit hexagonaler Symmetrie

Fehlstellen mit hexagonaler Symmetrie sind die nicht aufgespaltenen Konfigurationen der Leerstellen und Zwischengitteratome in hexagonal dichtest gepackten Gittern. Die Lage des Zwischengitteratoms in hexagonal dichtest gepackten Gittern ist in Fig. 50 veranschaulicht. In dieser Position besitzt das Zwischengitteratom die höchste Symmetrie D_{6h} des hexagonalen Gitters. In der Ebene parallel zur Basisebene besitzt das Zwischengitteratom 6 nächste Nachbarpositionen ($N_{||}=\alpha_{||}=6$). Senkrecht zur Basisebene liegen zwei nächste Nachbarpositionen vor ($N_{\perp}=\alpha_{\perp}=2$). Die Leerstelle besitzt sechs nächste Nachbarpositionen in der Basisebene ($N_{||}=\alpha_{||}=6$) und sechs nächste Nachbarpositionen in den benachbarten zwei Basisebenen ($N_{\perp}=\alpha_{\perp}=6$). Sowohl beim Zwischengitteratom als auch bei der Leerstelle sind die Aktivierungsenergien für Verschiebungen der Fehlstelle in der Basisebene und senkrecht dazu verschieden groß. Es handelt sich demnach hier um Fehlstellen, die wohl in allen Positionen dieselbe Wechselwirkungsenergie mit der spontanen Magnetisierung haben, die zum Erreichen der nächsten Nachbarpositionen jedoch verschieden hohe Potentialberge überwinden müssen. Wie wir Tab. 4 entnehmen können, ist die magnetokristalline Kopplungsenergie bei hexagonaler Symmetrie allein vom Winkel zwischen der spontanen Magnetisierung und der hexagonalen Achse abhängig. Sofern wir unseren Rechnungen die in Kobalt unterhalb 416 °K allein auftretende 180°-Blochwand zugrundelegen, ist der Winkel γ_3 in Tab. 4 mit dem Blochwandwinkel φ identisch, und die magnetokristalline Kopplungsenergie lautet dann

$$E^K=\overline{E^K}=\varepsilon_1 \sin^2\varphi+\varepsilon_2\sin^4\varphi+\cdots$$

mit

$$\varepsilon_1=k_1-k_3-2k_{33}+3k_{13}$$

und

$$\varepsilon_2=k_{11}+k_{33}-3k_{13}. \tag{7.11}$$

Die magnetostriktive Kopplungsenergie beträgt bei hexagonaler Symmetrie unter Zugrundelegung des in Tab. 4 angegebenen Kräftedipoltensors:

$$E^M=-(\varepsilon_{22}^M P_1+\varepsilon_{33}^M P_3). \tag{7.12}$$

Mit den von RIEDER [3] berechneten Verzerrungskomponenten der 180°-Blochwand (s. Tab. 5) ergibt sich aus Gl. (7.12)

$$E^M=\overline{E^M}=-\sin^2\varphi(-\lambda_{11}P_1+\lambda_{33}P_3), \tag{7.13}$$

wo λ_{11} und λ_{33} magnetostriktive Konstanten in der Riederschen [3] Bezeichnungsweise bedeuten.

Auf das spezielle Verhalten der Zwischengitteratome soll hier noch besonders hingewiesen werden. Diese liefern nämlich nur bei Diffusion innerhalb der Basisebene einen Beitrag zur Nachwirkung, da sie bei Diffusion senkrecht zur Basisebene ihre Wechselwirkungsenergie innerhalb der 180°-Blochwand nicht verändern.

c) Fehlstellen mit trigonaler Symmetrie

Fehlstellen mit trigonaler Symmetrie können sowohl in kubischen als auch in hexagonalen Kristallen auftreten. Es ist zu erwarten, daß besonders in kubisch raumzentrierten Kristallen trigonale Fehlstellen gebildet werden, da in diesen Kristallen die dreizählige $\langle 111 \rangle$-Achse einer dichtest gepackten Gitterrichtung entspricht. Über die Konfiguration der Fehlstellen in kubisch raumzentrierten Kristallen ist noch relativ wenig bekannt, so daß wir uns im folgenden nur auf die einfachsten Fehlstellen beschränken wollen.

α) Kubisch raumzentrierte Gitter

1. Aufgespaltene Einfachleerstelle (L_S)

Die aufgespaltene Leerstellenkonfiguration wurde von KLEIN im Zusammenhang mit der ferromagnetischen Nachwirkung diskutiert. Man kann sich diese Konfiguration durch Entfernung zweier nächst benachbarter Atome (in Fig. 37 die Atome A und B) und Einführung eines

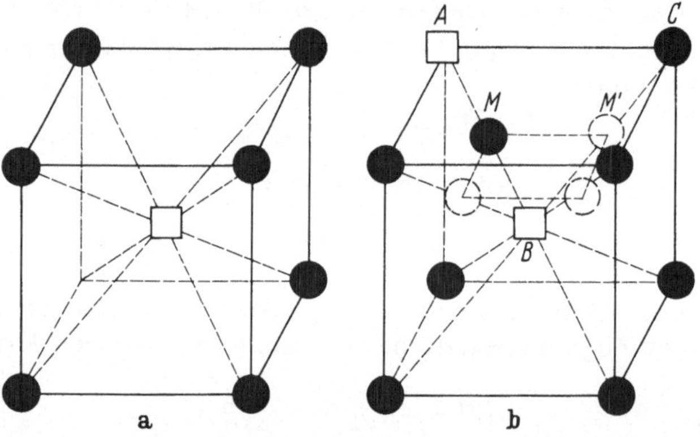

Fig. 37. Die Leerstelle im kubisch-raumzentrierten Gitter. a) kubisch-symmetrische Lage. b) aufgespaltene Konfiguration. Der Übergang aus der Position M in die Position M' erfolgt durch Verschiebung von Atom M nach A und von Atom C nach M'.

der Atome auf die Position M in der Mitte zwischen den so entstandenen leeren Gitterplätzen entstanden denken. Die regulären Gitterplätze A und B können dann als sog. Halbleerstellen aufgefaßt werden. Die Mittelpunkte der aufgespaltenen Leerstellen entsprechen den Gitterpunkten $(\frac{1}{4}) \langle 111 \rangle$ und $(\frac{3}{4}) \langle 111 \rangle$. Die aufgespaltene Leerstelle besitzt die Punktsymmetrie D_{3d}. Eine Reorientierung der trigonalen Hauptachse $\langle 111 \rangle$ erfolgt unter gleichzeitiger Verlagerung des Mittelpunktes der

Fehlstelle, so daß die Konfiguration L_S den kombinierten Nachwirkungsprozeß erzeugt. Insgesamt besitzt die Leerstelle 4 energetisch verschiedene Orientierungen, die den vier möglichen Hauptachsen entsprechen. Die Reorientierung der $\langle 111 \rangle$-Achse erfolgt durch Verschieben des Atoms M (siehe Fig. 37b) nach A und gleichzeitiger Verschiebung des Atoms C auf die Position M'. Selbstverständlich hätten sich auch alle anderen in Fig. 37b eingezeichneten Eckatome auf eine Position zwischen der Halbleerstelle B und ihrer Ausgangslage verschieben können. Demnach gibt es 6 nächste Nachbarn, von denen jeweils zwei energetisch gleichwertig sind. Die Zahl n_0 der energetisch ungleichwertigen Nachbarn beträgt somit 3 und die Zahl der Sattelpunkte 2.

2. Doppelleerstelle L_2

Die Doppelleerstelle in kubisch raumzentrierten Metallen, die von zwei benachbarten Leerstellen gebildet wird, ist – wie JOHNSON gezeigt hat – vermutlich ein sehr unbewegliches Gebilde, da zu ihrer Diffusion die Bewegung von Atomen auf übernächsten Gitterplätzen notwendig ist. Die Aktivierungsenergie für derartige Bewegungen dürfte so groß sein, daß die Doppelleerstelle in raumzentrierten Metallen erst bei wesentlich höheren Temperaturen als die Einfachleerstelle beweglich wird. Die Doppelleerstelle besitzt 4 nächste und 2 übernächste Nachbarn, von denen je zwei energetisch gleichwertig sind, so daß $n_0 = 2, n'_0 = 1, n_E = 4$ und $\alpha = 2$ gilt.

3. Leerstelle-Fremdatom-Komplex $(L-F)$

Befinden sich in einem Kristall Fremdatome, so üben diese eine Anziehungskraft oder eine Abstoßungskraft auf die Gitterlücken aus, die im allgemeinen sowohl elastischer als auch chemischer Natur sein wird. Erzeugt das Fremdatom eine Volumdilatation, so wird das von ihm erzeugte Spannungsfeld am besten abgeschirmt, wenn sich die Leerstelle auf einem der dem Fremdatom benachbarten Gitterplätze befindet. Für die Konfiguration der beiden zusammengelagerten Gitterfehler sind zwei Anordnungen möglich. Einmal kann das Fremdatom, wie in Fig. 37b, die Position zwischen zwei Halbleerstellen einnehmen. In diesem Fall entspricht die Kinetik des $L-F$-Komplexes derjenigen der Doppelleerstelle L_2 mit dem einen Unterschied, daß bei einer Orientierungsänderung das Fremdatom von M nach M' und das Atom C nach A springen muß. Die Punktsymmetrie dieser Konfiguration ist D_{3d}. Die Parameter der Bewegung lauten $n_0 = 2, n'_0 = 1, n_E = 4, \alpha = 1$.

Als weitere Konfiguration des $L-F$-Komplexes ist die kubisch symmetrische Lage von Gitterlücke und Fremdatom auf nächst benachbarten Gitterplätzen zu betrachten (Fig. 38). Die Symmetrie dieser Anordnung ist C_{3v}, die der Wechselwirkungsenergie jedoch wiederum, wie in den vorhergehenden Fällen, D_{3d}.

Eine Umorientierung der Gitterfehlstelle erfolgt durch Sprünge der in Fig. 38 mit 2, 5 und 6 bezeichneten Atome auf den Platz der Leerstelle. Die mit 3, 4, 7 und 8 bezeichneten Positionen sind wohl kristallographisch von den Positionen 2, 1, 5 und 6 verschieden, jedoch besitzen 1 und 4,

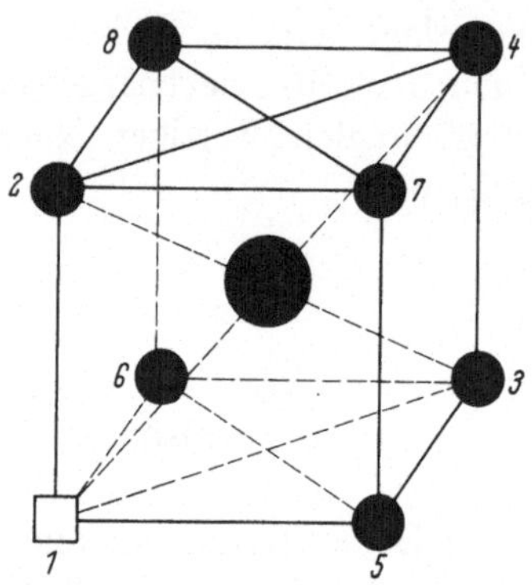

Fig. 38. Leerstelle-Fremdatom-Komplex im kubisch-raumzentrierten Gitter. Eine Umorientierung der Hauptachse der Fehlstelle erfolgt durch Verschieben der mit 2, 5 und 6 bezeichneten Atome auf den Platz der Leerstelle.

2 und 3, 5 und 8 sowie 6 und 7 dieselbe Wechselwirkungsenergie (vgl. Abschnitt 6.3). Für die Untersuchung der Bewegungsmöglichkeiten des L–F-Komplexes genügt es daher, nur die Positionen 1, 2, 5 und 6 zu betrachten. Der L–F-Komplex ist praktisch nicht diffusionsfähig, sofern beim Sprung des Fremdatoms F auf den Platz der Leerstelle eine sehr große Aktivierungsenergie aufzubringen ist. Falls dieses zutrifft, sind die Parameter des L–F-Komplexes $n_0 = 3$, $n_E = 4$, $\alpha = 1$.

β) Kubisch flächenzentrierte Gitter

In kubisch flächenzentrierten Metallen kennt man bisher keine trigonalen Fehlstellen, die aus einer oder zwei einzelnen Gitterfehlern durch Zusammenlagern entstehen können, wie im Falle der kubisch raumzentrierten Metalle. Eine Fehlstelle trigonaler Symmetrie kann jedoch durch Zusammenlagern dreier Einfachleerstellen auf nächst benachbarten Gitterplätzen entstehen. Die dabei gebildete Dreifachleerstelle L_3 sowie ihre Komplexe mit Fremdatomen L_3–F wollen wir im folgenden besprechen.

1. Die 60°-Dreifachleerstelle (L_3-60°)

Werden in einer dichtest gepackten {111}-Ebene drei nächst benachbarte Atome entfernt, so bilden die so entstandenen drei Leerstellen die in Fig. 39 dargestellte Dreifachleerstelle. Die drei Einzelleerstellen befinden sich auf den Eckplätzen (2, 3, 4) eines gleichseitigen Dreiecks. Von

den benachbarten Atomen ist das mit 1 bezeichnete ein nächster Gitterplatz bezüglich der leeren Gitterplätze 2, 3 und 4. Die Gitterplätze 1, 2,
3 und 4 bilden zusammen ein gleichseitiges Tetraeder. Es ist daher zweckmäßig, das Atom 1 mit in die Fehlstelle einzubeziehen, da sowieso anzunehmen ist, daß sich dieses Atom etwas in Richtung des Leerstellendreiecks bewegt. Die Symmetrie dieser Gitterfehlstelle ist D_3, die der Wechselwirkungsenergie D_{3d}. Eine Umorientierung der Dreifachleerstelle entspricht einer Umlagerung des Leerstellendreiecks von einer $\{111\}$-
Ebene in eine andere. Dies wird durch Verschieben des Atoms 1 auf einen
der Leerstellenplätze 2, 3 oder 4 erreicht. Die Dreifachleerstelle besitzt
4 energetisch verschiedene Einstellungen $n_E = 4$, 3 nächste Nachbarn
$n_0 = 3$ und je einen Sattelpunkt $\alpha = 1$.

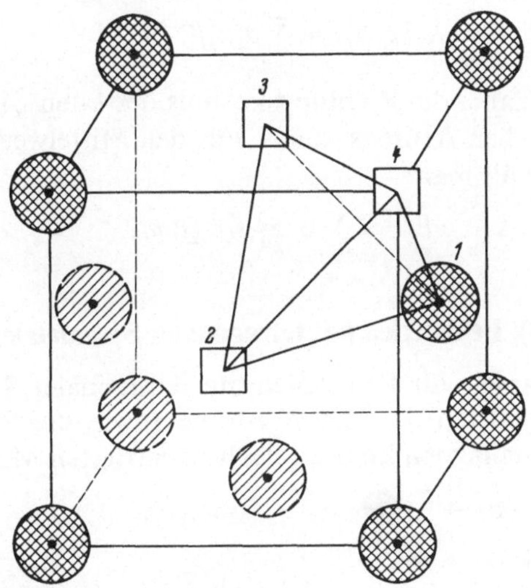

Fig. 39. Dreifachleerstelle in der 60°-Konfiguration im kubisch-flächenzentrierten Gitter.
Die Umorientierung erfolgt durch Verschieben des Atoms 1 auf einen der leeren Gitterplätze 2, 3 oder 4. Die Gitterplätze 2, 3 und 4 liegen in einer $\{111\}$-Ebene.

So lange wir annehmen, daß die Dreifachleerstelle keine anderen
Konfigurationen besitzt als die in Fig. 39 dargestellte, ist dieses Gebilde
nicht diffusionsfähig. Wie von SCHOTTKY [1] bemerkt wurde, darf angenommen werden, daß die 60°-Dreifachleerstelle bei tiefen Temperaturen
stabil ist (z.B. bei Ni $T < 0°$C).

2. Der 60°-Dreifachleerstelle-Fremdatom-Komplex (L_3–F)

Den L_3–F-Komplex erhält man aus der Dreifachleerstelle, indem
wir in Fig. 39 das mit 1 bezeichnete Atom durch ein Fremdatom ersetzen.
Die Punktsymmetrie dieser Fehlstelle ist wiederum D_3 und die ihrer

Wechselwirkungsenergie D_{3d}. Die Kinetik dieser Fehlstelle entspricht vollkommen der einer 60°-Dreifachleerstelle.

γ) Magnetokristalline Kopplungsenergie

Ersetzen wir im Energieausdruck für die magnetokristalline Kopplungsenergie trigonaler Fehlstellen in Tab. 4 den Richtungskosinus γ_3 zwischen der spontanen Magnetisierung und der trigonalen Achse $\langle 111 \rangle$ durch die Richtungskosinus α_i der spontanen Magnetisierung bezüglich des kubischen Achsensystems, so ergibt sich bei Berücksichtigung der ersten beiden Entwicklungsglieder für die Fehlstelle mit der k-ten $\langle 111 \rangle$-Achse

$$E_k^K = (\tfrac{1}{3})k_1 + (\tfrac{1}{3})k_3 - 2(k_3 - k_1)X_2(\alpha_i, \beta_i^k) \tag{7.14}$$

mit

$$X_2(\alpha_i, \beta_i^k) = \sum_{i>j} \alpha_i \alpha_j \beta_i^k \beta_j^k \ . \tag{7.15}$$

Die β_i^k bedeuten dabei die Richtungskosinus der k-ten $\langle 111 \rangle$-Achse bezüglich des kubischen Achsensystems. Für den Mittelwert $\bar{E}$ über sämtliche Energien erhält man

$$\overline{E^K} = \bar{\varepsilon} \sum_{i>j} \alpha_i^2 \alpha_j^2 = \bar{\varepsilon}\, Q(\varphi) \ . \tag{7.16}$$

d) Fehlstellen mit tetragonaler Symmetrie

Bekannte Beispiele für Fehlstellen mit tetragonaler Symmetrie sind die in α-Eisen gelösten C - und N-Atome sowie die Zwischengitteratome in der Hantellage in kubisch-flächenzentrierten Metallen.

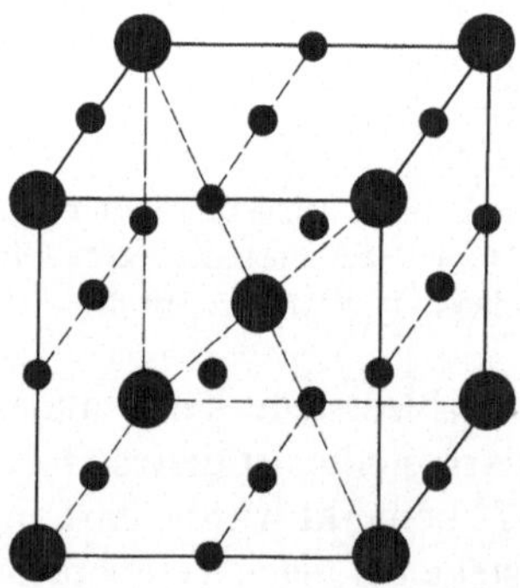

Fig. 40. Die Lage der Einlagerungsatome in α-Fe; ●C-Atome, • Fe-Atome.

1. Interstitiell gelöste Fremdatome

In α-Fe befinden sich die Fremdatome des Kohlenstoffs und des Stickstoffs, die einen wesentlich kleineren Atomradius als die Eisenatome besitzen, auf den Kantenmitten des Elementarwürfels. Die Symmetrie dieser Konfiguration entspricht der Kristallklasse D_{4h}, also der größtmöglichen Symmetrie im tetragonalen Kristallsystem. Die Hauptachse des Gitterfehlers kann sich in die drei energetisch nicht gleichwertigen $\langle 100 \rangle$-Richtungen einstellen. Wie Fig. 40 zu entnehmen ist, besitzt jedes Zwischengitteratom vier nächstbenachbarte Positionen, die alle mit einem Sprung zu erreichen sind. Jeweils zwei dieser nächsten Nachbarn sind energetisch gleichwertig, so daß die Zahl der Sattelpunkte zwei beträgt. Bei einer Reorientierung der Hauptachse verlagert sich der Schwerpunkt der Fehlstelle, so daß Orientierungsnachwirkung und Diffusionsnachwirkung gleichzeitig nebeneinander auftreten. Anhand der in α-Eisen gelösten C-Atome wurde die Orientierungsnachwirkung von RICHTER $[1-3]$ erstmals genauer untersucht.

In kubisch flächenzentrierten reinen Metallen liefern interstitiell gelöste Fremdatome keinen Beitrag zur Orientierungsnachwirkung. Wie von ADLER und RADLOFF $[1-3]$, gezeigt wurde, können die auf Kantenmitten liegenden Fremdatome (Wasserstoff oder Kohlenstoff) jedoch in binären kubisch flächenzentrierten Legierungen eine Orientierungsnachwirkung hervorrufen.

2. Das Zwischengitteratom im kubischen flächenzentrierten Gitter

Nach theoretischen Untersuchungen von GIBSON u. Mitarb. sowie SEEGER, MANN und VON JAN $[13]$ ist die stabile Konfiguration des Zwischengitteratoms in kubisch flächenzentrierten Metallen nicht die kubisch symmetrische Lage in der Mitte des Elementarwürfels sondern die anisotrope Konfiguration in der sog. Hantellage. Diese in Fig. 41a dargestellte Konfiguration kann man sich folgendermaßen entstanden denken: Ein zunächst in der Mitte des Elementarwürfels liegendes Zwischengitteratom verschiebt sich mit einem seiner nächsten Nachbaratome parallel zur $\langle 100 \rangle$-Richtung, bis beide Atome symmetrisch zur (100)-Ebene liegen. Die beiden Atome stellen dann zwei Halb-zwischengitteratome dar, man spricht daher von einer aufgespaltenen Konfiguration. Diese Fehlstellenkonfiguration besitzt die Kristall-symmetrie D_{4h}.

Ein Zwischengitteratom in der Hantellage besitzt zwei prinzipiell verschiedene Bewegungsmöglichkeiten. In Fig. 41b ist dies mit einem Schnitt parallel zur (001)-Ebene der in Fig. 41a dargestellten zwei Elementarwürfeln veranschaulicht. Zunächst kann ein Zwischengitter-atom in der Hantellage die Orientierung seiner Hauptachse durch eine reine Rotation ohne Schwerpunktsverlagerung verändern. Dies kann durch eine Rechts- oder Linksdrehung in denjenigen (100)-Ebenen, welche die Hauptachse der Zwischengitterhantel enthalten, erfolgen. Insgesamt gibt es demnach vier nächste Nachbarpositionen, von denen je zwei energetisch gleichwertig sind. Die Zahl der Sattelpunkte pro Einstellung beträgt damit $\alpha = 2$. Eine weitere Bewegungsmöglichkeit des

Zwischengitteratoms besteht in der Wanderung der Zwischengitterhantel.

Bei diesem Prozeß bildet eines der Halbzwischengitteratome mit einem seiner nächsten Nachbaratome eine neue Hantel, während sich das übriggebliebene Halbzwischengitteratom wieder auf den leeren regulären Gitterplatz setzt. Da jedes der beiden Halbzwischengitteratome vier nächste Nachbarpositionen besitzt, von denen je zwei energetisch gleichwertig sind, liegen insgesamt acht nächste Nachbarn

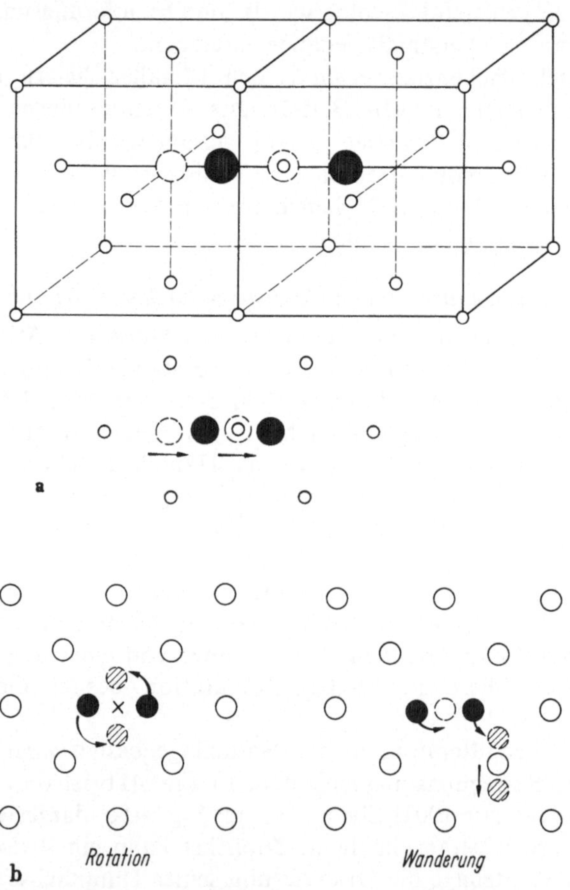

Fig. 41. a) Das Zwischengitteratom im kubisch-flächenzentrierten Gitter. Der gestrichelte Kreis entspricht einem Zwischengitteratom in der kubisch-symmetrischen Lage. Die vollen Kreise entsprechen zwei Halbzwischengitteratomen in der Hantellage mit tetragonaler Symmetrie. b) Rotations- und Wanderungsbewegung eines Zwischengitteratoms in der Hantellage. Die Pfeile bezeichnen die Projektion der Atombewegung auf die (001)-Ebene.

($N=8$) und pro Einstellung vier Sattelpunkte ($\alpha=4$) vor. Die acht Positionen, die ein Zwischengitteratom von seinem ursprünglichen Platz aus erreichen kann, sind in Fig. 42 dargestellt.

Aufgrund unserer Ausführungen können Zwischengitteratome in der Hantellage sowohl zur reinen Orientierungsnachwirkung als auch zur kombinierten Nachwirkung Anlaß geben. Man kann die reine Orientierungsnachwirkung jedoch nur beobachten, wenn die Aktivierungsenergie R für die Rotation kleiner ist als die Wanderungsaktivierungsenergie W. Im umgekehrten Falle $W < R$ heilen die Zwischengitteratome bereits bei so tiefen Temperaturen aus, bei denen noch keine nenneswerte Anzahl reiner Rotationsprozesse stattfindet. Die experimentellen Ergebnisse zur Orientierungsnachwirkung der Zwischengitteratome werden in Abschnitt 13.3 diskutiert werden.

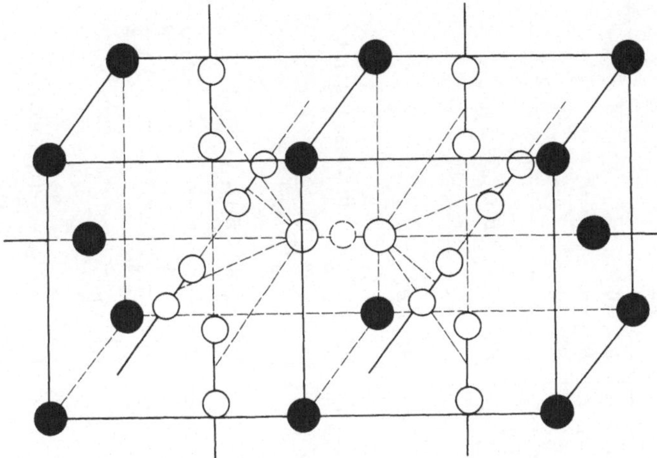

Fig. 42. Die 8 Positionen des Zwischengitteratoms, die alle von der zentralen Lage aus erreicht werden können.

Außer den Zwischengitteratomen der Eigenatome können auch Zwischengitteratome gebildet werden, bei denen eines der Halbzwischengitteratome aus einem Fremdatom besteht. Die Symmetrie dieser Fehlstelle ist C_{4v}. Die Symmetrie der Wechselwirkungsenergie ist jedoch wie beim Eigenzwischengitteratom D_{4h}. Neben der reinen Reorientierung der Hantelachse kann dieses Zwischengitteratom auch wandern. Praktisch wichtig ist nur der Fall, daß die Wanderung über das Fremdatom erfolgt. In diesem Falle wird die Konfiguration $(Z{-}F)_s$ laufend neu gebildet, während im umgekehrten Falle das Fremdatom auf einem regulären Gitterplatz zurückbleibt und die neue Zwischengitterhantel aus zwei Eigenatomen besteht.

Tabelle 7. *Die Entwicklungskoeffizienten $B_{i,j}^{K,M}$ bei Fehlstellen mit tetragonaler Symmetrie. A und B entsprechen den Tensorkomponenten P_1 und P_3 des Kräftedipols.*

Blochwandtyp	$B_{1,i}^{K}$	$B_{2,i}^{K}$	$B_{1,i}^{M}$	$B_{2,i}^{M}$
Ni: (001) − 109°	$B_{1,1}^{K}=0$ $B_{1,2}^{K}=0$ $B_{1,3}^{K}=0$	$B_{2,1}^{K}=\frac{1}{3}\varepsilon_1$ $B_{2,2}^{K}=-\frac{1}{3}\varepsilon_1$ $B_{2,3}^{K}=0$	$B_{1,1}^{M}=0$ $B_{1,2}^{M}=0,\quad \overline{B_{1,i}^{M}}=0$ $B_{1,3}^{M}=0$	$B_{2,1}^{M}=\frac{1}{2}(A-B)\lambda_{100}$ $B_{2,2}^{M}=-\frac{1}{2}(A-B)\lambda_{100},\quad \overline{B_{2,i}^{M}}=0$ $B_{2,3}=0$
Ni: (110) − 180°	$B_{1,1}^{K}=-\frac{1}{6}\varepsilon_1$ $B_{1,2}^{K}=-\frac{1}{6}\varepsilon_1$ $B_{1,3}^{K}=\frac{1}{3}\varepsilon_1$	$B_{2,1}^{K}=-\frac{\sqrt{2}}{6}\varepsilon_1$ $B_{2,2}^{K}=-\frac{\sqrt{2}}{6}\varepsilon_1$ $B_{2,3}^{K}=-\frac{\sqrt{2}}{3}\varepsilon_1$	$B_{1,1}^{M}=\frac{1}{24}(A-B)(\lambda_{100}+5\lambda_{111})$ $B_{1,2}^{M}=B_{1,1}^{M}$ $B_{1,3}^{M}=-\frac{1}{6}(A-B)(2\lambda_{100}+\lambda_{111})+\frac{B}{4}(\lambda_{111}-\lambda_{100})$ $\overline{B_{1,i}^{M}}=\frac{1}{4}(A+2B)(\lambda_{111}-\lambda_{100})$	$B_{2,1}^{M}=B_{2,2}^{M}=-\frac{\sqrt{2}}{24}(A-B)(\lambda_{100}+2\lambda_{111})-\frac{3\sqrt{2}}{4}(\lambda_{111}-\lambda_{100})$ $B_{2,3}^{M}=\frac{\sqrt{2}}{12}(A-B)(4\lambda_{100}-\lambda_{111})-\frac{B\sqrt{2}}{4}(\lambda_{111}-\lambda_{100})$ $\overline{B_{2,i}^{M}}=\frac{\sqrt{2}}{4}(A+2B)(\lambda_{100}-\lambda_{111})$
Ni: (112) − 180°	$B_{1,1}^{K}=\frac{1}{6}\varepsilon_1$ $B_{1,2}^{K}=\frac{1}{6}\varepsilon_1$ $B_{1,3}^{K}=-\frac{1}{3}\varepsilon_1$	$B_{2,1}^{K}=\frac{\sqrt{6}}{6}\varepsilon_1$ $B_{2,2}^{K}=-\frac{\sqrt{6}}{6}\varepsilon_1$ $B_{2,3}^{K}=0$	$B_{1,1}^{M}=-\frac{1}{8}(A+B)(\lambda_{100}+\lambda_{111})+\frac{B}{2}\lambda_{111}$ $B_{1,2}^{M}=B_{1,1}^{M}$ $B_{1,3}^{M}=\frac{A}{2}\lambda_{111}-\frac{B}{4}(\lambda_{111}+\lambda_{100})$ $\overline{B_{1,i}^{M}}=-\frac{1}{12}(A+2B)(\lambda_{100}-\lambda_{111})$	$B_{2,1}^{M}=(A-B)\frac{\sqrt{6}}{12}(2\lambda_{100}+\lambda_{111})$ $B_{2,2}^{M}=-B_{2,1}^{M}$ $B_{2,3}^{M}=0$ $\overline{B_{2,i}^{M}}=0$

Tabelle 7 (Fortsetzung).

Blochwandtyp	$B^K_{1,i}$	$B^K_{2,i}$	$B^M_{1,i}$	$B^M_{2,i}$
Ni: (001) − 71°	$B^K_{1,1}=0$ $B^K_{1,2}=0$ $B^K_{1,3}=0$	$B^K_{2,1}=\frac{1}{3}\varepsilon_1$ $B^K_{2,2}=-\frac{1}{3}\varepsilon_1$ $B^K_{2,3}=0$	$B^M_{1,1}=0$ $B^M_{1,2}=0$ $B^M_{1,3}=0$ $\overline{B^M_{1,i}}=0$	$B^M_{2,1}=-\dfrac{\lambda_{100}}{2}(A-B)$ $B^M_{2,2}=\dfrac{\lambda_{100}}{2}(A-B)$ $B^M_{2,3}=0$ $\overline{B^M_{2,i}}=0$
Fe: (001) − 180°	$B^K_{1,1}=\varepsilon_1$ $B^K_{1,2}=-\varepsilon_1$ $B^K_{1,3}=0$	$B^K_{2,i}=0$	$B^M_{1,1}=(A-B)\frac{3}{2}\lambda_{100}$ $B^M_{1,2}=-(A-B)\frac{3}{2}\lambda_{100}$ $B^M_{1,3}=0$ $B^M_{1,i}=0$	$B^M_{2,i}=0$ $\overline{B^M_{2,i}}=0$
Fe: (001) − 90°	$B^K_{1,1}=\varepsilon_1$ $B^K_{1,2}=-\varepsilon_1$ $B^K_{1,3}=0$	$B^K_{2,i}=0$	$B^M_{1,i}=0$ $\overline{B^M_{1,i}}=0$	$B^M_{2,1}=-\frac{3}{4}(A-B)\lambda_{100}$ $B^M_{2,2}=\frac{3}{4}(A-B)\lambda_{100}$ $B^M_{2,3}=0$ $\overline{B^M_{2,i}}=0$

Im Unterschied zum Eigenzwischengitteratom besitzt die Konfiguration $(Z-F)_s$ bei der Wanderung nur vier nächste Nachbarplätze, und die Zahl der Sattelpunkte pro Einstellung beträgt $\alpha = 2$. Die Wechselwirkungsenergien E^M und E^K besitzen für die hier besprochenen drei Fehlstellen die Symmetrie D_{4h}.

α) Magnetokristalline Kopplungsenergie

Nehmen wir die Hauptachse der tetragonalen Gitterfehlstelle als parallel zur i-ten kubischen Achse an, so lautet die magnetokristalline Wechselwirkungsenergie nach den Angaben von Tab. 4

$$E_i^K = \varepsilon_1 \gamma_i^2 + \varepsilon_2 \gamma_i^4 + \varepsilon_3 \gamma_j^2 \gamma_k^2$$

mit

$$\varepsilon_1 = k_3 - k_1 + 2k_{13} - 2k_{11}, \quad \varepsilon_2 = k_{33} + k_{11} - 2k_{13}.$$
$$\varepsilon_3 = 3k_{12} - 2k_{11}. \tag{7.17}$$

Bei den Fehlstellen mit tetragonaler Symmetrie in kubischen Metallen entsprechen die γ_i dem in Abschnitt c eingeführten Richtungskosinus α_i bezüglich der kubischen Achsen.

Für den Mittelwert $\bar{E}$ der Wechselwirkungsenergien ergibt sich nach Gl. (7.5)

$$\bar{E}^K = \bar{\varepsilon} \sum_{i>j} \gamma_i^2 \gamma_j^2 = \bar{\varepsilon} Q(\varphi) \tag{7.18}$$

mit

$$3\bar{\varepsilon} = -4k_{11} - 2k_{33} + 3k_{12} + 4k_{13}. \tag{7.19}$$

Beschränken wir uns bei der Berechnung der magnetokristallinen Kopplungsenergie auf das erste Glied von Gl. (7.17), so läßt sich E_i^K in der Form

$$E_i^K = \varepsilon_1 X_1(\gamma_j, \beta_j^i) \tag{7.20}$$

darstellen, wobei

$$X_1(\gamma_j, \beta_j^i) = \sum_j \gamma_j^2 \beta_j^{i\,2} \tag{7.21}$$

und die β_i die Richtungskosinus der tetragonalen Hauptachse bezüglich den kubischen Achsen bedeuten. Nach Transformation der Richtungskosinus γ_i auf den Blochwandwinkel φ lautet E_i^K folgendermaßen

$$E_i^K = B_{1,i}^K \sin^2 \varphi + B_{2,i}^K \sin 2\varphi. \tag{7.22}$$

Die Konstanten $B_{1,i}^K$ und $B_{2,i}^K$ sind in Tab. 7 für die wichtigsten Blochwände in Eisen und Nickel angegeben. Die Ergebnisse für den Ausdruck $Q(\varphi)$ sind in Tab. 10 (s. S. 186) aufgeführt.

β) Magnetoelastische Kopplungsenergie

Zur Berechnung der magnetoelastischen Kopplungsenergie ist es zweckmäßig, die magnetostriktiven Extraspannungen der Blochwand auf das Koordinatensystem der kubischen Achsen zu transformieren. In Abschnitt 6 haben wir diesen Verzerrungstensor mit $\varepsilon^{M'}$ bezeichnet. Für die magnetoelastische Kopplungsenergie gilt dann:

$$E_i^M = -P_1\varepsilon_I^M - (P_3 - P_1)\varepsilon_{ii}^{M'}. \tag{7.23}$$

Werden in Gl. (7.23) die Verzerrungskomponenten $\varepsilon_{ii}^{M'}$ eingesetzt, so läßt sich die magnetoelastische Kopplungsenergie ähnlich wie E_i^K durch folgenden Ausdruck darstellen:

$$E_i^M = B_{1,i}^M \sin^2\varphi + B_{2,i}^M \sin 2\varphi. \tag{7.24}$$

Die Konstanten $B_{1,i}^M$ und $B_{2,i}^M$ sind in Tabelle 7 aufgeführt. Der Mittelwert der magnetoelastischen Kopplungsenergie ergibt sich aus Gl. (7.24) durch Summation über sämtliche drei Einstellmöglichkeiten. Dabei findet man

$$\overline{E^M} = -\tfrac{1}{3}P_I \cdot \varepsilon_I, \tag{7.25}$$

wobei P_I die Spur des Kräftedipoltensors bedeutet. Gl. (7.25) läßt sich wieder auf die Form

$$\overline{E^M} = \overline{B_{1,i}^M}\sin^2\varphi + \overline{B_{2,i}^M}\sin 2\varphi \tag{7.26}$$

bringen. Die Konstanten $\overline{B_{1,i}^M}$ und $\overline{B_{2,i}^M}$ sind in Tabelle 7 angegeben.

e) Fehlstellen mit orthorhombischer Symmetrie

Fehlstellen mit orthorhombischer Punktsymmetrie treten sowohl in kubisch flächen- und raumzentrierten Kristallen als auch im hexagonal dichtest gepackten Gitter auf. Tab. 3 entnehmen wir, daß die Doppelleerstellen in kubisch flächenzentrierten und hexagonalen Gittern der Kristallklasse D_{2h} angehören. Ebenfalls orthorhombische Symmetrie (D_{2h}) besitzt nach JOHNSON die aufgespaltene Konfiguration des Zwischengitteratoms in kubisch raumzentrierten Gittern sowie das Crowdion in kubisch flächenzentrierten Kristallen. Die Konfiguration und die Sprungkinetik der erwähnten Fehlstellen wollen wir in der Reihenfolge ihres Auftretens in kubisch flächenzentrierten, kubisch raumzentrierten und hexagonal dichtest gepackten Gittern im folgenden behandeln.

α) Kubisch flächenzentrierte Gitter

1. Crowdion

Die Konfiguration des Crowdions ist in Fig. 43 dargestellt. Eine Bewegung dieses sog. metastabilen Crowdions ist nur längs der $\langle 110 \rangle$-

Richtung möglich, auf der das Zwischengitteratom eingezwängt ist. Das Crowdion gibt daher nur Anlaß zur Diffusionsnachwirkung.

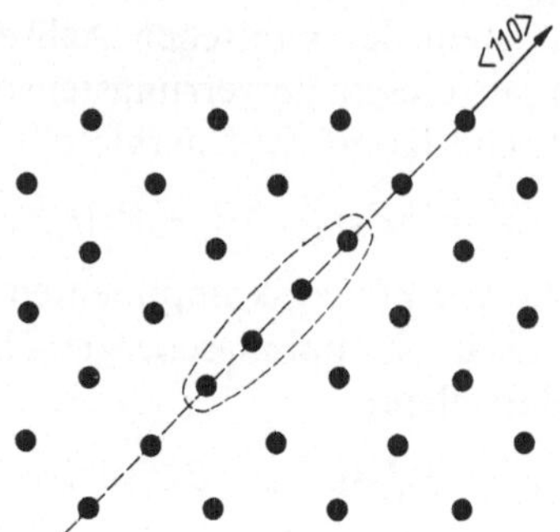

Fig. 43. Das Crowdion im kubisch-flächenzentrierten Gitter. Einzige Bewegungsrichtung ist die ⟨110⟩-Gittergerade auf der das Zwischengitteratom eingezwängt ist.

2. Doppelleerstelle

Doppelleerstellen werden durch zwei nächst benachbarte Einfachleerstellen gebildet, deren Verbindungslinie die ⟨110⟩-Richtung ist. Die sechs ⟨110⟩-Richtungen, die unterschiedliche Wechselwirkungsenergie besitzen, bilden die Kanten des in Fig. 44 dargestellten Tetraeders.

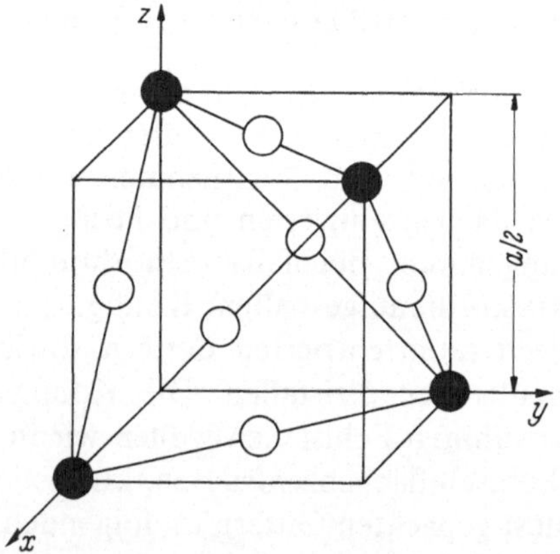

Fig. 44. Die Doppelleerstelle im kubisch-flächenzentrierten Gitter. Die vollen Kreise entsprechen regulären Gitterplätzen und die offenen Kreise auf den Kantenmitten des eingezeichneten Tetraeders bezeichnen die Mittelpunkte der möglichen Doppelleerstellen. Die sechs Kanten des Tetraeders sind mit den sechs wesentlich verschiedenen ⟨110⟩-Richtungen identisch. Sprünge der Doppelleerstellen entsprechen Sprüngen eines offenen Kreises zu einem der benachbarten offenen Kreise.

An den Eckpunkten dieses Tetraeders befinden sich im idealen Gitter vier Atome, die 1/4 der Elementarzelle entsprechen. Eine Doppelleerstelle entsteht durch Entfernung zweier beliebiger Atome des Tetraeders. Orientierungsänderungen der $\langle 110\rangle$-Achse der Doppelleerstelle (Verbindungslinie der beiden Gitterlücken) erfolgen durch Verschieben eines der Nachbaratome auf einen dieser leeren Gitterplätze. Charakterisieren wir die Doppelleerstellen durch ihre Mittelpunkte, die auf den Kantenmitten liegen, so kann man nach KLEIN und KRONMÜLLER [2] eine Orientierungsänderung als den Sprung von einer Kantenmitte zu einer benachbarten Kantenmitte auffassen. Jede Doppelleerstelle besitzt acht nächste Nachbarn, von denen jeweils zwei energetisch gleichwertig sind. Die Zahl der Sattelpunkte pro Einstellmöglichkeit beträgt damit $\alpha = 2$ und die Zahl der energetisch ungleichwertigen nächsten Nachbarn $n_0 = 4$. Neben den acht Positionen, die mit einem Sprung erreicht werden können, gibt es noch zwei energetisch gleichwertige übernächste Nachbarn, zu deren Erreichen zwei Sprünge notwendig sind. Die $\langle 110\rangle$-Richtung der übernächsten Positionen steht senkrecht auf der Ausgangsrichtung. Da mit einer Orientierungsänderung der Verbindungslinie der Doppelleerstelle auch eine Verschiebung des Mittelpunktes der Doppelleerstelle verknüpft ist, gibt die Doppelleerstelle Anlaß zur kombinierten Diffusions-Orientierungs-Nachwirkung.

3. Leerstelle-Fremdatom-Komplex (L–F)

Wie die Doppelleerstelle besitzt auch der Fehlstellenkomplex Leerstelle-Fremdatom eine $\langle 110\rangle$-Verbindungslinie. Fig. 45 entnehmen wir,

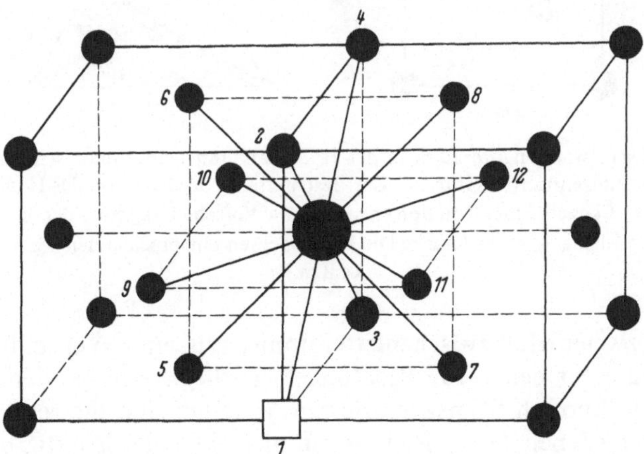

Fig. 45. Leerstelle-Fremdatom-Komplex im kubisch-flächenzentrierten Gitter. Die mit 5, 7, 9 und 11 bezeichneten Positionen entsprechen nächsten Nachbarplätzen, während die Position 2 einem übernächsten Nachbarplatz entspricht.

daß eine Veränderung der Position durch Sprünge benachbarter Gitteratome auf den Platz der Gitterlücke erfolgt. Außerdem ist nach LIDIARD ein Austausch zwischen Fremdatom und Leerstelle möglich. Da sich bei dieser Bewegung die Wechselwirkungsenergie der $(L\text{–}F)$-Komplexe nicht verändert, können wir von diesem Prozeß bei der Orientierungsnachwirkung im folgenden absehen. Wie bei der Doppelleerstelle gibt es vier nächste Nachbarn und einen übernächsten Nachbarn. Die Zahl der Sattelpunkte beträgt jedoch $\alpha = 1$, da die Leerstelle an das Fremdatom gebunden bleibt. Die Sprungkinetik des Fehlstellenkomplexes $(L\text{–}F)$ wird demnach ebenfalls durch den in Fig. 44 dargestellten Tetraeder beschrieben.

β) Kubisch raumzentrierte Gitter

Zwischengitteratome

Die verschiedenen Möglichkeiten der Konfiguration des Zwischengitteratoms in kubisch raumzentrierten Kristallen wurden von JOHNSON untersucht. Seine Rechnungen führten zu dem Ergebnis, daß das Zwischengitteratom entsprechend Fig. 46 als sog. Zwischengitterhantel

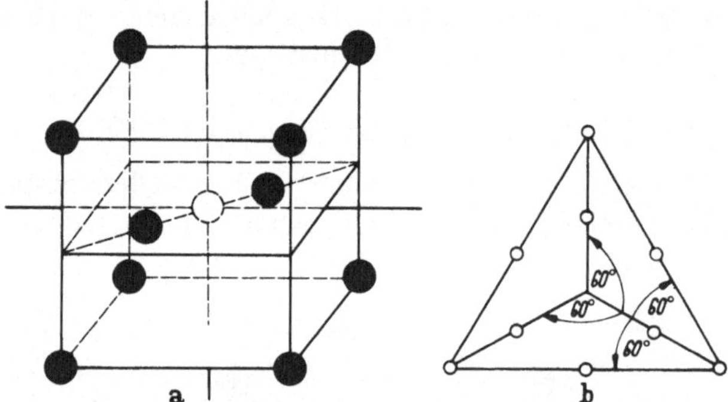

Fig. 46. a) Das Zwischengitteratom in der Hantellage mit orthorhombischer Symmetrie im kubisch-raumzentrierten Gitter. b) Zur Beschreibung der Rotation der Hantelachse in den vier {111}-Ebenen. Einer Rotation entspricht die Verschiebung eines der offenen Kreise zu einem der 4 benachbarten Kreise. Die Hantelachsen entsprechen den sechs Tetraederkanten.

in Form zweier Halbzwischengitteratome, mit einer Verbindungslinie parallel zu einer der $\langle 110 \rangle$-Richtungen, vorliegt. Wie bei der Doppelleerstelle in kubisch flächenzentrierten Metallen sind die sechs energetisch verschiedenen $\langle 110 \rangle$-Richtungen nicht alle gleichwertig bezüglich der Sprungkinetik. Die sechs $\langle 110 \rangle$-Richtungen spannen den in Fig. 46 in der Projektion dargestellten Tetraeder auf. Die Seitenflächen des Tetraeders entsprechen den vier {111}-Ebenen. Wie Fig. 46 zu entnehmen ist, kann eine bestimmte Orientierung der Hantelachse, durch Drehung um 60° in einer der {111}-Ebenen, die die Verbindungslinie der Halbzwischengitteratome enthalten, in vier andere ⟨110⟩-Richtungen übergehen. Diese vier Richtungen entsprechen vier nächsten Nachbarn. Zum Erreichen derjenigen Richtung der Verbindungslinie, die senkrecht auf der Ausgangsorientierung steht, sind aufeinanderfolgende Drehungen um 60° in zwei verschiedenen {111}-Ebenen notwendig. Möglicherweise erfolgt der Übergang zur übernächsten Position auch durch eine einfache Drehung der Hantelachse in der {100}-Ebene, wie dies von Moser vorgeschlagen wurde. Welche der Drehungen tatsächlich auftritt, hängt, wie in Abschnitt 7.2. ausgeführt wurde, von der Höhe der dabei zu überwindenden Potentialschwellen ab. Sowohl die Drehung der Hantelachse in den {111}-Ebenen als auch die Drehung in den Würfelebenen erfolgt ohne Schwerpunktsverlagerung der Zwischengitteratome, so daß hier wieder ein Fall der reinen Orientierungsnachwirkung vorliegt.

γ) **Hexagonal dichtest gepackte Gitter**

1. Aufgespaltene Leerstelle $(L)_S$

Die aufgespaltene Konfiguration der Leerstelle in hexagonal dichtest gepackten Gittern ist in Fig. 47 veranschaulicht. Auf den regulären Gitterplätzen A und A' befinden sich zwei Halbleerstellen. In der Mitte zwischen den beiden Halbleerstellen befindet sich ein Atom. Es ist zu erwarten, daß diese Konfiguration der Leerstelle bevorzugt in Gittern mit einem unternormalen Achsenverhältnis $c/a < \sqrt{8/3}$ auftritt, wenn also die Prismenebene die dichtest gepackte Ebene ist. Das Zustandekommen der Aufspaltung kann anschaulich folgendermaßen verstanden werden: Die Entfernung des Atoms A in Fig. 47a hat eine relativ große Lücke in der Basisebene zur Folge, da $c/a < \sqrt{8/3}$ gelten soll. Infolge der großen Packungsdichte in den Prismenebenen sind diese Atome bestrebt, den entstandenen Hohlraum durch eine entsprechende Verschiebung ihrerseits wieder auszugleichen. Eine denkbare Umordnung der Atome ist die in Fig. 47b dargestellte Verteilung des Packungsdichtedefektes auf zwei benachbarte Basisebenen. Die beiden Halbleerstellen A und A' besitzen eine Anisotropieachse parallel zur $\langle 2\bar{2}04 \rangle$-Richtung. Insgesamt gibt es drei energetische verschiedene Einstellmöglichkeiten der aufgespaltenen Leerstelle, die in Fig. 47c mit AA', AB' und AC' bezeichnet sind. Eine Veränderung der Richtung der Verbindungslinie der beiden Halbleerstellen erfolgt durch eine Verschiebung des Atoms M auf den regulären Gitterplatz bei A oder A'. Die bei A' bzw. A zurückbleibende Leerstelle kann dann mit den Atomen B, C, A''', B''', C''' bzw. B', C', A'', B'' und C'' wieder in zwei Halbleerstellen aufspalten. Insgesamt gibt es damit 10 nächste Nachbarn, von denen jedoch die Konfigurationen

A', A''' und A'' mit der Ausgangsorientierung energetisch gleichwertig sind. Von den verbleibenden 8 Positionen sind jeweils vier energetisch gleichwertig, so daß die Zahl der energetisch verschiedenen nächsten Nachbarn 2 beträgt und die Zahl der Sattelpunkte $\alpha = 4$. Mit einer Orientierungsänderung der Verbindungslinie der Halbleerstellen ist auch

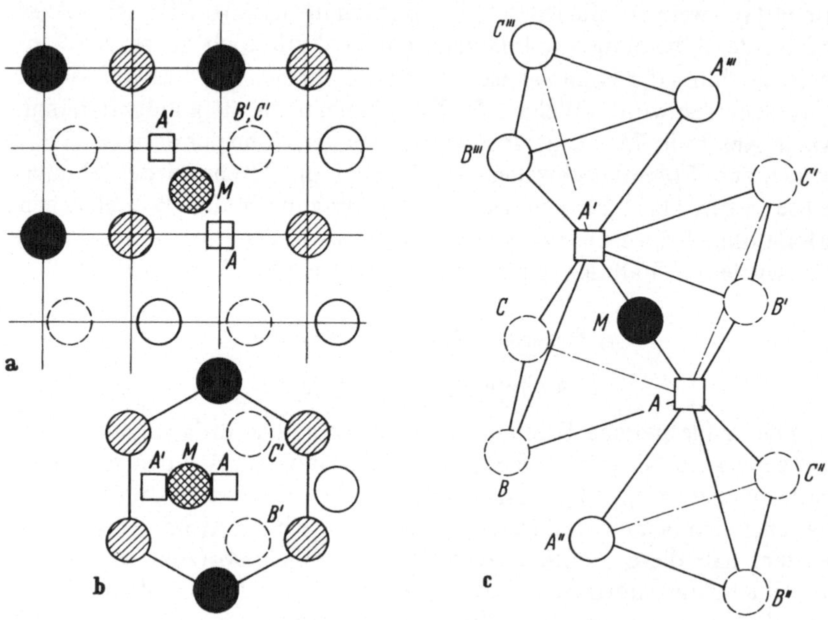

Fig. 47. Die aufgespaltene Konfiguration der Leerstelle mit orthorhombischer Symmetrie im hexagonal dichtest gepackten Gitter. Die Leerstelle wird von den beiden Halbleerstellen bei A' und A gebildet. a) Schnitt parallel zur Prismenebene $(1\bar{1}00)$. b) Projektion auf die Basisebene. c) Zur Veranschaulichung der Sprungkinetik der beiden Halbleerstellen A und A' (Erklärung siehe Text).

eine Verlagerung des Mittelpunktes der Fehlstelle verbunden, so daß die aufgespaltene Leerstelle Anlaß zur kombinierten Orientierungs- und und Diffusionsnachwirkung gibt.

2. Doppelleerstelle

Die Doppelleerstelle kann in hexagonal dichtest gepackten Kristallen zwei grundsätzlich verschiedene Konfiguration einnehmen, deren Kristallographie wir am einfachsten anhand der in Fig. 48a dargestellten zwei Doppeltetraeder, die längs der Kante AA' aneinander gesetzt sind, verstehen können. Die Doppelleerstelle wird entweder durch Entfernen

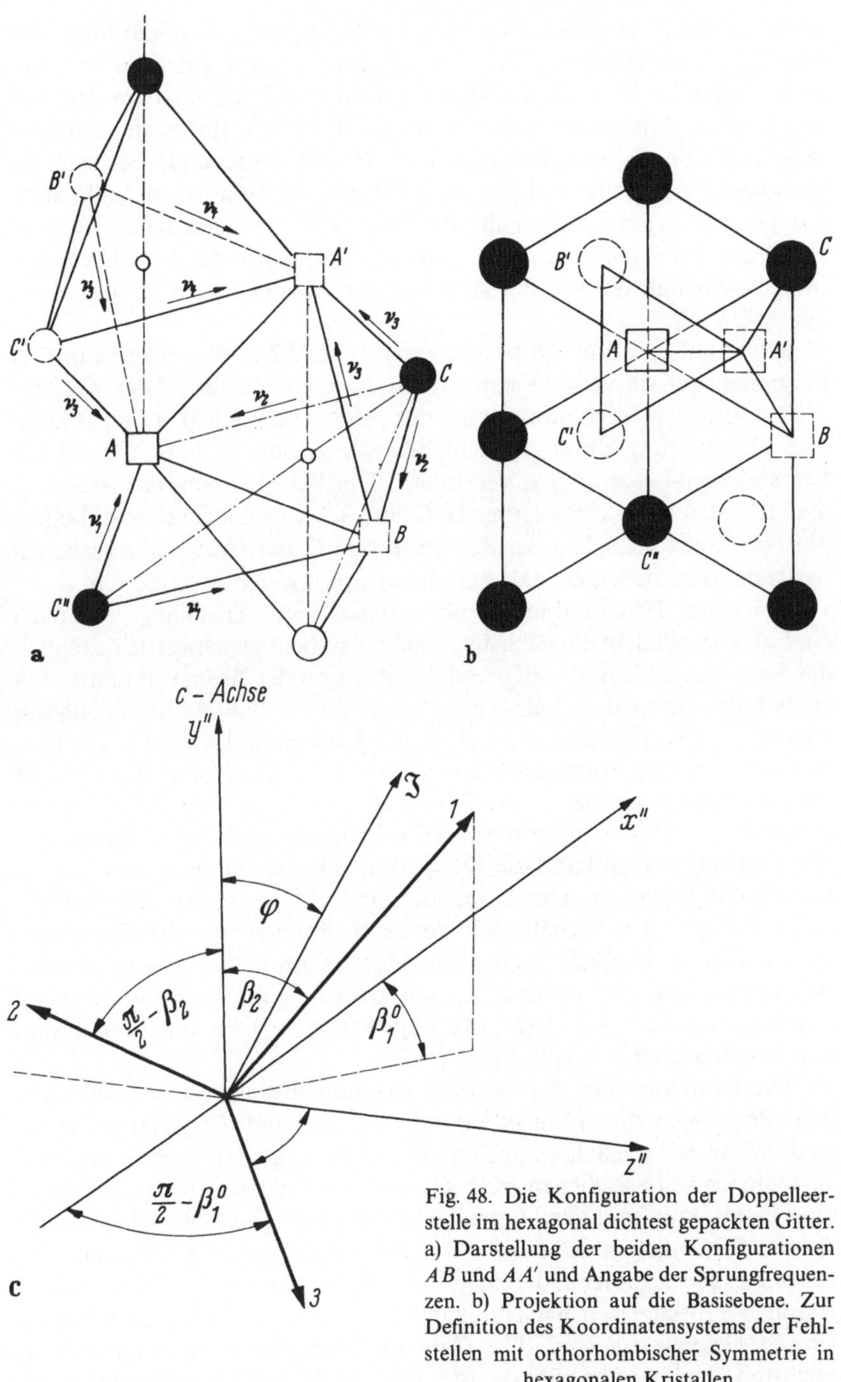

Fig. 48. Die Konfiguration der Doppelleerstelle im hexagonal dichtest gepackten Gitter. a) Darstellung der beiden Konfigurationen AB und AA' und Angabe der Sprungfrequenzen. b) Projektion auf die Basisebene. Zur Definition des Koordinatensystems der Fehlstellen mit orthorhombischer Symmetrie in hexagonalen Kristallen.

zweier nächster Nachbaratome aus der Basisebene (Konfiguration AB) oder durch Entfernung zweier benachbarter Atome aus zwei übereinander liegenden Basisebenen (Konfiguration AA') gebildet werden. Bei einem übernormalen Achsenverhältnis $c/a > \sqrt{8/3}$ dürfte die Konfiguration AB die kleinste Bildungs- und Wanderungsenergie besitzen, da in diesem Falle die Basisebene am dichtesten gepackt ist. Im Falle dichtest gepackter Prismenebenen, also bei einem unternormalen Achsenverhältnis $c/a < \sqrt{8/3}$, erwartet man die Konfiguration AA' als energetisch begünstigt, da nun der Abstand AA' kleiner ist als bei der Konfiguration AB.

Die Konfiguration AB besitzt entsprechend Fig. 48b insgesamt drei kristallographisch verschiedene Orientierungen parallel zu den $\langle 11\bar{2}0 \rangle$-Richtungen. Die Verbindungslinie der beiden Leerstellen A und B kann ihre Orientierung durch Verschieben der Atome C bzw. C'' auf die Leerstellenplätze A oder B verändern. Die Verschiebung der Atome C und C'' ist nicht gleichwertig, da C und C'' verschiedene kristallographische Lagen bezüglich der Atome A' und C' der Nachbarbasisebenen besitzen. Dies bedeutet, daß bei einem Sprung der Atome C' bzw. C'' verschiedene Sattelpunkte zu überwinden sind. Hier liegt demnach ein Fall vor, bei dem die nächsten Nachbarn nicht gleichwertig bezüglich der Sprungkinetik sind. Aufgrund der Position der Atome A' und C' bezüglich der Doppelleerstelle AB ist anzunehmen, daß die Bewegung des Atoms C stärker behindert wird als die Bewegung des Atoms C''. Dies bedeutet, daß die Sprungfrequenz v_1 von C'' nach A bzw. B größer ist als die Sprungfrequenz v_2 von C nach A bzw. B. Falls die Aktivierungsenergie für die Bewegung von Atom C groß gegen die Aktivierungsenergie des Atoms C'' ist, so kann die Doppelleerstelle das Dreieck ABC'' praktisch nicht verlassen. Die Doppelleerstelle in hexagonal dichtest gepackten Kristallen verhält sich demnach ähnlich wie die Zwischengitterhantel in kubisch flächenzentrierten Gittern: Es existieren zwei Aktivierungsenergien Q_R und Q_W, von denen Q_R für die Reorientierung (Sprungfrequenz v_1) und Q_W (Sprungfrequenz v_2) für die Wanderung der Doppelleerstelle maßgebend ist.

Die Konfiguration AA' besitzt insgesamt drei energetisch verschiedene Positionen, die in Fig. 48a durch AA', AC' und AB' gekennzeichnet sind. Wenn wir zunächst annehmen, daß Sprünge der Atome zwischen verschiedenen Basisebenen (z.B. C nach A') nicht stattfinden, so kann eine Umorientierung der Doppelleerstelle allein durch Verschieben der Atome B, C nach A oder der Atome B' und C' nach A' erfolgen. Die Sprungfrequenz dieser Übergänge bezeichnen wir mit v_4. Die Konfiguration AA' besitzt vier nächste Nachbarn, von denen jeweils zwei energetisch gleichwertig sind. Die Zahl der energetisch ungleichwertigen nächsten Nachbarn beträgt damit 2 und die Zahl der Sattelpunkte $\alpha = 2$.

Im allgemeinen Fall treten auch Bewegungen der Atome zwischen verschiedenen Basisebenen auf. Es findet dann eine laufende Umwandlung zwischen den Konfigurationen AB und AA' statt. Die Verschiebung der Atome B, C nach A' und der Atome B', C' nach A ist kristallographisch gleichwertig, so daß man den Übergang aus der Konfiguration AA' in die Konfiguration AB mit einer Sprungfrequenz v_3' beschreiben kann. Der Übergang aus der Konfiguration AB in die Konfiguration AA' erfolgt durch Verschieben der Atome A' nach A bzw. B. Dieser Prozeß erfolgt nicht mit derselben Sprungfrequenz wie die Umwandlung von AA' nach AB, da die beiden Konfigurationen kristallographisch nicht gleichwertig sind. Wir müssen daher für diesen Prozeß eine weitere Sprungfrequenz v_3'' einführen. Die allgemeinste Bewegung einer Doppelleerstelle in hexagonal dichtest gepackten Gittern ist demnach durch fünf Sprungfrequenzen gekennzeichnet. Zwei dieser Sprungfrequenzen (v_1, v_2) beziehen sich auf die Bewegung der Konfiguration AB in den Basisebenen, eine weitere Sprunfrequenz v_4 beschreibt die Bewegung der Konfiguration AA' parallel zur Basisebene, und die Sprungfrequenzen v_4' und v_3'' beschreiben die Übergänge zwischen den Konfigurationen AB und AA'.

δ) Magnetokristalline Kopplungsenergie

1. Kubische Kristalle

Die in Tab. 4 angegebene Form der magnetokristallinen Kopplungsenergie bezieht sich auf das Koordinatensystem der digonalen Achsen des Gitterfehlers. Es ist zweckmäßig, im Energieausdruck von Tab. 4 die Richtungskosinus γ_i der spontanen Magnetisierung durch die Richtungskosinus α_i bezüglich der kubischen oder hexagonalen Achsen zu ersetzen. In kubischen Kristallen ergibt sich dann für die Wechselwirkungsenergie einer Fehlstelle, deren $\langle 110 \rangle$-Achse in der k-ten (100)-Ebene liegt

$$E_k^K = a_1(1 - \alpha_k^2) \pm a_2 \alpha_i \alpha_j + a_3 \alpha_i^2 \alpha_j^2 \pm a_4 \alpha_k^2 \alpha_i \alpha_j + a_5(\alpha_i^4 + \alpha_j^4). \quad (7.27)$$

Dabei bezieht sich das $(+)$-Zeichen in Gl. (7.27) auf diejenige $\langle 110 \rangle$-Richtung, die mit den kubischen Achsen in der k-ten (100)-Ebene einen Winkel von $\pi/4$ einschließt und das $(-)$-Zeichen auf die andere ebenfalls in der k-ten (100)-Ebene liegende $\langle 110 \rangle$-Richtung, die jedoch mit einer der kubischen Achsen einen Winkel von $(3/4)\pi$ einschließt. Die Konstanten a_i sind lineare Funktionen der Entwicklungskonstanten k_i und k_{ij}. Die Wechselwirkungsenergien der sechs $\langle 110 \rangle$-Richtungen gewinnt man aus Gl. (7.27) durch zyklische Vertauschung der α_i. Für a_1 und a_2 lautet der Zusammenhang mit den k_i und k_{ij}

$$2a_1 = k_1 + k_2 - 2k_3 - 4k_{33}, \quad (7.28)$$

$$a_2 = k_1 - k_2 - 3k_{13} + 3k_{23} + k_{11} - k_{22}. \quad (7.29)$$

Tabelle 8. *Die Entwicklungskoeffizienten $D_{i,k\bar{k}}^{K}$ bei Fehlstellen mit orthorhombischer Symmetrie.*

Blochwandtyp	$D_{1,k}^{K}$	$D_{2,k}^{K}$	$D_{3,k}^{K}$	$D_{4,k,\bar{k}}^{K}$
Ni: (001) − 109°	$D_{1,1}=-D_{1,\bar{1}}=\dfrac{\varepsilon_2}{3}$ $D_{1,2}=-D_{1,\bar{2}}=\dfrac{\varepsilon_2}{3}$ $D_{1,3}=D_{1,\bar{3}}=0$	$D_{2,1}=-D_{2,\bar{1}}=-\dfrac{\varepsilon_2}{3}$ $D_{2,2}=-D_{2,\bar{2}}=\dfrac{\varepsilon_2}{3}$ $D_{2,3}=D_{2,\bar{3}}=0$	0 0 $D_{3,3}=-D_{3,\bar{3}}=-\dfrac{2\varepsilon_2}{3}$	$D_{4,1,\bar{1}}=-\dfrac{\varepsilon_1}{3}$ $D_{4,2,\bar{2}}=\dfrac{\varepsilon_1}{3}$ $D_{4,3,\bar{3}}=0$
Ni: ($\bar{1}\bar{1}2$) − 180°	0 0 0	0 0 0	$D_{3,1,\bar{1}}=-\dfrac{\varepsilon_1}{6}\mp\dfrac{\varepsilon_2}{3}$ $D_{3,2,\bar{2}}=-\dfrac{\varepsilon_1}{6}\mp\dfrac{\varepsilon_2}{3}$ $D_{3,3,\bar{3}}=\dfrac{\varepsilon_1}{3}\mp\dfrac{2\varepsilon_2}{3}$	$D_{4,1,\bar{1}}=-\dfrac{\varepsilon_1\sqrt{6}}{6}\mp\dfrac{\varepsilon_2\sqrt{6}}{12}$ $D_{4,2,\bar{2}}=\dfrac{\varepsilon_1\sqrt{6}}{6}\pm\dfrac{\varepsilon_2\sqrt{6}}{12}$ $D_{4,3,\bar{3}}=0$
Ni: (001) − 71°	$D_{1,1,\bar{1}}=\pm\dfrac{\varepsilon_2}{3}$ $D_{1,2,\bar{2}}=\mp\dfrac{\varepsilon_2}{3}$ $D_{1,3,\bar{3}}=-0$	$D_{2,1,\bar{1}}=\mp\dfrac{\varepsilon_2}{3}$ $D_{2,2,\bar{2}}=\mp\dfrac{\varepsilon_2}{3}$ $D_{2,3,\bar{3}}=0$	0 0 $D_{3,3,\bar{3}}=\pm\dfrac{2}{3}\varepsilon_2$	$D_{4,1,\bar{1}}=-\dfrac{\varepsilon_1}{3}$ $D_{4,2,\bar{2}}=\dfrac{\varepsilon_1}{3}$ $D_{4,3,\bar{3}}=0$
Fe: (001) − 180° (001) − 90°	0 0 0	0 0 0	$D_{3,1,\bar{1}}=-\varepsilon_1$ $D_{3,2,\bar{2}}=\varepsilon_1$ $D_{3,3,\bar{3}}=0$	0 0 $D_{4,3,3}=\mp\dfrac{1}{2}\varepsilon_2$

Für den Mittelwert $\bar{E}$ liefert die Rechnung

$$\bar{E}^K = \bar{\varepsilon} \sum_{i>j} \alpha_i^2 \alpha_j^2$$

mit

$$\bar{\varepsilon} = \tfrac{1}{6}(a_3 - 8a_5).$$

(7.30)

Beschränken wir uns auf die ersten beiden Glieder der Reihenentwicklung für E^K, so ergibt sich für die Wechselwirkungsenergie allgemein

$$E_k^K = \varepsilon_1 \sum_{i \neq k} (\beta_i^k \alpha_i)^2 + \varepsilon_2 \sum_{i>j} \beta_i^k \beta_j^k \alpha_i \alpha_j + \cdots$$
$$= \varepsilon_1 X_1(\beta_i^k, \alpha_i) + \varepsilon_2 X_2(\beta_i^k, \alpha_i) + \cdots$$

(7.31)

mit

$$\varepsilon_1 = 2a_1 \quad \text{und} \quad \varepsilon_2 = 2a_2.$$

Ferner bedeuten die β_i^k die Richtungskosinus der $\langle 110 \rangle$-Achse der Fehlstelle bezüglich den kubischen Achsen. Werden in Gl. (7.31) die α_i durch die Richtungskosinus der spontanen Magnetisierung bezüglich des Blochwandsystems gemäß Gl. (6.27) (s.a. Tabelle 5) ersetzt, so läßt sich die Wechselwirkungsenergie in der Form

$$E_k^K = D_{1,k}^K \cos\varphi + D_{2,k}^K \sin\varphi + D_{3,k}^K \sin^2\varphi + D_{4,k}^K \sin 2\varphi + \cdots \quad (7.32)$$

angeben.

Die Werte für die Koeffizienten $D_{i,k}^K$ sind in Tab. 8 für die wichtigsten Blochwände aufgeführt.

2. Hexagonale Kristalle

Die magnetokristalline Kopplungsenergie der Fehlstellen in hexagonal dichtest gepackten Kristallen, die magnetisch einachsig sind, wie z.B. Kobalt, läßt sich am einfachsten in einem der 180°-Blochwand angepaßten Koordinatensystem bestimmen. Die Blochwandebene steht senkrecht auf der Basisebene, und die Magnetisierung dreht sich in der Blochwand aus der $(+)$-c-Richtung in die $(-)$-c-Richtung. Die Richtung der spontanen Magnetisierung ist entsprechend Fig. 48c durch den Winkel φ gegen die $(+)$-c-Achse festgelegt. Die z''-Achse unseres kartesischen Koordinatensystems sei parallel zur Blochwandnormalen, die y''-Achse parallel zur c-Achse, und die x''-Achse liege in der Spur der Blochwand mit der Basisebene. Wie in Fig. 48c veranschaulicht, bilden je zwei der digonalen Achsen der Fehlstelle einen Winkel β_2 bzw. $\frac{\pi}{2} - \beta_2$ mit der y''-Achse. Bezeichnen wir den Winkel zwischen der Projektion der Achse 1 auf die (x'', z'')-Ebene und der x''-Achse mit β_1^0, so lauten die Richtungskosinus $\alpha_i^{(n)}$ der digonalen Achsen der n-ten Fehlstelle gegen die (x'', y'')- und die z''-Achse:

$$1.\ \text{Achse} \quad \alpha_1^{(1)} = \cos\left(\beta_1^0 + \frac{2n\pi}{3}\right)\sin\beta_2; \quad \alpha_2^{(1)} = \cos\beta_2;$$

$$\alpha_3^{(1)} = \sin\left(\beta_1^0 + \frac{2n\pi}{3}\right)\sin\beta_2.$$

$$2.\ \text{Achse} \quad \alpha_1^{(2)} = \cos\left(\beta_1^0 + \frac{2n\pi}{3}\right)\cos\beta_2; \quad \alpha_2^{(2)} = \sin\beta_2;$$

$$\alpha_3^{(2)} = \sin\left(\beta_1^0 + \frac{2n\pi}{3}\right)\cos\beta_2.$$

$$3.\ \text{Achse} \quad \alpha_1^{(3)} = \sin\left(\beta_1^0 + \frac{2n\pi}{3}\right); \qquad \alpha_2^{(3)} = 0;$$

$$\alpha_3^{(3)} = \cos\left(\beta_1^0 + \frac{2n\pi}{3}\right). \tag{7.33}$$

n nimmt dabei die Werte 0, 1 und 2 an. Für die Richtungskosinus γ_i zwischen der Magnetisierung J_s und den digonalen Achsen ergibt sich

$$\left.\begin{aligned}
\gamma_1 &= \alpha_1^{(1)}\sin\varphi + \cos\beta_2\cos\varphi, \\
\gamma_2 &= \alpha_1^{(2)}\sin\varphi + \sin\beta_2\cos\varphi, \\
\gamma_3 &= \alpha_1^{(3)}\sin\varphi .
\end{aligned}\right\} \tag{7.34}$$

Mit Gl. (7.34) folgt aus Tab. 4 für die Wechselwirkungsenergie, wenn wir uns auf Glieder zweiter Ordnung beschränken,

$$E_n^K = a_n\sin^2\varphi + b_n\sin 2\varphi \tag{7.35}$$

mit

$$a_n = (k_1 - k_3)(\alpha_1^{(1)})^2 + (k_2 - k_3)(\alpha_1^{(2)})^2 - (k_1 - k_3)\cos^2\beta_2 - (k_2 - k_3)\sin^2\beta_2$$

und

$$b_n = (k_1 - k_3)\alpha_1^{(1)}\cos\beta_2 + (k_2 - k_3)\alpha_1^{(2)}\sin\beta_2. \tag{7.36}$$

Eine besonders einfache Form nimmt Gl. (7.35) für Fehlstellen an, die zwei digonale Achsen in der Basisebene haben, z. B. die Konfiguration AB der Doppelleerstelle (Fig. 48). In diesem Falle gilt $\cos\beta_2 = 0$ und $b_n = 0$. Die Wechselwirkungsenergie lautet

$$E_n^K = a_n\sin^2\varphi \tag{7.37}$$

mit

$$a_n = (k_1 - k_3)\cos^2\left(\beta_1^0 + \frac{2n\pi}{3}\right) - (k_2 - k_3).$$

ε) Magnetoelastische Kopplungsenergie

1. Kubische Kristalle

Zur Berechnung von E^M müssen wir zunächst den Kräftedipoltensor P der Fehlstelle auf das kubische Koordinatensystem (P') transformieren. Für die Komponenten P'_{ij} des Kräftedipols derjenigen Fehlstelle, die in der k-ten $\{100\}$-Ebene liegt, ergibt sich dann nach Gl. (6.26)

$$\left.\begin{aligned} P'_{ii} &= P'_{jj} = \tfrac{1}{2}(P_{11}+P_{22}), \\ P'_{kk} &= P_{kk}, \\ P'_{ij} &= \pm\,\tfrac{1}{2}(P_{11}-P_{22}); \quad P_{ik}=P_{jk}=0, \end{aligned}\right\} \tag{7.38}$$

wobei sich das $(+)$-Zeichen jeweils auf diejenigen Fehlstellen bezieht, deren $\langle 110\rangle$-Achse mit den positiven Achsen des kubischen Koordinatensystems, die in der k-ten $\{100\}$-Ebene liegen, einen Winkel von $45°$ einschließen. Für die magnetoelastische Kopplungsenergie der sechs in den drei $\{100\}$-Ebenen liegenden $\langle 110\rangle$-Achsenrichtungen erhält man dann nach Gl. (6.24)

$$\begin{aligned} E^M_{k,k\perp} &= -(\varepsilon^{M'}_{ii}+\varepsilon^{M'}_{jj})\tfrac{1}{2}(P_{11}+P_{22})-\varepsilon^{M'}_{kk}P_{33}\mp\varepsilon^{M'}_{ij}(P_{11}-P_{22}) \\ &= -\tfrac{1}{2}\varepsilon^M_I(P_I-P_{33})+\tfrac{1}{2}\varepsilon^{M'}_{kk}(P_I-3P_{33})\mp\varepsilon^{M'}_{ij}(P_{11}-P_{22}), \end{aligned} \tag{7.39}$$

wobei sich die Extradehnungen $\varepsilon^{M'}_{ij}$ der Blochwände auf das kubische Koordinatensystem beziehen. Der Mittelwert über die magnetoelastische Kopplungsenergie beträgt

$$\overline{E^M} = -P_I\,\frac{\varepsilon^M_I}{3}, \tag{7.40}$$

wobei P_I die Spur des Kräftedipols bedeutet.

2. Hexagonale Kristalle

Zur Berechnung der magnetoelastischen Kopplungsenergie bei hexagonalen Kristallen transformieren wir den Tensor des Kräftedipols der Fehlstellen gemäß Gl. (6.26) auf das Koordinatensystem der Blochwand. Die magnetoelastische Kopplungsenergie lautet dann

$$E^M_n = \varepsilon^M_{11}P'^{(n)}_{11}+\varepsilon^M_{22}P'^{(n)}_{22}+2\varepsilon^M_{12}P'^{(n)}_{12} \tag{7.41}$$

mit

$$\varepsilon^M_{11} = -\lambda_{11}\sin^2\varphi; \quad \varepsilon^M_{22}=\lambda_{33}\sin^2\varphi; \quad \varepsilon^M_{12}=-\lambda_{44}\sin\varphi\cos\varphi$$

und

$$P_{11}'^{(n)} = \cos^2\left(\beta_1^0 + \frac{2n\pi}{3}\right)\sin^2\beta_2 P_{11} + \cos^2\beta_2 P_{22}$$

$$+ \sin^2\left(\beta_1^0 + \frac{2n\pi}{3}\right)\sin^2\beta_2 P_{33},$$

$$P_{22}'^{(n)} = \cos^2\left(\beta_1^0 + \frac{2n\pi}{3}\right)\sin^2\beta_2 P_{11} + \sin^2\beta_2 P_{22}$$

$$+ \sin^2\left(\beta_1^0 + \frac{2n\pi}{3}\right)\cos^2\beta_2 P_{33},$$

$$P_{12}'^{(n)} = \sin\beta_2\cos\beta_2\left(-\cos^2\left(\beta_1^0 + \frac{2n\pi}{3}\right)P_{11} + P_{22}\right. \qquad (7.42)$$

$$\left. + \sin^2\left(\beta_1^0 + \frac{2n\pi}{3}\right)P_{33}\right).$$

Wiederum nimmt der Kräftedipoltensor P' eine besonders einfache Form an, wenn zwei der digonalen Achsen in der Basisebene liegen. Dann gilt $\cos\beta_2 = 0$, und die Tensorkomponenten lauten:

$$P_{11}'^{(n)} = P_{11}\cos^2\left(\beta_1^0 + \frac{2n\pi}{3}\right) + P_{33}\sin^2\left(\beta_1^0 + \frac{2n\pi}{3}\right),$$

$$P_{22}'^{(n)} = P_{11}\cos^2\left(\beta_1^0 + \frac{2n\pi}{3}\right) + P_{22}, \qquad (7.43)$$

$$P_{12}'^{(n)} = 0.$$

f) Fehlstellen mit monokliner Symmetrie

Als Beispiel einer monoklinen Fehlstelle betrachten wir die aufgespaltene Konfiguration des Zwischengitteratoms in hexagonal dichtest gepackten Gittern. In Fig. 49'a ist die hexagonal symmetrische Lage des Zwischengitteratoms für die Positionen Z_1 und Z_4 in einem Schnitt parallel zur $(11\bar{2}0)$-Ebene wiedergegeben. In dieser Position befindet sich das Zwischengitteratom in der Oktaederlücke und ist von 6 nächsten Nachbaratomen umgeben. Neben dieser Konfiguration, die nur Anlaß zur Diffusionsnachwirkung gibt, kann das Zwischengitteratom auch eine aufgespaltene Konfiguration in der $\{1\bar{1}00\}$-Ebene einnehmen. Die Lage der beiden Halbzwischengitteratom ist für diese Konfiguration in Fig. 49b für die Position Z_1 und Z_4 dargestellt. Insgesamt besitzt die Zwischengitterhantel 6 energetisch verschiedene Positionen, von denen diejenigen, die in derselben $(1\bar{1}00)$-Ebene liegen, durch eine einfache Rotation der Hantelachse in eine andere übergehen können.

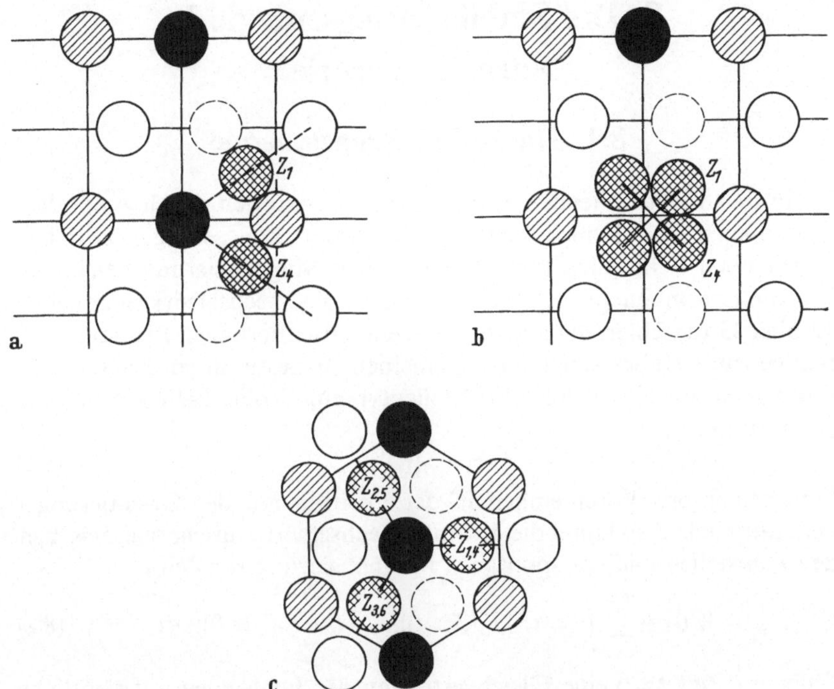

Fig. 49. Die Konfiguration des Zwischengitteratoms im hexagonal dichtest gepackten Gitter. Schnitt parallel zur $(1\bar{1}00)$-Ebene. a) Hexagonale Symmetrie. b) Aufgespaltene Konfiguration mit monokliner Symmetrie. Z_1 und Z_4 bezeichnen zwei verschiedene Einstellungen des Zwischengitteratoms. c) Projektion auf die Basisebene. Aus den eingezeichneten Zwischengitteratomen Z_i in der hexagonalen Position gewinnt man die sechs Einstellungen der aufgespaltenen Konfiguration durch Verschieben des Zwischengitteratoms und des mittleren voll gezeichneten Atoms längs ihrer Verbindungslinie.

Die in Fig. 49c eingezeichneten Positionen Z_2, Z_5, Z_3 und Z_6 werden durch Verschieben je eines der Halbzwischengitteratome aus den Positionen Z_1 oder Z_4 auf die benachbarten Oktaederlücken gebildet. Das aufgespaltene Zwischengitteratom besitzt somit eine nächste Nachbarposition, die praktisch ohne Schwerpunktverlagerung eingenommen werden kann, wogegen vier der nächsten Nachbarpositionen nur durch einen Diffusionsschritt erreicht werden können.

8. Die Stabilisierungsenergie I
Formale Theorie

8.1. Die Stabilisierungsenergie

In den vorhergehenden Kapiteln 6 und 7 wurden die theoretischen Grundlagen zur Berechnung der Wechselwirkungsenergie zwischen anisotropen Fehlstellen und der spontanen Magnetisierung behandelt. Für die ferromagnetische Nachwirkung ist die Wechselwirkungsenergie W aller Gitterfehler, die auf verschiedene Orientierungen i verteilt sind, maßgebend. Dabei spielt im allgemeinen in bestimmten Temperaturintervallen nur ein einziger Fehlstellentyp eine Rolle. Befinden sich am Ort $\mathfrak{r}$ zur Zeit t

$$c_i = c_i(\mathfrak{r}, t). \tag{8.1}$$

Gitterfehler pro Volumeinheit in der Position mit der Orientierung i der Hauptachse, so lautet die gesamte Wechselwirkungsenergie zwischen den Fehlstellen und der spontanen Magnetisierung zur Zeit t

$$W(t) = \sum_i^{n_E} \int_V \{c_i(\mathfrak{r}, t)\, E_i(\mathfrak{J}(\mathfrak{r}, t)) - c_i(\mathfrak{r}, 0)\, E_i(\mathfrak{J}(\mathfrak{r}, 0))\}\, dV. \tag{8.2}$$

Falls zur Zeit $t=0$ eine Gleichverteilung der Fehlstellen auf sämtliche n_E Orientierungen vorliegt, also die Bedingung $c_i(0) = c_0$ erfüllt ist, so können wir bei Berücksichtigung von Gl. (7.5) die Gl. (8.2) folgendermaßen schreiben:

$$W_s(t) = \sum_i^{n_E} \int_V \{c_i(\mathfrak{r}, t) E_i(\mathfrak{J}(\mathfrak{r}, t)) - c_0 \bar{E}(\mathfrak{J}(\mathfrak{r}, 0))\}\, dV. \tag{8.3}$$

Die Gleichverteilung der Gitterfehler auf sämtliche Orientierungen wird im allgemeinen durch Entmagnetisierung in einem Wechselfeld mit abnehmender Amplitude eingestellt. Die Frequenz des angelegten Wechselfeldes muß dabei wesentlich größer sein als die Zahl der von der Fehlstelle in der Zeiteinheit durchgeführten Platzwechsel. Außerdem muß die zeitliche Dauer des Entmagnetisierungsprozesses größer sein als die Relaxationszeit der Umorientierung. Zur Durchführung der Integration in Gl. (8.3) muß der örtliche Verlauf der Richtung der spontanen Magnetisierung bekannt sein. Wie wir in Abschnitt 6.5 gesehen haben, sind die Verhältnisse bei ebenen Blochwänden besonders einfach. Wird die Blochwandnormale als parallel zur z-Achse angenommen, so ist die Richtung der spontanen Magnetisierung nur von der z-

Koordinate abhängig. Die Blochwandebene ist in diesem Falle parallel zur (x, y)-Ebene des der Blochwand angepaßten kartesischen Koordinatensystems. Gl. (8.3) reduziert sich unter diesen Bedingungen auf ein Linienintegral längs der z-Richtung. Die Stabilisierungsenergie zweier Weissscher Bezirke, die durch eine ebene Blochwand getrennt sind, und die sich von $z = -L_3$ bis $z = +L_3$ erstrecken, beträgt somit

$$W_s(t) = f_B \sum_{i}^{n_E} \int_{-L_3}^{L_3} \{c_i(\mathfrak{r}, t) E_i(\mathfrak{J}(\mathfrak{r}, t)) - c_0 \bar{E}(\mathfrak{J}(\mathfrak{r}, 0))\} \, dz, \qquad (8.4)$$

wobei f_B die Fläche der Blochwand bedeutet. Die Stabilisierungsenergie ist gemäß Gl. (8.4) von dem Verlauf der spontanen Magnetisierung in den beiden Domänen und in der Blochwand abhängig. Innerhalb der Blochwand variiert die Richtung der spontanen Magnetisierung, wenn keine Drehprozesse in den Domänen stattfinden, entsprechend den in Abschnitt 6.5 angegebenen Beziehungen für den Drehwinkel φ. In den Domänen dürfen wir die Richtung der spontanen Magnetisierung als ortsunabhängig betrachten. Beim Anlegen eines Magnetfeldes erfolgt eine Veränderung der Magnetisierungsrichtung, wie in Kapitel 3 dargelegt wurde, im allgemeinen durch Wandverschiebungen und durch Rotationen der spontanen Magnetisierung innerhalb der Domänen. Dementsprechend setzt sich die gesamte Stabilisierungsenergie $W_s(t)$ gemäß

$$W_s = W_s^B + W_s^D \qquad (8.5.a)$$

aus zwei Anteilen zusammen. W_s^B entspricht der Stabilisierungsenergie, die man erhält, wenn keine Drehprozesse stattfinden. W_s^B wird deshalb als Stabilisierungsenergie der Blochwand bezeichnet. Die Stabilisierungsenergie W_s^D ist auf die Rotation der spontanen Magnetisierung aus der leichten Richtung zurückzuführen.

a) Die Stabilisierungsenergie der Blochwand

Im folgenden definieren wir die Stabilisierungsenergie der Blochwand als denjenigen Anteil zur gesamten Stabilisierungsenergie, der sich aus Gl. (8.4) ergibt, wenn wir für den Verlauf der spontanen Magnetisierung denjenigen einsetzen, der vorliegt, wenn keine Drehprozesse stattfinden. Kennzeichnen wir den Verlauf der spontanen Magnetisierung und die Konzentrationen c_i ohne Drehprozesse durch einen oberen Index 0, so folgt aus Gl. (8.4):

$$W_s^B(t) = f_B \sum_{i}^{n_E} \int_{-L_3}^{L_3} \{c_i^0(\mathfrak{J}^0(\mathfrak{r}, t)) E_i(\mathfrak{J}^0(\mathfrak{r}, t)) - c_0 \bar{E}(\mathfrak{J}^0(\mathfrak{r}, 0))\} \, dz. \qquad (8.6)$$

Den oberen Index 0 werden wir in den nachfolgenden Kapiteln weglassen und bei Berechnung von W_s^B definitionsgemäß annehmen, daß die spontane Magnetisierung in den Domänen parallel zu einer leichten Magnetisierungsrichtung ist. Führen wir gemäß

$$w_s^B(t) = \frac{W_s^B(t)}{f_B} \tag{8.7}$$

die spezifische Oberflächenenergie der Stabilisierungsenergie der Blochwand ein, so ist die gesamte Stabilisierungsenergie der Blochwände durch eine Summe über sämtliche im Kristall vorliegenden Blochwandtypen gegeben, und es gilt

$$W_s^B(t) = \sum_k F_B^k w_s^{B,k}(t), \tag{8.8}$$

wobei F_B^k die gesamte im Kristall vorhandene Blochwandfläche der Blochwände von Typ k bedeutet.

b) Die Stabilisierungsenergie der Drehprozesse

Die Stabilisierungsenergie W_s^D der Drehprozesse ist nach Gl. (8.5.a) als die Differenz

$$W_s^D = W_s - W_s^B \tag{8.5.b}$$

definiert. Beschränken wir uns wieder auf das oben besprochene Modell zweier durch eine Blochwand getrennter Weissscher Bezirke, so ergibt sich allgemein durch Einsetzen von Gl. (8.4) und Gl. (8.6) in Gl. (8.5.b)

$$W_s^D(t) = f_B \sum_i^{n_E} \int_{L_3}^{L_3} \{c_i E_i(\mathfrak{J}(\mathfrak{r},t)) - c_i^0 E_i(\mathfrak{J}^0(\mathfrak{r},t)) - c_0[\bar{E}(\mathfrak{J}(\mathfrak{r},0)) - \bar{E}(\mathfrak{J}^0(\mathfrak{r},0))]\}\,dz. \tag{8.9}$$

Gl. (8.9) können wir beträchtlich vereinfachen, wenn wir bedenken, daß das von der Blochwand eingenommene Volumen in makroskopischen Kristallen im allgemeinen einen Faktor 10^2 bis 10^3 kleiner ist als das Volumen der Domänen. Dann dürfen wir in Gl. (8.9) den von den Drehprozessen innerhalb der Blochwand herrührenden Anteil zur Stabilisierungsenergie vernachlässigen. Die verbleibende Integration über die beiden mit den Ziffern 1 und 2 bezeichneten Domänen können wir sofort ausführen, da nach dem oben Gesagten (siehe auch Kapitel 6) die Richtung der spontanen Magnetisierung innerhalb der Domänen ortsunabhängig ist und damit c_i und E_i Konstanten darstellen. Aus Gl. (8.9) folgt unmittelbar:

$$\begin{aligned}
W_s^D(t) = {} & V_1 \sum_i^{n_E} \{c_i^{(1)} E_i(\mathfrak{J}_1(\mathfrak{r},t)) - c_i^{(1)0} E_i(\mathfrak{J}_1^0(\mathfrak{r},t)) \\
& - c_0[\bar{E}(\mathfrak{J}_1(\mathfrak{r},0)) - \bar{E}(\mathfrak{J}_1^0(\mathfrak{r},0))]\} \\
& + V_2 \sum_i^{n_E} \{c_i^{(2)} E_i(\mathfrak{J}_2(\mathfrak{r},t)) - c_i^{(2)0} E_i(\mathfrak{J}_2^0(\mathfrak{r},t)) \\
& - c_0[\bar{E}(\mathfrak{J}_2(\mathfrak{r},0)) - \bar{E}(\mathfrak{J}_2^0(\mathfrak{r},0))]\},
\end{aligned} \tag{8.10}$$

wobei V_1 und V_2 die Volumina der beiden Weissschen Bezirke bedeuten. $\mathfrak{J}_1(\mathfrak{r},t)$ und $\mathfrak{J}_1^0(\mathfrak{r},t)$ sind die Vektoren der spontanen Magnetisierung für den Fall mit und ohne Rotation in dem mit 1 bezeichneten Weissschen Bezirk. Dieselbe Bedeutung besitzen $\mathfrak{J}_2(\mathfrak{r},t)$ und $\mathfrak{J}_2^0(\mathfrak{r},t)$ für die Domäne 2. $c_i^{(1)}$ und $c_i^{(2)}$ sind die Konzentrationen der Fehlstelle mit der i-ten Position in den Domänen 1 bzw. 2. Die mit einem oberen Index 0 versehenen Konzentrationen beziehen sich auf den Fall, daß keine Drehungen stattfinden. Zur Berechnung der Stabilisierungsenergie der Rotationen in einem Kristall mit mehreren Phasenvolumina ist es zweckmäßig, die Phasenvolumina

$$v_j = \frac{V_j}{V_0} \tag{8.11}$$

und die Energiedichte

$$w_s^{D,j}(t) = \sum_i^{n_E}\{c_i^{(j)}E_i(\mathfrak{J}_j(\mathfrak{r},t)) - c_i^{(j)0}E_i(\mathfrak{J}_j^0(\mathfrak{r},t))$$
$$- c_0[\bar{E}(\mathfrak{J}_j(\mathfrak{r},0)) - \bar{E}(\mathfrak{J}_j^0(\mathfrak{r},0))]\} \tag{8.12}$$

des j-ten Phasenvolumens einzuführen, wobei V_0 das Volumen des Kristalls und V_j das bei $H=0$ parallel zur j-ten Vorzugsrichtung magnetisierte Volumen des Kristalls bedeutet. $c_i^{(j)}$ entspricht der Konzentration der Fehlstellen mit der i-ten Position in der j-ten Phase. Die gesamte Stabilisierungsenergie infolge der Rotation ergibt sich dann als eine Summe über sämtliche Phasenvolumina j, und es gilt:

$$W_s^D(t) = V_0\sum_j v_j w_s^{D,j}(t). \tag{8.13}$$

Aus Gl. (8.12) geht hervor, daß die Stabilisierungsenergie W_s^D definitionsgemäß Null ist, wenn keine Rotationen stattfinden. Im nächsten Abschnitt werden wir mit Hilfe der hier vorgenommenen Aufteilung der Stabilisierungsenergie in einen Blochwand- und einen Domänenanteil den Einfluß der Stabilisierungsenergie auf die Stabilisierungsfeldstärke und die reversible Suszeptibilität behandeln.

8.2. Berechnung der reversiblen Suszeptibilität und des Nachwirkungsfeldes

In Abschnitt 3.2.a wurde die Bewegung einer Blochwand in einem zeitlich konstanten Wechselwirkungspotential Φ_W untersucht. Sofern jedoch Bewegungen der Gitterfehlstellen stattfinden, ist das Wechselwirkungspotential eine von der Zeit abhängige Größe. Zur Vereinfachung nehmen wir im folgenden an, daß im untersuchten Temperaturintervall nur bestimmte Fehlstellentypen sich bewegen können, während die anderen Gitterfehler, z. B. die in erster Linie für das Wechselwirkungspotential maßgebenden Versetzungen, ihre Lage nicht verändern. Das gesamte Wechselwirkungspotential der spontanen Magnetisierung mit den Gitterfehlern pro Flächeneinheit der Blochwand läßt sich dann gemäß

$$\Phi_W = \Phi_0(U) + w_s(t, U) \tag{8.14}$$

in einen von der Zeit unabhängigen Anteil Φ_0 und die im vorhergehenden Abschnitt behandelte zeitabhängige Stabilisierungsenergie $w_s(t, U)$ zerlegen. Sowohl Φ_0 als auch $w_s(t, U)$ sind Funktionen der Auslenkung U der Blochwände, aus ihrer Ruhelage und des Drehwinkels φ der spontanen Magnetisierung aus der leichten Magnetisierungsrichtung. In Kapitel 3 wurde die reversible Suszeptibilität bei Blochwandverschiebungen und Rotationen durch die Wechselwirkungskonstante R_0 und die Kristallenergiekonstante K_1 ausgedrückt. Wir werden im folgenden sehen, daß man auch bei Auftreten einer ferromagnetischen Nachwirkung die in Abschnitt 3 abgeleiteten Beziehungen übernehmen darf, wenn wir anstelle von R_0 und K_1 zeitlich abhängige Größen einführen.

a) Reversible Blochwandverschiebungen

α) Allgemeine Theorie

Die Auslenkung U der Blochwand aus ihrer Ruhelage bestimmt sich aus der Forderung, daß die freie Enthalpie Φ_G des Kristalls ein Minimum ist, oder, was gleichbedeutend mit dieser Bedingung ist, daß die Summe aller auf die Blochwand einwirkenden Kräfte Null ergibt. Da die Stabilisierungsenergie w_s^D der Drehprozesse in 1. Näherung unabhängig von der Auslenkung der Blochwand ist, folgt aus Gl. (8.14) für die gesamte von der Gitterfehlstelle auf die Blochwand ausgeübte Kraft

$$P_W = -\frac{d}{dU}\,\Phi_0 - \frac{d}{dU}\,w_s^B(U, t). \tag{8.15}$$

In Gl. (8.15) bedeutet das erste Glied die bereits in Abschnitt 3.2.a eingeführte Wechselwirkungskraft P_R des zeitunabhängigen Blochwandpotentials. Das zweite Glied entspricht der in Abschnitt 5.b.α eingeführten Nachwirkungskraft

$$P_N = -\frac{d}{dU}\,w_s^B(U, t), \tag{8.16}$$

die auf das Nachwirkungspotential der Blochwände zurückzuführen ist. Die Gleichgewichtslage der Blochwand bestimmt sich bei Vernachlässigung der kinetischen Energie der Blochwand aus der Bedingung

$$P_H + P_R + P_N(t) = 0. \tag{8.17}$$

In dieser Form wurde die Bewegungsgleichung einer Blochwand im Nachwirkungspotential erstmals von NÉEL [5,6], aufgestellt. Mit Hilfe von Gl. (8.17) ist es leicht möglich, einen Zusammenhang zwischen der in Kapitel 4 eingeführten Nachwirkungsfeldstärke $H_N(t)$ und der Nachwirkungskraft herzuleiten. Die Nachwirkungsfeldstärke definieren wir als die Differenz der Feldstärken H_1 und H_2, die erforderlich sind, um in einem Kristall mit und ohne Nachwirkung dieselbe Magnetisierung, oder, was gleichbedeutend damit ist, dieselbe Auslenkung der Blochwand zu erzeugen. Mit $P_H = H J_s p$ ergibt sich aus Gl. (8.17) für die Differenz der beiden Feldstärken

$$H_N(t) = H_1 - H_2 = -\frac{P_N(t, U)}{J_s p}. \tag{8.18}$$

Messungen der Nachwirkungsfeldstärke sind demnach ein direktes Maß für die Nachwirkungskraft und nach Gl. (8.16) damit auch ein Maß für das Nachwirkungspotential.

β) Lösung der Bewegungsgleichung für kleine Auslenkungen

Die exakte Lösung der Blochwandgleichung (8.17) setzt die genaue Kenntnis des Nachwirkungspotentials $w_s^B(t, U)$ voraus. Mit seiner Berechnung werden wir uns in Kapitel 10 noch ausführlich befassen. In diesem Abschnitt wollen wir den einfachen Fall, daß die Auslenkungen aus der Ruhelage klein gegen die Blochwanddicke sind, näher untersuchen. Bei kleinen Auslenkungen U darf man die Potentiale $\Phi_0(U)$ und $w_s^B(t, U)$ in eine Taylorreihe nach steigenden Potenzen von U entwickeln. Brechen wir die Taylorreihe nach dem dritten Glied ab, so ergibt sich für die Zunahme $\Delta\Phi_W$ der Wechselwirkungsenergie

$$\Delta\Phi_W = \Phi_W(U,t) - \Phi_W(0,t)$$

$$= \frac{1}{2} \left.\frac{d^2\Phi_0}{dU^2}\right|_{U=0} \cdot U^2 + \frac{1}{2} \left.\frac{d^2 w_s^B(U,t)}{dU^2}\right|_{U=0} \cdot U^2. \tag{8.19}$$

In Gl. (8.19) treten die linearen Glieder in U nicht auf, da die Differentialquotienten $\dfrac{d\Phi_0}{dU}$ und $\dfrac{dw_s^B}{dU}$ aufgrund der Gleichgewichtsbedingung bei $U=0$ verschwinden. Das erste Glied in Gl. (8.19) entspricht dem bereits in Kapitel 3 eingeführten Energieterm.

Mit den Abkürzungen

$$R_0 = \left.\frac{d^2\Phi_0(U)}{dU^2}\right|_{U=0} \cdot L_3^2 \tag{8.20}$$

und

$$R_N(t) = \left.\frac{d^2 w_s^B(U,t)}{dU^2}\right|_{U=0} \cdot L_3^2 \tag{8.21}$$

lautet Gl. (8.19)

$$\Delta\Phi_W(U,t) = \frac{1}{2}(R_0 + R_N(t))\frac{U^2}{L_3^2}. \tag{8.22}$$

Für einen einfachen Relaxationsprozeß, dessen Zeitabhängigkeit durch *eine* Relaxationszeit beschrieben werden kann, gilt

$$R_N(t) = R(\infty)(1 - e^{-t/\tau}), \tag{8.23}$$

wobei $R(\infty)$ die Nachwirkungskonstante bei $t \to \infty$ bedeutet.

Für die Kraft P_R und die Nachwirkungskraft $P_N(t)$ pro Flächeneinheit der Blochwand erhält man

$$P_R = -R_0\frac{U}{L_3^2}, \tag{8.24.a}$$

$$P_N(t) = -R_N(t)\frac{U}{L_3^2}. \tag{8.24.b}$$

Werden Gl. (8.24.a) und Gl. (8.24.b) in Gl. (8.17) eingesetzt, so ergibt sich für die Auslenkung der Blochwand:

$$U = \frac{HJ_sp}{R_0 + R_N(t)}\, L_3^2. \tag{8.25}$$

Mit Gl. (8.24) und Gl. (8.25) findet man für das Nachwirkungsfeld einer einzelnen Blochwand bei kleinen Auslenkungen aus der Ruhelage gemäß Gl. (8.18)

$$H_N'(t) = \frac{R_N(t)}{J_s p L_3^2}U = \frac{H R_N(t)}{R_0 + R_N(t)}. \tag{8.26}$$

γ) Berechnung des Nachwirkungsfeldes und der reversiblen Suszeptibilität bei einer diskreten Verteilung der Wechselwirkungskonstanten

Gl. (8.26) gilt nur für den Sonderfall, daß alle Blochwände dieselbe Wechselwirkungskonstante besitzen. Wie in Abschnitt 3.2.a ausgeführt wurde, liegen in einem Ferromagnetikum im allgemeinen jedoch zahlreiche Blochwände verschiedenen Typs vor, die sich bezüglich Wechselwirkungskonstante, Blochwandfläche und Orientierungsfaktor voneinander unterscheiden. Bei der Berechnung der reversiblen Suszeptibilität in Abschnitt 3.2.a sind wir außerdem davon ausgegangen, daß die eine Blochwand charakterisierenden Größen R_0, L_3 und S sowohl vom Blochwandtyp als auch von der örtlichen Lage der Blochwand abhängen, wogegen der Orientierungsfaktor p nur vom Blochwandtyp abhängt. Die Abhängigkeit von der Position der Blochwand ist dabei auf die statistischen Schwankungen der Dichte der für das Blochwandpotential Φ_0 maßgebenden Fehlstellen zurückzuführen. Dagegen hängt das Nachwirkungspotential nicht von den statistischen Schwankungen der für das Nachwirkungspotential verantwortlichen Fehlstellen ab, sondern ergibt sich als proportional zur Dichte der Fehlstellen (vgl. Kapitel 9). Deshalb hängen die Nachwirkungskonstanten R_N nur vom Blochwandtyp und nicht von der Lage der Blochwand ab. Treten nebeneinander mehrere relaxationsfähige Fehlstellen auf, so ist in Gl. (8.26) anstelle der Nachwirkungskonstanten $R_N^{(j)}$ des j-ten Blochwandtypes die Summe $\sum_l R_N^{(j,l)}$ über die verschiedenen Nachwirkungsprozesse einzusetzen. Kennzeichnen wir wieder die i-te Blochwand vom Typ j durch die Indizes i, j, so erhält man für das Nachwirkungsfeld dieser Blochwand bei kleinen Feldstärken

$$H_{N,i}^{(j)}(t) = \frac{R_N^{(j,l)}}{R_{0,i}^{(j)} + \sum_l R_N^{(j,l)}} \, H.$$

(8.27)

Das mittlere Nachwirkungsfeld $\overline{H}_N(t)$ des Ferromagneten entspricht einem Mittelwert über die Nachwirkungsfelder sämtlicher Blochwände, deren Gesamtzahl n_B sei. Dann gilt

$$\bar{H}_N(t) = \frac{\sum_i \sum_j H_{N,i}^{(j)}(t)}{n_B}.$$

(8.28)

Für die Auslenkung U_i^j der i-ten Blochwand vom Typ j ergibt sich aus Gl. (8.25) nach dem oben Gesagten

$$U_i^j = \frac{H J_s p(j)}{R_{0,i}^{(j)} + \sum_l R_N^{(j,l)}} \cdot (L_{3,i}^{(j)})^2.$$

(8.29)

Wird Gl. (8.29) in Gl. (3.21.a) eingesetzt, so findet man für die Magnetisierungsänderung infolge des Magnetfeldes H

$$\Delta J = H J_s^2 \sum_i \sum_j \frac{S_i^{(j)} (p^{(j)})^2 (L_{3,i}^{(j)})^2}{R_{0,i}^{(j)} + \sum_l R_N^{(j,l)}}.$$

(8.30)

Hieraus folgt schließlich für die reversible Suszeptibilität:

$$\chi_{\mathrm{rev}} = \frac{\Delta J}{H} = J_s^2 \sum_i \sum_j \frac{S_i^{(j)} (p^{(j)})^2 (L_{3,i}^{(j)})^2}{R_{0,i}^{(j)} + \sum_l R_N^{(j,l)}}.$$

(8.31)

b) Spezielle Anwendungen

Das Ziel experimenteller Untersuchungen ist die Bestimmung der Nachwirkungskonstanten $R_N^{(j,l)}(t)$, wobei für den Vergleich mit der Theorie sowohl die absolute Größe von $R_N^{(j,l)}(t)$ als auch deren spezielle Zeitabhängigkeit von Interesse ist. Infolge der im allgemeinen auftretenden

Streuung der Wechselwirkungskonstanten R_0 ist die experimentelle Bestimmung von $R_N^{(j,\,l)}(t)$ nur unter speziellen Bedingungen möglich. Einfache Verhältnisse liegen z. B. vor, wenn ein Blochwandtyp $(j=1)$ im Vergleich zu den anderen besonders kleine Wechselwirkungskonstanten, große Blochwandflächen und einen großen Orientierungsfaktor besitzt. Dann wird die reversible Suszeptibilität im wesentlichen durch diesen Blochwandtyp bestimmt. Man kann derartige Bedingungen durch spezielle Wahl der Kristallorientierung und entsprechende Entmagnetisierung der Probe erhalten. Tritt außerdem nur ein einziger Nachwirkungsprozeß $(R_N^{(1,\,l)} = R_N^{(1)})$ auf, so erhält man für die reversible Suszeptibilität aus Gl. (8.31)

$$\chi_{\mathrm{rev}} = J_s^2 \sum_i \frac{\overline{S^{(1)}(L_3^{(1)})^2(p^{(1)})^2}}{R_{0,\,i}^{(1)} + R_N^{(1)}}, \tag{8.32}$$

wobei wir in Gl. (8.32) anstelle von $S_i^{(1)}(L_{3,\,i}^{(1)})^2$ einen Mittelwert $\overline{S^{(1)}(L_3^{(1)})^2}$ eingeführt haben. Anhand von Gl. (8.32) kann nun die Nachwirkungskonstante für die folgenden Sonderfälle aus Messungen der Desakkommodation bestimmt werden:

1. Der Kristall enthält nur eine einzige Blochwand

Bezeichnen wir die Wechselwirkungkonstante der Blochwand mit R_0, ihre spezifische Fläche mit S_0, die lineare Ausdehnung der Domäne mit L_3 und ihren Orientierungsfaktor mit p_0, so lautet die reversible Suszeptibilität

$$\chi_{\mathrm{rev}} = \frac{J_s^2 S_0 p_0^2}{R_0 + R_N^{(1)}(t)} L_3^2 \tag{8.33}$$

und die Reluktivität

$$r(t) = \frac{1}{\chi_{\mathrm{rev}}(t)} = \frac{1}{J_s^2 S_0 p_0^2 L_3^2}(R_0 + R_N^{(1)}(t)). \tag{8.34}$$

Für die Änderung der Reluktivität zwischen den Zeiten t_1 und t_2 ergibt sich aus Gl. (8.34)

$$\Delta r_N = r(t_1) - r(t_2) = \frac{1}{J_s^2 S_0 p_0^2 L_3^2}(R_N(t_1) - R_N(t_2)). \tag{8.35}$$

Insbesondere beträgt die Stabilisierungsreluktivität

$$\Delta r_s = r(0) - r(\infty) = \frac{(-)R_N(\infty)}{J_s^2 S_0 p_0^2 L_3^2}. \tag{8.36.a}$$

Bei der Ableitung von Gl. (8.36a) ist zu beachten, daß definitionsgemäß $R_N(0)=0$ gilt. Für die Stabilisierungssuszeptibilität ergibt sich für kleine R_N

$$\Delta\chi_s = J_s^2 S_0 p_0^2 L_3^2 \, \frac{R_N(\infty)}{R_0^2} = \frac{R_N(\infty)}{J_s^2 S_0 p_0^2 L_3^2} \, \chi_0^2, \qquad (8.36.\text{b})$$

wobei

$$\chi_0 = \frac{J_s^2 S_0 p_0^2 L_3^2}{R_0} \qquad (8.36.\text{c})$$

die Anfangssuszeptibilität bedeutet.

2. Die Nachwirkungskonstante $R_N^{(1)}$ ist klein im Vergleich zu den Wechselwirkungskonstanten $R_{0,i}^{(1)} (R_{0,i}^{(1)} > 0)$

Unter diesen Voraussetzungen dürfen wir den Nenner von Gl. (8.32) entwickeln und erhalten

$$\chi_{\text{rev}}(t) = J_s^2 S^{(1)} (L_3^{(1)})^2 (p^{(1)})^2 \sum_i \frac{1}{R_{0,i}^{(1)}} \left\{ 1 - \frac{R_N^{(1)}(t)}{R_{0,i}^{(1)}} \right\}. \qquad (8.37)$$

Für die Nachwirkungsamplitude $\Delta\chi_N$ folgt aus Gl. (8.37)

$$\Delta\chi_N(t_1, t_2) = \chi_{\text{rev}}(t_1) - \chi_{\text{rev}}(t_2) = J_s^2 S^{(1)} (L_3^{(1)})^2 (p^{(1)})^2 \{ R_N^{(1)}(t_2)$$
$$- R_N^{(1)}(t_1) \} \sum_i \frac{1}{(R_{0,i}^{(1)})^2}. \qquad (8.38)$$

Die Stabilisierungssuszeptibilität lautet

$$\Delta\chi_s = J_s^2 S^{(1)} (L_3^{(1)})^2 (p^{(1)})^2 R_N^{(1)}(\infty) \sum_i \frac{1}{(R_{0,i})^2}. \qquad (8.39)$$

Gl. (8.39) ist nur von beschränktem Wert, da man über die $R_{0,i}$ nur statistische Aussagen machen kann, wobei der Fall $R_{0,i} = 0$, für den Gl. (8.39) ihre Gültigkeit verliert, im allgemeinen nicht ausgeschlossen werden kann.

3. Berechnung der Anfangssuszeptibilität bei einer Normalverteilung der Kraftkonstanten

Die Berechnung der Nachwirkungsamplitude $\Delta\chi_N(t_1, t_2)$ mit Hilfe von Gl. (8.39) ist im allgemeinen nicht ausführbar, da man für die $R_{0,i}^{(j)}$ keine diskreten Werte angeben kann. Bei der Berechnung der Nachwirkungsamplitude hat man vielmehr von einer Wahrscheinlichkeitsverteilung $K(R_0)$ auszugehen, die angibt, mit welcher Wahrscheinlichkeit Blochwände mit der Kraftkonstanten R_0 im Intervall R_0 bis $R_0 + dR_0$ vorkommen. $K(R_0)$ muß der Normierungsbedingung

$$n_B = \int_0^\infty K(R_0) dR_0 \qquad (8.40)$$

gehorchen, wobei n_B die Zahl der betrachteten Blochwände bedeutet. Die Wahrscheinlichkeit $K(R_0)$ für das Auftreten einer Blochwand mit der

Kraftkonstanten R_0 setzt sich aus zwei Teilwahrscheinlichkeiten zusammen; und zwar ist zu beachten, daß im allgemeinen nur ein Bruchteil der vorhandenen Potentialmulden (Nullstellen der Wechselwirkungskraft mit $R_0 > 0$) mit Blochwänden besetzt sind, so daß allgemein

$$W(R_0) = \text{const } K(R_0) B(R_0) \tag{8.41}$$

gilt, wobei $K(R_0)$ die Wahrscheinlichkeit für das Auftreten der Kraftkonstanten R_0 im Blochwandpotential und $B(R_0)$ die Wahrscheinlichkeit, daß die Potentialmulde mit der Kraftkonstanten R_0 von einer Blochwand besetzt ist, bedeutet. Die Konstante in Gl. (8.41) bestimmt sich aus der Normierungsbedingung (8.40). Bei einer statistischen Verteilung der für das Blochwandpotential maßgebenden Gitterfehler gehorcht $K(R_0)$ nach dem Laplace-de Moivreschen Grenzwertsatz der Statistik einer Normalverteilung

$$K(R_0) \propto \exp(-R_0^2/\overline{R_0^2}), \tag{8.42}$$

da die R_0, wie die Kraft P_R, statistisch voneinander unabhängige Zufallsgrößen sind. $\overline{R_0^2}$ bedeutet einen von TRÄUBLE für Versetzungen berechneten Mittelwert, der durch die Dispersion der Wechselwirkungskraft P_R bestimmt ist (vgl. hierzu Abschnitt 9.5.b). Geht man ferner davon aus, daß die Blochwände beim Entmagnetisierungsprozeß vorwiegend in den tiefen Potentialmulden hängen bleiben, d. h. in Mulden mit großen R_0(R_0 und das Potential Φ_0 sind voneinander abhängig), so liegt es nahe, für die Besetzungswahrscheinlichkeit $B(R_0)$ einen linearen Ansatz

$$B(R_0) \propto R_0 \tag{8.43}$$

zu machen, wodurch dieser Tatsache in erster Näherung Rechnung getragen wird. Für die Wahrscheinlichkeit $W(R_0)$ erhalten wir nun mit Gl. (8.42), (8.43) und der Normierungsbedingung (8.40) aus Gl. (8.41)

$$W(R_0) = \frac{2n_B}{\overline{R_0^2}} R_0 \exp(-R_0^2/\overline{R_0^2}). \tag{8.44}$$

Führen wir die Summation in Gl. (8.32) mit Hilfe von Gl. (8.44) in eine Integration über, so ergibt sich für die reversible Suszeptibilität

$$\chi_{\text{rev}} = 2n_B \frac{J_s^2 \overline{S^{(1)}(L_3^{(1)})^2}(p^{(1)})^2}{\overline{R_0^2}} \int\limits_0^\infty \frac{R_0 \exp(-R_0^2/\overline{R_0^2})}{R_0 + R_N^{(1)}(t)} \, dR_0. \tag{8.45}$$

Eine geschlossene Berechnung dieses Integrals erscheint nicht möglich. Durch die Umformung

$$\frac{R_0}{R_0 + R_N^{(1)}} = 1 - \frac{R_N^{(1)}}{R_0 + R_N^{(1)}} \tag{8.46}$$

gelingt es, die Suszeptibilität in einen reinen Nachwirkungsanteil und den Beitrag des zeitunabhängigen Potentials Φ_0 zu zerlegen, dessen Integration die unrelaxierte Suszeptibilität χ_0 liefert. Gl. (8.45) lautet somit

$$\chi_{\text{rev}} = \chi_0 - \frac{2\,R_N^{(1)}(t)\,\chi_0^2}{J_s^2\,\overline{S}(L_3^{(1)})^2(p^{(1)})^2} \int\limits_0^\infty \frac{\exp(-R_0^2/\bar{R}_0^2)\,dR_0}{R_0 + R_N^{(1)}(t)} \tag{8.47}$$

mit

$$\chi_0 = 2\,n_B\, \frac{J_s^2\,\overline{S^{(1)}(L_3^{(1)})^2}(p^{(1)})^2}{\bar{R}_0^2} \int\limits_0^\infty \exp[-R_0^2/\bar{R}_0^2]\,dR_0$$

$$= \frac{J_s^2\,\overline{S}(L_3^{(1)})^2(p^{(1)})^2}{\bar{R}_0}, \tag{8.48}$$

wobei $n_B S^{(1)} = \bar{S}^{(1)}$ die gesamte Blochwandfläche pro cm^3 bedeutet. Für die Nachwirkungsamplitude zwischen den Zeiten $t=0$ und $t=t$ folgt aus Gl. (8.47)

$$\Delta\chi_N(0,t) = \frac{2\,R_N^{(1)}(t)\,\chi_0^2}{J_s^2\,\overline{S}(L_3^{(1)})^2(p^{(1)})^2} \int\limits_0^\infty \frac{\exp(-R_0^2/\bar{R}_0^2)}{R_0 + R_N^{(1)}(t)}\,dR_0$$

$$= \frac{2\,R_N^{(1)}(t)}{\bar{R}_0}\,\chi_0 \int\limits_0^\infty \frac{\exp(-R_0^2/\bar{R}_0^2)}{R_0 + R_N^{(1)}(t)}\,dR_0. \tag{8.49}$$

Eine näherungsweise Berechnung des in Gl. (8.47) und Gl. (8.49) auftretenden Integrals ist in dem Falle möglich, daß die Bedingung $R_N \gg \bar{R}_0$ erfüllt ist. Diese Bedingung bedeutet, daß die von dem Nachwirkungsprozeß erzeugten Potentialmulden wesentlich tiefer sind als die des unrelaxierten Ferromagnetikums. Man darf dann im Nenner des Integrals R_0 gegenüber $R_N^{(1)}(t)$ vernachlässigen.

Unter diesen Voraussetzungen folgt aus Gl. (8.49)

$$\chi_{\text{rev}} = J_s^2\, \frac{\overline{S}(L_3^{(1)})^2(p^{(1)})^2}{R_N^{(1)}(t)}. \tag{8.50}$$

Gl. (8.50) verliert ihre Gültigkeit bei kleinen Zeiten, da hier die Bedingung $R_0 \gg R_N$ nicht erfüllbar ist.

Ein weiterer wichtiger Grenzfall liegt vor, wenn das Nachwirkungspotential klein im Vergleich zum Grundpotential ist, also die Bedingung $R_N^{(1)}(t) \gg R_0$ gilt. Zur Integration von Gl. (8.49) sind in diesem Falle folgende Umformungen zweckmäßig:

Zunächst substituieren wir

$$R_0/\bar{R}_0 = r \quad \text{und} \quad R_N(t)/\bar{R}_0 = r_N, \text{[1]} \tag{8.51}$$

ferner ersetzen wir den Ausdruck $\dfrac{1}{r-r_N}$ durch die Integraldarstellung

$$\frac{1}{r-r_N} = -\int_0^\infty e^{-(r+r_N)s}\,ds.$$

Nach Integration über r lautet dann Gl. (8.49)

$$\Delta\chi_N(0,t) = -\chi_0 r_N \int_0^\infty e^{-r_N s} e^{s^2/4}(1-\Phi(s/2))\,ds, \tag{8.52}$$

wobei Φ das Fehlerintegral bedeutet. Zur weiteren Integration von Gl. (8.52) führen wir für $1-\Phi(s/2)$ die Integraldarstellung

$$1-\Phi(s/2) = \frac{s}{\pi}\,e^{-s^2/4}\int_0^\infty \frac{e^{-s'^2}}{s'^2+s^2/4}\,ds'$$

ein und erhalten für Gl. (8.52) nach Integration über s'

$$\Delta\chi_N(0,t) = \frac{4\chi_0 r_N}{\pi}\int_0^\infty \big(ci(2s'r_N)\cos(2s'r_N)+si(2s'r_N)\sin(2s'r_N)\big)e^{-s'^2}\,ds'. \tag{8.53}$$

Die Integration von Gl. (8.53) ist nicht in geschlossener Form möglich. Falls jedoch entsprechend unserer Voraussetzung die Bedingung $r_N \ll 1$ erfüllt ist, können wir für Gl. (8.53) eine Näherungsbeziehung angeben. In Abschnitt 13.5.a) werden wir sehen, daß z. B. in Nickel die Bedingung $r_N \ll 1$ bei den Nachwirkungserscheinungen um Raumtemperatur gut erfüllt ist, so daß dieser Fall durchaus praktische Bedeutung besitzt. Gl. (8.53) eignet sich vor allem deshalb zur näherungsweisen Berechnung, weil aufgrund unserer Voraussetzung die in der Klammer stehende Funktion verglichen mit der Exponentialfunktion $e^{-s'^2}$ für $s' < (\tfrac{1}{2})r_N$ nur langsam variiert. Für die Klammer dürfen wir daher eine Entwicklung nach kleinen Argumenten vornehmen. Brechen wir die Reihenentwicklung nach den in r_N linearen Gliedern ab, so ergibt sich für Gl. (8.53)

$$\Delta\chi_N(0,t) = \frac{4}{\pi}\chi_0 r_N \int_0^\infty \left\{C+\ln(2s'r_N) + \frac{\pi}{2}\sin(2s'r_N)\right\}e^{-s'^2}\,ds',$$

wobei C die Eulersche Konstante bedeutet ($C = 0{,}5772\ldots$).

---

[1] Eine Verwechslung dieser Hilfsvariablen mit der Reluktivität $r(t)$ und der Nachwirkungsamplitude Δr_N ist wohl ausgeschlossen.

Die Ausführung der Integration liefert schließlich

$$\frac{\Delta\chi_N(0,t)}{\chi_0} = \frac{2r_N}{\sqrt{\pi}}\left(\frac{C}{2} + \ln r_N + r_N e^{-r_N^2}\right) \tag{8.54.a}$$

oder

$$\chi(t) = \chi_0\left\{1 + \frac{2}{\sqrt{\pi}}\frac{R_N(t)}{\bar{R}_0}\left[\frac{C}{2} + \ln\frac{R_N(t)}{\bar{R}_0} + \frac{R_N(t)}{\bar{R}_0}e^{-(R_N^2/\bar{R}_0^2)}\right]\right\}, \tag{8.54.b}$$

$$\frac{\Delta\chi_N(0,t)}{\chi_0} = \frac{2}{\sqrt{\pi}}\frac{R_N(t)}{\bar{R}_0}\left(\frac{C}{2} + \ln\frac{R_N(t)}{\bar{R}_0} + \frac{R_N(t)}{\bar{R}_0}\exp(-R_N^2/\bar{R}_0^2)\right).$$

Wie aus Gl. (8.54) hervorgeht, ist der Zusammenhang zwischen der Suszeptibilität $\chi(t)$ und $R_N(t)$ relativ kompliziert. Zur experimentellen Bestimmung von $R_N(t)$ anhand von Gl. (8.54.b) ist zunächst aus den gemessenen Werten für $\chi(t)$ und χ_0 die Funktion $r_N\left(\frac{C}{2} + \ln r_N + r_N e^{-r_N^2}\right)$ in Abhängigkeit von der Zeit zu bestimmen. Aus dem Verlauf von $r_N(t)$ ergibt sich dann die Zeitabhängigkeit der Größe $R_N(t)$. In Fig. 50 ist die Funktion $1 + \frac{2}{\sqrt{\pi}}r_N\left(\frac{C}{2} + \ln r_N + r_N e^{-r_N^2}\right)$ dargestellt und mit der linearen Funktion $1 - r_N$ verglichen, die man für die Nachwirkung erwartet, wenn nur eine diskrete Wechselwirkungskonstante R_0 vorhanden ist.

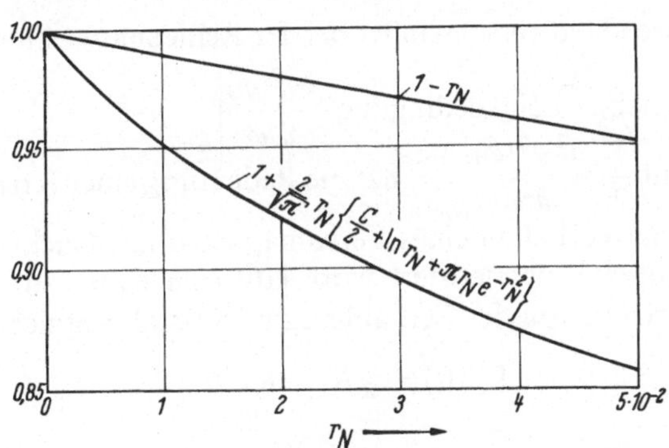

Fig. 50. Verlauf der Funktionen $1 + \dfrac{2}{\sqrt{\pi}}\, r_N\left(\dfrac{C}{2} + \ln r_N + r_N e^{-r_N^2}\right)$ und $1 - r_N$.

Wie man Fig. 50 entnimmt, sind bei einer Streuung der Wechselwirkungskonstanten die Abweichungen vom linearen Verlauf beträchtlich. Die besonders bei kleinen r_N ausgeprägte starke Variation der Suszeptibilität im Falle der Streuung der Wechselwirkungskonstanten hat zur Folge, daß man scheinbar kleinere Relaxationszeiten mißt als dies Gl. (8.23) entspricht. Diese scheinbare Streuung der Relaxationszeiten ist, wie schon BOSMAN [1] zeigen konnte, auf die Blochwände mit kleinen Wechselwirkungskonstanten zurückzuführen. Der Beitrag dieser Blochwände zur Magnetisierung wird durch das im Laufe der Zeit tiefer werdende Nachwirkungspotential stärker reduziert als der Beitrag der Blochwände mit großen Wechselwirkungskonstanten. Dadurch wird eine zeitliche Abnahme der Suszeptibilität vorgetäuscht, die schneller als mit der Relaxationszeit τ verläuft.

c) Reversible Drehprozesse

In Abschnitt 8.1. wurde gezeigt, daß man die Stabilisierungsenergie innerhalb der Weissschen Bezirke durch eine Energiedichte w_s^D beschreiben kann. Die Stabilisierungsenergie w_s^D entspricht einem zusätzlichen Anteil zur Kristallenergie. Sind die Auslenkungen der spontanen Magnetisierung aus der leichten Magnetisierungsrichtung klein, so dürfen wir die Stabilisierungsenergie w_s^D in eine Taylorreihe nach steigenden Potenzen des Auslenkwinkels φ entwickeln und nach dem dritten Glied abbrechen. Dann ergibt sich für die Änderung der Stabilisierungsenergie innerhalb der Domänen

$$\Delta w_s^D(\varphi) = w_s^D(\varphi) - w_s^D(0) = \frac{1}{2} \left. \frac{d^2 w_s^D(\varphi)}{d^2\varphi} \right|_{\varphi=0} \times \varphi^2 \approx \frac{1}{2} \left. \frac{d^2 w_s^D(\varphi)}{d^2\varphi} \right|_{\varphi=0} \times \sin^2\varphi.$$

$$(8.55)$$

Das in φ lineare Glied verschwindet bei der Reihenentwicklung um $\varphi=0$ infolge der Gleichgewichtsbedingung $\left. \dfrac{dw_s^D(\varphi)}{d\varphi} \right|_{\varphi=0} = 0$.

Der Koeffizient $\dfrac{1}{2} \left. \dfrac{d^2 w_s^D(\varphi)}{d^2\varphi} \right|_{\varphi=0}$ hat die Bedeutung einer Kristallenergiekonstanten. Das Verhalten eines Ferromagneten mit Nachwirkung, der durch Drehprozesse magnetisiert wird, läßt sich daher am einfachsten durch eine effektive, von der Zeit abhängige Kristallenergiekonstante

$$K'_{\text{eff}}(t) = c_K K_1 + K_N(t) \tag{8.56}$$

mit

$$K_N(t) = \frac{1}{2} \left. \frac{d^2 w_s^D(\varphi)}{d^2\varphi} \right|_{\varphi=0} \tag{8.57}$$

beschreiben, wobei $c_K K_1$ die in Kapitel 3 eingeführte, bei Drehprozessen maßgebliche Kristallenergiekonstante des idealen Kristalls bedeutet. Nach Gl. (3.25) erhalten wir nun für die reversible Suszeptibilität

$$\chi_{\text{rev}}(t) = \frac{J_s^2 \sin^2\varphi_0}{2 K'_{\text{eff}}(t)} \tag{8.58}$$

und für die Nachwirkungsamplitude $\Delta\chi_N$, sofern $\Delta\chi_s \ll \chi_{\text{rev}}(t_1)$ bzw. $\Delta\chi_s \ll \chi_{\text{rev}}(t_2)$ gilt

$$\Delta\chi_N(t_1,t_2) = (K_N(t_2) - K_N(t_1)) \frac{\chi_0^2}{J_s^2 \sin^2 \varphi_0}. \tag{8.59}$$

Für die Nachwirkungsreluktivität schließlich findet man

$$\Delta r_N(t_1,t_2) = \frac{1}{J_s^2 \sin^2 \varphi_0} (K_N(t_1) - K_N(t_2)). \tag{8.60}$$

d) Kombinierter Magnetisierungsprozeß „Wandverschiebungen + Rotation"

In magnetisch einachsigen Kristallen, wie z. B. Kobalt oder Magnetoplumbit, erfolgt die Magnetisierung durch gleichzeitige Blochwandverschiebungen und Drehprozesse (BARNIER u. Mitarb., KRONMÜLLER u. Mitarb. [6], TRÄUBLE [1]). Wie neuere Untersuchungen von KRONMÜLLER [3] sowie KÖSTER und KRONMÜLLER zeigen, spielt der kombinierte Magnetisierungsprozeß auch in plastisch verformten Nickel-Einkristallen eine Rolle. In den vorhergehenden Abschnitten 8.2.a und 8.2.c wurde gezeigt, daß man den Einfluß der Nachwirkung auf den Magnetisierungsverlauf bei Blochwandbewegungen durch die zeitabhängige Wechselwirkungskonstante

$$R_N(t) = L_3^2 \left. \frac{d^2 w_s^B(U,t)}{dU^2} \right|_{U=0} \tag{8.61}$$

und bei Drehprozessen durch einen von der Zeit abhängigen Beitrag zur Kristallenergiekonstanten

$$K_N(t) = \frac{1}{2} \left. \frac{d^2 w_s^D(\varphi,t)}{d\varphi^2} \right|_{\varphi=0} \tag{8.62}$$

beschreiben kann.

Man erhält den Einfluß der Nachwirkung auf die reversible Suszeptibilität beim kombinierten Magnetisierungsprozeß in Kobalt und plastisch verformtem Nickel, indem wir in Gl. (3.27) und Gl. (3.28) K_1 und K_{eff} durch $K'_{\text{eff}} = K_1 + K_N(t)$ bzw. $K_{\text{eff}} + K_N(t)$ und R_0 durch $R_0 + R_N(t)$ ersetzen. Dann ergibt sich z. B. für die Suszeptiblilität in Kobalt

$$\chi_{\text{rev}}(t) = \frac{N_\perp J_s^2 + 2K'_{\text{eff}} \cos^2 \varphi_c + (R_0 + R_N(t))\bar{S}\sin^2 \varphi_c}{2K'_{\text{eff}} N_\perp J_s^2 \sin^2 \varphi_c + (R_0 + R_N(t))\bar{S}(2K'_{\text{eff}} + N_\perp J_s^2 \cos^2 \varphi_c)} \tag{8.63}$$

und für die Suszeptibilität eines $\langle 100 \rangle$-Nickeleinkristalls

$$\chi_{\text{rev}}(t) = \frac{J_s^2}{3} \left(\frac{1}{\bar{S}(R_0 + R_N(t))} + \frac{1}{c_K K_1 + K_\sigma + K_N(t)} \right). \tag{8.64}$$

8.3. Die Bestimmung des Nachwirkungspotentials der Blochwände aus Messungen der reversiblen Suszeptibilität

a) Wechselstrommeßmethode

In diesem Abschnitt soll untersucht werden, inwiefern man an Hand der Nachwirkungsmessungen detaillierte Informationen über die Form des Nachwirkungspotentials gewinnen kann. Hierzu wollen wir den Fall betrachten, daß die Auslenkung der Blochwände nicht mehr der Bedingung $U < \delta_B$ genügt, sondern große Auslenkungen auftreten. Dann lassen sich Aussagen über die Nachwirkungskonstante außerhalb der Gleichgewichtslage der Blochwand gewinnen und damit auch Angaben über den Verlauf des Nachwirkungspotentials für $U > \delta_B$ machen. Wie wir in Abschnitt 5.b.α dargelegt haben, können aus der Form des Nachwirkungspotentials Rückschlüsse auf die Symmetrie der Gitterfehlstellen gezogen werden, während Messungen der Desakkommodation bei kleinen Auslenkungen $U < \delta_B$ hierüber keine Information liefern können. Häufig reicht jedoch die bei ballistischen Messungen erreichbare Meßgenauigkeit nicht aus, um Aussagen über das Nachwirkungspotential zu erhalten. Insbesondere bei kleinen Nachwirkungseffekten, wie dies bei den Eigenfehlstellen häufig der Fall ist, müssen zur Messung der Desakkommodation daher die wesentlich empfindlicheren Wechselstrommethoden herangezogen werden. Das dabei anzuwendende Meßverfahren zur Bestimmung des Nachwirkungspotentials soll nun kurz besprochen werden. Zur Zeit $t < 0$ werde die Probe entmagnetisiert und im Zeitintervall $0 < t < t_1$ bei verschwindendem äußeren Felde in diesem Zustande belassen. Während dieser Zeit kann sich das Nachwirkungspotential je nach Größe der Relaxationszeit mehr oder weniger ausbilden. Zur Zeit $t = t_1$ werde die in Frage stehende Blochwand durch ein angelegtes Gleichfeld H um die Strecke U aus ihrer Ruhelage ausgelenkt (vgl. Fig. 13a). Dabei erfährt die reversible Suszeptibilität der Probe eine Änderung, da auf die Blochwand im ausgelenkten Zustande eine andere Nachwirkungskraft einwirkt als in der Ruhelage. Durch Anlegen verschieden großer Gleichfelder, denen ein kleines Wechselfeld übergelagert wird, ist es dann möglich, die gesamte Potentialkurve abzutasten und den Einfluß des Nachwirkungspotentials auf die reversible Suszeptibilität zu erfassen.

b) Allgemeine Theorie

Im folgenden wollen wir einen analytischen Ausdruck für die Änderung der Anfangssuszeptibilität bei einer Verschiebung der Blochwand aus der Ruhelage ableiten. Ausgangspunkt unserer Untersuchung ist Gl. (8.17), die in allgemeiner Form folgendermaßen lautet:

$$P_H + P_R(U) + P_N(U, t_1) = 0. \tag{8.65}$$

Durch das angelegte Gleichfeld H_0 werde die Blochwand bis zur Stelle $U = U_0$ ausgelenkt. Wir nehmen dabei an, daß die Auslenkung der Blochwand immer noch klein genug bleibt um die Reversibilität der Blochwandverschiebung zu gewährleisten. Wird nun dem Gleichfeld ein kleines Wechselfeld $\tilde{H}$ überlagert, so erfährt die Blochwand eine zusätzliche Auslenkung u. Sofern die Bedingung $\tilde{H} \ll H_0$ gültig ist, dürfen wir in Gl. (8.65) P_R und P_N nach Potenzen von u entwickeln und erhalten dann, wenn wir P_H gemäß Gl. (3.14) ersetzen

$$p J_s(H_0 + \tilde{H}) = P_R(U_0) + u \left.\frac{dP_R}{dU}\right|_{U_0} + P_N(U_0, t_1) + u \left.\frac{dP_N}{dU}\right|_{U_0, t_1} + \cdots . \qquad (8.66)$$

Da für $U = U_0$ und $H = H_0$ die Gleichgewichtsbedingung

$$P_{H_0} + P_R(U_0) + P_N(U_0, t_1) = 0$$

erfüllt ist, ergibt sich für Gl. (8.66)

$$p\tilde{H} J_s = u \left.\frac{dP_R}{dU}\right|_{U_0} + u \left.\frac{dP_N}{dU}\right|_{U_0, t_1} + \cdots . \qquad (8.67)$$

Somit beträgt die Verschiebung der Blochwand infolge des Wechselfeldes

$$u = \frac{p\tilde{H} J_s}{R_0(U_0) + R_N(U_0, t_1)}, \qquad (8.68)$$

wobei die Abkürzungen

$$R_0(U_0) = dP_R/dU|_{U_0} \qquad (8.69)$$

und

$$R_N(U_0, t_1) = dP_N/dU|_{U_0, t_1} \qquad (8.70)$$

eingeführt wurden.

Für den Fall, daß sämtliche Blochwände gleichen Typs sind und die Potentialmulden des Grundpotentials alle dieselbe Form besitzen, folgt aus Gl. (8.32), Gl. (8.33) und Gl. (8.68)

$$\chi_{\mathrm{rev}} = \frac{J_s^2 S_0 p_0^2 L_3^2}{R_0(U_0) + R_N(U_0, t_1)}. \qquad (8.71)$$

Da zur Zeit $t = 0$ die Nachwirkungskonstante $R_N(0,0) = 0$ beträgt, ergibt sich für die Änderung der Reluktivität infolge einer Verschiebung der Blochwände nach der Wartezeit t_1

$$\Delta r_N(U_0, t_1) = \frac{1}{\chi_{\mathrm{rev}}(0,0)} - \frac{1}{\chi_{\mathrm{rev}}(U_0, t_1)} = \frac{1}{J_s^2 S_0 p_0^2 L_3^2}$$
$$\times \{R_0(0) - R_0(U_0) - R_N(U_0, t_1)\}. \qquad (8.72)$$

Sofern die Nachwirkungseffekte klein sind $(R_N \ll R_0)$, besteht zwischen Δr_N und der Nachwirkungssuszeptibilität $\Delta \chi_N$ folgender Zusammenhang:

$$\Delta r_N = (-) \frac{\Delta \chi_N(U_0, t_1)}{\chi^2_{\text{rev}}(0,0)}. \qquad (8.73)$$

Ersetzen wir in Gl. (8.72) die Größen R_0 und R_N gemäß Gl. (8.20) und Gl. (8.21) durch die zweiten Ableitungen von Φ_0 und w_s^B, so ergibt sich für Gl. (8.72)

$$\Delta r_N(U_0, t_1) = (-) \frac{1}{J_s^2 S_0 p_0^2 L_3^2} \left\{ \frac{d^2 w_s^B(U, t_1)}{dU^2} \bigg|_{U=U_0} + \frac{d^2 \Phi_0(U)}{dU^2} \bigg|_{U=U_0} - \frac{d^2 \Phi_0(U)}{dU^2} \bigg|_{U=0} \right\}. \qquad (8.74)$$

Damit haben wir die experimentell bestimmbare Änderung der Reluktivität oder der Suszeptibilität in Beziehung zur Krümmung der Potentialkurven des Grundpotentials und des Nachwirkungspotentials gesetzt. Sofern es sich beim Grundpotential um ein rein harmonisches Potential handelt, ist R_0 von U_0 unabhängig, und Gl. (8.74) lautet dann

$$\Delta r_N(U_0, t_1) = - \frac{1}{J_s^2 S_0 p_0^2 L_3^2} \frac{d^2 w_s^B(U, t_1)}{dU^2} \bigg|_{U=U_0}. \qquad (8.75)$$

c) Anwendung auf spezielle Blochwände

Anhand von Gl. (8.75) ist es relativ einfach, den Einfluß verschiedener Blochwandtypen auf den Verlauf der Reluktivitätsänderung Δr_N als Funktion von U_0 qualitativ zu diskutieren. Wie in Abschnitt 5.b.α bereits erwähnt wurde und in Abschnitt 10.1 noch eingehend erläutert werden wird, hängt die Form des Nachwirkungspotentials außer vom Blochwandtyp auch noch von der Symmetrie der Gitterfehler und der Orientierung der leichten Magnetisierungsrichtungen ab. Der charakteristische Verlauf des Nachwirkungspotentials läßt sich durch drei Grundtypen veranschaulichen. Dabei handelt es sich um die Nachwirkungspotentiale der 180°- und 90°-Blochwände in Eisen bei Anwesenheit von Fehlstellen mit tetragonaler Symmetrie (C-Atome) sowie um das Nachwirkungspotential der 109°- oder 71°-Blochwände in Nickel bei Anwesenheit von Fehlstellen mit trigonaler Symmetrie. Den qualitativen Verlauf der zweiten Ableitung des Nachwirkungspotentials der angeführten Blochwände entnehmen wir Fig. 59, Fig. 60 und Fig. 62. Die Ergebnisse sind in Fig. 51 dargestellt. In allen Fällen besitzt die zweite Ableitung bei $U_0 = 0$ einen endlichen positiven Wert, der einer Abnahme der Suszeptibilität entspricht. Bei großen Auslenkungen $U > \delta_B$ verschwindet die zweite

Ableitung des Nachwirkungspotentials bei allen Blochwänden, und dementsprechend ist die Änderung der Reluktivität in diesem Falle gleich Null. Zwischen den beiden Extremfällen $U_0 = 0$ und $U_0 \to \infty$ verhalten

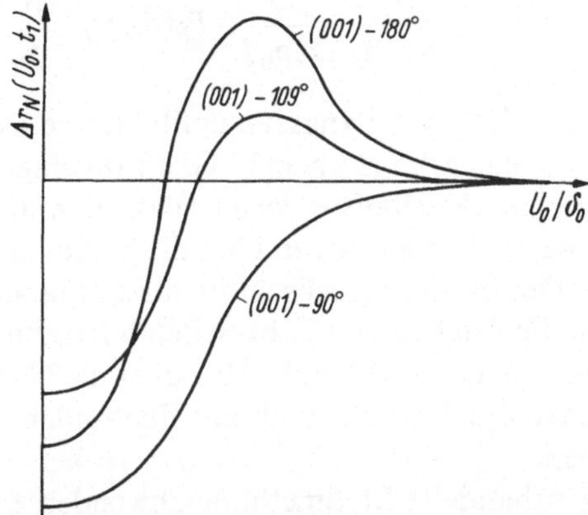

Fig. 51. Die Änderung der Reluktivität (reversiblen Suszeptibilität) bei einer Auslenkung verschiedener Blochwände im Nachwirkungspotential.

sich die einzelnen Blochwände jedoch recht verschiedenartig. Dies wird besonders deutlich, wenn wir das Flächenintegral unter den Δr_N-Kurven für die verschiedenen Blochwandtypen berechnen. Hierfür ergibt sich nach Gl. (8.75)

$$\int_0^\infty \Delta r_N(U_0,t_1)\,dU_0 = -\frac{1}{J_s^2 S_0 p_0^2 L_3^2}\,\frac{dw_s^B(\infty,t_1)}{dU} = \frac{1}{J_s^2 S_0 p_0^2 L_3^2}\,P_N(\infty,t_1),$$

$$(8.76)$$

da $dw_s^B/dU|_{U=0} = 0$ gilt. Im Falle der 180°-Blochwand verschwindet das Flächenintegral, während bei der 90°-Blochwand und der 109°- bzw. 71°-Blochwand das Flächenintegral für die Fehlstellen der erwähnten Symmetrie einen endlichen Wert besitzt. Ein weiterer Unterschied zwischen der 180°-, 90°- und der 109°- bzw. 71°-Blochwand besteht darin, daß im Falle der 90°-Blochwand in Fe Δr_N immer negativ ist, während bei den Blochwänden in Nickel Δr_N auch positive Werte annehmen kann.

Der direkten Auswertung experimenteller Ergebnisse mit Hilfe von Gl. (8.76) steht im allgemeinen entgegen, daß Δr_N nicht als Funktion der Blochwandauslenkung U_0, sondern nur in Abhängigkeit von der angelegten Gleichfeldstärke H_0 bekannt ist. Substituieren wir in Gl. (8.76) U_0 gemäß Gl. (8.25) durch H_0, so erhalten wir für das experimentell zu bestimmende Flächenintegral

$$\int\limits_0^\infty \Delta r_N(H_0,t_1)\,dH_0 = -\frac{R_0}{J_s^2 S_0 p_0^2 L_3^2}\, P_N(\infty,t_1)$$

$$= -\frac{1}{\chi_0}\,\frac{1}{J_s p_0 L_3^2}\, P_N(\infty,t_1) = \frac{1}{\chi_0}\,\frac{H_N(\infty,t_1)}{L_3^2},$$

(8.77)

wobei wir in Gl. (8.77) die Anfangssuszeptibilität gemäß Gl. (8.36 c) und die Nachwirkungsfeldstärke H_N gemäß Gl. (8.18) eingeführt haben.

Unsere bisherigen Ergebnisse zeigen, daß man aus Messungen der Δr_N-Kurven zu wertvollen Aussagen über die Symmetrie der Gitterfehler gelangen kann. Die in diesem Abschnitt für tetragonale Fehlstellen in Fe und trigonale Fehlstellen in Ni abgeleiteten Ergebnisse lassen sich an Hand der Ausführungen in Abschnitt 10.1 über die Nachwirkungspotentiale verschiedener Blochwände auch auf Fehlstellen mit anderer Symmetrie übertragen.

Um die hier behandelte Meßmethode anwenden zu können, müssen vor allem Blochwandstrukturen, die aus möglichst wenigen Blochwandtypen bestehen, erzeugt werden. Insbesondere muß es gelingen, den Einfluß der 180°-Blochwände zu unterdrücken, so daß die Magnetisierungsänderung bei Anlegen der Feldstärke H_0 bei Fe allein durch 90°- bzw. bei Ni durch 109°- oder 71°-Blochwände zustande kommt. Man erreicht dies bei Ni durch Quermagnetisieren stabförmiger Einkristalle (mit $\langle 100\rangle$- oder $\langle 110\rangle$-Orientierung der Stabachse) parallel zur $\langle 110\rangle$- bzw. parallel zur $\langle 100\rangle$-Richtung. Dieses Vorgehen ermöglicht die Elimination der 180°-Blochwände und die Erzeugung von 71°- und 109°-Blochwänden, die durch ein Magnetfeld parallel zur Stabachse des Kristalls bewegt werden können.

9. Die Stabilisierungsenergie II
Berechnung mit Hilfe der statistischen Thermodynamik

9.1. Das thermodynamische Gleichgewicht bei der Orientierungsnachwirkung

In Abschnitt 5.a. wurde dargelegt, daß die Bildungsenergie anisotroper Fehlstellen infolge ihrer Wechselwirkung mit der Magnetisierung von der Orientierung ihrer Anisotropieachse abhängig ist. In einem hypothetisch als nicht ferromagnetisch angenommenen Kristall wären sämtliche Anisotropieachsen gleichberechtigt, also die *Bildungsenergie* sämtlicher Orientierungen der Fehlstellen gleich groß. Unter dem Einfluß der Magnetisierung spaltet die Bildungsenergie der Gitterfehlstellen entsprechend den n_E energetisch verschiedenen Einstellmöglichkeiten der Anisotropieachse in n_E verschiedene Bildungsenergien auf. Dies ist in Fig. 52 a anhand der Doppelleerstelle in k. fl. z. Gittern veranschaulicht.

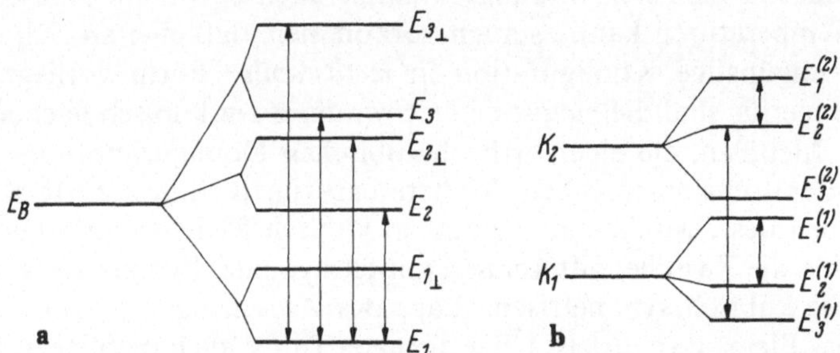

Fig. 52. a) Energieaufspaltung bei der Doppelleerstelle im kubisch flächenzentrierten Gitter. E_i und $E_{i\perp}$ entsprechen zwei Positionen, deren Achsen senkrecht aufeinander stehen. Zwischen diesen zwei Positionen sind, wie in Abschnitt 7.3. e erläutert wurde, keine direkten Übergänge möglich. b) Energieaufspaltung und mögliche Übergänge bei einer Fehlstelle mit zwei Konfigurationen tetragonaler Symmetrie in kubischen Kristallen. Übergänge finden sowohl zwischen $E_1^{(i)}$ und $E_1^{(j)}$ als auch zwischen $E_1^{(i)}$ und $E_2^{(j)}$ statt.

Der ursprüngliche Wert E_B der Bildungsenthalpie wird um den Betrag E_i der magnetischen Wechselwirkungsenergie verändert, so daß für die i-te Anisotropieachse allgemein

$$E_B^i = E_B + E_i \tag{9.1}$$

gilt. Die n_E Bildungsenthalpien sind entsprechend unseren Ausführungen in Kapitel 6 häufig noch *entartet*. Zum Beispiel beträgt bei Fehlstellen ohne Inversionszentrum der Entartungsgrad 2. Allgemein ergibt sich der Entartungsgrad aus dem Verhältnis zwischen den kristallographisch und energetisch verschiedenen Einstellmöglichkeiten. Dieses Verhältnis beträgt nach den in Kapitel 6 behandelten kristallographischen Eigenschaften der Fehlstellen

$$g = \frac{n_F}{n_E}. \tag{9.2}$$

Bisher haben wir den Fall betrachtet, daß die Fehlstelle nur in einer einzigen Konfiguration auftreten kann. Andererseits haben wir in Abschnitt 6.2. gesehen, daß eine Fehlstelle im Prinzip jede mit der Symmetrie des Grundgitters verträgliche Konfiguration einnehmen kann. In welcher dieser Konfigurationen die Fehlstelle auftreten wird, kann aufgrund einer thermodynamischen Betrachtung entschieden werden; und zwar ist es so, daß im thermodynamischen Gleichgewicht diejenige Konfiguration mit der kleinsten Bildungsenthalpie auch bevorzugt auftritt. Bei tiefen Temperaturen kann es auch vorkommen, daß eine an sich energetisch ungünstige Konfiguration in *metastabiler* Form vorliegt. Ein Beispiel hierfür sind die *metastabilen Crowdionen* in kubisch flächenzentrierten Metallen, die einer orthorhombischen Konfiguration des Zwischengitteratoms entsprechen. Weitere experimentell gesicherte Konfigurationen des Zwischengitteratoms in kubisch flächenzentrierten Metallen sind die Zwischengitterhantel mit tetragonaler Symmetrie (Fig. 41) sowie die kubisch symmetrische Lage des Zwischengitteratoms in der Mitte des Elementarwürfels. Über die nach Tab. 2 auch möglichen Konfigurationen mit *trigonaler* und *monokliner* Symmetrie ist bisher noch nichts bekannt. Bei der Doppelleerstelle in k. fl. z. Metallen darf angenommen werden, daß die aus nächsten Nachbarplätzen gebildete orthorhombische Konfiguration die allein maßgebende ist. Schließlich kann noch der Fall eintreten, daß eine Fehlstelle innerhalb ein und desselben Grundgitters bei gleicher Symmetrie Positionen mit verschiedener Bildungsenergie besetzen kann. Ein Beispiel hierfür wäre z. B. ein Fremdatom im kubisch flächenzentrierten Gitter, das sowohl als Substitutionsatom als auch als Zwischengitteratom in der raumzentrierten Lage auftreten kann. Dasselbe gilt auch für die Doppelleerstelle im hexagonal dichtest gepackten Gitter, die, wie in Abschnitt 7.2.e. γ ausgeführt wurde, in den Konfigurationen AB und AA' auftreten kann.

Im folgenden wollen wir den Fall zweier möglicher Konfigurationen K_1 und K_2 Fig. 52b, von denen jede n_{1E} bzw. n_{2E} energetisch verschiedene Einstellmöglichkeiten besitzt, untersuchen. Nach dem Prinzip des *detail-*

lierten Gleichgewichts sind im thermodynamischen Gleichgewicht sowohl die Übergänge

$$K_1 \rightleftharpoons K_2 \tag{9.3}$$

als auch die Übergänge zwischen den n_{1E} und n_{2E} Einstellmöglichkeiten für sich im Gleichgewicht. Die Konzentration c_i der Fehlstellen in der i-ten Orientierung bestimmt sich aus der Bedingung, daß im thermodynamischen Gleichgewicht die freie Enthalpie des Kristalls ein Minimum ist. Die Gleichgewichtsverteilung der Fehlstellen berechnet sich somit aus der Extremalaufgabe

$$\delta G = 0, \tag{9.4}$$

wobei die Variation bezüglich der Konzentration c_i unter Berücksichtigung der Nebenbedingung, daß die Gesamtzahl der Fehlstellen erhalten bleibt, durchzuführen ist.

Bezeichnen wir die Konzentration auf der i-ten Anisotropieachse der Konfiguration K_1 mit $c_i^{(1)}$ und die der j-ten Anisotropieachse der Konfiguration K_2 mit $c_j^{(2)}$, so lautet diese Nebenbedingung

$$\sum_{i=1}^{n_{1E}} c_i^{(1)} + \sum_{j=1}^{n_{2E}} c_j^{(2)} = c, \tag{9.5}$$

wobei c die Gesamtkonzentration der Fehlstellen bedeutet. Für das Variationsproblem genügt es, allein die von der Fehlstelle herrührenden Beiträge zur freien Enthalpie zu berücksichtigen. Wir setzen bei ihrer Berechnung im folgenden voraus, daß die Fehlstellen untereinander keine Wechselwirkung besitzen. In diesem speziellen Falle lautet die freie Enthalpie der Fehlstellen

$$G = \sum_{i}^{n_{1E}} c_i^{(1)} E_B^{i,1} + \sum_{j}^{n_{2E}} c_j^{(2)} E_B^{j,2} - T S^M. \tag{9.6}$$

In Gl. (9.6) bedeuten $E_B^{1,2}$ die Bildungsenthalpien der Fehlstellen in den Konfigurationen K_1 bzw. K_2. Im letzten Glied von Gl. (9.6) entspricht S^M der sogenannten Mischungsentropie der Fehlstellen mit verschiedenen Anisotropieachsen. Nach dem Boltzmannschen Prinzip ist diese Mischungsentropie durch den Ausdruck

$$S^M = k \ln W \tag{9.7}$$

gegeben, wobei W die Zahl der Möglichkeiten bedeutet, mit der die Fehlstellen auf die insgesamt möglichen Positionen verteilt werden können. Wir verteilen zunächst die n Fehlstellen auf die verschiedenen

Anisotropieachsen und bezeichnen die Anzahl der Fehlstellen mit der i-ten Anisotropieachse mit $n_i^{(1),(2)}$, wobei der obere Index auf die Konfiguration K_1 bzw. K_2 hinweisen soll. Jede Verteilung n_i entspricht einem Mikrozustand der Fehlstellen. Die Wahrscheinlichkeit W ist nun durch die Zahl der Verteilung der n Fehlstellen auf die $n_{1E} + n_{2E}$ Anisotropieachsen, die zum gleichen Mikrozustand führen, gegeben. Diese Zahl gleicher Mikrozustände ist durch die Permutabilität der Verteilung, auch Komplexionenzahl genannt, bestimmt und beträgt

$$W = \frac{n!}{\prod_i n_i^{(1)}! \prod_j n_j^{(1)}!}. \tag{9.8}$$

Wenden wir auf Gl. (9.8) die für große n und n_i gültige Stirlingsche Formel

$$\ln(x!) = x \ln x - x \tag{9.9}$$

an, so lautet Gl. (9.8) näherungsweise

$$\ln W = n \ln n - \sum_i n_i^{(1)} \ln n_i^{(1)} - \sum_j n_j^{(2)} \ln n_j^{(2)}. \tag{9.10}$$

Beachten wir, daß in Analogie zu Gl. (9.5) die Bedingung

$$\sum_i^{n_{1E}} n_i^{(1)} + \sum_j^{n_{2E}} n_j^{(2)} = n$$

erfüllt ist, so können wir Gl. (9.10) formal auch folgendermaßen umschreiben:

$$\ln W = \sum_i^{n_{1E}} \ln W_i^{(1)} + \sum_j^{n_{2E}} \ln W_j^{(2)}$$

mit

$$\ln W_i^{(1),(2)} = n_i^{(1),(2)} \ln n / n_i^{(1),(2)} \tag{9.11}$$

oder, wenn wir uns auf atomare Konzentration beziehen

$$\ln W_i^{(1),(2)} = c_i^{(1),(2)} \ln \frac{c}{c_i^{(1),(2)}}. \tag{9.12}$$

Wird die mit Hilfe von Gl. (9.12) berechnete Mischungsentropie in Gl. (9.6) eingesetzt, so läßt sich die gesamte freie Enthalpie der Fehlstellen folgendermaßen angeben

$$G = \sum_{i=1}^{n_{1E}} c_i^{(1)} \left(E_B^{i,1} - kT \ln \frac{c}{c_i^{(1)}} \right) + \sum_{j=1}^{n_{2E}} c_i^{(2)} \left(E_B^{i,2} - kT \ln \frac{c}{c_j^{(2)}} \right). \tag{9.13}$$

Die Ausführung der Variationsaufgabe gemäß Gl. (9.4) unter Berücksichtigung der Nebenbedingung (9.5) ergibt schließlich als Lösung für Gleichgewichtskonzentrationen, die wir im folgenden mit $c_i^{\infty;(1),(2)}$ bezeichnen

$$c_i^{\infty;(1)(2)} = \frac{c \exp[-E_B^{i,1,2}/kT]}{\sum\limits_{i=1}^{n_{1E}} \exp[-E_B^{i,1}/kT] + \sum\limits_{j=1}^{n_{2E}} \exp[-E_B^{j,2}/kT]}. \tag{9.14}$$

Die durch Gl. (9.14) gegebene Verteilung der Fehlstellen auf die in Fig. 52 dargestellten Energiezustände entspricht einem speziellen Fall des Maxwell-Boltzmannschen Gesetzes, welches besagt, daß Teilchen, die mit Hilfe thermischer Aktivierung verschiedene energetische Zustände einnehmen können, sich entsprechend einer Boltzmannverteilung auf den verschiedenen Zuständen anordnen. Die Tatsache, daß die Fehlstellen nicht alle die Orientierung mit der kleinsten Wechselwirkungsenergie E_i einnehmen, kann anschaulich folgendermaßen verstanden werden: Mit der Ausrichtung der Fehlstellen ist eine Abnahme der Mischungsentropie verbunden, da das System in einen geordneten Zustand übergeht. Nach Gl. (9.6) entspricht jedoch einer Abnahme der Entropie eine Zunahme der freien Enthalpie, so daß die vollkommene Ausrichtung der Anisotropieachsen in die Orientierung mit der kleinsten Wechselwirkungsenergie nicht dem energetischen Minimum entspricht. Anhand von Gl. (9.14) können wir nun verschiedene Spezialfälle diskutieren.

1. Die Konfigurationen besitzen die Symmetrie des Gitters, d. h. $E_i=$ const. In diesem Fall tritt keine Aufspaltung der Bildungsenergie auf. Für die Konzentration der Fehlstelle in den Konfigurationen K_1 und K_2 ergibt sich mit $n_{1E}=n_{2E}=1$

$$c^{\infty;(1)} = \frac{c \exp\left[\dfrac{\Delta E}{2kT}\right]}{2\,\mathfrak{Cos}\left[\dfrac{\Delta E}{2kT}\right]}; \quad c^{\infty;(2)} = \frac{c \exp\left[-\dfrac{\Delta E}{2kT}\right]}{2\,\mathfrak{Cos}\left[\dfrac{\Delta E}{2kT}\right]},$$

wobei

$$\Delta E = E_B^{(2)} - E_B^{(1)}$$

die Differenz der Bildungsenthalpien der Konfigurationen K_2 und K_1 bedeutet.

2. Es tritt nur eine Konfiguration auf. Die Beziehung für die Gleichgewichtskonzentration folgt aus Gl. (9.14), indem wir die Summen über j weglassen. Dann ergibt sich

$$c_i^{\infty} = \frac{c \exp[-E_i/kT]}{\sum\limits_{i}^{n_E} \exp[-E_i/kT]}. \tag{9.15}$$

Wie bereits weiter oben ausgeführt, entspricht diese Verteilung einer Boltzmannverteilung. Falls die Wechselwirkungsenergie E_i klein gegen die thermische Energie kT ist, dürfen wir die Exponentialfunktion in Gl. (9.15) in eine Reihe entwickeln. Brechen wir die Reihenentwicklung nach den ersten beiden Gliedern ab, so ergibt sich für die Gleichgewichtskonzentration

$$c_i^\infty = \frac{c}{n_E}\left(1 - \frac{E_i - \bar{E}}{kT}\right), \tag{9.16}$$

wobei $\bar{E}$ den Mittelwert über sämtliche Energien E_i bedeutet und gemäß

$$\bar{E} = \frac{1}{n_E}\sum_{i=1}^{n_E} E_i \tag{9.17}$$

zu berechnen ist.

3. *Die freie Bildungsenthalpie der Konfiguration K_1 ist wesentlich größer als die der Konfiguration K_2,* so daß die Bedingung

$$E_B^{(2)} - E_B^{(1)} \gg kT \tag{9.18}$$

erfüllt ist. Zur Behandlung dieses Falles ziehen wir in Gl. (9.14) den Faktor $\exp(E_B^{(1)}/kT)$ vor die Summen, dann ergibt sich:

$$c_i^{\infty,(1)} = \frac{c\,\exp[-E_i^{(1)}/kT]}{\sum_i^{n_{1E}}\exp[-E_i^{(1)}/kT] + e^{-\frac{\Delta E}{kT}}\sum_j^{n_{2E}}\exp[-E_j^{(2)}/kT]},$$

$$c_j^{\infty,(2)} = \frac{c\,e^{-\frac{\Delta E}{kT}}\exp[-E_j^{(2)}/kT]}{\sum_i^{n_{1E}}\exp[-E_i^{(1)}/kT] + e^{-\frac{\Delta E}{kT}}\sum_j^{n_{2E}}\exp[-E_j^{(2)}/kT]}. \tag{9.19}$$

Unter Berücksichtigung der Voraussetzung $\Delta E \gg kT$ dürfen wir in Gl. (9.19) im Nenner jeweils die Summe über j gleich n_{2E} setzen. Die Konzentration in der Konfiguration K_1 und K_2 lautet dann für $E_{i,j} \ll kT$

$$c_i^{\infty,(1)} = c_i^\infty\left(1 - \frac{n_{2E}}{n_{1E}}\,e^{-\frac{\Delta E}{kT}}\right) = \frac{c}{n_{2E}}\left(1 - \frac{E_i - \bar{E}}{kT} - \frac{n_{2E}}{n_{1E}}e^{-\frac{\Delta E}{kT}}\right),$$

$$c_j^{\infty,(2)} = \frac{c}{n_{1E}}e^{-\frac{\Delta E}{kT}}\left(1 - \frac{E_j - \bar{E}}{kT} - \frac{n_{2E}}{n_{1E}}e^{-\frac{\Delta E}{kT}}\right) \tag{9.20}$$

Gl. (9.20) entnimmt man, daß die Konzentrationen in der Konfiguration K_2 um einen Faktor $\exp(-\Delta E/kT)$ kleiner sind als in der Konfiguration K_1. Ist der Unterschied ΔE der Bildungsenthalpien daher größer als kT, so spielt praktisch nur die Konfiguration K_1 eine Rolle.

9.2. Die Einstellung des thermischen Gleichgewichts bei der Orientierungsnachwirkung

a) Allgemeine Theorie

Die im vorhergehenden Abschnitt abgeleitete Gleichgewichtskonzentration c_i^∞ der Gitterfehlstellen stellt sich im allgemeinen erst nach unendlich langer Zeit ein, da sich die Fehlstellen nicht momentan in die energetisch günstige Lage umordnen können. Um in eine neue Position zu gelangen, muß die Fehlstelle vielmehr über eine Potentialschwelle springen, zu deren Überwindung, wie schon in Abschnitt 7.2. erläutert wurde, eine endliche Zeit benötigt wird. Entsprechend Fig. 53 ist die Fehlstelle im allgemeinen von einem Potentialgebirge umgeben. Die Minima dieses Potentialwalls werden als Sattelpunkte bezeichnet. Beim Übergang aus der einen Lage in eine andere werden die Fehlstellen einen Weg über einen dieser Sattelpunkte einschlagen. Die Aktivierungsenergie, welche beim Übergang aus der Position i in eine benachbarte Position j zu überwinden ist, bezeichnen wir im folgenden mit Q_{ij}. Die Aktivierungsenergie Q_{ij} setzt sich aus dem Anteil Q_{ij}^0 des hypothetischen, nicht ferromagnetischen Kristalls und der Wechselwirkungsenergie E_i zusammen, so daß allgemein

$$Q_{ij} = Q_{ij}^0 - E_i \tag{9.21}$$

gilt. Die Veränderung des Potentials durch die Wechselwirkungsenergie E_i ist in Fig. 53 veranschaulicht. Die Sprungfrequenz v_{ij}, mit der eine

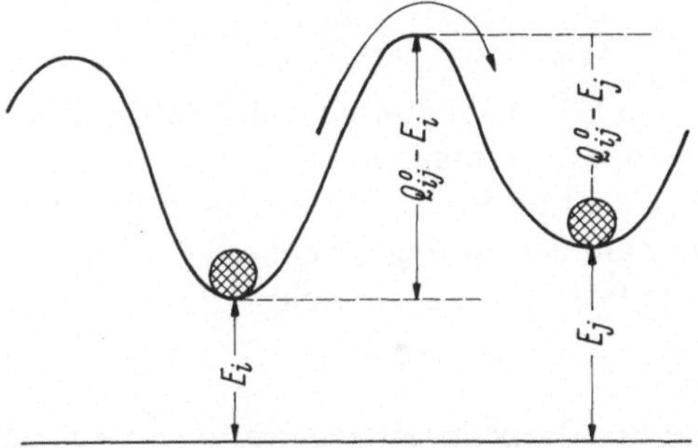

Fig. 53. Zur Definition der Aktivierungsenergie in Ferromagnetika. Die Veränderung der Potentialschwelle im ferromagnetischen Kristall infolge der Wechselwirkungsenergie ist veranschaulicht.

Fehlstelle aus der i-ten Position in die j-te Position übergeht, gehorcht einer Arrheniusgleichung

$$v_{ij} = v_{0,ij}\, e^{S_{ij}/k}\, e^{-Q_{ij}/kT}, \tag{9.22}$$

wobei $v_{0,ij}$ einen Frequenzfaktor von der Größenordnung der Debye-frequenz, S_{ij} die Aktivierungsentropie und k die Boltzmannkonstante bedeutet. Die Zahl der Sprünge v_i, die eine Fehlstelle aus der i-ten Position in die Nachbarpositionen j in der Zeiteinheit ausführt, ist gleich der Summe über sämtliche Sprungfrequenzen v_{ij}, die zu den nächsten Nachbarn führen und beträgt damit

$$v_i = \sum_j^N v_{ij}, \qquad (9.23)$$

wobei sich die Summation über die N nächsten Nachbarn erstreckt (zur Definition der nächsten Nachbarn vgl. Abschnitt 7.2.). Für die mittlere Verweilzeit der Fehlstelle in der i-ten Potentialmulde ergibt sich

$$\bar{\tau}_i = \frac{1}{v_i} = \frac{1}{\sum\limits_j^N v_{0,ij} e^{S_{ij}/k} e^{-Q_{ij}/kT}}. \qquad (9.24)$$

Häufig tritt der Fall ein, daß eine bestimmte Position j über mehrere Sattelpunkte gleicher Aktivierungsenergie erreicht werden kann. Wir bezeichnen diese Sattelpunkte, die zum Erreichen kristallographisch gleichwertiger Positionen übersprungen werden müssen, und die dieselbe Aktivierungsenergie besitzen, ebenfalls als kristallographisch gleich-wertig. Beträgt die Zahl äquivalenter Positionen, die von i aus, über gleichwertige Sattelpunkte, erreicht werden können $\alpha_{ij'}$, so lautet Gl. (9.23) allgemein

$$v_i = \sum_{j'}^{n_0} \alpha_{ij'} v_{ij'}, \qquad (9.25)$$

wobei die Summe in Gl. (9.25) nun über die Zahl der energetisch nicht gleichwertigen Nachbarpositionen n_0 läuft.

Beträgt die Konzentration der Fehlstellen in der Position i c_i, dann ergibt sich für die Zahl der Sprünge, die diese Fehlstellen in der Zeitein-heit in benachbarte Positionen ausführen

$$\Phi_i = c_i v_i. \qquad (9.26)$$

Die zeitliche Änderung $\partial c_i/\partial t$ der Konzentration c_i ist gleich der Differenz der in der Zwischenzeit durch thermisch aktivierte Sprünge neu gebilde-ten und aufgelösten Fehlstellen mit der Orientierung i. Damit erhalten wir folgendes System gewöhnlicher linearer Differentialgleichungen 1. Ordnung als Bestimmungsgleichungen für die c_i

$$\frac{\partial c_i}{\partial t} = -\sum_j^N c_i v_{ij} + \sum_j^N c_j v_{ji} = -\sum_{j'}^{n_0} \alpha_{ij'} (c_i v_{ij'} - c_{j'} v_{j'i}) \qquad (9.27)$$

mit der Nebenbedingung

$$\sum_{i}^{n_E} c_i = c,$$ (9.28.a)

wenn c die Gesamtkonzentration der Fehlstelle bedeutet. Im Gleichgewichtszustand gilt $\dfrac{\partial c_i}{\partial t} = 0$, und die c_i nehmen die in Abschnitt (9.1) berechneten Gleichgewichtswerte c_i^∞ an. Aus Gl. (9.27) folgt dann die Beziehung

$$\sum_{j}^{N} (c_i^\infty v_{ij} - c_j^\infty v_{ji}) = \sum_{j'}^{n_0} \alpha_{ij'}(c_i^\infty v_{ij'} - c_{j'}^\infty v_{j'i}) = 0.$$ (9.29)

Entsprechend Gl. (9.29) ist das thermodynamische Gleichgewicht nicht dadurch charakterisiert, daß keine Übergänge mehr stattfinden, sondern daß im zeitlichen Mittel gleichviel Fehlstellen mit der Orientierung i neu entstehen als durch Übergänge von i nach j verloren gehen. Bei der durch Gl. (9.16) gegebenen Gleichgewichtskonzentration, die man auch aus den Beziehungen (9.29) ableiten kann, handelt es sich also nicht um ein statisches sondern um ein dynamisches Gleichgewicht. Durch Subtraktion von Gl. (9.29) können wir Gl. (9.27) auf die einfachere Form

$$\frac{\partial c_i}{\partial t} = - \sum_{j}^{N} \{(c_i - c_i^\infty) v_{ij} - (c_j - c_j^\infty) v_{ji}\}.$$ (9.30.a)

bringen.

Die in Gl. (9.30.a) auftretenden Größen $c_i - c_i^\infty$ stellen die Abweichungen vom momentanen Gleichgewichtswert c_i^∞ dar. Mit der Abkürzung

$$d_i = c_i - c_i^\infty$$

kann Gl. (9.30.a) in eine Differentialgleichung für die d_i umgeschrieben werden, die bei zeitunabhängigem c_i^∞ folgendermaßen lautet

$$\frac{\partial d_i}{\partial t} = - \sum_{j}^{N} (d_i v_{ij} - d_j v_{ji}) = - \sum_{j'}^{n_0} \alpha_{ij'}(v_{ij'} d_i - v_{j'i} d_{j'}),$$ (9.30.b)

wobei für die d_i folgende Nebenbedingung gilt:

$$\sum_{i}^{n_E} d_i = 0.$$ (9.28.b)

Beträgt die Zahl der energetisch verschiedenen Positionen der Fehlstelle n_E, so stellt Gl. (9.30.b) und Gl. (9.28.b) ein Gleichungssystem mit $n_E - 1$ Unbekannten dar. Insgesamt stehen $n_E + 1$ Gleichungen zur Verfügung. Wir können daher mit Hilfe von Gl. (9.28.b) eine Unbekannte eliminieren (d_n z. B.) und erhalten dann $n_E - 1$ homogene gekoppelte Differentialgleichungen 1. Ordnung für $n_E - 1$ Unbekannte. Die allgemeinste Lösung des Gleichungssystems besitzt in unserem Falle die Form

$$d_i = \sum_{m=1}^{n_E - 1} d_i^m e^{-\bar{v}_m t}, \tag{9.31}$$

wobei sich die Eigenfrequenzen $\bar{v}_m$ aus der sog. charakteristischen Gleichung $D = 0$ des Gleichungssystems (9.30.b) bestimmen und die Relaxationsmoden d_i^m durch die Anfangsbedingungen gegeben sind. D bedeutet dabei die folgende, aus den als Konstanten angenommenen Koeffizienten der Gl. (9.30.b), gebildete Säkulardeterminante

$$D = \begin{vmatrix} v_1 + v_{n_E 1} - v, & -v_{21} + v_{n_E 1}, & -v_{31} + v_{n_E 1} \cdots -v_{(n_E - 1)1} + v_{n_E 1} \\ -v_{12} + v_{n_E 2}, & v_2 + v_{n_E 2} - v, & -v_{32} + v_{n_E 2} \cdots -v_{(n_E - 1)2} + v_{n_E 2} \\ -v_{13} + v_{n_E 3} & \cdots & \\ \vdots & & \ddots & \vdots \\ -v_{1(n_E - 1)} + v_{n_E(n_E - 1)} \cdots & v_{n_E - 1} + v_{n_E(n_E - 1)} - v \end{vmatrix} \tag{9.32}$$

Die Gleichung $D = 0$ stellt eine Eigenwertgleichung für die Eigenfrequenzen $\bar{v}_m$ dar. Zu ihrer Lösung können, wie WACHTMANN [1] sowie WACHTMANN u. Mitarb. [2–4] gezeigt haben, gruppentheoretische Methoden herangezogen werden. Es ergibt sich dabei, daß die allgemeine Lösung der charakteristischen Gleichung vollständig durch die Symmetrie des Grundgitters und des Gitterfehlers bestimmt ist. Die gruppentheoretische Methode wurde z.B. von CHANG zur Behandlung der mechanischen Relaxation von Punktfehlern in Gittern vom NaCl-Typ angewandt.

Eine wesentliche Vereinfachung bei der Lösung der charakteristischen Gleichung besteht darin, daß man im allgemeinen die Sprungfrequenzen, die sich nicht auf nächste Nachbarpositionen beziehen, Null setzen kann. Die Auflösung der Determinante führt auf ein Polynom $(n_E - 1)$-ten Grades in v, dessen Wurzeln den in Gl. (9.31) auftretenden Frequenzfaktoren $\bar{v}_m$ entsprechen. Explizite Lösungen der Gleichung $D = 0$ lassen sich im allgemeinen nur für Fehlstellen, die der Bedingung $n_E \leq 4$ genügen, angeben, d.h., wenn die Zahl der energetisch verschiedenen Positionen nicht größer als vier ist. In diesem Fall reduziert sich die charakteristische Gleichung auf ein Polynom 3. Grades.

Die bisher abgeleiteten Beziehungen sind ohne jede Näherung allgemein gültig. Falls die Wechselwirkungsenergie E_i sowohl klein im Vergleich mit Q_0 als auch klein im Vergleich mit kT ist, dürfen wir in

Gl. (9.30.b) $v_{ij'}=v_{j'i}$ setzen. Diese Näherung dürfte bei Temperaturen oberhalb $50\,°K$ bis $100\,°K$ im allgemeinen zulässig sein. Eine weitere Vereinfachung erhält man, wenn die Sattelpunkte alle dieselbe Aktivierungsenergie sowie gleiche Frequenzfaktoren und Aktivierungsentropien besitzen. Dann gilt bei Berücksichtigung der bereits erwähnten Näherung $v_{ij}=v$, $S_{ij}=S$, $v_{0,ij}=v_0$ und $\alpha_{ij'}=\alpha$.

Mit diesen Vereinfachungen lautet Gl. (9.30.b) schließlich

$$\frac{\partial d_i}{\partial t} = -\alpha v \sum_{j'\neq i}^{n_0} (d_i - d_{j'}) = -\alpha v n_0 d_i + \alpha v \sum_{j'\neq i} d_{j'}, \qquad (9.33)$$

mit

$$v = v_0\, e^{S/k} e^{-Q_0/kT}\,;$$

ferner ergibt sich für die mittlere Verweilzeit einer Fehlstelle in ihrer Potentialmulde aus Gl. (9.24)

$$\bar{\tau} = \frac{1}{\alpha n_0 v_0}\, e^{-S/k} e^{Q_0/kT}. \qquad (9.34)$$

Die in Gl. (9.33) und Gl. (9.34) auftretende Größe $N=\alpha n_0$ stellt die Zahl der benachbarten Positionen dar. In Tab. 3 sind die Zahlenwerte für N in Spalte 12 aufgeführt.

b) Spezielle Lösungen der Grundgleichungen

α) Fehlstellen, die sämtliche Positionen mit einem Sprung erreichen können ($n_0=n_E$)

1. Näherungslösung ($E_i \ll kT$)

Besonders einfache Verhältnisse liegen vor, wenn eine Fehlstelle sämtliche möglichen Orientierungen der Anisotropieachsen mit einem einzigen Sprung erreichen kann. Dann lautet Gl. (9.33) bei Berücksichtigung der Nebenbedingung (9.28b)

$$\frac{\partial c_i}{\partial t} = -\alpha n_0 v \left(1 + \frac{1}{n_0}\right)(c_i - c_i^\infty). \qquad (9.35)$$

Zur Lösung von Gl. (9.35) betrachten wir zunächst den Fall einer statischen Versuchsführung entsprechend den in Kapitel 2 behandelten Schaltversuchen. Zur Zeit $t<0$ sei $E_i=0$, und zur Zeit $t\geq 0$ nehme E_i einen zeitlich konstanten Wert an.

Der Bedingung $E_i=0$ entspricht, daß zur Zeit $t<0$ die Konzentration der Fehlstelle in jeder Position

$$c_i(0) = c/n_E = c_0 \qquad (9.36)$$

beträgt. Für die Abweichung $d_i(0)$ vom Gleichgewichtswert $c_i(0)$ zur Zeit $t=0$ gilt somit nach Gl. (9.16)

$$d_i(0) = -c_0 \, \frac{E_i - \bar{E}}{kT} \, . \tag{9.37}$$

Integration von Gl. (9.35) bei Berücksichtigung von Gl. (9.37) liefert

$$d_i(t) = -d_i(0) \exp(-t/\tau) = c_0 \, \frac{E_i - \bar{E}}{kT} \, e^{-t/\tau} \tag{9.38}$$

oder

$$c_i(t) = c_0 - \frac{c_0}{kT} (E_i - \bar{E})(1 - e^{-t/\tau})$$

mit

$$\tau = \frac{1}{\alpha n_0 \left(1 + \dfrac{1}{n_0}\right) v} = \frac{1}{\alpha n_0 \left(1 + \dfrac{1}{n_0}\right) v_0} \, e^{-S/k} \, e^{Q_0/kT} = \frac{\bar{\tau}}{1 + \dfrac{1}{n_0}} \, . \tag{9.39}$$

Nach Gl. (9.38) erfolgt die Einstellung des Gleichgewichts mit einer Relaxationszeit τ, die entsprechend Gl. (9.34) stark temperaturabhängig ist.

Wenden wir uns nun dem allgemeineren Problem zu, daß die Wechselwirkungsenergie E_i in beliebiger Weise von der Zeit abhängig ist. Die zu lösende Differentialgleichung ist dann von der Form

$$\frac{\partial c_i}{\partial t} = \frac{1}{\tau} (c_i - c_i^\infty(t)),$$

deren allgemeine Lösung mit der Anfangsbedingung $c_i = c_i(0)$ für $t=0$ folgendermaßen lautet

$$c_i(t) = c_i(0) + \frac{1}{\tau} \int_0^t \{ c_i(t') - c_i(0) \} \, e^{-\frac{t-t'}{\tau}} \, dt' \, . \tag{9.40}$$

Setzen wir in Gl. (9.40) den momentanen Gleichgewichtswert gemäß Gl. (9.16) ein, und nehmen wir ferner an, daß zur Zeit $t=0$ die Konzentration für sämtliche Orientierungen gleich groß ist, also entsprechend Gl. (9.36) c_0 beträgt, so ergibt sich für Gl. (9.40)

$$c_i(t) = c_0 - \frac{c_0}{\tau} \frac{1}{kT} \int_0^t (E_i(t') - \bar{E}(t')) \, e^{-\frac{t-t'}{\tau}} \, dt' \, . \tag{9.41}$$

2. Exakte Lösung

Eine exakte Lösung der kinetischen Gleichungen können wir für den unter 1. behandelten Fall angeben, wenn z.B. wie beim aufgespaltenen Zwischengitteratom in Nickel, nur drei energetisch verschiedene Einstellungen der Fehlstellen möglich sind. Für diese Fehlstelle lauten die Gleichungen (9.30 b)

$$\frac{\partial d_1}{\partial t} = -d_1(v_{12}+v_{13})+d_2 v_{21}+d_3 v_{31},$$

$$\frac{\partial d_2}{\partial t} = -d_2(v_{21}+v_{23})+d_1 v_{13}+d_3 v_{32}, \qquad (9.30.c)$$

$$\frac{\partial d_3}{\partial t} = -d_3(v_{31}+v_{32})+d_1 v_{13}+d_2 v_{23};$$

durch Elimination von d_3 gemäß Gl. (9.28.b) lauten die Bestimmungsgleichungen für d_1 und d_2

$$\frac{\partial d_1}{\partial t} = -d_1(v_{12}+v_{13}+v_{31})+d_2(v_{21}-v_{31}),$$

$$\frac{\partial d_2}{\partial t} = \quad d_1(v_{12}-v_{32})-d_2(v_{21}+v_{23}+v_{32}).$$

Die Lösung der charakteristischen Gleichung

$$D=\begin{vmatrix} v_{12}+v_{13}+v_{31}-v, & v_{21}-v_{31} \\ v_{12}-v_{32}, & v_{21}+v_{23}+v_{32}-v \end{vmatrix}=0$$

lautet

$$\bar{v}_{1,2} = \frac{v_1+v_2+v_3}{2}$$

$$\pm\sqrt{\frac{(v_1+v_2+v_3)^2}{2}-(v_1+v_{31})(v_2+v_{32})+(v_{21}-v_{31})(v_{12}-v_{32})},$$

wobei die v_i durch Gl. (9.23) gegeben sind. Im Gegensatz zu der unter 1. behandelten Näherungslösung treten somit im Falle einer exakten Behandlung des kinetischen Problems zwei Relaxationszeiten auf. Die allgemeine Lösung von Gl. (9.30.c) lautet nun nach Gl. (9.31)

$$d_1(t)=d_1^{(1)}e^{-v_1 t}+d_1^{(2)}e^{-v_2 t},$$

$$\qquad (9.30.d)$$

$$d_2(t)=d_2^{(1)}e^{-v_1 t}+d_2^{(2)}e^{-v_2 t}$$

mit

$$d_1^{(i)} = (-)^i \frac{d_2(0)(v_{21}-v_{31}) - d_1(0)\{-\bar{v}_j + (v_1+v_{13})\}}{\bar{v}_1 - \bar{v}_2},$$

$$d_2^{(i)} = (-)^i \frac{d_1(0)(v_{12}-v_{32}) - d_2(0)\{\bar{v}_j + (v_2+v_{32})\}}{\bar{v}_1 - \bar{v}_2},$$

wobei $\bar{v}_j = \bar{v}_2$ für $i=1$ und $\bar{v}_j = \bar{v}_1$ für $i=2$ zu setzen ist.

β) Fehlstellen, die eine ihrer Positionen nur mit zwei Sprüngen erreichen können ($n_E = n_0 + 1$)

Etwas komplizierter als bei dem in Abschnitt α) behandelten Fall liegen die Verhältnisse, wenn nicht alle Orientierungen der Vorzugsachsen mit einem Sprung erreicht werden können, sondern sowohl nächste als auch übernächste Nachbarn vorhanden sind. Eine Fehlstelle dieser Art ist z. B. die von KLEIN und KRONMÜLLER behandelte Doppelleerstelle in kubisch-flächenzentrierten Metallen. Wie in Abschnitt 7.e.α ausführlich diskutiert wird, besitzt eine Doppelleerstelle vier nächste ($n_0 = 4$) und einen übernächsten Nachbarn. Bezeichnen wir die Konzentration der zu i übernächsten Position mit $c_{i\perp}$ so lauten die Nebenbedingungen (9.28 a)

$$\sum_{j \neq i, i\perp} c_j = -c_i - c_{i\perp}, \qquad (9.42.\text{a})$$

$$\sum_{j \neq i, i\perp} d_j = -d_i - d_{i\perp}. \qquad (9.42.\text{b})$$

Für die Konzentrationen c_i und $c_{i\perp}$ ergeben sich bei Berücksichtigung der Nebenbedingungen folgende Differentialgleichungen

$$\frac{\partial c_i}{\partial t} = -\alpha n_0 v(c_i - c_i^\infty) - \alpha v\{(c_i - c_i^\infty) + (c_{i\perp} - c_{i\perp}^\infty)\},$$

$$\frac{\partial c_{i\perp}}{\partial t} = -\alpha n_0 v(c_{i\perp} - c_{i\perp}^\infty) - \alpha v\{(c_{i\perp} - c_{i\perp}^\infty) + (c_i^\infty - c_{i\perp}^\infty)\}. \qquad (9.43.\text{a})$$

Diese zwei Differentialgleichungen können entkoppelt werden, indem man die Summe bzw. die Differenz der beiden Gleichungen bildet. Man erhält dann folgende zwei Differentialgleichungen für $c_i + c_{i\perp}$ und $c_i - c_{i\perp}$

$$\frac{\partial(c_i + c_{i\perp})}{\partial t} = -\alpha v(n_0 + 2)(c_i + c_{i\perp}) + \alpha v(n_0 + 2)(c_i^\infty + c_{i\perp}^\infty),$$

$$\frac{\partial(c_i - c_{i\perp})}{\partial t} = -\alpha v n_0 \{(c_i - c_{i\perp}) - (c_i^\infty - c_{i\perp}^\infty)\}. \qquad (9.43.\text{b})$$

Im Falle der statischen Versuchsführung mit $E_i = 0$ für $t < 0$ und $E_i = \text{const}$ für $t \geq 0$ und der Anfangsbedingungen $c_i(0) = c_0$ und $c_{i\perp}(0) = c_0$ für $t = 0$ ergibt sich folgende Lösung für die c_i

$$c_i(t) = c_0 + \tfrac{1}{2}\{d_i(0) + d_{i\perp}(0)\}\, e^{-\frac{3}{2}\frac{t}{\tau}} + \tfrac{1}{2}\{d_i(0) - d_{i\perp}(0)\}\, e^{-\frac{t}{\tau}} \tag{9.44}$$

$$= c_0 - c_0\,\frac{E_i - \bar{E}}{k_T} + \frac{c_0}{2kT}\left\{(E_i + E_{i\perp} - 2\bar{E})\, e^{-\frac{3}{2}\frac{t}{\tau}} + (E_i - E_{i\perp})\, e^{-\frac{t}{\tau}}\right\}$$

mit

$$\tau = \bar{\tau} = \frac{1}{\alpha v n_0} = \frac{1}{N v} = \frac{1}{N v_0}\, e^{-S/k}\, e^{Q/kT}. \tag{9.45}$$

Gl. (9.44) entnimmt man, daß der zeitliche Verlauf der Konzentration c_i durch zwei Relaxationszeiten

$$\tau_1 = \frac{1}{\alpha v(n_0 + 2)} \qquad \text{und} \qquad \tau_2 = \frac{1}{\alpha v n_0} \tag{9.46}$$

beschrieben werden kann. Dies ist auf die übernächste Position zurückzuführen, zu deren Gleichgewichtseinstellung aus der Position i zwei Sprünge erforderlich sind. Anschaulich kann man diesen Sachverhalt anhand von Gl. (9.44) folgendermaßen verstehen: Die Summe der Konzentrationen $c_i + c_{i\perp}$ relaxiert mit der Relaxationszeit $\tfrac{2}{3}\tau$ und die Differenz $c_i - c_{i\perp}$ mit der Relaxationszeit τ.

Die Lösung der Differentialgleichungen (9.43.b) für den Fall, daß Magnetisierungsrichtung am Ort r von der Zeit abhängig ist, also die Gleichgewichtskonzentrationen c_i zeitabhängig sind, lautet mit den Anfangsbedingungen $c_i(0) = c_{i\perp}(0) = c_0$ für $t = 0$:

$$c_i(t) = c_0 + \frac{1}{2}\int_0^t \left\{ (c_i(t) + c_{i\perp}(t) - 2c_0)\,\frac{3}{2\tau}\, e^{-\frac{3}{2}\frac{t-t'}{\tau}} \right.$$

$$\left. + (c_i(t) - c_{i\perp}(t))\,\frac{1}{\tau}\, e^{-\frac{t-t'}{\tau}} \right\} dt'. \tag{9.47}$$

Führen wir in Gl. (9.47) wieder die Gleichgewichtskonzentration gemäß Gl. (9.16) ein, so ergibt sich

$$c_i(t) = c_0 - \frac{c_0}{2kT}\int_0^t \left\{ \frac{3}{2\tau}(E_i(t') + E_{i\perp}(t') - 2\bar{E}(t'))\, e^{-\frac{3}{2}\frac{t-t'}{\tau}} \right.$$

$$\left. + \frac{1}{\tau}(E_i(t') - E_{i\perp}(t'))\, e^{-\frac{t-t'}{\tau}} \right\} dt'. \tag{9.48}$$

Wie Gl. (9.48) zu entnehmen ist, spielen auch im Falle einer zeitabhängigen Magnetisierungsverteilung die beiden Relaxationszeiten $\frac{2}{3}\tau$ und τ eine Rolle. Aus Gl. (9.48) geht ferner hervor, daß die Einstellung des Gleichgewichts umso schneller verläuft, je tiefer die Temperatur ist. Jedoch gilt die Abhängigkeit $c_i - c_0 \propto 1/T$ im Rahmen unserer Näherung nur im Temperaturbereich $T > \dfrac{E_i}{k}$. Dies bedeutet, daß unsere Rechnung für Temperaturen in der Umgebung des absoluten Nullpunktes ihre Gültigkeit verliert.

γ) Die Doppelleerstelle in hexagonal dichtest gepackten Gittern als Beispiel für eine Fehlstelle mit Sattelpunkten verschiedener Aktivierungsenergie und zwei Konfigurationen

In den bisher behandelten Beispielen wurden nur Fehlstellen, die in einer Konfiguration auftreten, behandelt. Außerdem wurde angenommen, daß sämtliche zu überspringenden Sattelpunkte gleiche Aktivierungsenergie besitzen. Wesentlich komplizierter liegen dagegen die Verhältnisse bei den Doppelleerstellen in hexagonalen Gittern. Wie in Abschnitt 7.3.e.γ ausgeführt wurde, kann die Doppelleerstelle hier in zwei Konfigurationen auftreten, von denen die eine (AB) in der Basisebene liegt und die andere (AA') in den Pyramidenebenen $\{1\bar{1}01\}$. Bei der allgemeinsten Bewegung der Doppelleerstelle, die durch Übergänge zwischen den Konfigurationen AB und AA' gekennzeichnet ist, sind vier verschiedene Sattelpunkte mit verschiedenen Aktivierungsenergien zu überwinden.

Im folgenden ist es zweckmäßig, je zwei Doppelleerstellen, deren Vorzugsachsen senkrecht aufeinander stehen, mit i und $i\perp$ zu bezeichnen. Dabei soll sich der Index i auf die in der Basisebene liegende Konfiguration (1, 2, 3) und $i\perp$ auf die in der Pyramidenebene liegende Konfiguration (4, 5, 6) beziehen. Ein derartiges Paar zusammengehöriger Doppelleerstellen sind in Fig. 48 die Doppelleerstellen AB und $A'C$.

Unter Berücksichtigung der in Abschnitt 7.3.γ gemachten Ausführungen über die verschiedenen Sprungfrequenzen lauten die Differentialgleichungen für die Abweichungen d_i der Konzentrationen vom Gleichgewichtswert

$$\frac{\partial d_i}{\partial t} = -2(v_0 + 2v_3')d_i + v_0(S_I - d_i) + 2v_3'(S_{II} - d_{i\perp}), \qquad (9.49.\text{a})$$

$$\frac{\partial d_{i\perp}}{\partial t} = -4(v_3'' + v_4)d_{i\perp} + 2v_4(S_{II} - d_{i\perp}) + 2v_3''(S_I - d_i), \qquad (9.49.\text{b})$$

$$i\perp = 4, 5, 6,$$

wobei $v_0 = v_1 + v_2$ die Summe der beiden in der Basisebene auftretenden Sprungfrequenzen bedeutet und die Nebenbedingung $\sum_i d_i + \sum_{i\perp} d_{i\perp} = 0$ zu berücksichtigen ist.

In Gl. (9.49) wurden außerdem die Abkürzungen

$$S_I = \sum_{i=1}^{3} d_i \quad \text{und} \quad S_{II} = \sum_{i\perp=4}^{6} d_{i\perp} \tag{9.50}$$

eingeführt. Für S_I und S_{II} lassen sich durch Addition der Differentialgleichungen für $i = 1, 2, 3$ und der Differentialgleichungen für $i\perp = 4, 5, 6$ zwei entkoppelte Differentialgleichungen ableiten, die folgendermaßen lauten

$$\frac{\partial S_I}{\partial t} = -8 v_3' S_I \quad \text{und} \quad \frac{\partial S_{II}}{\partial t} = -8 v_3'' S_{II}. \tag{9.51}$$

Die Lösungen dieser beiden Differentialgleichungen sind durch

$$S_I = S_I(0)\, e^{-8 v_3' t} \quad \text{und} \quad S_{II} = S_{II}(0)\, e^{-8 v_3'' t} \tag{9.52}$$

gegeben, wobei $S_I(0)$ und $S_{II}(0)$ die durch Gl. (9.50) definierten Größen zur Zeit $t = 0$ bedeuten. Gl. (9.52) bringt zum Ausdruck, daß sich die Gesamtkonzentrationen der in der Basisebene und den Pyramidenebenen liegenden Fehlstellen mit der Relaxationszeit $\tau_3' = \dfrac{1}{8 v_3'}$ bzw. $\tau_3'' = \dfrac{1}{8 v_3''}$ verändern. Das alleinige Auftreten der Sprungfrequenzen $v_3'{}''$ ist plausibel, da sich S_I und S_{II} nur durch Übergänge zwischen den beiden Konfigurationen AB und AA' verändern können. Falls die Sprungfrequenzen $v_3'{}''$ klein, verglichen mit v_0 und v_4, sind, so verläuft die Gleichgewichtseinstellung in der Basisebene und der Pyramidenebene völlig unabhängig voneinander. Wir werden uns diesen beiden Grenzfällen zunächst zuwenden.

1. Umordnung in der Basisebene

Man erhält die Differentialgleichungen für die Umordnung der Doppelleerstellen in der Basisebene aus Gl. (9.49.a), indem man dort $v_3' = 0$ setzt. Mit der Nebenbedingung $\sum_{i=1}^{3} d_i = 0$ läßt sich dann Gl. (9.49.a) unmittelbar integrieren und ergibt

$$d_i = d_i(0)\, \exp(-3 v_0 t). \tag{9.53}$$

Die Relaxationszeit für die Umordnung in der Basisebene beträgt demnach

$$\tau_1 = \frac{1}{3 v_0}. \tag{9.54}$$

2. Umordnung in den Pyramidenebenen

Den zeitlichen Verlauf der Relaxation der Doppelleerstellen in den Pyramidenebenen erhalten wir aus Gl. (9.49b), indem wir wiederum $v_3'' = 0$ setzen. Mit der Nebenbedingung $\sum_{i\perp=4}^{6} d_{i\perp} = 0$ liefert die Integration von Gl. (9.49b)

$$d_{i\perp} = d_{i\perp}(0) \exp(-6 v_4 t). \tag{9.55}$$

Die Relaxationszeit für die Relaxation in den Pyramidenebenen lautet

$$\tau_2 = \frac{1}{6 v_4}. \tag{9.56}$$

Die Frage, ob man im praktischen Fall die beiden Relaxationszeiten τ_1 und τ_2 tatsächlich beobachten kann, hängt von zahlreichen Faktoren ab. Vor allem hängt die Beobachtbarkeit von der Größe der Abweichungen $d_{i,\perp}(0)$ vom Gleichgewichtswert zur Zeit $t=0$ ab. Wird die Messung z. B. bei thermischem Gleichgewicht zwischen der Konfiguration I und II durchgeführt, so wird im allgemeinen diejenige Konfiguration mit der kleinsten Bildungsenergie in größerer Konzentration auftreten als die andere. Im thermischen Gleichgewicht zwischen den Konfigurationen I und II mißt man demnach nur die Nachwirkung derjenigen Konfiguration mit der kleinsten Bildungsenergie. Man kann sich jedoch auch die Fehlstellen im thermischen Ungleichgewicht, z.B. durch Bestrahlung mit schnellen Teilchen, erzeugt denken. Da wir die Sprungfrequenzen v_3'' als klein angenommen haben, werden die beiden Konfigurationen AB und AA' längere Zeit nebeneinander bestehen können. In diesem Falle ist es dann möglich, sowohl τ_1 als auch τ_2 zu beobachten, falls $v_0, v_4 \gg v_3''$ erfüllt ist.

3. Die allgemeine Bewegung der Doppelleerstelle ($v_3'' \neq 0$)

Bei hexagonalen Kristallen mit einem idealen Achsenverhältnis $c/a = \sqrt{8/3}$ erwartet man, daß die Bildungsenergie der beiden Konfigurationen etwa gleich groß ist. Die Sprungfrequenz v_3'' dürfte in diesem Falle von derselben Größenordnung sein wie die Sprungfrequenzen v_0 und v_4. Bei der Berechnung der Bewegung einer Doppelleerstelle müssen wir dann das durch Gl. (9.49) gegebene gekoppelte Gleichungssystem ohne Einschränkung lösen. Durch einfache Subtraktion der Differentialgleichungen für $\dfrac{\partial d_i}{\partial t}$ und $\dfrac{\partial d_{i\perp}}{\partial t}$ und $\dfrac{\partial d_j}{\partial t}$ lassen sich zwei gekoppelte Differentialgleichungen für die Größen

$$D_{ij}=d_i-d_j$$

und

$$D_{ij}^{\perp}=d_{i\perp}-d_{j\perp}$$

(9.57)

ableiten, die folgendermaßen lauten

$$\frac{\partial D_{ij}}{\partial t} = -(3v_0+4v_3')D_{ij}-2v_3'D_{ij}^{\perp},$$

$$\frac{\partial D_{ij}^{\perp}}{\partial t} = -(4v_3''+6v_4)D_{ij}^{\perp}-2v_3''D_{ij}.$$

(9.58)

Die allgemeine Lösung dieses Gleichungssystems lautet

$$D_{ij}=A_1^{ij}\,e^{-\bar{v}_1 t}+A_2^{ij}\,e^{-\bar{v}_2 t}$$

und

$$D_{ij}^{\perp}=B_1^{ij}\,e^{-\bar{v}_1 t}+B_2^{ij}\,e^{-\bar{v}_2 t}.$$

(9.59)

Die Frequenzen $\bar{v}_1$ und $\bar{v}_2$ bestimmen sich aus der charakteristischen Gleichung

$$v^2-v(3v_0+4(v_3'+v_3'')+6v_4)+(3v_0+4v_3')(4v_3''+6v_4)-4v_3'v_3''=0.$$

Die Nullstellen dieser quadratischen Gleichung lauten

$$\bar{v}_{1,2}=\frac{3v_0+4(v_3'+v_3'')+6v_4}{2}\pm\frac{1}{2}\sqrt{[3(v_0-2v_4)+4(v_3'-v_3'')]^2+16v_3'v_3''}.$$

(9.60)

Mit den Anfangsbedingungen

$$D_{ij}(0)=d_i(0)-d_j(0)\quad\text{und}\quad D_{ij}^{\perp}(0)=d_{i\perp}(0)-d_{j\perp}(0)$$

(9.61)

ergibt sich für die Koeffizienten A_k^{ij} und B_k^{ij}

$$A_k^{ij}=(-)^{k+1}\frac{D_{ij}(0)+\alpha_k D_{ij}(0)}{\alpha_2-\alpha_1},$$

$$B_k^{ij}=\alpha_k A_k^{ij}$$

$;\quad k=1,2$

(9.62)

mit

$$\alpha_1=\frac{3v_0+4v_3'-\bar{v}_1}{2v_3'}$$

und

$$\alpha_2=\frac{3v_0+4v_3'-\bar{v}_2}{2v_3'}.$$

(9.63)

Die Konzentrationen d_i und $d_{i\perp}$ berechnen sich aus Gl. (9.59) durch Summation über die D_{ij} und Berücksichtigung von Gl. (9.57). Es ergibt sich allgemein

$$d_i = \tfrac{1}{3}\left\{\sum_{j \neq i}\left(A_1^{ij}e^{-\bar{v}_1 t} + A_2^{ij}e^{-\bar{v}_2 t}\right) + S_I(0)e^{-8v_3't}\right\},$$

$$d_{i\perp} = \tfrac{1}{3}\left\{\sum_{j \neq i}\left(\alpha_1 A_1^{ij}e^{-\bar{v}_1 t} + \alpha_2 A_2^{ij}e^{-\bar{v}_2 t}\right) + S_{II}(0)e^{-8v_3''t}\right\}. \qquad (9.64)$$

Entsprechend Gl. (9.64) wird die allgemeine Bewegung der Doppelleerstellen durch vier Relaxationszeiten beschrieben, die wir mit

$$\bar{\tau}_1 = \frac{1}{\bar{v}_1},\, \bar{\tau}_2 = \frac{1}{\bar{v}_2},\, \tau_3' = \frac{1}{8v_3'} \quad \text{und} \quad \tau_3'' = \frac{1}{8v_3''} \qquad (9.65)$$

bezeichnen. Es ist besonders zu erwähnen, daß die Sprungfrequenz $\bar{v}_1$ die größtmögliche Sprungfrequenz ist, die bei der Relaxation der Doppelleerstellen auftreten kann. Es gilt die Ungleichung

$$\bar{v}_1 > 3v_0,\, 6v_4,\, 8v_3''.$$

9.3. Die Einstellung des thermischen Gleichgewichts bei der Diffusionsnachwirkung

a) Allgemeine Theorie

Wie in Kapitel 5 bereits dargelegt wurde, kann eine Verminderung der Wechselwirkungsenergie zwischen spontaner Magnetisierung und Gitterfehlstellen auch durch eine räumliche Verlagerung der Gitterfehler erreicht werden. Im Gegensatz zur Orientierungsnachwirkung, bei der bereits ein oder zwei Sprünge in den energetisch tiefsten Zustand führen, müssen bei der Diffusionsnachwirkung die Gitterfehler Laufwege von der Größenordnung der Blochwand-Dicke zurücklegen, um in den energetisch tiefsten Zustand zu gelangen. Dies hat zur Folge, daß einerseits die Zeitabhängigkeit der Diffusionsnachwirkung von der der Orientierungsnachwirkung abweicht, und andererseits auch die zeitliche Dauer der Diffusionsnachwirkung unter denselben Bedingungen wie bei der Orientierungsnachwirkung im Vergleich zu dieser wesentlich größer ist. Qualitativ haben wir diese Ergebnisse bereits in Abschnitt 5.b mitgeteilt. Die quantitativen Zusammenhänge der Zeitabhängigkeit bei der Diffusionsnachwirkung wurden erstmals von DIETZE [1, 2] am Beispiel der Leerstelle in der kubisch symmetrischen Lage in α-Eisen theoretisch behandelt. Danach ist für die zeitliche Dauer der Diffusionsnachwirkung diejenige Zeit maßgebend, die zum Durchwandern der Blochwand erforderlich ist.

Diese Zeit beträgt bei Leerstellen in der kubisch symmetrischen Lage

$$\tau_D' = \frac{1}{2}N\bar{\tau}\left(\frac{\delta_B}{a}\right)^2, \qquad (9.66)$$

wobei $\bar{\tau}$ die durch Gl. (9.34) definierte mittlere Verweilzeit der Fehlstellen in ihren Potentialmulden bedeutet.

Entsprechend Gl. (9.66) ist die Relaxationszeit τ'_D bei der Diffusionsnachwirkung um einen Faktor $\dfrac{1}{2} N \left(\dfrac{\delta_B}{a} \right)^2 \sim 10^4 - 10^6$ größer als die für die Orientierungsnachwirkung maßgebende Relaxationszeit.

Anschaulich betrachtet kommt die Diffusionsnachwirkung durch eine Anreicherung oder eine Verarmung der Gitterfehler innerhalb der Blochwand zustande. Als treibende Kraft für die Diffusion der Gitterfehler ist die Wechselwirkungsenergie zwischen Gitterfehlstellen und der spontanen Magnetisierung zu betrachten. Innerhalb der Blochwand variiert die Magnetisierungsrichtung sehr stark, so daß auch die Kraft auf die Fehlstellen stark variiert. Je nach Vorzeichen der Kraft wirkt die Blochwand als eine Senke oder als eine Quelle von Fehlstellen. Durch die Diffusion der Fehlstellen vertieft sich das Potential, in dem sich die Blochwand bewegt. Dies hat eine Abnahme der Anfangssuszeptibilität (Desakkommodation) zur Folge.

Die Diffusion der Fehlstellen wird durch die Diffusionsgleichung beschrieben, wobei zu beachten ist, daß die Diffusion im Kraftfeld der Blochwand erfolgt. Die theoretische Behandlung der Diffusion orientierungsfähiger Gitterfehler wird dadurch erschwert, daß die von der spontanen Magnetisierung auf die Gitterfehler ausgeübte Kraft von der Orientierung der Anisotropieachsen abhängig ist und die Fehlstellen bei der Wanderung im allgemeinen ihre Orientierung verändern. Unsere Aufgabe besteht daher zunächst darin, den Einfluß der verschiedenen Orientierungsmöglichkeiten der Gitterfehler auf die Diffusion zu untersuchen. Grundlage der Diffusion ist das sog. Ficksche Gesetz, welches der Kontinuität des Teilchenstromes Φ Rechnung trägt und folgendes besagt: Die zeitliche Änderung der Konzentration c der Gitterfehler im Volumenelement dV ist gleich der Differenz der in dieses Volumenelement herein- und herausdiffundierenden Gitterfehler. Dies führt auf folgenden einfachen Zusammenhang zwischen der zeitlichen Ableitung dc/dt und dem Teilchenstrom Φ:

$$\frac{dc}{dt} = -(\nabla \cdot \Phi). \tag{9.67}$$

Zur Bestimmung des Teilchenstromes Φ führen wir folgende in Fig. 54 anhand der Doppelleerstellen in kubisch-flächenzentrierten Metallen ausführlich erläuterten Bezeichnungen ein. Wir bezeichnen die Lage des Ursprunges zweier benachbarter Gitterzellen mit dem Vektor $\mathfrak{R}_0$. Die Vektoren vom Ursprung der Gitterzelle zu den Mittelpunkten der verschiedenen Lagen der Gitterfehler nennen wir $\mathfrak{r}_i$. Von einer Position $\mathfrak{r}_i$

aus kann die Gitterfehlstelle durch einfache Sprünge in ihre nächst benachbarten Positionen j gelangen und dabei die Lage ihres Mittelpunktes um einen Sprungvektor $\mathfrak{s}_{ij}$ ändern. Allgemein lauten also die Positionen der zur i-ten Fehlstelle benachbarten Orientierungen j

$$\mathfrak{R}_j = \mathfrak{R}_0 + \mathfrak{r}_i + \mathfrak{s}_{ij} = \mathfrak{R}_i + \mathfrak{s}_{ij}, \tag{9.68}$$

wo $\mathfrak{R}_i = \mathfrak{R}_0 + \mathfrak{r}_i$ den Mittelpunkt der i-ten Fehlstelle bedeutet.

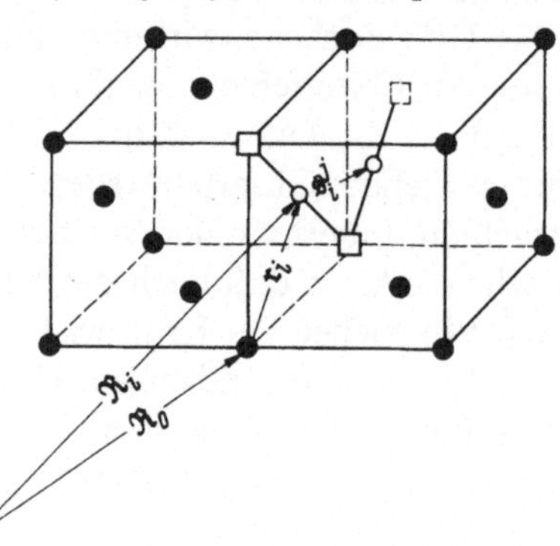

Fig. 54. Zur Beschreibung der Bewegung von Gitterfehlern bei der Diffusionsnachwirkung; erläutert am Beispiel der Doppelleerstelle.

Im folgenden betrachten wir nur Fehlstellen, die sämtliche anderen Positionen im nicht ferromagnetischen Kristall über Sattelpunkte gleicher Höhe erreichen können. Für die Sprungfrequenz aus der Position i in die Position j gilt somit nach Gl. (9.22)

$$v_{ij} = v_0 \exp(S/k) \exp\left[-\frac{Q_0 - E_i(\mathfrak{R}_i)}{kT}\right], \tag{9.69}$$

wobei wir zur Vereinfachung die Aktivierungsentropie als unabhängig von der Position betrachten wollen.

Der gesamte Teilchenstrom setzt sich aus Sprüngen aus den Positionen i in deren nächst benachbarte Positionen j und Sprüngen von den Nachbarpositionen j nach i zusammen. Da die Bedingung

$$\mathfrak{s}_{ij} = -\mathfrak{s}_{ji} \tag{9.70}$$

gültig ist, ergibt sich somit für den Teilchenstrom allgemein

$$\Phi(\mathfrak{R}_i) = \frac{1}{\alpha n_E} \sum_i^{n_E} \sum_j^{N}{}' \left\{ v_{ij} c_i(\mathfrak{R}_i) - v_{ji} c_j(\mathfrak{R}_i + \mathfrak{s}_{ij}) \right\} \cdot \mathfrak{s}_{ij}, \tag{9.71}$$

wobei durch den Strich in der Summe über j angedeutet werden soll, daß nur über die nächsten Nachbarn von i zu summieren ist. Die Summe über i erstreckt sich über die energetisch nicht gleichwertigen Lagen der Fehlstellen. Durch den Faktor α wird berücksichtigt, daß eine Gitterfehlstelle mehreren Gitterzellen angehören kann. α ist mit der Zahl der Sattelpunkte, über die eine bestimmte Position erreicht werden kann, identisch.

Infolge der Inversionssymmetrie der Gitterfehler verschwindet die Summe über das erste Glied von Gl. (9.71). Im verbleibenden zweiten

Glied können wir E_i und c_i als langsam veränderliche Größen betrachten, da die Magnetisierungsrichtung $\mathfrak{J}$ ebenfalls nur langsam variieren soll. Dann dürfen wir in Gl. (9.71) eine Reihenentwicklung nach Potenzen von $\mathfrak{s}_{ij}$ vornehmen. Wird die Reihe nach dem zweiten Glied abgebrochen und die Glieder mit antiparallelen Sprungvektoren $\mathfrak{s}_{ij}$ und $\mathfrak{s}_{ji}$ zusammengefaßt, so ergibt sich bei Berücksichtigung von Gl. (9.69)

$$\Phi = -\frac{v}{\alpha n_E}\sum_i^{n_E}\sum_j^{N}{}' \mathfrak{s}_{ij}\cdot\{\nabla c_i(\mathfrak{R}_i)\exp[E_i(\mathfrak{R}_i)/kT]\}\cdot\mathfrak{s}_{ij}, \qquad (9.72)$$

wobei $v = v_0\,e^{S/k}\,e^{-Q_0/kT}$ gesetzt wurde.

Zur weiteren Berechnung des Teilchenstromes machen wir nun die Annahme, daß sich das Gleichgewicht bezüglich der Verteilung der Anisotropieachsen an jedem Punkt des Gitters momentan einstellen kann. Für die Konzentration c_i ist dann in Gl. (9.72) die Gleichgewichtskonzentration c_i^∞ nach Gl. (9.15) einzusetzen, und man erhält

$$\Phi = -\frac{v}{\alpha n_E}\sum_i^{n_E}\sum_j^{N}{}' \mathfrak{s}_{ij}\cdot\left\{\nabla \frac{c(\mathfrak{R}_i)}{\sum\limits_i^{n_E}\exp[-E_i/kT]}\right\}\cdot\mathfrak{s}_{ij}. \qquad (9.73)$$

Im Falle ebener Blochwände mit einer Blochwand-Normalen parallel zur z-Achse ergeben sich nur die Differentiale ∇_z von Null verschieden, so daß Gl. (9.73) schließlich folgendermaßen lautet

$$\Phi_z = -\frac{v}{\alpha n_E}\sum_i^{n_E}\sum_j^{N}{}' \frac{\partial}{\partial z}\frac{c(\mathfrak{R}_i)}{\sum\limits_i^{n_E}\exp[-E_i(\mathfrak{R}_i)/kT]}(s_{ij,z})^2. \qquad (9.74)$$

Es ist praktisch, anhand von Gl. (9.74) den linearen Diffusionskoeffizienten in z-Richtung

$$D_z = \frac{v}{\alpha n_E}\sum_i^{n_E}\sum_j^{N}(s_{ij,z})^2 \qquad (9.75)$$

einzuführen. Dann ergibt sich allgemein

$$\Phi_z = -D_z\frac{\partial}{\partial z}\frac{c(\mathfrak{R}_i)}{\sum\limits_i^{n_E}\exp[-E_i(\mathfrak{R}_i)/kT]}. \qquad (9.76)$$

Der Diffusionskoeffizient D_z ist in kubischen Gittern isotrop und läßt sich folgendermaßen angeben:

$$D_z = a^2\,v\,\Gamma, \qquad (9.77)$$

wobei die Konstante Γ eine von der speziellen Fehlstelle abhängige Konstante ist und a die Kantenlänge des Elementarwürfels bedeutet.

Werte für Γ sind in Tab. 3 aufgeführt. Zusammen mit Gl. (9.76) lautet die Diffusionsgleichung (9.67)

$$\frac{\partial c}{\partial t} = \frac{\partial}{\partial z} D_z \left[\frac{\partial c}{\partial z} + \frac{c}{kT} \frac{\partial \bar{E}}{\partial z} \right], \qquad (9.78)$$

wobei zur Ableitung von Gl. (9.78) der Nenner von Gl. (9.76) gemäß Gl. (9.16) in eine Reihe entwickelt wurde, was bei nicht zu tiefen Temperaturen immer erlaubt sein wird. $\bar{E}$ bedeutet den durch Gl. (7.5) definierten Mittelwert. Wir folgen nun dem Vorgehen von DIETZE [1] und KLEIN [1] und führen in Gl. (9.78) dimensionslose Größen für die Ortskoordinate z und die Zeit t ein. Dabei geben wir z in Einheiten des Blochwandparameters δ_0 und t in Einheiten der Diffusionszeit $\tau_D = \dfrac{\delta_0^2}{D_z}$, die zum Durchlaufen der Strecke δ_0 notwendig ist, an. Mit den Substitutionen[1]

$$z = \delta_0 \xi \quad \text{und} \quad t = \tau_D t_0 = \frac{\delta_0^2}{D_z} t_0 \qquad (9.79)$$

erhalten wir für Gl. (9.78), wenn wir außerdem annehmen, daß D_z unabhängig vom Ort ist,

$$\frac{\partial c}{\partial t_0} = \frac{\partial^2 c}{\partial \xi^2} + \frac{1}{kT} \frac{\partial}{\partial \xi} \left\{ c \frac{\partial \bar{E}}{\partial \xi} \right\}. \qquad (9.80)$$

Bei der Lösung von Gl. (9.80) sind noch die zugehörigen Randbedingungen zu beachten. Bei Annahme einer homogenen Verteilung zur Zeit $t = 0$ und einer im Unendlichen ebenfalls konstanten Konzentration $\bar{c}$ lauten diese

$$c(\xi, 0) = \bar{c} \quad \text{und} \quad c(\infty, t) = \bar{c}. \qquad (9.81)$$

Gl. (9.80) gilt auch für *Crowdionen*, die nur längs einer dichtest gepackten Gittergeraden diffundieren können. Anstelle des Mittelwertes $\bar{E}$ über die Energie der verschiedenen Orientierungsmöglichkeiten ist in Gl. (9.80) in diesem Falle jedoch die zur Orientierung i gehörende Wechselwirkungsenergie E_i und für die Konzentration c die Konzentration c_i der Crowdionen mit der i-ten Anisotropieachse einzusetzen.

b) Lösung der Diffusionsgleichung

Gl. (9.80) wurde ursprünglich von DIETZE [1] für den Fall der Diffusionsnachwirkung von Leerstellen in Fe-Si-Legierungen behandelt. Von KLEIN [1] wurde eine Erweiterung des von DIETZE betrachteten Falles „isotroper" Fehlstellen auf „anisotrope" Fehlstellen gegeben. Ins-

---

[1] Man beachte, daß sich die durch Gl. (9.79) definierte Relaxationszeit τ_D auf den Blochwandparameter δ_0 bezieht. τ_D ist daher rund einen Faktor 10 kleiner als $\tau_D' = \delta_B^2 / D_z$.

besondere wurde von KLEIN die Diffusionsnachwirkung von Gitterfehlern mit $\langle 111 \rangle$- und $\langle 100 \rangle$-Anisotropiechse in α-Fe betrachtet. Die numerische Rechnung wird dadurch erschwert, daß es nicht möglich ist, die Lösung der Diffusionsgleichung für ein beliebiges Inhomogenglied allgemein anzugeben. Man ist daher auf Näherungslösungen angewiesen, deren Genauigkeit bei entsprechenden Bedingungen jedoch für die hier zu behandelnden Fragen ausreicht. Für den *stationären* Fall $\dfrac{\partial c}{\partial t} = 0$ gelingt es ohne Schwierigkeiten, Gl. (9.80) zu integrieren, und für die Gleichgewichtsverteilung der Fehlstellen für $t = \infty$ folgt unmittelbar das schon in Abschnitt 5.b mitgeteilte Ergebnis

$$c^{\infty}(z) = \bar{c}\, e^{-\bar{E}/kT}. \tag{9.82.a}$$

Da entsprechend unserer Voraussetzung bei der Ableitung von Gl. (9.80) die Bedingung $\bar{E} \ll kT$ erfüllt ist, dürfen wir die Exponentialfunktion in Gl. (9.82.a) in eine Reihe entwickeln und erhalten dann

$$c^{\infty}(z) = \bar{c}\left(1 - \frac{\bar{E}(z)}{kT}\right). \tag{9.82.b}$$

In Analogie zur Gleichgewichtskonzentration bei der Orientierungsnachwirkung entspricht $c^{\infty}(z)$ derjenigen Verteilung der Fehlstellen, die sich einstellen würde, falls die Diffusion der Fehlstellen ohne jede zeitliche Verzögerung vor sich gehen könnte.

Um eine Näherungslösung für den zeitlichen Verlauf der Konzentration $c(\xi)$ zu finden, gehen wir davon aus, daß die Konzentrationsänderungen innerhalb der Blochwand klein sind, also die Bedingung $c(\xi) \sim \bar{c}$ erfüllt ist. Dann dürfen wir Gl. (9.80) auch folgendermaßen schreiben:

$$\frac{\partial c}{\partial t_0} = \Delta\left(c + \frac{\bar{c}}{kT}\bar{E}\right). \tag{9.83}$$

Die Lösung von Gl. (9.83) ist besonders einfach im Falle der statischen Versuchsführung, wenn also E unabhängig von der Zeit ist. Mit der Substitution

$$c = \bar{c} + c_1(\xi, t_0),$$
$$c_1' = c_1 + \frac{\bar{c}}{kT}\bar{E}(\xi) \tag{9.84}$$

ergibt sich für c_1' die homogene Diffusionsgleichung

$$\frac{\partial c_1'}{\partial t} = \Delta c_1',$$

deren Lösung für die Anfangsbedingung

$$c_1' = + \frac{\bar{c}}{kT}\, \bar{E}(\xi)$$

zur Zeit $t=0$ aufzusuchen ist. Als allgemeine Lösung dieses Problems ergibt sich nach bekannten Methoden (vgl. DIETZE [1])

$$c_1'(\xi,t_0) = \frac{\bar{c}}{kT} \frac{1}{2\sqrt{\pi t_0}} \int\limits_{-\infty}^{\infty} \bar{E}(\eta)\, e^{-\frac{(\xi-\eta)^2}{4t_0}}\, d\eta \qquad (9.85.\,\mathrm{a})$$

oder in integraler Schreibweise

$$c_1'(\xi,t_0) = \frac{\bar{c}}{2\pi kT} \int\limits_{-\infty}^{\infty} e^{(i\lambda\xi - \lambda^2 t_0)}\, d\lambda \int\limits_{-\infty}^{\infty} \bar{E}(\eta)\, e^{-i\lambda\eta}\, d\eta. \qquad (9.85.\,\mathrm{b})$$

Das zweite Integral in Gl. (9.85.b) entspricht der Fouriertransformierten der Größe $\bar{E}(\eta)$, so daß wir Gl. (9.85.b) auch folgendermaßen schreiben können:

$$c_1' = \frac{\bar{c}}{kT} \int\limits_{-\infty}^{\infty} e^{(i\lambda\xi - \lambda^2 t_0)}\, \tilde{\bar{E}}_{(-)}(\lambda)\, d\lambda, \qquad (9.86)$$

wobei

$$\tilde{\bar{E}}_{(\pm)}(\lambda) = \frac{1}{2\pi} \int\limits_{-\infty}^{\infty} \bar{E}(\eta)\, e^{\pm i\lambda\eta}\, d\eta \qquad (9.87)$$

die Fouriertransformierte der Wechselwirkungsenergie bedeutet.

Zusammen mit Gl. (9.86) ergibt sich nun für die Konzentration der Fehlstellen

$$c(\xi,t_0) = \bar{c} - \frac{\bar{c}\,\bar{E}(\xi)}{kT} + \frac{\bar{c}}{kT} \int\limits_{-\infty}^{\infty} e^{(i\lambda\xi - \lambda^2 t_0)}\, \tilde{\bar{E}}_{(-)}(-\lambda)\, d\lambda$$

$$\qquad (9.88)$$

$$= \bar{c}\left\{ 1 - \frac{1}{2\pi kT} \int\limits_{-\infty}^{\infty}\int\limits_{-\infty}^{\infty} (1 - \exp[-\lambda^2 t_0])\exp[i\lambda(\xi-\eta)]\, \bar{E}(\eta)\, d\eta\, d\lambda \right\}.$$

Im Grenzfall $t_0 \to \infty$ folgt hieraus das bereits durch Gl. (9.82.b) gegebene Resultat. Aus der Übereinstimmung beider Ergebnisse ist ersichtlich, daß unsere Lösung im Rahmen der Näherung $\bar{E} \ll kT$ brauchbar ist.

Wir betrachten nun den Fall, daß die Blochwand unter dem Einfluß des angelegten Magnetfeldes Oszillationen ausführt. Die Bewegung des Blochwandmittelpunktes, dessen Lage wir durch die relative Verschiebung $s = U/\delta_0$, wenn U die Auslenkung aus der Ruhelage bedeutet, charakterisieren, gehorche der Gleichung

$$s(t) = s_0 \sin \omega t, \qquad (9.89)$$

wobei s_0 die Amplitude der relativen Auslenkung und ω die Kreisfrequenz der als periodisch angenommenen Schwingung bedeutet. Dann ist in Gl. (9.88) für $\bar{E}$ der Wert $\bar{E}(\xi - s(t))$ einzusetzen. $\bar{E}(\xi - s(t))$ entspricht dem Mittelwert der Wechselwirkungsenergien am Punkt ξ zur Zeit t. Sofern die Bewegung der Blochwand einer harmonischen Schwingung entspricht, dürfen wir die Größe $\bar{E}$ auch durch eine Fourierreihe gemäß

$$\bar{E}(\xi - s(t)) = \sum_{n=-\infty}^{\infty} \bar{E}_n(\xi, s_0) \exp[in\omega t] \tag{9.90}$$

darstellen, wobei die Entwicklungskoeffizienten folgendermaßen definiert sind:

$$\bar{E}_n(\xi, s_0) = \frac{\omega}{2\pi} \int_0^{\frac{2\pi}{\omega}} \bar{E}(\xi - s(t)) \exp(-in\omega t')\, dt'. \tag{9.91}$$

Wenn wir im folgenden annehmen, daß die Amplitude s_0 klein gegen 1 ist, also die Auslenkung der Blochwand klein gegen die Blochwand-Dicke ist, so ist es eine ausreichende Näherung, nur den Koeffizienten $\bar{E}_0$ zur Lösung der Diffusionsgleichung heranzuziehen. Für den Fall einer periodisch bewegten Blochwand ergibt sich dann:

$$c(\xi, t) = \bar{c}\left\{ 1 - \frac{1}{2\pi k T} \int_{-\infty}^{\infty} \int_{-\infty}^{\infty} [1 - \exp(-\lambda^2 t_0)] \right.$$
$$\left. \cdot \exp[i\lambda(\xi - \eta)]\, \bar{E}_0(\xi, s_0)\, d\eta\, d\lambda \right\}. \tag{9.92}$$

Die Lösung besitzt dieselbe Form wie im statischen Fall, mit dem einen Unterschied, daß anstelle der Wechselwirkungsenergie $\bar{E}$ deren zeitlicher Mittelwert $\bar{E}_0$ über eine Periode der Schwingung einzusetzen ist.

9.4. Die Stabilisierungsenergie der Blochwände

a) Allgemeines

In Kapitel 8 haben wir gezeigt, daß man den Einfluß der ferromagnetischen Nachwirkung auf die Bewegung der Blochwände durch eine Wechselwirkungskonstante $R_N(t)$ beschreiben kann. Zu ihrer Berechnung ist die Kenntnis der Stabilisierungsenergie w_s^B der Blochwand als Funktion ihrer Auslenkung aus der Gleichgewichtslage erforderlich. In diesem Abschnitt werden wir die Stabilisierungsenergie verschiedener Blochwände für die wichtigsten Gitterfehler berechnen und die Wechselwirkungskonstante für einige einfache Fälle angeben. Ausgangspunkt unserer Rechnung ist die für den allgemeinen Fall gültige Gl. (8.6), die den Zusammenhang zwischen der Wechselwirkungsenergie E_i der einzelnen

Fehlstelle und der Stabilisierungsenergie herstellt. In Gl. (8.6) müssen wir, je nachdem welcher Fehlstellentyp vorliegt, für die Konzentration $c_i(t)$ die in Abschnitt 9.2.b für Fehlstellen mit nur nächsten bzw. einem übernächsten Nachbarn abgeleiteten Beziehungen einsetzen. Im Falle der reinen Diffusionsnachwirkung ist Gl. (9.88) in Gl. (8.6) einzusetzen. Bevor wir uns der Berechnung der Stabilisierungsenergie für die in Kapitel 5 erwähnten drei Nachwirkungstypen zuwenden, fassen wir die Ergebnisse unserer Untersuchungen für die Konzentration $c_i(t)$ nochmals zusammen.

Bei Fehlstellen, die sämtliche Positionen mit einem Sprung erreichen können, lautet die Konzentration c_i in der i-ten Position zur Zeit t

$$c_i(t) = c_0 - \frac{c}{n_E k T} \int_0^t (E_i(t') - \bar{E}(t')) \frac{e^{-\frac{t-t'}{\tau}}}{\tau} \, dt'. \tag{9.93}$$

Bei Fehlstellen mit einem übernächsten Nachbarn gilt

$$c_i(t) = c_0 - \frac{c_0}{2kT} \int_0^t \left\{ (E_i + E_{i\perp} - 2\bar{E}) \frac{e^{\frac{t-t'}{\tau_1}}}{\tau_1} + (E_i - E_{i\perp}) \frac{e^{\frac{t-t'}{\tau_2}}}{\tau_2} \right\} dt', \tag{9.94}$$

wobei $i_\perp$ die zu i übernächste Position bedeuten soll. Die Relaxationszeiten τ_1 und τ_2 sind in Abschnitt 9.2.b) genauer erklärt. In Gl. (9.93) und Gl. (9.94) bedeutet ferner c_0 die mittlere Konzentration der Fehlstellen pro Orientierung. Wenn mit der Reorientierung der Fehlstellen auch ein Diffusionsschritt verknüpft ist, so ist in Gl. (9.93) und Gl. (9.94) anstelle der mittleren Konzentration c_0 die für die Diffusionsnachwirkung abgeleitete zeit- und ortsabhängige mittlere Konzentration

$$c_0(\xi, t) = \frac{\bar{c}}{n_E} \left(1 - \frac{1}{2\pi k T} \int_{-\infty}^{\infty} \int_{-\infty}^{\infty} [1 - \exp(-\lambda^2 t_0)] \exp[i\lambda(\xi - \eta)] \bar{E}(\eta) \, d\eta \, d\lambda \right) \tag{9.95}$$

mit

$$t_0 = \frac{t}{\tau_D}, \quad \xi = z/\delta_0$$

einzusetzen.

b) Die Stabilisierungsenergie bei der Orientierungsnachwirkung

Die Lage der Blochwand kennzeichnen wir im folgenden durch die z-Koordinate der Position der Wandmitte. Als Nullpunkt auf der z-Achse wählen wir die Lage der Wandmitte, wenn kein äußeres Feld auf die Blochwand einwirkt. Beträgt die Auslenkung der Blochwand aus ihrer Gleichgewichtslage zur Zeit t

$$u(t) = u$$

und zur Zeit t'

$$u(t')=u',$$

so gilt für die Wechselwirkungsenergie $E_i(\mathfrak{r},t)$ zur Zeit t am Ort $\mathfrak{r}$

$$E_i(\mathfrak{r},t)=E_i(z-u) \tag{9.96}$$

und zur Zeit t' am Ort $\mathfrak{r}'$

$$E_i(\mathfrak{r}',t')=E_i(z-u'), \tag{9.97}$$

wobei z die z-Komponente des Ortsvektors $\mathfrak{r}$ bedeutet.

α) Fehlstellen, die sämtliche magnetisch verschiedenen Positionen mit einem Sprung besetzen können ($n_E=n_0$)

Wird Gl. (9.93) unter Berücksichtigung von Gl. (9.96) und Gl. (9.97) in Gl. (8.6) eingesetzt, so erhalten wir für die Stabilisierungsenergie der Fehlstellen mit nur nächsten Nachbarn:

$$w_s^B(t)=(-)\frac{c}{n_E k T}\sum_i \int\limits_{-\infty}^{\infty}\int\limits_0^t \{E_i(z-u')-\bar E(z-u')\}\,E_i(z-u)\frac{e^{-\frac{t-t'}{\tau}}}{\tau}\,dt'dz. \tag{9.98}$$

Mit der Substitution

$$z-u'=Z+U/2\,,$$

$$z-u\ =Z-U/2\,, \tag{9.99}$$

$$U\ =u-u'$$

läßt sich Gl. (9.98) in eine symmetrische Form überführen. Vertauschen wir außerdem in Gl. (9.98) die Reihenfolge der Integration, so ergibt sich

$$w_s^B(t)=\frac{(-)c}{n_E k T}\int\limits_0^t (F_1(U)-\bar F_1(U))\frac{e^{-\frac{t-t'}{\tau}}}{\tau}\,dt' \tag{9.100}$$

mit

$$F_1(U)=\sum_i^{n_E}\int\limits_{-\infty}^{\infty} E_i\left(Z-\frac{U}{2}\right)E_i\left(Z+\frac{U}{2}\right)dZ \tag{9.101}$$

und

$$\bar F_1(U)=n_E\int\limits_{-\infty}^{\infty}\bar E\left(Z-\frac{U}{2}\right)\bar E\left(Z+\frac{U}{2}\right)dZ \tag{9.102}$$

Durch Gl. (9.100) bis Gl. (9.102) ist die Berechnung der Stabilisierungsenergie auf die Bestimmung der Funktionen $F_1(U)$ und $\bar F_1(U)$ zurückgeführt. Gl. (9.100) gilt zunächst für jede beliebige Zeitabhängigkeit der Verschiebung U. Wir wollen nun Gl. (9.100) auf den speziellen Fall einer statischen Versuchsführung, wie sie z. B. in Kapitel 2 behandelt wurde, anwenden. Bei diesem sog. Schaltversuch wird die Blochwand nach dem Entmagnetisieren im Zeitintervall $0 < t' < t$ in der Position $u(t') = 0$ gehalten. Zur Zeit $t' = t$ werde die Blochwand durch Anlegen eines Magnetfeldes um die Strecke U aus ihrer Ruhelage ausgelenkt. Bei dieser Versuchsführung liefert die Integration über t' eine reine Exponentialfunktion. Für die Stabilisierungsenergie $w_s^B(t)$ zur Zeit t nach der Auslenkung um die Strecke U ergibt sich

$$w_s^B(U(t)) = \frac{(-)c}{n_E k T}(F_1(U) - \bar{F}_1(U))(1 - e^{-t/\tau}). \tag{9.103}$$

β) Fehlstellen, die $n_E - 1$ Positionen mit einem Sprung und eine Position nur mit zwei Sprüngen erreichen können

Die Berechnung der Stabilisierungsenergie erfolgt unter Zugrundelegung von Gl. (9.94) auf dieselbe Weise wie im vorhergehenden Falle. Führen wir dieselben Substitutionen wie in Gl. (9.99) ein, so findet man

$$w_s^B(U,t) = \frac{(-)c}{2kT n_E} \int_0^t \left\{ (F_+(U) - 2\bar{F}_1(U)) \frac{e^{-\frac{t-t'}{\tau_1}}}{\tau_1} + F_-(U) \frac{e^{-\frac{t-t'}{\tau_1}}}{\tau_2} \right\} dt'$$

$$\tag{9.104}$$

mit

$$F_\pm(U) = F_1(U) \pm F_1'(U), \tag{9.105}$$

wobei $F_1(U)$ und $\bar{F}_1(U)$ gemäß Gl. (9.101) und (9.102) definiert sind und

$$F_1'(U) = \sum_i^{n_E} \int_{-\infty}^{\infty} E_i\left(Z - \frac{U}{2}\right) E_{i\perp}\left(Z + \frac{U}{2}\right) dZ \tag{9.106}$$

bedeutet.

Bei einer statischen Versuchsführung, entsprechend den in Abschnitt α) gemachten Angaben, liefert die t'-Integration

$$w_s^B(U,t) = \frac{(-)c}{2kT n_E}\left\{ (F_+(U) - 2\bar{F}_1(U))(1 - e^{-\frac{t}{\tau_1}}) + F_-(U)(1 - e^{-\frac{t}{\tau_2}}) \right\}.$$

$$\tag{9.107.a}$$

Hieraus folgt für $t \to \infty$

$$w_s^B(U) = \frac{(-)c}{n_E k T}(F_1(U) - \bar{F}_1(U)). \tag{9.107.b}$$

Tabelle 9. *Die Integranden der Funktionen $F_1 - \bar{F}_1$, $F_+ - 2\bar{F}_1$, F_- und $\bar{E}$. Die Angaben beziehen sich auf den magnetokristallinen Anteil zur Wechselwirkungsenergie. Es bedeuten $X_1 = \sum_i \alpha_i^2 \alpha_i'^2$; $X_2 = \sum_{i>j} \alpha_i \alpha_i' \alpha_j \alpha_j'$; $Q = \sum_{i>j} \alpha_i^2 \alpha_j^2$, wobei α_i, α_i' die Richtungskosinus der spontanen Magnetisierung bezüglich den kubischen Achsen bedeutet. Es bezieht sich α_i auf die Verschiebung $+\dfrac{U}{2}$ und α_i' auf die Verschiebung $-\dfrac{U}{2}$. In Tabelle 10 sind X_1, X_2 und Q als Funktion der Blochwandwinkel φ und φ' angegeben.*

Kristallklasse	$f_1^k - \overline{f_1^k}$	$f_+^k - \overline{2f_1^k}$	f_-^k	$\overline{E^k}$
kubisch	–	–	–	$\bar{\varepsilon}Q$
tetragonal	$\varepsilon_1^2 X_1$	–	–	$\bar{\varepsilon}Q$
trigonal	$\frac{4}{9}\varepsilon_2^2 X_2$	–	–	$\bar{\varepsilon}Q$
orthorhombisch	$\frac{1}{2}\varepsilon_1^2 X_1 + \frac{1}{2}\varepsilon_2^2 X_2$	$\varepsilon_1^2 X_1$	$\varepsilon_2^2 X_2$	$\bar{\varepsilon}Q$

Die in den Integralen für F_1, F_1', F_+ und $\bar{F}_1$ auftretenden Integranden, die wir mit f_1, f_1' usw. bezeichnen wollen, lassen sich für den magnetokristallinen Anteil zur Wechselwirkungsenergie durch die in Kapitel 7 definierten Funktionen X_1 und X_2 darstellen. In Tab. 9 sind die Integranden für trigonale, tetragonale und orthorhombische Fehlstellen angegeben. Die dazugehörigen Funktionen X_1 und X_2 sind in Tab. 10 für die wichtigsten Blochwände in Abhängigkeit vom Drehwinkel φ, φ' der Magnetisierung innerhalb der Blochwand aufgeführt.

γ) Dynamische Versuchsführung

Um von einfachen Versuchsbedingungen ausgehen zu können, nehmen wir im folgenden an, daß die Blochwand durch ein angelegtes Wechselfeld der Kreisfrequenz ω periodisch bewegt werde. In erster Näherung können wir die Auslenkung der Blochwand zur Zeit t und t' durch

$$u = u_0 \sin \omega t \quad \text{und} \quad u' = u_0 \sin \omega t' \tag{9.108}$$

beschreiben, wobei die Zeitabhängigkeit der Amplitude u_0 als vernachlässigbar klein angenommen werden kann, falls das Nachwirkungspotential klein im Vergleich zum magnetoelastischen Wechselwirkungspotential Φ_W ist.

Die Integration von Gl. (9.100) mit

$$U = u_0(\sin \omega t - \sin \omega t') \tag{9.109}$$

hängt in starkem Maße davon ab, wie groß die Relaxationszeit τ im

Tabelle 10. *Die Funktionen* $X_1(\varphi,\varphi')$, $X_2(\varphi,\varphi')$ *und* $Q(\varphi)$ *für verschiedene Blochwandtypen.*

Blochwandtyp	$X_1(\varphi,\varphi')$	$X_2(\varphi,\varphi')$	$Q(\varphi)$
(001)−109° Ni	$\frac{2}{9}\sin 2\varphi \sin 2\varphi'$	$\frac{1}{9}\{2\cos(\varphi-\varphi')+\cos 2\varphi \cos 2\varphi'-3\}$	$\frac{2}{9}\sin^2\varphi(1+\cos 2\varphi)=\frac{4}{9}\sin^2\varphi\cos^2\varphi=\frac{1}{9}\sin^2 2\varphi$
(110)−180° Ni	$\frac{1}{6}(\sin^2\varphi+\sqrt{2}\sin 2\varphi)\cdot$ $\cdot(\sin^2\varphi'+\sqrt{2}\sin 2\varphi')$	$\frac{1}{12}\{11\sin^2\varphi\sin^2\varphi'+\sin 2\varphi\sin 2\varphi'-$ $-\sqrt{2}(\sin^2\varphi\sin 2\varphi'+\sin^2\varphi'\sin 2\varphi)\}$	$\frac{1}{9}\{5\sin^4\varphi-\frac{13}{2}\sin^2\varphi+\sqrt{\frac{2}{2}}\sin 2\varphi(1+\sin^2\varphi)\}$
(112)−180° Ni	$\frac{1}{6}\sin^2\varphi\sin^2\varphi'+\frac{1}{3}\sin 2\varphi\sin 2\varphi'$	$-\frac{1}{2}(\sin^2\varphi+\sin^2\varphi')+\frac{11}{12}\sin^2\varphi\sin^2\varphi'+$ $+\frac{1}{12}\sin 2\varphi\sin 2\varphi'$	$\sin^2\varphi\{\frac{7}{12}\sin^2\varphi-\frac{2}{3}\}$
(001)−71° Ni	$\frac{2}{9}\sin 2\varphi\sin 2\varphi'$	$\frac{1}{9}\{2\cos(\varphi-\varphi')+\cos 2\varphi\cos 2\varphi'-3\}$	$\frac{1}{9}\sin^2 2\varphi$
(001)−180° Fe	$\sin^2\varphi\sin^2\varphi'$	$\frac{1}{4}\sin 2\varphi\sin^2 2\varphi'$	$\frac{1}{4}\sin^2 2\varphi$
(001)−90° Fe	$\sin^2\varphi\sin^2\varphi'$	$\frac{1}{4}\sin 2\varphi\sin 2\varphi'$	$\frac{1}{4}\cos^2 2\varphi$

Vergleich zur Schwingungszeit $\dfrac{2\pi}{\omega}$ des Magnetfeldes ist. Wie wir in Abschnitt 4 bei der phänomenologischen Behandlung der Relaxation gezeigt haben, findet bei $\omega\tau=1$ eine Phasenverschiebung zwischen Magnetfeld und Magnetisierung statt, und die Nachwirkungsverluste erreichen ein Maximum. Am übersichtlichsten liegen die Verhältnisse dann, wenn die Schwingungszeit des Magnetfeldes klein gegen die Relaxationszeit des Prozesses ist. Diese Bedingung kann durch Wahl der Meßtemperatur und der Frequenz des Magnetfeldes im allgemeinen immer eingestellt werden. Es ist sofort ersichtlich, daß bei einer derartigen Wahl der Versuchsbedingungen sich der Exponentialfaktor in Gl. (9.100) oder Gl. (9.104) wesentlich langsamer mit der Zeit verändert als die Funktionen F_1, F'_1 und $\bar{F}_1$. Für die Stabilisierungsenergie des in Abschnitt α) behandelten Fehlstellentyps ergibt sich

$$w_s^B(t) = \frac{(-)c}{n_E kT}\,\overline{(F_1(U)-\overline{\bar{F}_1(U)})}\,(1-e^{-t/\tau}), \qquad (9.110)$$

wobei die in Gl. (9.110) eingeführten Funktionen $\overline{F_1}$ und $\overline{\bar{F}_1}$ zeitliche Mittelwerte über einen Zyklus des Magnetfeldes darstellen und durch folgende Integrale gegeben sind:

$$\overline{F_1(U)} = \frac{\omega}{2\pi}\int_0^{\frac{2\pi}{\omega}} F_1(U(t'))\,dt', \qquad (9.111)$$

$$\overline{\bar{F}_1(U)} = \frac{\omega}{2\pi}\int_0^{\frac{2\pi}{\omega}} \bar{F}_1(U(t'))\,dt'. \qquad (9.112)$$

Genauso wie im Falle des in Abschnitt α behandelten Fehlstellentyps ist auch die Stabilisierungsenergie der Fehlstellen mit einem übernächsten Nachbarn bei der dynamischen Versuchsführung zu berechnen. Zusätzlich zu den zeitlichen Mittelwerten $\overline{F_1}$ und $\overline{\bar{F}_1}$ muß dann noch der zeitliche Mittelwert der Funktion F'_1 ermittelt werden. Die Mittelwerte $\overline{F_1(U)}$, $\overline{\bar{F}_1(U)}$ und $\overline{F'_1(U}$ sind periodische Funktionen der Zeit t. Sie werden jedoch nur im Grenzfalle kleiner Auslenkungen aus der Ruhelage sinusförmig von der Zeit abhängen.

δ) Zur Berechnung der Nachwirkungskonstanten $R_N(t)$

Die Wechselwirkungskonstanten $R_N(t)$ können grundsätzlich aus den in den Abschnitten α und β definierten Funktionen $F_1(U)$, $F'_1(U)$

und $\overline{F_1(U)}$ durch zweifache Ableitung nach der Verschiebung U ermittelt werden. Dieses Verfahren ist jedoch ziemlich umständlich, da zunächst eine Integration und dann eine zweimalige Differentiation auszuführen ist. Man gelangt mit wesentlich weniger Aufwand zum Ziele, wenn wir auf die Integrale den Fourierintegralsatz anwenden. Mit

$$\tilde{E}(z-U) = \frac{1}{2\pi} \int\limits_{-\infty}^{\infty} \int\limits_{-\infty}^{\infty} \exp[-i\lambda(\xi-z+U)]\,E(\xi)\,d\xi\,d\lambda \qquad (9.113)$$

lassen sich die Funktionen F_1, $\bar{F}_1$, F_1' folgendermaßen umschreiben:

$$F_1(U) = \sum_i \int\limits_{-\infty}^{\infty} \tilde{E}_{i,(+)}(\lambda)\tilde{E}_{i,(-)}(-\lambda)e^{-i\lambda U}\,d\lambda, \qquad (9.114)$$

$$\bar{F}_1(U) = n_E \int\limits_{-\infty}^{\infty} \tilde{\bar{E}}_{(+)}(\lambda)\tilde{\bar{E}}_{(-)}(-\lambda)e^{-i\lambda U}\,d\lambda, \qquad (9.115)$$

$$F_1'(U) = \int\limits_{-\infty}^{\infty} \tilde{E}_{i\perp(+)}(\lambda)\tilde{E}_{i(-)}(-\lambda)e^{-i\lambda U}\,d\lambda, \qquad (9.116)$$

wobei die $\tilde{E}_{i,\pm}(\lambda)$ die in Abschnitt 9.3 definierten Fouriertransformierten bedeuten. Da, wie im folgenden noch gezeigt wird, $\tilde{E}_{i,(\pm)}(\lambda)$ für $\lambda \to \infty$ stärker wie $\dfrac{1}{\lambda}$ gegen Null geht, dürfen wir für kleine Auslenkungen U die Exponentialfunktion in Gl. (9.114) bis Gl. (9.116) in eine Potenzreihe entwickeln und erhalten dann für die zweite Ableitung der Funktion F_1, wenn wir die Reihe nach dem dritten Glied abbrechen,

$$\frac{d^2 F_1(U)}{dU^2} = -\sum_i \int\limits_{-\infty}^{\infty} \lambda^2 \tilde{E}_{i,(+)}(\lambda)\tilde{E}_{i,(-)}(-\lambda)\,d\lambda. \qquad (9.117)$$

Für die Funktionen $\bar{F}_1$ und F_1' ergeben sich entsprechende Beziehungen. Für die Wechselwirkungskonstanten erhalten wir nun bei Berücksichtigung von Gl. (8.21), Gl. (9.103), Gl. (9.107.a) sowie Gl. (9.114) bis Gl. (9.116) für Fehlstellen mit nur nächsten Nachbarn

$$R_N(t) = L_3^2 \frac{c\left(1-e^{-\frac{t}{\tau}}\right)}{n_E kT} \left\{ \int\limits_{-\infty}^{\infty} \lambda^2 \sum_i^{n_E} \{\tilde{E}_{i(+)}(\lambda)\tilde{E}_{i(-)}(-\lambda) - \tilde{\bar{E}}_{(+)}(\lambda)\tilde{\bar{E}}_{(-)}(-\lambda)\}\,d\lambda \right\}$$

$$\qquad (9.118)$$

und bei Fehlstellen mit einem übernächsten Nachbarn

$$R_N(t) = \frac{L_3^2 c}{n_E 2kT}\left[\left(1 - e^{-\frac{t}{\tau_1}}\right)\int\limits_{-\infty}^{\infty} \sum_{i=1}^{n_E}\{(\tilde{E}_{i(+)}(\lambda)\,\tilde{E}_{i(-)}(-\lambda) + \tilde{E}_{i(+)}(\lambda)\,\tilde{E}_{i\perp(-)}(-\lambda)\right.$$

$$-\tilde{\tilde{E}}_{(+)}(\lambda)\,\tilde{\tilde{E}}_{(-)}(-\lambda)\}\,\lambda^2 d\lambda$$

$$+\,(1 - e^{-\frac{t}{\tau_2}})\int\limits_{-\infty}^{\infty}\sum_{i=1}^{n_E}\{\tilde{E}_{i(+)}(\lambda)\,\tilde{E}_{i(-)}(-\lambda)$$

$$\left.-\tilde{E}_{i(+)}(\lambda)\;\tilde{E}_{i\perp(-)}(-\lambda)\}\,\lambda^2\,d\lambda\right]. \tag{9.119}$$

c) Die Stabilisierungsenergie bei der Diffusionsnachwirkung

Reine Diffusionsnachwirkung tritt immer dann auf, wenn die Punktsymmetrie der betreffenden Fehlstelle mit der Punktsymmetrie des idealen Gitters übereinstimmt. Fehlstellen dieser Art sind die Leerstelle in kubisch flächenzentrierten Kristallen und auch die Leerstellen in kubisch raumzentrierten und hexagonalen Gittern, sofern eine Aufspaltung in zwei Halbleerstellen entsprechend Fig. 37b und Fig. 47 nicht auftritt. Von den Fehlstellen mit niedrigerer Punktsymmetrie als das ideale Gitter geben die Zwischengitteratome in der Crowdion-Konfiguration Anlaß zur reinen Diffusionsnachwirkung.

α) Fehlstellen mit der Punktsymmetrie des Grundgitters

Wir bestimmen zunächst die Stabilisierungsenergie bei der statischen Versuchsführung. Im Zeitintervall $0 < t < t_0$ liege die Blochwandmitte bei $z = 0$ und zur Zeit t_0 werden die Blochwand um die Strecke U aus ihrer ursprünglichen Gleichgewichtslage ausgelenkt. Dann lautet die Stabilisierungsenergie der Blochwand gemäß Gl. (8.6) und Gl. (9.95)

$$w_s^B(t_0) = \frac{(-)\bar{c}\,\delta_0}{2\pi kT}\int\limits_{-\infty}^{\infty}\int\limits_{-\infty}^{\infty}\int\limits_{-\infty}^{\infty}[1 - \exp(-\lambda^2 t_0)]e^{i\lambda(\xi-\eta)}\,\bar{E}(\eta)\bar{E}(\xi-s)\,d\eta\,d\lambda\,d\xi, \tag{9.120}$$

wobei

$$s = U/\delta_0$$

gilt und der Mittelwert $\bar{E}$ in dem hier betrachteten Falle mit der Wechselwirkungsenergie E_i der Fehlstelle identisch ist. Führen wir die in Abschnitt 9.3 definierten Fouriertransformierten $\tilde{\bar{E}}_{(+)}(\lambda)$ und $\tilde{\bar{E}}_{(-)}(-\lambda)$ ein, so können wir die Integration über η und ξ in Gl. (9.120) unmittelbar ausführen und erhalten dann

$$w_s^B(t_0) = \frac{(-)2\pi\bar{c}\,\delta_0}{kT} \int\limits_{-\infty}^{\infty} [1-\exp(-\lambda^2 t_0)]\, e^{i\lambda s}\tilde{\bar{E}}_{(-)}(-\lambda)\,\tilde{\bar{E}}_{(+)}(\lambda)\,d\lambda.$$

$$(9.121.a)$$

Schließlich wollen wir die Stabilisierungsenergie noch für den Fall einer dynamischen Versuchsführung berechnen. Dann muß in Gl. (9.120) die Größe $\tilde{\bar{E}}(\eta)$ durch $\tilde{\bar{E}}_0(\eta)$ gemäß Gl. (9.91) ersetzt werden. Die Stabilisierungsenergie lautet dann bei Berücksichtigung von Gl. (9.112)

$$w_s^B(t_0) = \frac{(-)\bar{c}\,\delta_0}{2\pi kT}\,\frac{\omega}{2\pi}\int\limits_{-\infty}^{\infty}\int\limits_{-\infty}^{\infty}\int\limits_{-\infty}^{\infty}\int\limits_{0}^{\frac{2\pi}{\omega}} (1-e^{-\lambda^2 t_0})\exp\left[i\lambda(\xi-\eta)\right]\bar{E}(\eta-s(t_0))$$
$$\cdot\,\bar{E}(\xi-s(t_0'))\,d\lambda\,d\eta\,d\xi\,dt_0'.$$

Führen wir die Integration über η,ξ,t_0' aus, so ergibt sich bei Berücksichtigung von Gl. (9.91)

$$w_s^B(t_0) = -\frac{2\pi\bar{c}\,\delta_0}{kT}\int\limits_{-\infty}^{\infty} (1-e^{-\lambda^2 t_0})\,\tilde{\bar{E}}_{(+)}(\lambda)\,\tilde{\bar{E}}_{0,(-)}(-\lambda)\,e^{i\lambda s(t_0)}\,\overline{e^{-i\lambda s(t_0')}}\,d\lambda,$$

wobei der zeitliche Mittelwert $\overline{e^{-i\lambda s(t_0')}}$ durch

$$\overline{e^{-i\lambda s(t_0')}} = \frac{\omega}{2\pi}\int\limits_{0}^{\frac{2\pi}{\omega}} e^{-i\lambda s(t_0')}\,dt_0'$$

gegeben ist. Wir erhalten dann für $w_s^B(t_0)$ bis auf den Faktor $\overline{e^{-i\lambda s(t_0')}}$ denselben Ausdruck für die Stabilisierungsenergie, wie er bei der statischen Versuchsführung erhalten wurde. Bei einer rein sinusförmigen Bewegung der Blochwand ergibt sich für den zeitlichen Mittelwert

$$\overline{e^{-i\lambda s_0 \sin\omega t_0'}} = J_0(\lambda s_0)$$

und für die Stabilisierungsenergie

$$w_s^B(t_0) = -\frac{2\pi\bar{c}\,\delta_0}{kT}\int\limits_{-\infty}^{\infty} (1-e^{-\lambda^2 t_0})\,\tilde{\bar{E}}_{(+)}(\lambda)\,\tilde{\bar{E}}_{0(-)}(\lambda)\,J_0(\lambda s_0)\,e^{i\lambda s(t_0)}\,d\lambda,$$

$$(9.121.b)$$

wo J_0 die Besselfunktion nullter Ordnung bedeutet.

β) Die Stabilisierungsenergie für große Zeiten $(t_0\to\infty)$

Die Stabilisierungsenergie beträgt für große Zeiten $(t_0\to\infty)$ nach Gl. (9.121.a)

$$w_s^B(\infty) = \frac{(-)2\pi\bar{c}\,\delta_0}{kT}\int\limits_{-\infty}^{\infty} e^{i\lambda s}\,\tilde{\bar{E}}_{(-)}(-\lambda)\,\tilde{\bar{E}}_{(+)}(\lambda)\,d\lambda.$$

$$(9.122)$$

Gl. (9.122) können wir noch vereinfachen, wenn wir berücksichtigen, daß häufig bei 180°-Blochwänden $\bar{E}_{(-)} = \bar{E}_{(+)}$ gilt. Führen wir außerdem die Fouriertransformierte

$$\tilde{\bar{E}}_s^2 = \frac{1}{2\pi} \int\limits_{-\infty}^{\infty} e^{i\lambda s} \, \bar{E}_{(+)}^2(\lambda) \, d\lambda$$

ein, so lautet die Stabilisierungsenergie für große Zeiten

$$w_s^B(\infty) = \frac{(-)4\pi^2 \bar{c}\,\delta_0}{kT} \, \tilde{\bar{E}}_s^2(s).$$

Wenn wir voraussetzen, daß die relative Auslenkung s der Blochwand klein ist, so dürfen wir, wie in Abschnitt 9.4.b, die Exponentialfunktionen in Gl. (9.122) wiederum in eine Potenzreihe entwickeln. Für die Wechselwirkungskonstante $R_N(\infty)$ ergibt sich dann

$$R_N(\infty) = L_3^2 \, \frac{2\pi\bar{c}}{\delta_0 kT} \int\limits_{-\infty}^{\infty} \lambda^2 \, \tilde{\bar{E}}_{(+)}(\lambda) \, \tilde{\bar{E}}_{(-)}(-\lambda) \, d\lambda. \tag{9.123}$$

γ) Näherungsformeln für kleine Zeiten ($t_0 < 1$)

Bei kleinen Zeiten $t_0 < 1$ dürfen wir die Exponentialfunktion in Gl. (9.121.a) in eine Taylorreihe entwickeln und erhalten dann für die Stabilisierungsenergie der Diffusionsnachwirkung

$$w_s^B(t_0) = \frac{2\pi\bar{c}\,\delta_0}{kT} \sum_{n=1}^{\infty} \frac{(-t_0)^n}{n!} \int\limits_{-\infty}^{\infty} \lambda^{2n} \, \tilde{\bar{E}}_{(-)}(-\lambda) \, \tilde{\bar{E}}_{(+)}(\lambda) \, e^{i\lambda s} \, d\lambda \tag{9.124}$$

Beschränken wir uns ferner auf kleine Auslenkungen der Blochwände aus ihrer Ruhelage ($s \ll 1$), so dürfen wir auch den Faktor $e^{i\lambda s}$ in eine Reihe nach Potenzen von (λs) entwickeln. Berücksichtigen wir nur Glieder 4. Ordnung in λ, so lautet der von der Verschiebung s abhängige Anteil der Stabilisierungsenergie

$$\Delta w_s^B(t_0) = \frac{2\pi\bar{c}\,\delta_0}{kT} \, s^2 t_0 \int\limits_{-\infty}^{\infty} \lambda^4 \, \tilde{\bar{E}}_{(-)}(-\lambda) \, \tilde{\bar{E}}_{(+)}(\lambda) \, d\lambda. \tag{9.125}$$

Nach Gl. (9.125) nimmt die Stabilisierungsenergie bei kleinen Zeiten linear mit t_0 ab und hängt quadratisch von der Verschiebung s ab. Die Wechselwirkungskonstante $R_N(t_0)$ beträgt

$$R_N(t_0) = L_3^2 \frac{4\pi\bar{c}\,t_0}{kT\,\delta_0} \int\limits_{-\infty}^{\infty} \lambda^4 \tilde{\bar{E}}_{(-)}(-\lambda)\,\tilde{\bar{E}}_{(+)}(\lambda)\,d\lambda. \tag{9.126}$$

δ) Das Einmündungsverhalten der Stabilisierungsenergie bei großen Zeiten ($t_0 > 1$)

Für die experimentelle Untersuchung der Diffusionsnachwirkung ist die Zeitabhängigkeit dieser Nachwirkungserscheinung von großem Interesse, da bei großen Zeiten zwischen der Diffusions- und der Orientierungsnachwirkung in qualitativer Hinsicht Unterschiede bestehen. Wir werden im folgenden sehen, daß die Diffusionsnachwirkung nicht wie die Orientierungsnachwirkung durch ein exponentielles Zeitgesetz, sondern durch ein Polynom nach Potenzen in $(t_0)^{-n-1/2}$ beschrieben werden kann. Man ist damit durch Messung der Zeitabhängigkeit bei großen Zeiten in der Lage, zwischen der Orientierungs- und der Diffusionsnachwirkung zu unterscheiden.

Zur Berechnung der Stabilisierungsenergie bei großen Zeiten knüpfen wir wieder an Gl. (9.121.a) an. Wenn wir die Stabilisierungsenergie bei unendlich großen Zeiten als bekannt voraussetzen, so läßt sich Gl. (9.121.a) folgendermaßen schreiben:

$$w_s^B(t_0) = w_s^B(\infty) + \frac{2\pi\bar{c}\,\delta_0}{kT} \int\limits_{-\infty}^{\infty} e^{-\lambda^2 t_0} e^{i\lambda s} \tilde{\bar{E}}_{(-)}(-\lambda)\tilde{\bar{E}}_{(+)}(\lambda)\,d\lambda. \tag{9.127}$$

In Gl. (9.127) ist eine Aufspaltung der Stabilisierungsenergie in einen von der Zeit unabhängigen Anteil $w_s^B(\infty)$, der gemäß Gl. (9.122) zu berechnen ist, und einen von der Zeit abhängigen Anteil vorgenommen, der für $t_0 \to \infty$ verschwindet.

Zur Integration von Gl. (9.127) gehen wir davon aus, daß bei großen t_0 der Exponentialfaktor $e^{-\lambda^2 t_0}$ bereits bei kleinen λ sehr kleine Werte annimmt, so daß wir zur Integration für $\tilde{\bar{E}}_{(-)}(-\lambda)\tilde{\bar{E}}_{(+)}(\lambda)$ die Reihenentwicklung dieses Ausdrucks für kleine λ in Gl. (9.127) einsetzen können. Allgemein lautet diese Reihenentwicklung

$$\tilde{\bar{E}}_{(-)}(-\lambda)\,\tilde{\bar{E}}_{(+)}(\lambda) = a_0 + a_2\lambda^2 + a_4\lambda^4 + a_6\lambda^6 + \cdots. \tag{9.128}$$

Die im zeitabhängigen Anteil auftretenden Integrale sind damit von der Form

$$J_{2n}(s) = \int\limits_{-\infty}^{\infty} \lambda^{2n}\,e^{-\lambda^2 t_0} \cos\lambda s\,d\lambda. \tag{9.129}$$

Die Ausführung der Integration liefert

$$J_{2n}(s)=(-)^n\frac{d^n}{dt_0^n}\int_{-\infty}^{\infty}e^{-\lambda^2 t_0}\cos(s\lambda)\,d\lambda=(-1)^n\frac{d^n}{dt_0^n}\sqrt{\frac{\pi}{t_0}}\,e^{-s^2/4t_0}. \qquad (9.130)$$

Für die Integrale J_0 bis J_6, deren Verlauf in Fig. 55 wiedergegeben ist, ergibt sich

$$J_0=\sqrt{\frac{\pi}{t_0}}\,e^{-s^2/4t_0},$$

$$J_2=\sqrt{\pi}\left(\frac{1}{2(t_0)^{3/2}}-\frac{s^2}{4(t_0)^{5/2}}\right)e^{-s^2/4t_0},$$

$$J_4=\sqrt{\pi}\left(\frac{3}{4}\frac{1}{(t_0)^{5/2}}-\frac{3}{4}\frac{s^2}{16(t_0)^{9/2}}\right)e^{-s^2/4t_0},$$

$$J_6=\sqrt{\pi}\left(\frac{15}{8}\frac{1}{(t_0)^{7/2}}-\frac{45}{16}\frac{s^2}{(t_0)^{9/2}}+\frac{15}{32}\frac{s^4}{(t_0)^{11/2}}-\frac{s^6}{64(t_0)^{13/2}}\right)e^{-s^2/4t_0}.$$

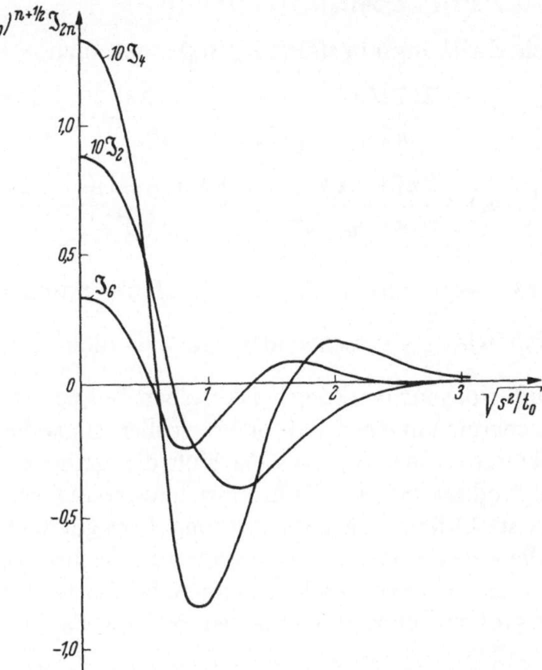

Fig. 55. Die s-Abhängigkeit der Integrale $J_{2n}(s)$.

Für die gesamte Stabilisierungsenergie erhalten wir somit

$$w_s^B(t_0) = w_s^B(\infty) + \frac{2\pi\bar{c}\,\delta_0}{kT} \sum_{n=0}^{\infty} a_{2n}\, J_{2n}(s,t_0). \qquad (9.131)$$

Gl. (9.131) ist besonders zur Berechnung der Stabilisierungsenergie für $t_0 > 1$ oder $\dfrac{s^2}{t_0} < 1$ geeignet. Sie kann jedoch auch für große Auslenkungen $s > 1$ benützt werden.

Als wichtigstes Ergebnis unserer Rechnung ist festzuhalten, daß die Stabilisierungsenergie bei großen Auslenkungen der Blochwand wie $\exp(-s^2)$ verschwindet, während bei kleinen Zeiten dieser Abfall nur wie $\exp(-2s)$ erfolgt. Für die Stabilisierungsenergie bei kleinen Auslenkungen $s\,(s^2 \ll 4t_0)$ findet man

$$
\begin{aligned}
w_s^B(t_0) = w_s^B(\infty) &+ \frac{2\pi^{3/2}\bar{c}\,\delta_0}{kT} \left\{ \frac{a_0}{(t_0)^{1/2}} + \frac{2a_2 - a_0 s^2}{4(t_0)^{3/2}} \right.\\
&+ \frac{24 a_4 - 12 a_2 s^2 + a_0 s^4}{32(t_0)^{5/2}} \\
&+ \left. \frac{720 a_6 - 360 a_4 s^2 + 30 a_2 s^4 - a_0 s^6}{384(t_0)^{7/2}} + \cdots \right\}.
\end{aligned}
\qquad (9.132)
$$

Für die Wechselwirkungskonstante $R_N^{III}(t_0)$ erhält man

$$
\begin{aligned}
R_N^{III}(t_0) &= R_N^{III}(\infty) - \frac{2\pi\bar{c}\sqrt{\pi}\,L_3^2}{kT\delta_0} \left\{ \frac{a_0}{2(t_0)^{3/2}} + \frac{3a_2}{4(t_0)^{5/2}} + \frac{15a_4}{8(t_0)^{7/2}} + \cdots \right\} \\
&= R_N^{III}(\infty) - \frac{2\pi\bar{c}\sqrt{\pi}\,L_3^2}{kT\delta_0} \sum_{n=0}^{\infty} a_{2n} \frac{1\cdot3..(2n-1)(2n+1)}{(2)^{n+1}} \frac{1}{(t_0)^{3/2+n}}.
\end{aligned}
$$

$$(9.133)$$

Aus Gl. (9.133) geht hervor, daß die Wechselwirkungskonstante bei großen Zeiten wie $\dfrac{1}{t_0^{3/2}}$ verschwindet. Da außerdem die Relaxationszeit τ_D der Diffusionsnachwirkung bei derselben Temperatur und gleicher Aktivierungsenergie um einen Faktor 10^5 größer ist als die Relaxationszeit der Orientierungsnachwirkung, verläuft die zeitliche Abnahme der Anfangsuszeptibilität bei der Diffusionsnachwirkung wesentlich langsamer als bei der Orientierungsnachwirkung. Dies gilt auch für den Fall, daß τ_D und die Relaxationszeit der Orientierungsnachwirkung vergleichbar groß sind, da die exponentielle Abnahme bei der Orientierungsnachwirkung bei großen Zeiten immer steiler verläuft als das Potenzgesetz

$$\frac{1}{t_0^{3/2}}.$$

In Fig. 56 ist ein Beispiel für den zeitlichen Verlauf der Größe $R_N^{III}(\infty) - R_N^{III}(t_0)$ dargestellt. Die wiedergegebene Kurve bezieht sich auf eine (112)-180°-Blochwand in Nickel. Der Berechnung wurden die in Abschnitt 10.3.a.β für die Diffusionsnachwirkung der Leerstellen ab-

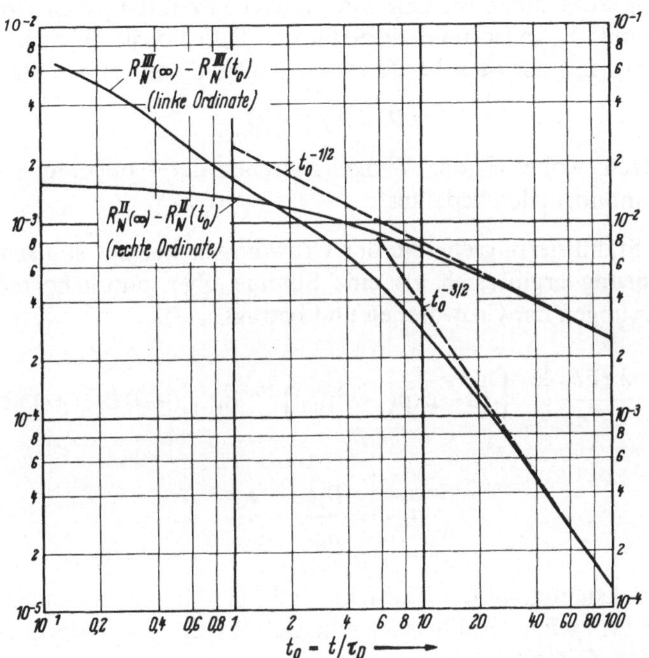

Fig. 56. Die Zeitabhängigkeit der Nachwirkungskonstanten der Diffusionsnachwirkung (R_N^{III}) und des Korrekturgliedes der kombinierten Nachwirkung (R_N^{II}, vgl. Abschnitt 9.4.e). Berechnet für eine (112)-180°-Blochwand. Für die Blochwandparameter δ_0 und ε wurden die in Tab. 6 für Raumtemperatur angegebenen Werte zugrunde gelegt. $R_N^{III}(\infty) - R_N^{III}(t_0)$ in Einheiten von $\dfrac{\pi \bar{c} \delta_0 (\bar{\varepsilon})^2 L_3^2}{n_E kT}$. $R_N^{II}(\infty) - R_N^{II}(t_0)$ wurde für Fehlstellen mit orthorhombischer Symmetrie berechnet. (Vgl. Abschnitt 10.4.a.β.) Angegeben in Einheiten $\dfrac{2\pi \bar{c} \delta_0 \bar{\varepsilon} \varepsilon_1^2 L_3^2}{n_E (kT)^2}$.

geleiteten Beziehungen zugrundegelegt. Wie in Abschnitt 10.4.a.β gezeigt wird, sind diese Beziehungen auch für die Diffusionsnachwirkung von Fehlstellen mit geringerer Symmetrie als der kubischen anwendbar. Der doppellogarithmischen Darstellung in Fig. 56 entnimmt man, daß sich für $t_0 > 10$ der zeitliche Verlauf von $R_N^{III}(t_0)$ in guter Näherung durch ein $t_0^{-3/2}$-Gesetz darstellen läßt.

d) Die Diffusionsnachwirkung der Crowdionen

Crowdionen zeichnen sich gegenüber anderen Fehlstellen dadurch aus, daß sie sich nur längs einer bestimmten dichtest gepackten Gittergeraden bewegen können. Bei kubisch flächenzentrierten Gittern ist dies die $\langle 110 \rangle$-Richtung und bei kubisch raumzentrierten Gittern die $\langle 111 \rangle$-Richtung. Bezeichnen wir den Diffusionskoeffizienten parallel zur Laufgeraden mit D_0, so ist in Gl. (9.79) für den Diffusionskoeffizienten D_i des Crowdions mit der i-ten Laufgeraden gemäß Gl. (9.75) der Wert

$$D_i = D_0 \cos^2 \Theta_i \qquad (9.134)$$

einzusetzen, wobei Θ_i den Winkel zwischen der Laufgeraden und der Blochwandnormalen bedeutet.

Die Stabilisierungsenergie der Crowdionen bei der statischen Versuchsführung ergibt sich als eine Summe über sämtliche möglichen Orientierungen der Crowdionen und beträgt

$$w_s^B = -\frac{2\pi \bar{c} \delta_0}{kT n_E} \sum_i^{n_E} \int_{-\infty}^{\infty} [1 - \exp(-\lambda^2 t_{0,i})] e^{i\lambda s} \tilde{E}_{(-),i}(-\lambda)\tilde{E}_{(+),i}(\lambda)\, d\lambda \quad (9.135)$$

mit

$$t_{0,i} = \frac{D_i t}{\delta_0^2} = \frac{t}{\tau_{D_i}}.$$

Bei Berücksichtigung der Tatsache, daß bei 180°-Blochwänden die Beziehung $E_{(-)} = E_{(+)}$ erfüllt ist, ergibt sich für die Stabilisierungsenergie bei großen Zeiten $t_{0,i} \to \infty$

$$w_s^B(\infty) = \frac{4\pi^2 \delta_0 \bar{c}}{kT} \sum_i^{n_E} \tilde{E}_{s,i}^{(2)}(s), \qquad (9.136)$$

wobei $\tilde{E}_{s,i}^{(2)}$ wie in Abschnitt β die Fouriertransformierte

$$\tilde{E}_{s,i}^{(2)}(s) = \frac{1}{2\pi} \int_{-\infty}^{\infty} e^{i\lambda s} \tilde{E}_{(+),i}^2(\lambda)\, d\lambda \qquad (9.137)$$

bedeutet.

e) Die kombinierte Orientierungs-Diffusionsnachwirkung

α) Allgemeine Theorie

Fehlstellen, die bei einer Reorientierung ihrer Anisotropieachse ihren Schwerpunkt verlagern, rufen entsprechend unseren Ausführungen in Kapitel 5 eine kombinierte Orientierungs-Diffusionsnachwirkung hervor. Fehlstellen dieser Art sind die Zwischengitterhanteln in kubisch-flächenzentrierten Metallen, die aufgespaltenen Leerstellen in kubisch-raumzentrierten und hexagonalen Metallen sowie die Doppelleerstellen in kubischen und hexagonalen Metallen.

Zur Berechnung der Stabilisierungsenergie knüpfen wir an die für die Orientierungsnachwirkung abgeleiteten Beziehungen an. Man gewinnt aus diesen Ausdrücken die Stabilisierungsenergie der kombinierten Nachwirkung, indem wir für c die durch Gl. (9.88) gegebene ortsab-hängige Konzentration der Gitterfehler einsetzen und unter das Inte-gralzeichen schreiben. Die Beziehungen, die man bei diesem Vorgehen erhält, sind relativ kompliziert, da sich die Zeitabhängigkeit der Orien-tierungs- und der Diffusionsnachwirkung überlagern. Nach dem in Abschnitt 9.3.a gesagten verläuft die Orientierungsnachwirkung jedoch um einen Faktor 10^4 bis 10^6 schneller als die Diffusionsnachwirkung. Deshalb können wir für $t > \tau$ davon ausgehen, daß in den verschiedenen Orientierungen der Gitterfehler die Gleichgewichtseinstellung bereits stattgefunden hat. Die Konzentration der Fehlstellen in der i-ten Po-sition beträgt dann

$$c_i(\xi,t) = \frac{c(\xi,t)}{n_E}\left(1 - \frac{E_i(\xi) - \bar{E}(\xi)}{kT}\right), \qquad (9.138)$$

wobei $c(\xi,t)$ durch Gl. (9.88) bzw. Gl. (9.95) gegeben ist.

Die Stabilisierungsenergie bestimmen wir zunächst wieder für den Fall einer statischen Versuchsführung. Dann ergibt sich nach Gl. (8.6) (siehe auch Abschnitt 9.4.b)

$$w_s^B = \sum_i^{n_E} \int_{-\infty}^{\infty} \{c_i(\xi,t)E_i(\xi-s) - c_0\bar{E}(\xi-s)\}\delta_0\,d\xi, \qquad (9.139)$$

wobei die Substitution $z = \delta_0\xi$ vorgenommen wurde. Zur weiteren Be-rechnung von w_s^B setzen wir Gl. (9.138) in Gl. (9.139) ein und ersetzen außerdem die Gesamtkonzentration $c(\xi,t)$ gemäß Gl. (9.84) durch

$$c(\xi,t) = \bar{c} + c_1(\xi,t). \qquad (9.140)$$

Dann lautet die Stabilisierungsenergie folgendermaßen:

$$w_s^B(t,s) = (-)\frac{\bar{c}}{n_E kT}\int_{-\infty}^{\infty}(E_i(\xi) - \bar{E}(\xi))E_i(\xi-s)\delta_0\,d\xi$$

$$- \int_{-\infty}^{\infty}c_1(\xi,t)\bar{E}(\xi-s)\delta_0\,d\xi + \frac{1}{n_E kT}\int_{-\infty}^{\infty}c_1(\xi,t)\{E_i(\xi) \qquad (9.141)$$

$$- \bar{E}(\xi)\}E_i(\xi-s)\delta_0\,d\xi,$$

wobei c_1 gemäß Gl. (9.84) und Gl. (9.88) zu berechnen ist. Nach Gl. (9.141) kann man die Stabilisierungsenergie als eine Summe von drei Einzeltermen darstellen. Allgemein gilt dann

$$w_s^B = w_{s,I}^B + w_{s,II}^B + w_{s,III}^B \,, \tag{9.142}$$

wobei diese drei Energieterme folgende Bedeutung haben:

$$w_{s,I}^B = (-)\frac{\bar{c}}{n_E k T}(F_1(s) - \bar{F}_1(s)) \tag{9.143}$$

entspricht der Stabilisierungsenergie infolge der Reorientierung der Fehlstellen für $t > \tau$ (vgl. Gl. (9.103)). Der Anteil

$$w_{s,II}^B = (-)\frac{\bar{c}\delta_0}{2\pi n_E(kT)^2}\sum_i^{n_E} \iiint\limits_{-\infty}^{\infty} (1 - \exp(-\lambda^2 t_0))\exp[i\lambda(\xi - \eta)]$$

$$\times \bar{E}(\eta)(E_i(\xi) - \bar{E}(\xi)) \times E_i(\xi - s)d\eta\, d\lambda\, d\xi \tag{9.144}$$

stellt eine Korrektur der Stabilisierungsenergie $w_{s,I}^B$ dar, die von der örtlichen Variation der mittleren Konzentration der Fehlstelle infolge ihrer Diffusion herrührt. Auf diesen Anteil zur Stabilisierungsenergie hat erstmals KLEIN [1] hingewiesen. Schließlich bedeutet

$$w_{s,III}^B = (-)\frac{\bar{c}\delta_0}{2\pi kT} \iiint\limits_{-\infty}^{\infty} [1 - \exp(-\lambda^2 t_0)]\exp[i\lambda(\xi - \eta)]$$

$$\times \tilde{\bar{E}}(\eta)\bar{E}(\xi - s)d\eta\, d\lambda\, d\xi \tag{9.145}$$

die Stabilisierungsenergie der reinen Diffusionsnachwirkung. Gl. (9.144) und Gl. (9.145) können wir noch einfacher schreiben. Indem wir die Integration über η und ξ ausführen und die durch Gl. (9.114), Gl. (9.115) sowie Gl. (9.87) definierten Fouriertransformierten $\tilde{F}_{1(+)}$ und $\bar{F}_{1(+)}$ einführen, ergibt sich

$$w_{s,II}^B = \frac{(-)2\pi\bar{c}\delta_0}{n_E(kT)^2} \int\limits_{-\infty}^{\infty} [1 - \exp(-\lambda^2 t_0)]\tilde{\bar{E}}_{(-)}(-\lambda)\{\tilde{F}_{1(+)}(s,\lambda)$$

$$- \tilde{\bar{F}}_{1(+)}(s,\lambda)\}\, d\lambda \tag{9.146}$$

und

$$w_{s,III}^B = \frac{(-)2\pi\bar{c}\delta_0}{kT} \int\limits_{-\infty}^{\infty} [1 - \exp(-\lambda^2 t_0)]\tilde{\bar{E}}_{(-)}(-\lambda)\tilde{\bar{E}}_{(+)}(\lambda)e^{i\lambda s}\, d\lambda\,. \tag{9.147}$$

Mit Hilfe der in Tab. 9 aufgeführten Größen $\bar{E}$ und $F_{1(+)} - \bar{F}_{1(+)}$ ergibt sich die Stabilisierungsenergie der reinen Diffusionsnachwirkung als proportional zu $\bar{\varepsilon}^2/kT$, während man für das Korrekturglied $w_{s,\,II} \propto \varepsilon_1^2 \bar{\varepsilon}/(kT)^2$ erhält. Der Anteil des Korrekturgliedes zur gesamten Stabilisierungsenergie ist demnach um einen Faktor der Größenordnung ε_1/kT kleiner als der Beitrag der reinen Diffusionsnachwirkung. Bei Raumtemperatur ist dieser Faktor etwa von der Größenordnung 1/100 bis 1/20, so daß das Korrekturglied im allgemeinen keine große Rolle spielen wird.

Die bisher abgeleiteten Beziehungen gelten für den Fall einer statischen Versuchsführung. Bei dynamischer Versuchsführung lassen sich wie im Falle der Orientierungsnachwirkung wieder einfache Beziehungen angeben, wenn die Bedingung $t \gg \dfrac{2\pi}{\omega}$ erfüllt ist. Anstelle von Gl. (9.138) ist dann für die Konzentration c_i in Gl. (9.139) die Beziehung

$$c_i(\xi,t) = \frac{c(\xi,t)}{n_E} \left(1 - \frac{\overline{E_i(\xi)} - \overline{\bar{E}(\xi)}}{kT} \right) \tag{9.148}$$

einzusetzen, wobei $\overline{E_i(\xi)}$ und $\overline{\bar{E}(\xi)}$ folgende zeitlichen Mittelwerte bedeuten:

$$\overline{E_i(\xi)} = \frac{\omega}{2\pi} \int\limits_0^{\frac{2\pi}{\omega}} E_i(\xi - s(t'')) \, dt'', \tag{9.149}$$

$$\overline{\bar{E}(\xi)} = \frac{\omega}{2\pi} \int\limits_0^{\frac{2\pi}{\omega}} \bar{E}(\xi - s(t'')) \, dt''. \tag{9.150}$$

β) Die Stabilisierungsenergie bei kleinen Zeiten ($t_0 < 1$)

Die Stabilisierungsenergie $w^B_{s,\,III}(\infty)$ ist durch dieselbe Gleichung wie die Stabilisierungsenergie der reinen Diffusionsnachwirkung gegeben (vgl. Gl. (9.147) und Gl. (9.121.a)). Für die Stabilisierungsenergie bei kleinen Zeiten gelten demnach die bereits in Abschnitt 9.4.c abgeleiteten Beziehungen. Die Stabilisierungsenergie $w^B_{s,\,II}$ für kleine Zeiten erhält man nach der in Abschnitt 9.4.c besprochenen Methode durch Entwicklung des Exponentialgliedes in Gl. (9.146). Wir verzichten auf die Angabe des mathematischen Ausdrucks für $w^B_{s,\,II}$, da dieser von derselben Form wie Gl. (9.124) ist, nur daß im Integranden die Größe $\tilde{\bar{E}}_{(+)} \tilde{\bar{E}}_{(-)}$ durch $\tilde{\bar{E}}_{(-)}(\tilde{F}_{1(+)} - \tilde{F}_{1(-)})$ zu ersetzen ist. Sowohl bei der Diffusionsnachwirkung als auch bei der kombinierten Nachwirkung ist das erste Glied der Reihenentwicklung proportional zu t_0. Die Zeitabhängigkeit der

Diffusions- und der kombinierten Nachwirkung unterscheidet sich demnach bei kleinen Zeiten qualitativ nicht.

γ) Die Stabilisierungsenergie bei großen Zeiten $(t_0 > 1)$

Die Zeitabhängigkeit der Stabilisierungsenergie $w^B_{s,III}$ ist durch die in Abschnitt 9.4.c.δ abgeleitete Gleichung (9.132) für die reine Diffusionsnachwirkung gegeben. Zur Bestimmung der Stabilisierungsenergie $w^B_{s,II}$ entwickeln wir die Funktion $\tilde{\tilde{E}}_{(-)}(\tilde{F}_1 - \tilde{\tilde{F}}_1)$ in eine Potenzreihe

$$\tilde{\tilde{E}}_{(-)}(-\lambda)(\tilde{F}_1(s,\lambda) - \tilde{\tilde{F}}_1(s,\lambda)) = \sum_{n=0}^{\infty} b_n(s)\lambda^n, \qquad (9.151)$$

wobei nun die Entwicklungskoeffizienten b_n von der Verschiebung s abhängig sind, da eine Abspaltung der s-Abhängigkeit in der in Abschnitt 9.4.c) durchgeführten Weise nicht mehr möglich ist. Denken wir uns die Stabilisierungsenergie $w^B_{s,II}$ für $t_0 \to \infty$ berechnet, so ergibt sich, wenn Gl. (9.151) in Gl. (9.146) eingesetzt wird,

$$w^B_{s,II}(t_0) = w^B_{s,II}(\infty) - \frac{2\pi\bar{c}\delta_0}{n_E(kT)^2} \sum_{n=0}^{\infty} b_{2n}(s) J'_{2n}(t_0), \qquad (9.152)$$

wobei die $J'_{2n}(t_0)$ folgendermaßen definiert sind:

$$J'_{2n}(t_0) = \int\limits_{-\infty}^{\infty} \lambda^{2n} e^{-\lambda^2 t_0} d\lambda = \frac{(2n-1)!!}{(2t_0)^n}\sqrt{\frac{\pi}{t_0}}. \qquad (9.153)$$

Für die Wechselwirkungskonstante $R_N(t_0)$ erhält man

$$R_N(t_0) = R_N(\infty) + \frac{L_3^2 2\pi\bar{c}\delta_0\sqrt{\pi}}{n_E(kT)^2} \frac{1}{(t_0)^{1/2}} \sum_{n=0}^{\infty} \frac{(2n-1)!!}{(2t_0)^n} \frac{d^2 b_{2n}^{(s)}}{ds^2}, \qquad (9.154)$$

wobei $(2n-1)!! = 1\cdot3\cdot5\ldots(2n-1)$ bedeutet und $(-1)!! = 1$ gilt.

Wie man Gl. (9.154) entnimmt, ist im Gegensatz zur Diffusionsnachwirkung das erste Glied der Stabilisierungsenergie $w^B_{s,II}$ proportional zu $1/t_0^{1/2}$. Die kombinierte Nachwirkung verläuft deshalb im allgemeinen langsamer als die reine Diffusionsnachwirkung.

Der für Doppelleerstellen berechnete zeitliche Verlauf der Größe $R_N^{II}(\infty) - R_N^{II}(t_0)$ ist in Fig. 56 für eine (112)-180°-Blochwand wiedergegeben. Die zur Berechnung erforderlichen Größen $F_{1(+)} - \bar{F}_{1(+)}$ und $\bar{E}$ sind Tab. 9 und 10 zu entnehmen. Zur Vereinfachung der Rechnung wurden die Wechselwirkungskonstanten ε_1 und ε_2 als gleich groß angenommen. Der doppellogarithmischen Auftragung ist zu entnehmen, daß ab $t_0 > 10$ die Nachwirkungskonstante $R_N^{II}(t_0)$ in guter Näherung durch ein $t_0^{-1/2}$-Gesetz wiedergegeben werden kann.

9.5. Diffusionsnachwirkung der Versetzungen

a) Magnetisches Kriechen der Versetzungen

In den vorhergehenden Abschnitten wurden die verschiedenen Nachwirkungserscheinungen infolge atomarer Gitterfehler untersucht. In Kristallen, die außer Punktfehlern auch Versetzungen enthalten, treten zusätzliche Nachwirkungserscheinungen auf, die von irreversiblen Sprüngen der Versetzungen herrühren. Derartige Versetzungsbewegungen können in Ferromagnetika durch die magnetostriktive Wechselwirkung zwischen den Blochwänden und den Versetzungen hervorgerufen werden. Blochwände erzeugen bekanntlich innere Spannungen, die auf eine Versetzungsschleife eine Kraft $\mathfrak{P}$ entsprechend der von PEACH und KÖHLER abgeleiteten Beziehung

$$\mathfrak{P} = \int_F (d\mathfrak{f} \times \nabla) \times (\sigma_B \cdot \mathsf{b}) = \int_b d\mathsf{l} \times (\sigma_B \cdot \mathsf{b}) \qquad (9.155)$$

ausüben, wobei σ_B den Spannungstensor der Blochwand, $d\mathsf{l}$ das Linienelement der Versetzungsschleife, $d\mathfrak{f}$ das vektorielle Flächenelement einer über die Versetzungsschleife aufgespannten Fläche F und b den Burgersvektor bedeutet. Das Entstehen einer Relaxationserscheinung infolge der

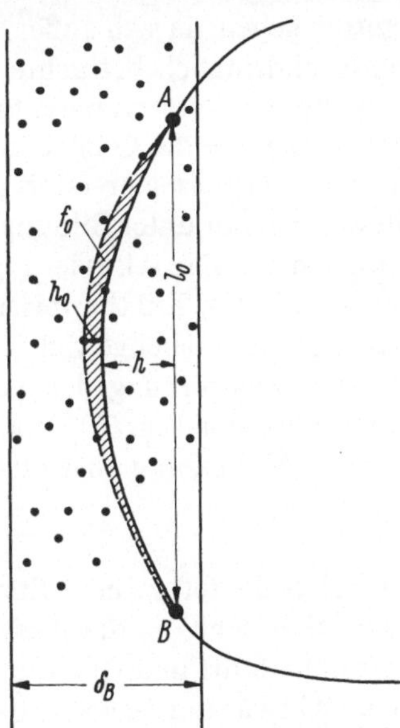

Fig. 57. Ausgewölbte Versetzung in einer Blochwand. Die schwarzen Punkte stellen Hindernisse dar. An den beiden Enden A und B soll die Versetzung blockiert sein.

Blochwandspannungen können wir folgendermaßen verstehen: Nach dem Entmagnetisieren nehmen die Blochwände Positionen ein, die eine möglichst kleine Wechselwirkungsenergie mit den Versetzungen besitzen. Auf die Versetzungen üben nun die magnetostriktiven Eigenspannungen der Blochwand eine Kraft aus. Unter dem Einfluß dieser Wechselwirkungskraft P können die Versetzungen sich bewegen und dabei Positionen mit kleinerer Wechselwirkungsenergie einnehmen. Die Versetzungen wandern dabei, je nach dem Vorzeichen der auf sie wirkenden Kraft, aus der Blochwand heraus, oder aber sie werden in die Blochwand hineingezogen. Bei diesem Vorgang vertieft sich die Potentialmulde, in der sich die Blochwand bewegt, so daß eine Abnahme der Beweglichkeit der Blochwand und damit auch eine zeitliche Abnahme der Anfangssuszeptibilität auftritt. Der weiteren Betrachtung legen wir folgendes einfache Modell zugrunde: Nach dem Entmagnetisieren liege die Versetzungslinie parallel zur Blochwand im Abstand z_0 von der Blochwandmitte (siehe Fig. 57). Die Versetzung sei an zwei Fixpunkten A und B fest verankert. Diese Fixpunkte können von sog. Waldversetzungen, welche die Gleitebene der primären Versetzungen durchstoßen und teilweise mit der Primärversetzung rekombinieren, gebildet werden. Unter dem Einfluß der auf sie einwirkenden Blochwandspannungen wird nun die Versetzung versuchen sich auszuwölben. Falls dieser Prozeß reibungslos ablaufen könnte, würde sich die Versetzung bis zu einem Krümmungsradius $\rho_\infty = Gb/2\sigma_B$ auswölben. Diese Auswölbung der Versetzung kann jedoch im allgemeinen nicht ohne Verzögerung vonstatten gehen, da sich außer den beiden Hindernissen A und B, die wir als undurchdringlich betrachten wollen, noch weitere Hindernisse der Bewegung der Versetzung entgegenstellen. Dabei handelt es sich um Versetzungen, die die Gleitebene der Primärversetzungen durchstoßen, um atomare Gitterfehler oder um Sprünge in der Versetzungslinie, deren Bewegung nur unter Bildung von Leerstellen oder Zwischengitteratomen möglich ist. Die Aktivierungsenergie zur Überwindung dieser Hindernisse muß zum Teil thermisch aufgebracht werden, so daß die Einstellung des stabilen Gleichgewichts eine endliche Zeit benötigt. Kennzeichnen wir die Auswölbung der Versetzung durch die Höhe h des Kreisausschnittes (siehe Fig. 57), so gilt für die Geschwindigkeit $\dot{h} = dh/dt$, mit der sich die Versetzung auswölbt, eine Arrheniusgleichung der Form

$$\dot{h} = v_0 h_0 \; e^{-G(h)/kT}. \tag{9.156}$$

Dabei bedeutet v_0 eine Sprungfrequenz von der Größenordnung der Debyefrequenz, h_0 die Auswölbung, die die Versetzung im Mittel pro Sprung erfährt, und $G(h)$ die zur Überwindung der Hindernisse erforderliche Aktivierungsenergie. $G(h)$ setzt sich gemäß

$$G(h) = G_0 + G_L(h) - G_B(h) \tag{9.157}$$

aus drei Anteilen zusammen. G_0 bedeutet die Aktivierungsenergie des Schneidprozesses, wenn die Versetzung geradlinig bleibt und keine

Blochwandspannungen den Schneidprozeß begünstigen, G_L ist die Arbeit, die zur Verlängerung der Versetzungsschleife beim Auswölben aufgebracht werden muß, und G_B ist die Arbeit, welche von den Eigenspannungen der Blochwand beim Schneidprozeß geleistet wird. Allgemein lauten diese zwei Energien

$$G_B = \frac{1}{l_0}\int P_z \, df_0, \qquad (9.158)$$

$$G_L = b \int \sigma_L \, df_0, \qquad (9.159)$$

wobei sich die Integration jeweils über die von der Versetzung bei einem Elementarsprung überstrichene Fläche f_0 erstreckt. Ferner bedeutet σ_L die Linienspannung der Versetzung, die bei einer Auswölbung h

$$\sigma_L = \frac{2Gbh}{l_0^2} \qquad (9.160)$$

beträgt (G = Schubmodul). Falls die bei einem Elementarsprung auftretenden Verschiebungen h_0 der Versetzung klein im Vergleich zur Blochwanddicke δ_B sind, können wir Gl. (9.158) und Gl. (9.159) leicht integrieren und erhalten dann

$$G_B = v\,\sigma_B(h),$$
$$G_L = v\,\sigma_L(h), \qquad (9.161)$$

wobei v das sogenannte Aktivierungsvolumen

$$v = (1/2)\,b\,l_0\,h_0 \qquad (9.162)$$

bedeutet. Bei kleinen Auswölbungen der Versetzungslinie dürfen wir für die Blochwandspannung σ_B auch eine Reihenentwicklung nach h in Gl. (9.161) einsetzen. Brechen wir die Reihe nach dem zweiten Glied ab, so gilt

$$\sigma_B(h) = \sigma_B(z_0) + h\,\frac{d\sigma_B}{dz}\bigg|_{z=z_0}. \qquad (9.163)$$

Mit Gl. (9.163) und Gl. (9.161) sowie Gl. (9.160) erhalten wir nun für die Aktivierungsenthalpie nach Gl. (9.157)

$$G = G_0 - v\,\sigma_B(z_0) + v\left\{\frac{2Gb}{l_0^2} - \frac{d\sigma_B}{dz}\bigg|_{z=z_0}\right\}h. \qquad (9.164)$$

Im allgemeinen ist $\dfrac{d\sigma_B}{dz} \ll \dfrac{2Gb}{l_0^2}$, so daß wir dieses Glied im folgenden vernachlässigen können. Wird Gl. (9.164) in Gl. (9.156) eingesetzt, so können wir die Arrheniusgleichung durch Trennung der Variablen sofort integrieren und erhalten

$$h(t) = \frac{kT\,l_0^2}{2Gvb}\{C_1 + \ln(t + C_2)\}, \tag{9.165}$$

mit
$$C_1 = -\ln C_2 = \ln\left(\frac{2Gbv}{vh_0kT}\;e^{-\frac{G_0 - v\,\sigma_B(z_0)}{kT}}\right). \tag{9.166}$$

Aus Gl. (9.165) geht hervor, daß sich die Versetzung nach einem logarithmischen Zeitgesetz bewegt. Bei großen Zeiten verliert diese Gesetzmäßigkeit ihre Gültigkeit, da dann die in Gl. (9.156) vernachlässigten Rücksprünge der Versetzungen eine Rolle zu spielen beginnen. Die durch Gl. (9.165) gegebene logarithmische Zeitabhängigkeit wird auch beim plastischen Kriechen der Metalle gefunden. Die oben entwickelte Theorie wurde in Anlehnung an die für diese Erscheinung von SEEGER [2] und KRONMÜLLER [2] gegebene Theorie abgeleitet.

b) Berechnung der Kraftkonstante R_0

Die von der Verschiebung der Versetzungen herrührende Vertiefung des Blochwandpotentials beschreiben wir, wie in Kapitel 8 dargelegt, durch eine von der Zeit abhängige Konstante $R_0(t)$. Zwischen der Kraft P, die von einer Versetzung auf eine Blochwand ausgeübt wird, und der Kraftkonstanten R_0, die die Wechselwirkung einer Vielzahl von Versetzungen mit der Blochwand beschreibt, besteht nach TRÄUBLE [1] folgender Zusammenhang:

$$R_0 = \frac{1}{1{,}7\,\delta_B F_B}\sqrt{N_v\,\delta_B\,\bar{\bar{S}}}\,\{[(M(P))^2]^{1/2} + D(P^2)^{1/2}\}. \tag{9.167}$$

Dabei bedeutet N_v die Versetzungsdichte pro cm^3, $\bar{S}$ die sich einheitlich bewegende Blochwandfläche, L_3 den mittleren Abstand der Blochwände,

$$M(P) = \frac{1}{\delta_B}\int_{-\infty}^{\infty} P\,dz \tag{9.168}$$

den Mittelwert der Kraft P und

$$D(P) = M(P^2) - (M(P))^2 \tag{9.169}$$

die Dispersion der Kraft P.

Der Mittelwert $M(P)$ entspricht nach Gl. (9.155) einer Mittelwertbildung über die inneren Spannungen der Blochwand. Nach dem Satz von ALBENGA verschwindet dieser Mittelwert im Falle einer inneren Spannung, so daß R_0 nun folgendermaßen lautet:

$$R_0 = \frac{1}{1{,}7\,\delta_B F_B}\sqrt{N_V\,\delta_B\,\bar{\bar{S}}}\,[M(P^2)]^{\frac{1}{2}}. \tag{9.170}$$

Um den Einfluß der Versetzungsbewegungen auf die Kraftkonstante bestimmen zu können, knüpfen wir an die physikalische Bedeutung der in Gl. (9.170) auftretenden Größe $\sqrt{N_V \delta_B \bar{S}}$ an. Dieser Ausdruck entspricht der mittleren statistischen Schwankung zwischen Versetzungen mit positivem und negativem Burgersvektor. Diese Schwankungen sind maßgebend für die auf die Blochwand wirkende resultierende Kraft. Infolge der Verschiebung der Versetzungen um eine Strecke $+h$ oder $-h$, je nach Vorzeichen des Burgersvektors, kommt es zu einer Vergrößerung der Schwankungen. Dies bedeutet aber, daß die Diffusion der Versetzungen unter dem Einfluß der Blochwandspannungen immer zu einer Vergrößerung der Konstanten R_0 führt. Anschaulich ist dies in Fig. 58 am Beispiel des Kraftverlaufs zwischen einer 60°-Versetzung und einer (112)-

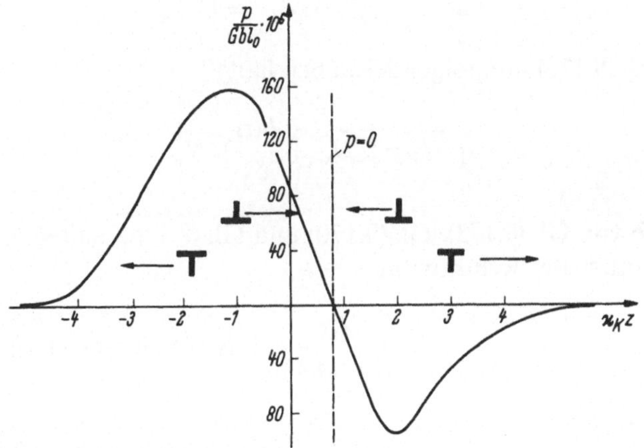

Fig. 58. Ausbildung eines Nachwirkungspotentials durch thermisch aktiviertes Kriechen von Versetzungen innerhalb der Blochwand. Der Kraftverlauf bezieht sich auf eine (112)--180°-Blochwand und 60°-Versetzungen, die parallel zur Blochwandebene längs der ($\bar{1}$10)-Richtung verlaufen.

-Blochwand in Nickel dargestellt. In diesem Falle bewegen sich Versetzungen mit positivem Burgersvektor in allen Teilen der Blochwand auf das Zentrum der Blochwand zu, während die Versetzungen mit negativem Burgersvektor aus der Blochwand herausgedrängt werden. Dabei ist zu beachten, daß im allgemeinen nicht alle Versetzungen beweglich sind. Ein Teil der Versetzungen wird vielmehr infolge von Rekombinationen mit Sekundärversetzungen vollkommen unbeweglich sein. Diese festliegenden Versetzungen können daher nur das unrelaxierte Blochwandpotential beeinflussen. Deshalb ist es zweckmäßig, zwischen der Gesamtversetzungsdichte N_G und der Versetzungsdichte N_B der beweglichen Versetzungen zu unterscheiden. Bezeichnen wir ferner die Versetzungsdichte der Versetzungen mit positivem bzw. negativem Burgersvektor mit einem oberen Index $(+)$ bzw. $(-)$, so gilt bei einer Verschiebung um $(+)h$ bzw. $(-)h$

$$N_V^{(+)} - N_V^{(-)} = N_G^{(+)} - N_G^{(-)} + \frac{h(t)}{\delta_B} N_B^{(+)} - \frac{h(t)}{\delta_B} N_B^{(-)}. \qquad (9.171)$$

Für die Differenzen $N_V^{(+)} - N_V^{(-)}$, $N_G^{(+)} - N_G^{(-)}$ und $N_B^{(+)} - N_B^{(-)}$ gilt aufgrund statistischer Überlegungen

$$|N_V^{(+)} - N_V^{(-)}| = \sqrt{N_V},$$
$$|N_G^{(+)} - N_G^{(-)}| = \sqrt{N_G} \qquad (9.172)$$
$$\text{und} \quad |N_B^{(+)} - N_B^{(-)}| = \sqrt{N_B},$$

so daß Gl. (9.173) nun folgendermaßen lautet:

$$\sqrt{N_V} = \sqrt{N_G} + \frac{h(t)}{\delta_B} \sqrt{N_B}. \qquad (9.173)$$

Mit Hilfe von Gl. (9.173), Gl. (9.170) und Gl. (8.34) erhalten wir nun für die Amplitude der Reluktivität

$$\Delta r_N(t_1, t_2) = \frac{1}{\chi(t_2)} - \frac{1}{\chi(t_1)} = \frac{L_3}{1,7 J_s^2 p_0^2 \delta_B^2 \bar{S}} \sqrt{N_B \bar{S} \delta_B} (h(t_1) - h(t_2)) [M(P^2)]^{\frac{1}{2}}. \qquad (9.174)$$

Falls die Nachwirkungsamplitude $\Delta\chi_s$ klein im Vergleich zu χ_0 ist, können wir Gl. (9.174) folgendermaßen umformen:

$$\Delta\chi_N(t_1, t_2) = \chi(t_1) - \chi(t_2) = \frac{\chi_0^2(0) L_3}{1,7 J_s^2 p_0^2 \delta_B^2 \bar{S}} \sqrt{N_B \bar{S} \delta_B} (h(t_1) - h(t_2)) [M(P^2)]^{\frac{1}{2}}. \qquad (9.175)$$

Ersetzen wir nun in Gl. (9.175) χ_0^2 ebenfalls gemäß Gl. (8.36.c) und $h(t)$ gemäß Gl. (9.165), so erhalten wir schließlich

$$\Delta\chi_N(t_1, t_2) = \frac{1,7 J_s^2 p_0^2}{L_3 \delta_B} \frac{\sqrt{N_B \bar{S} \delta_B}}{N_G} \frac{k T l_0^2}{2 G v b} \left\{ \ln \frac{t_1 + C_2}{t_2 + C_2} \right\} \frac{1}{(M(P^2))^{1/2}}. \qquad (9.176)$$

Durch Gl. (9.176) ist die gesamte Nachwirkungserscheinung auf die Versetzungen und deren Wechselwirkung mit Hindernissen zurückgeführt.

9.6. Die Stabilisierungsenergie der Domänen

a) Allgemeines

In Kapitel 8.1 wurde die Stabilisierungsenergie der Domänen als derjenige Anteil zur Stabilisierungsenergie definiert, der von der Rotation der spontanen Magnetisierung aus den magnetischen Vorzugsrichtungen innerhalb der Domänen herrührt. In annähernd idealen, magnetisch mehrachsigen Kristallen erfolgt die Magnetisierungszunahme bei kleinen Feldstärken vorwiegend durch Blochwandverschiebungen. Die Stabilisierungsenergie w_s^D spielt in diesen Kristallen praktisch keine Rolle. Drehprozesse treten in magnetisch einachsigen Kristallen (Co) und, wie neuere Messungen von KÖSTER und KRONMÜLLER gezeigt haben, auch in plastisch verformten Ni-Einkristallen schon bei kleinen Feldstärken auf. Bei größeren Feldstärken, wenn sämtliche Blochwandbewegungen abgelaufen sind, erfolgt die Magnetisierungszunahme in magnetisch mehrachsigen Kristallen durch eine Drehung der spontanen Magnetisierung in die Richtung des angelegten Feldes.

Die von einer Rotation der spontanen Magnetisierung herrührende spezifische Stabilisierungsenergie w_s^D ist durch Gl. (8.12) gegeben. Die Berechnung von w_s^D ist im Vergleich zur Stabilisierungsenergie der Blochwände relativ einfach, da in den Domänen nur homogene Drehungen auftreten und daher die räumliche Integration entfällt. In den Domänen tritt keine Konzentrationsänderung der Fehlstellen auf, denn es findet keine Diffusion über Bereiche, die größer als 1–2 Gitterabstände sind, statt, da die magnetische Wechselwirkungsenergie unabhängig vom Ort ist. Für die Stabilisierungsenergie ist deshalb allein die Reorientierung der Vorzugsachsen der Fehlstellen maßgebend; Diffusionsnachwirkung und kombinierte Nachwirkung spielen keine Rolle. Eine weitere Vereinfachung besteht darin, daß in Domänen, die durch 180°-Blochwände voneinander getrennt sind, keine magnetostriktiven Spannungen vorhanden sind. Bei diesen Domänen spielt demnach nur die magnetokristalline Kopplungsenergie eine Rolle. Dasselbe gilt auch für eine (näherungsweise) homogen magnetisierte Probe, die keine Bereichswände enthält.

Im folgenden wollen wir die Stabilisierungsenergie für den in Kapitel 2 besprochenen Schaltversuch berechnen. Die experimentelle Versuchsführung erfolgt dabei folgendermaßen: Zur Zeit $t' < 0$ werde die Probe durch ein Wechselfeld entmagnetisiert, so daß eine Gleichverteilung der Anisotropieachsen auf die möglichen Einstellmöglichkeiten vorliegt. Im Zeitintervall $0 \leq t' < t$ werde ein Magnetfeld $\mathfrak{H}_1$ angelegt, das die spontane Magnetisierung zur Zeit $t' = 0$ aus ihrer Vorzugsrichtung in eine neue Richtung $\mathfrak{n}_1$ dreht, deren Richtungskosinus bezüglich der Kristallachsen wir mit α_i bezeichnen wollen. Zur Zeit $t' = t$ werde die spontane Magnetisierung durch Ändern des Magnetfeldes von $\mathfrak{H}_1$ nach $\mathfrak{H}_2$ in eine neue Richtung $\mathfrak{n}_2$ mit den Richtungskosinus α_i' gedreht. Die Stabilisierungsenergie für diese Versuchsführung berechnen wir im folgenden für Fehlstellen, die zum Erreichen ihrer energetisch verschiedenen Positionen nur einen Sprung ausführen müssen sowie für Fehlstellen, die zum Erreichen einer der n_E Positionen zwei Sprünge benötigen.

b) Fehlstellen, die alle Positionen mit einem Sprung erreichen können ($n_E = n_0$)

Die Konzentration der Fehlstellen mit der i-ten Vorzugsachse beträgt zur Zeit t nach Gl. (9.93)

$$c_i(t) = c_0 - \frac{c_0}{kT}(E_i(\alpha) - \bar{E}(\alpha))(1 - e^{-t/\tau}). \qquad (9.177)$$

Gl. (9.177) in Gl. (8.12) eingesetzt liefert für die spezifische Stabilisierungsenergie

$$w_s^D(t) = \frac{(-)c_0}{kT}(1 - e^{t/\tau})(f_1(\alpha, \alpha') - \bar{f}_1(\alpha, \alpha') + \bar{f}_1(\alpha, \alpha)), \qquad (9.178)$$

wobei f_1 und $\bar{f}_1$ wie in Abschnitt 9.4.6 durch

$$\begin{aligned}
f_1(\alpha, \alpha') &= \sum_i^{n_E} E_i(\alpha) E_i(\alpha'), \\
\bar{f}_1(\alpha, \alpha') &= n_E \bar{E}(\alpha) \bar{E}(\alpha')
\end{aligned} \qquad (9.179)$$

definiert sind.

c) Fehlstellen, die eine ihrer Positionen nur mit zwei Sprüngen erreichen können ($n_E = n_0 + 1$)

Die Konzentration der Fehlstellen mit der i-ten Anisotropieachse ist durch Gl. (9.94) gegeben und lautet zur Zeit $t' = t$

$$c_i(t) = c_0 - \frac{c}{2n_E kT}\left\{(E_i(\alpha) + E_{i\perp}(\alpha) - 2\bar{E}(\alpha))(1 - e^{-\frac{3}{2}\frac{t}{\tau}}) \right.$$
$$\left. + (E_i(\alpha) - E_{i\perp}(\alpha))(1 - e^{-t/\tau}) \right\}. \qquad (9.180)$$

Wird Gl. (9.180) in Gl. (8.12) eingesetzt, so erhält man für die spezifische Stabilisierungsenergie

$$w_s^D(t) = \frac{(-)c}{2n_E kT}\left\{[f_+(\alpha, \alpha') - 2\bar{f}_1(\alpha, \alpha') - f_+(\alpha, \alpha) + 2\bar{f}_1(\alpha, \alpha)] \right.$$
$$\times (1 - e^{-\frac{3}{2}\frac{t}{\tau}}) + [f_-(\alpha, \alpha') - f_-(\alpha, \alpha)](1 - e^{-t/\tau})\}, \qquad (9.181)$$

wobei f_+ und f_- wie in Abschnitt 9.4.b durch

$$f_+ = \sum_i \left(E_i(\alpha) + E_{i\perp}(\alpha) - 2\,\bar{E}(\alpha) \right) E_i(\alpha')$$

und

$$f_- = \sum_i \left(E_i(\alpha) - E_{i\perp}(\alpha) \right) E_i(\alpha') \qquad (9.182)$$

gegeben sind.

Für $t \to \infty$ ergibt sich aus Gl. (9.181)

$$w_s^D(\infty) = \frac{(-)c}{n_E k T} \left\{ f_1(\alpha,\alpha') - \bar{f}_1(\alpha,\alpha') - f_1(\alpha,\alpha) + \bar{f}_1(\alpha,\alpha) \right\}. \qquad (9.183)$$

10. Die Stabilisierungsenergie III
Die Stabilisierungsenergie der Blochwände
für spezielle Fehlstellen

10.1. Bestimmung der Symmetrie eines Gitterfehlers
mit Hilfe der Stabilisierungsenergie

In diesem und dem folgenden Abschnitt werden wir uns mit der Abhängigkeit der Stabilisierungsenergie von der Auslenkung U der Blochwände befassen. Während der vorliegende Abschnitt einer qualitativen Diskussion der dabei auftretenden Effekte gewidmet ist, sollen im folgenden Abschnitt 10.2 explizite Ausdrücke für die Stabilisierungsenergie berechnet werden. Die vorhergehenden Ausführungen haben gezeigt, daß die Stabilisierungsenergie von der Symmetrie der Gitterfehler und dem Blochwandtyp abhängt (vgl. Tab. 9), wobei letztere Abhängigkeit eng mit der Orientierung der magnetischen Vorzugsrichtungen verknüpft ist. Auf diese Tatsache wurde bereits von NÉEL [5] und TANIGUCHI [2] hingewiesen. Unsere Untersuchung wird zeigen, daß man die Messung der Stabilisierungsenergie dazu benützen kann, die Symmetrie der Gitterfehler zu bestimmen. Aufgrund unserer Ausführungen in Kapitel 6 ist es jedoch nicht möglich, die Punktsymmetrie der Gitterfehler direkt zu bestimmen, da die Messungen im allgemeinen nur Auskunft über das betreffende Kristallsystem des Gitterfehlers geben können. (Wie in Kapitel 6 gezeigt wurde, müssen z. B. beim tetragonalen und trigonalen Kristallsystem die Eigenschaftstensoren 4. Stufe bestimmt werden, um zwischen den beiden Lauegruppen dieser Kristallsysteme unterscheiden zu können. Die Meßgenauigkeit wird jedoch im allgemeinen nicht so groß sein, um in diesen Fällen die in Tab. 4 aufgeführte Einteilung in jeweils zwei Untergruppen vornehmen zu können.) Zunächst soll nun überlegt werden, welche Blochwände zur Untersuchung der Symmetrie von Gitterfehlern geeignet sind.

a) Einfluß des Blochwandtyps

Bei kleinen Auslenkungen der Blochwände aus ihrer Ruhelage ($U < \delta_B$) verläuft die Stabilisierungsenergie, wie in Kapitel 8 erläutert wurde, bei allen Blochwänden quadratisch mit der Auslenkung. Nach Gl. (8.16) und Gl. (8.24.b) entspricht dies einer Nachwirkungskraft oder einem Nachwirkungsfeld, das linear mit der Auslenkung bzw. dem Magnetfeld anwächst. Aus dem qualitativen Verlauf der Stabilisierungsenergie bei kleinen Auslenkungen können somit keine Rückschlüsse auf die Symmetrie der Gitterfehler gezogen werden. Auch sämtliche 180°-Blochwände sind ungeeignet, um Aussagen über „anisotrope" Gitterfehler zu gewinnen. Dies hat folgenden Grund: Bei der Verschiebung einer 180°-Blochwand dreht sich die spontane Magnetisierung in dem von der Blochwand überstrichenen Gebiet um 180°. Wie in Kapitel 6 dargelegt wurde, ist die Wechselwirkungsenergie jedoch invariant gegenüber Drehungen der Magnetisierung um 180°. Bei großen Auslenkungen der 180°-Blochwände ist daher die Stabilisierungsenergie unabhängig von der Auslenkung U. Dies bedeutet, daß in diesem Falle die Nachwirkungskraft, unabhängig von der Punktsymmetrie des Gitterfehlers, verschwindet. Der qualitative Verlauf der Stabilisierungsenergie und der Stabilisierungsfeldstärke bei 180°-Blochwänden ist in Fig. 59 dargestellt.

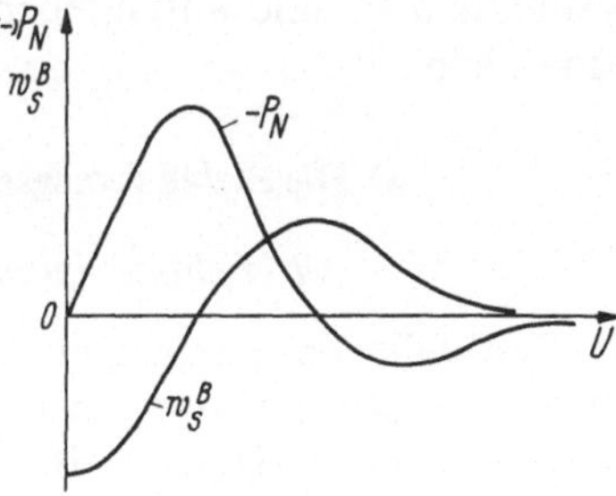

Fig. 59. Qualitativer Verlauf der Stabilisierungsenergie und der Nachwirkungskraft bei 180°-Blochwänden für Fehlstellen beliebiger Punktsymmetrie.

Für die Untersuchung der Symmetrie des Gitterfehlers kommen demnach nur die 90°-Blochwände in Fe und die 71°- bzw. 109°-Wände in Ni in Frage. Wie wir im folgenden sehen werden, besitzen diese Blochwände bei großen Auslenkungen ein charakteristisches Verhalten bezüglich Punktfehlern mit verschiedener Symmetrie. Da in hexagonalem Kobalt unterhalb 518 °K nur 180°-Blochwände auftreten, können in diesem Metall mit Hilfe der magnetischen Nachwirkung keine Aussagen über die Symmetrie der Gitterfehler gewonnen werden.

b) Einfluß der magnetischen Vorzugsrichtung und der Symmetrie des Gitterfehlers auf die Stabilisierungsenergie

Zur Vereinfachung der folgenden Überlegungen beschränken wir uns auf die Stabilisierungsenergie infolge der magnetokristallinen Kopplungsenergie. Die Hinzunahme der magnetoelastischen Kopplungsenergie würde unsere Schlußfolgerungen nur in quantitativer Hinsicht beeinflussen. Entsprechend unseren Ausführungen in Kapitel 7 und nach

Tab. 10 lautet die magnetokristalline Kopplungsenergie bei Fehlstellen mit tetragonaler Symmetrie

$$E_n^K = \varepsilon_1 \sum_i \alpha_i^2 \, (\beta_i^n)^2 = \varepsilon_1 \, X_1(\alpha_i, \beta_i^n), \tag{10.1}$$

bei Fehlstellen mit trigonaler Symmetrie

$$E_n^K = \varepsilon_2 \sum_{i>j} \alpha_i \alpha_j \, \beta_i^n \beta_j^n = \varepsilon_2 \, X_2(\alpha_i, \beta_i^n) \tag{10.2}$$

und bei Fehlstellen mit orthorhombischer Symmetrie

$$E_n^K = \varepsilon_1 \, X_1 + \varepsilon_2 \, X_2. \tag{10.3}$$

Um den Verlauf der Stabilisierungsenergie bei großen Auslenkungen der Blochwände zu erhalten, müssen wir untersuchen, wie sich bei einer Verschiebung der Blochwände, also bei einer Drehung der spontanen Magnetisierung, die Wechselwirkungsenergie E_n verändert. Dabei ist es zweckmäßig, zunächst die Stabilisierungsenergie der 90°-Blochwände in α-Fe und anschließend die der 71°- und 109°-Wände in Ni zu behandeln.

α) Die Stabilisierungsenergie der 90°-Blochwände in α-Fe

1. Fehlstellen mit tetragonaler Symmetrie

Fehlstellen mit tetragonaler Symmetrie in kubischen Metallen besitzen eine $\langle 100 \rangle$-Hauptachse. Da bei α-Fe die spontane Magnetisierung innerhalb der Weissschen Bezirke parallel zu einer $\langle 100 \rangle$-Richtung ist,

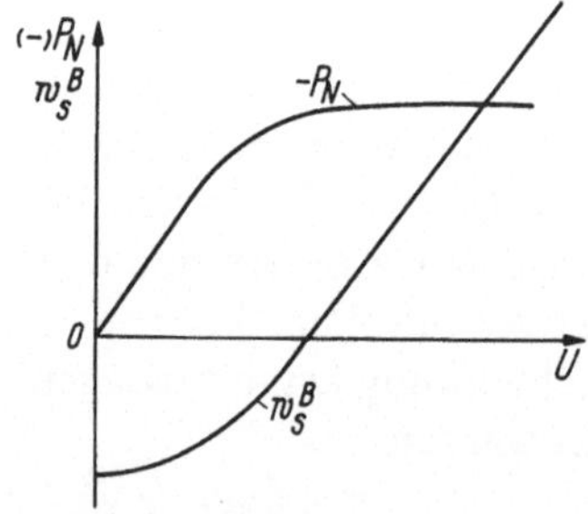

Fig. 60. Qualitativer Verlauf der Stabilisierungsenergie und der Nachwirkungskraft bei einer (100)-90°-Blochwand und Fehlstellen mit tetragonaler Symmetrie.

sind deshalb diejenigen Fehlstellen, deren Hauptachse parallel zur Richtung der spontanen Magnetisierung liegt, gegenüber den Fehlstellen mit den anderen beiden $\langle 100 \rangle$-Hauptachsen energetisch ausgezeichnet (vgl. Abschnitt 5.b)). Bei großen Verschiebungen der 90°-Wände aus ihrer Ruhelage dreht sich die spontane Magnetisierung im ummagnetisierten Bereich um 90°. In diesem Bereich ändert sich damit die Richtung der energetisch ausgezeichneten Hauptachse. Damit verknüpft ist eine Änderung der Wechselwirkungsenergie, wie man anhand von Gl. (10.1) leicht einsieht. Bei großen Auslenkungen wächst die Stabilisierungsenergie proportional zur Auslenkung U an. Dies bedeutet, daß die Nachwirkungskraft oder die Nachwirkungsfeldstärke, bei großen Auslenkungen einen konstanten Betrag annimmt. Die Größe der Stabilisierungsenergie können wir anhand von Gl. (9.11) für die ballistische Versuchsführung leicht berechnen. Da wir bei großen Auslenkungen von der endlichen Blochwanddicke absehen dürfen, erhalten wir für die Stabilisierungsenergie der magnetokristallinen Wechselwirkungsenergie nach Gl. (9.103)

$$w_s^K = \frac{c\,\varepsilon_1^2\,U}{n_E\,kT}\,(1 - e^{-t/\tau}). \tag{10.4}$$

Die Nachwirkungskraft beträgt damit

$$P_N^K = -\frac{c\,\varepsilon_1^2}{n_E\,kT}\,(1 - e^{-t/\tau}). \tag{10.5}$$

Der qualitative Verlauf der Stabilisierungsenergie bei Fehlstellen mit tetragonaler Symmetrie ist in Fig. 60 dargestellt.

2. Fehlstellen mit trigonaler Symmetrie

Fehlstellen mit trigonaler Symmetrie in kubischen Metallen besitzen eine Hauptachse parallel zu den $\langle 111 \rangle$-Richtungen. Anhand von Gl. (10.2) läßt sich sofort zeigen, daß beim Übergang der spontanen Magnetisierung aus der einen $\langle 100 \rangle$-Richtung in eine andere sich die Wechselwirkungsenergie nicht ändert. Dies ist anschaulich verständlich, wenn man bedenkt, daß die vier $\langle 111 \rangle$-Richtungen der Hauptachsen bezüglich den möglichen $\langle 100 \rangle$-Richtungen der spontanen Magnetisierung in den Weissschen Bezirken energetisch gleichwertig sind. Die Stabilisierungsenergie und die Nachwirkungskraft besitzt demnach bei trigonalen Fehlstellen denselben Verlauf wie bei 180°Blochwänden (siehe Fig. 59); bei großen Auslenkungen der 90°-Blochwand verschwindet die Stabilisierungsfeldstärke bzw. die Nachwirkungskraft.

3. Fehlstellen mit orthorhombischer Symmetrie

Bei Fehlstellen mit orthorhombischer Symmetrie treten in der Wechselwirkungsenergie nach Gl. (10.3) die beiden Funktionen X_1 und X_2 gleichzeitig auf. Orthorhombische Fehlstellen verhalten sich hinsichtlich der Nachwirkung deshalb qualitativ ähnlich wie eine aus tetragonalen und trigonalen Fehlstellen zusammengesetzte Nachwirkung. Dies führt auf den in Fig. 61 wiedergegebenen Verlauf der Stabilisierungsenergie und die Stabilisierungsfeldstärke. Bei großen Auslenkungen beträgt die Stabilisierungsenergie der magnetokristallinen Kopplungsenergie

$$w_s^K = \frac{c\,\varepsilon_1^2}{n_E\,kT}\,U(1 - e^{-t/\tau}) \tag{10.6}$$

und die Nachwirkungskraft

$$P_N^K = -\frac{c\,\varepsilon_1^2}{n_E\,kT}\,(1 - e^{-t/\tau}). \tag{10.7}$$

Das Verhältnis der Nachwirkungskräfte bei großen Auslenkungen und im Maximum bei $U \sim \delta_B$ hängt von den Wechselwirkungskonstanten ε_1

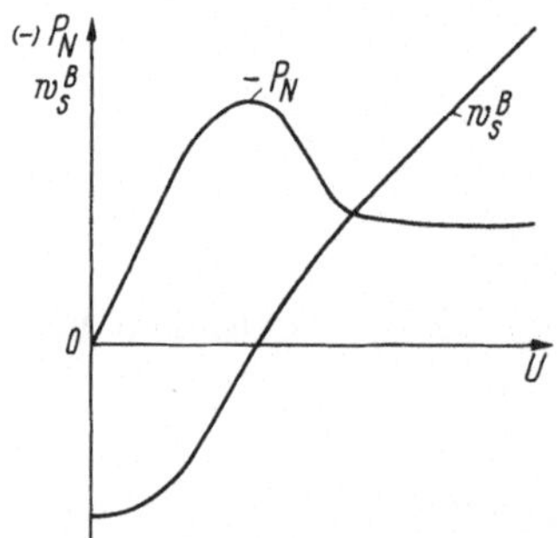

Fig. 61. Qualitativer Verlauf der Stabilisierungsenergie und der Nachwirkungskraft bei einer (001)-90°-Blochwand und Fehlstellen mit orthorhombischer Symmetrie.

und ε_2 ab. Deshalb ist es denkbar, daß sich orthorhombische Fehlstellen bezüglich der Stabilisierungsfeldstärke unter Umständen auch wie trigonale ($\varepsilon_1 = 0$) oder tetragonale ($\varepsilon_2 = 0$) Fehlstellen verhalten.

β) Die Stabilisierungsenergie der 71°- und 109°-Blochwände in Nickel

1. Fehlstellen mit tetragonaler Symmetrie

Nickel unterscheidet sich von Eisen durch seine magnetischen Vorzugsrichtungen, die unterhalb 121 °C parallel zu den $\langle 111 \rangle$-Richtungen sind. Mit einer Änderung der magnetischen Vorzugsrichtung ist keine Änderung der Wechselwirkungsenergie verknüpft. Bei großen Auslenkungen ist daher die Stabilisierungsenergie konstant. Nachwirkungskraft und Nachwirkungsfeldstärke verschwinden deshalb bei großen Auslenkungen im Falle der 109°-Blochwände (siehe Fig. 59).

2. Fehlstellen mit trigonaler Symmetrie

Trigonale Fehlstellen in Ni verhalten sich ähnlich wie die Fehlstellen mit tetragonaler Symmetrie in α-Fe. Innerhalb der Weissschen Bezirke sind diejenigen Fehlstellen, deren Hauptachsen parallel zur spontanen Magnetisierung liegen, gegenüber den anderen drei $\langle 111 \rangle$-Richtungen energetisch ausgezeichnet, so daß sich bei einer Verschiebung der Blochwände die Wechselwirkungsenergie ändert. Bei großen Auslenkungen nimmt die Stabilisierungsenergie linear mit der Auslenkung zu. Die Nach-

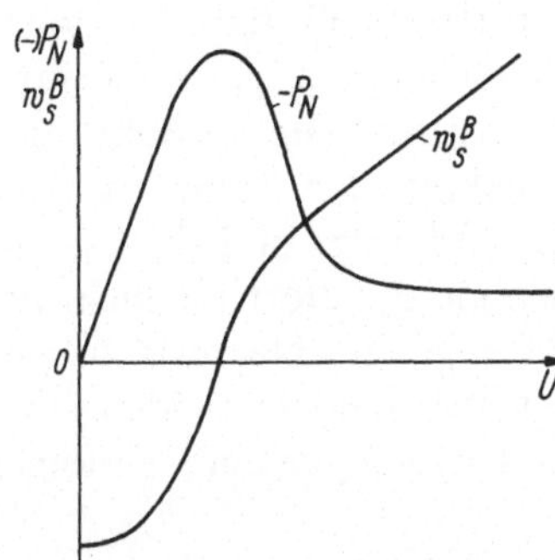

Fig. 62. Qualitativer Verlauf der Stabilisierungsenergie und der Nachwirkungskraft bei einer (001)-109°-Blochwand in Nickel für Fehlstellen mit orthorhombischer Symmetrie.

wirkungskraft und die Stabilisierungsfeldstärke nehmen einen konstanten Wert an (siehe Fig. 61). Der magnetokristalline Anteil der Stabilisierungsenergie lautet

$$w_s^K = \frac{16}{27} \frac{c\varepsilon_2^2}{n_E kT} U(1 - e^{-t/\tau}). \tag{10.8}$$

3. Fehlstellen mit orthorhombischer Symmetrie

Wie in α-Fe setzt sich die Stabilisierungsenergie orthorhombischer Fehlstellen in Ni aus einem trigonalen und einem tetragonalen Anteil zusammen. In Nickel liefert jedoch, im Gegensatz zu α-Fe, nicht das X_1-Glied sondern das X_2-Glied die endliche Stabilisierungsfeldstärke bei großen Auslenkungen. Die Stabilisierungsenergie beträgt bei großen Auslenkungen

$$w_s^K = \frac{2}{9} \frac{c\varepsilon_2^2}{n_E kT} U(1 - e^{-t/\tau}). \tag{10.9}$$

Für die Nachwirkungskraft findet man

$$P_N^K = -\frac{2}{9} \frac{c\varepsilon_2^2}{n_E kT}(1 - e^{-t/\tau}). \tag{10.10}$$

Der qualitative Verlauf der Stabilisierungsenergie und der Nachwirkungskraft entspricht dem in Fig. 62 dargestellten.

10.2. Die Stabilisierungsenergie spezieller Fehlstellen und Blochwände bei der Orientierungsnachwirkung

a) Das Zwischengitteratom in der Hantellage in Nickel

Das Zwischengitteratom in der Hantellage besitzt in kubisch flächenzentrierten Gittern tetragonale Symmetrie. Zur Bestimmung der Stabilisierungsenergie ist entsprechend Gl. (9.103) die Funktion $F_1 - \bar{F}_1$ zu berechnen. Die Ausführung der nach Gl. (9.101) und Gl. (9.102) vorzunehmenden Summation über die verschiedenen Orientierungen ist mit Hilfe der in Tab. 4 gemachten Angaben für die Wechselwirkungsenergie E_i sofort möglich. Bei der Berechnung des magnetokristallinen Beitrages zur Nachwirkung beschränken wir uns auf die in Gl. (7.22) angegebenen ersten beiden Glieder der Reihenentwicklung. Für die Funktion $F_1 - \bar{F}_1$ ergibt sich folgender Ausdruck:

$$
\begin{aligned}
F_1 - \bar{F}_1 &= \int\limits_{-\infty}^{\infty} \sum_i \left\{ E_i\left(Z - \frac{U}{2}\right) E_i\left(Z + \frac{U}{2}\right) - \bar{E}\left(Z - \frac{U}{2}\right) \bar{E}\left(Z + \frac{U}{2}\right) \right\} dZ \\
&= \int\limits_{-\infty}^{\infty} \left\{ A_1 \sin^2\varphi \sin^2\varphi' + A_2 \sin 2\varphi \sin 2\varphi' + A_3 \sin^2\varphi \right. \\
&\quad \left. + A_4 \sin^2\varphi' + A_5 \sin 2\varphi \sin^2\varphi' + A_6 \sin^2\varphi \sin 2\varphi' \right\} dZ .
\end{aligned}
$$

$$(10.11)$$

Tabelle 11. *Die Wechselwirkungskonstanten A_1 und A_2 bei tetragonalen Fehlstellen in kubischen Kristallen. (Vgl. Gl. (10.11)). P_1 und P_3 bedeuten die Komponenten des Kräftedipols der Fehlstelle und ε_1 die magneto-kristalline Wechselwirkungskonstante.*

Wandtyp	A_1	A_2
Ni: (001)-109°	0	$2\left\{-\dfrac{\lambda_{100}}{2}(P_1 - P_3) + \dfrac{\varepsilon_1}{3}\right\}^2$
Ni: (112)-180°	$\frac{1}{6}\{\frac{1}{4}(P_1 - P_3)(5\lambda_{111} + \lambda_{100}) - \varepsilon_1\}^2$	$\frac{1}{3}\{\frac{1}{2}(P_1 - P_3)(2\lambda_{100} + \lambda_{111}) + \varepsilon_1\}^2$
Ni: (001)-71°	0	$2\left\{-\dfrac{\lambda_{100}}{2}(P_1 - P_3) + \dfrac{\varepsilon_1}{3}\right\}^2$
Fe: (001)-180°	$\{\frac{3}{2}(P_1 - P_3)\lambda_{100} + \varepsilon_1\}^2$	0
Fe: (001)-90°	0	$\frac{1}{2}\{\frac{3}{2}(P_1 - P_3)\lambda_{100} + \varepsilon_1\}^2$

Dabei bedeutet φ den Drehwinkel der spontanen Magnetisierung am Ort $Z - U/2$ und φ' den Drehwinkel bei $Z + U/2$.

Bei der Berechnung von w_s^B spielen nur die ersten beiden Glieder von Gl. (10.11) eine Rolle, da die Glieder mit A_5 und A_6 bei der Integration Null ergeben und die Glieder mit A_3 und A_4 von der Verschiebung U unabhängig sind. Werte für A_1 und A_2 sind in Tab. 11 für die wichtigsten Blochwände bei gleichzeitiger Berücksichtigung der magnetoelastischen und der magnetokristallinen Wechselwirkungsenergie angegeben.

Zur Berechnung des Integrals $F_1(U) - \bar{F}_1(U)$ ersetzen wir die Winkel φ und φ' gemäß Gl. (6.22) bzw. Gl. (6.23). Es ergibt sich dann für die verschiedenen Blochwände:

1. (112)-180°-Blochwand in Nickel:

$$F_1(U) - \bar{F}_1(U) = A_1 I_1 + A_2 I_2 \tag{10.12}$$

mit

$$I_1 = \int_{-\infty}^{\infty} \sin^2 \varphi \, \sin^2 \varphi' \, dz = \frac{2\delta_0}{\varepsilon^2 \, \mathfrak{Sin} \, s \, \mathfrak{Sin} \, 2\kappa} (I_0^{(-)} - I_0^{(+)}), \tag{10.13}$$

wobei

$$\mathfrak{Sin} \, 2\kappa = 2\frac{\sqrt{1-\varepsilon}}{\varepsilon}, \quad \mathfrak{Cos} \, 2\kappa = \frac{2-\varepsilon}{\varepsilon}, \quad s = \frac{U}{\delta_0} \tag{10.14}$$

und

$$I_0^{(\pm)} = \frac{s \pm 2\kappa}{\mathfrak{Sin} \, (s \pm 2\kappa)} \tag{10.15}$$

bedeuten. Für das Integral I_2 findet man

$$I_2 = \int_{-\infty}^{\infty} \sin 2\varphi \, \sin 2\varphi' \, dz = \frac{4\delta_0}{\varepsilon} \{ I_0^{(-)} + I_0^{(+)} - \mathfrak{Cotg} \, s \, \mathfrak{Cotg} \, \kappa \, [I_0^{(-)} - I_0^{(+)}] \}. \tag{10.16}$$

Der Verlauf der Integrale I_1 und I_2 in Abhängigkeit von der Blochwandverschiebung s ist in Fig. 63a bis Fig. 63d für die verschiedenen Werte von κ dargestellt. Ebenfalls mit dargestellt sind die für die Nachwirkungskraft maßgebenden Ableitungen $dI_{1,2}/ds$. Bei kleinen Auslenkungen aus der Ruhelage lassen sich die Ableitungen durch eine lineare Funktion der Form

$$\frac{dI_{1,2}}{ds} = \delta_0 \, \vartheta_N^{(1),(2)} s \tag{10.17}$$

darstellen. Die Koeffizienten $\vartheta_N^{(1)}$ und $\vartheta_N^{(2)}$ sind in Fig. 64 als Funktion des Blochwandparameters κ wiedergegeben. Bei Berücksichtigung von

Gl. (10.17) und Gl. (10.12) erhalten wir aus Gl. (9.103) und Gl. (8.16) für die Nachwirkungskraft

$$P_N(t) = \frac{(-)c}{n_E\,kT}\,\frac{U}{\delta_0}\sum_i \vartheta_N^{(i)}\,A_i(1-e^{-t/\tau})$$

und für die Nachwirkungskonstante, die in Kapitel 8 eingeführt wurde,

$$R_N(\infty) = \frac{c}{n_E\,kT}\,\frac{L_3^2}{\delta_0}\sum_i \vartheta_N^{(i)}\,A_i. \tag{10.18}$$

2. (001)-109°-Blochwand in Nickel:

$$F_1(U)-\bar F_1(U)=A_2\,I_2(U). \tag{10.19}$$

3. (110)-180°-Blochwand in Nickel:

Die Integrale $F_1(U)$ und $\bar F_1(U)$ führen bei dieser Blochwand auf hyperelliptische Integrale 3. Klasse, deren explizite Lösung nicht angegeben werden kann. Daher wurde in diesem Falle eine numerische Berechnung des Integrals mit Hilfe der elektronischen Rechenmaschine

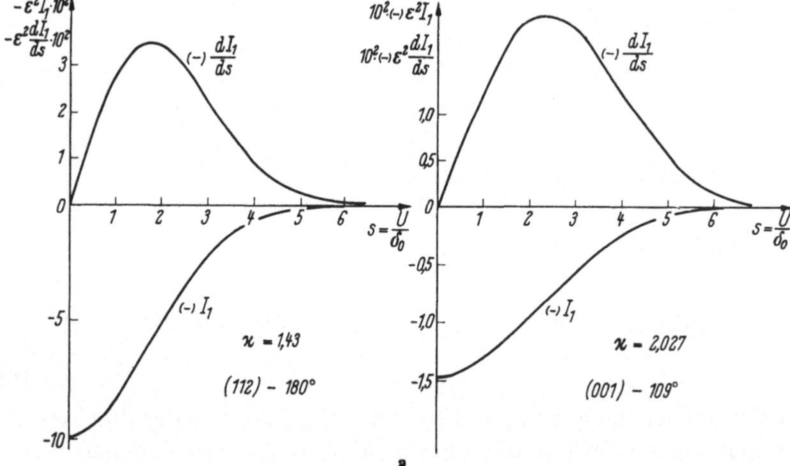

Fig. 63a–d. Verlauf der Funktionen $\varepsilon^2 I_1$ und εI_2 sowie der Ableitungen $\dfrac{dI_{1,2}}{ds}$ in Abhängigkeit von der relativen Blochwandverschiebung für verschiedene Werte von κ. Der Zusammenhang zwischen ε und κ ist durch Gl. (10.14) gegeben. a) $\varepsilon^2 I_1$ und $\varepsilon^2\dfrac{dI_1}{ds}$ bei Raumtemperatur für die (112)-180°- und die (001)-109°-Blochwand in Nickel. b) εI_2 und $\varepsilon\dfrac{dI_2}{ds}$ bei Raumtemperatur für die (112)-180°- und die (001)-109°-Blochwand in Nickel. c) $\varepsilon^2 I_1$ und $\varepsilon^2\dfrac{dI_1}{ds}$ für $\kappa=0{,}5;\ 1{,}0\ldots3{,}0$. d) εI_2 und $\varepsilon\dfrac{dI_2}{ds}$ für $\kappa=0{,}5;\ 1{,}0\ldots3{,}0$.

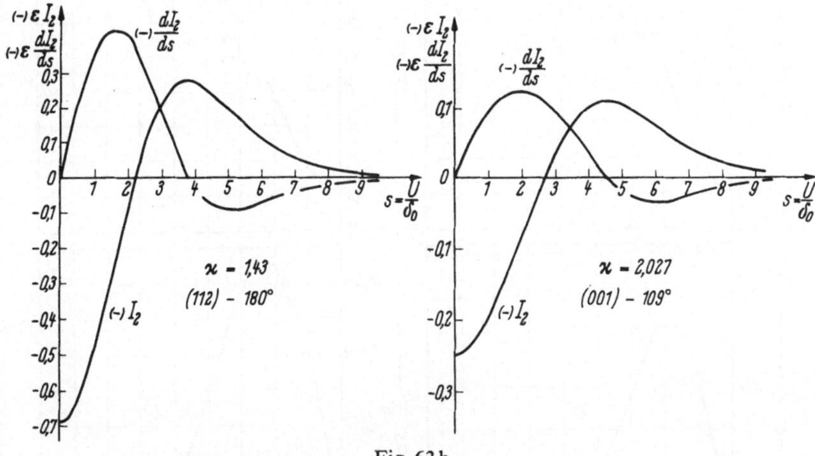

Fig. 63 b.

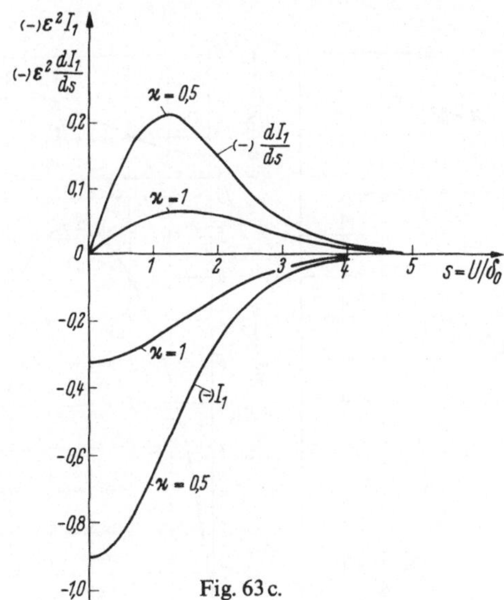

Fig. 63 c.

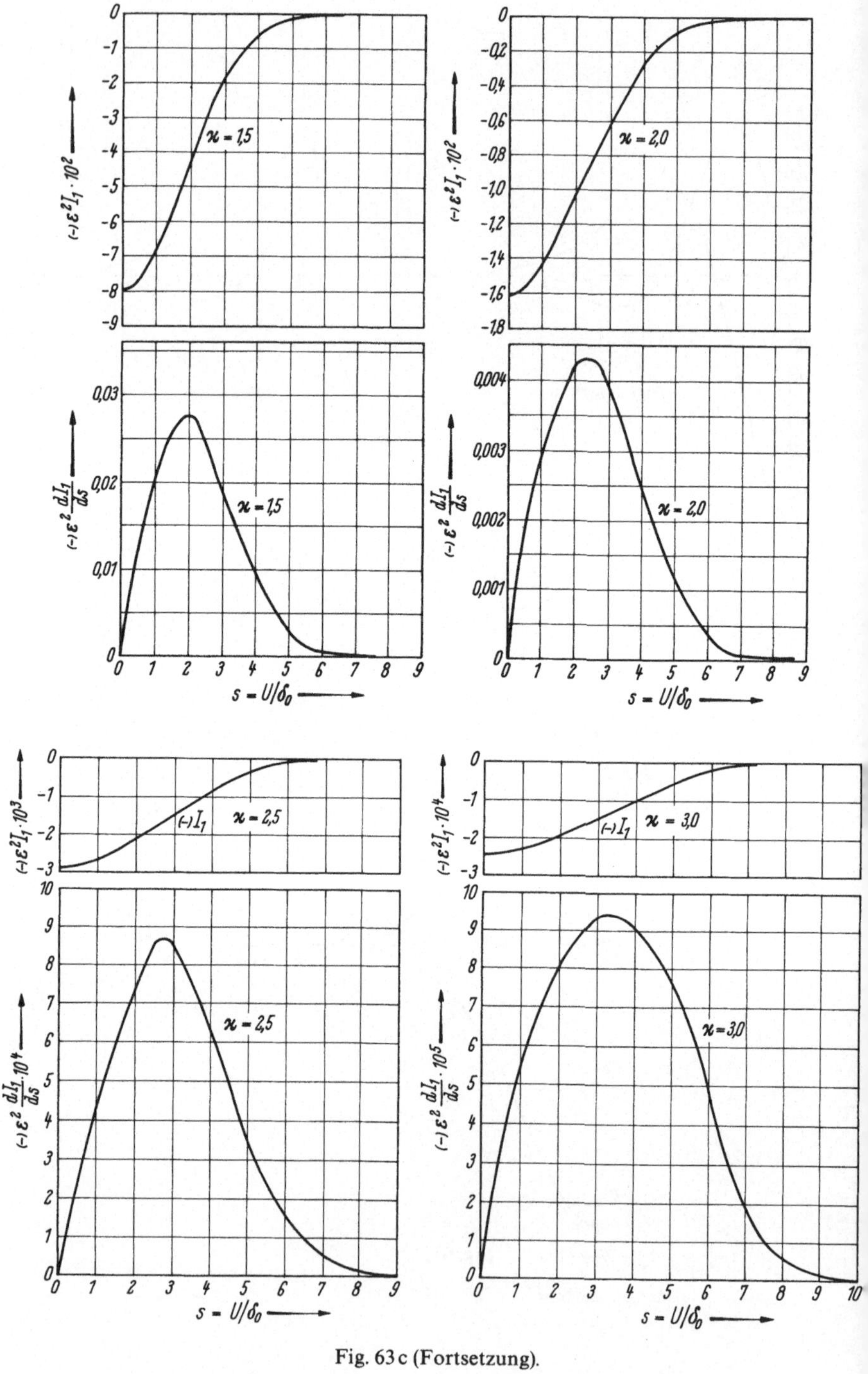

Fig. 63 c (Fortsetzung).

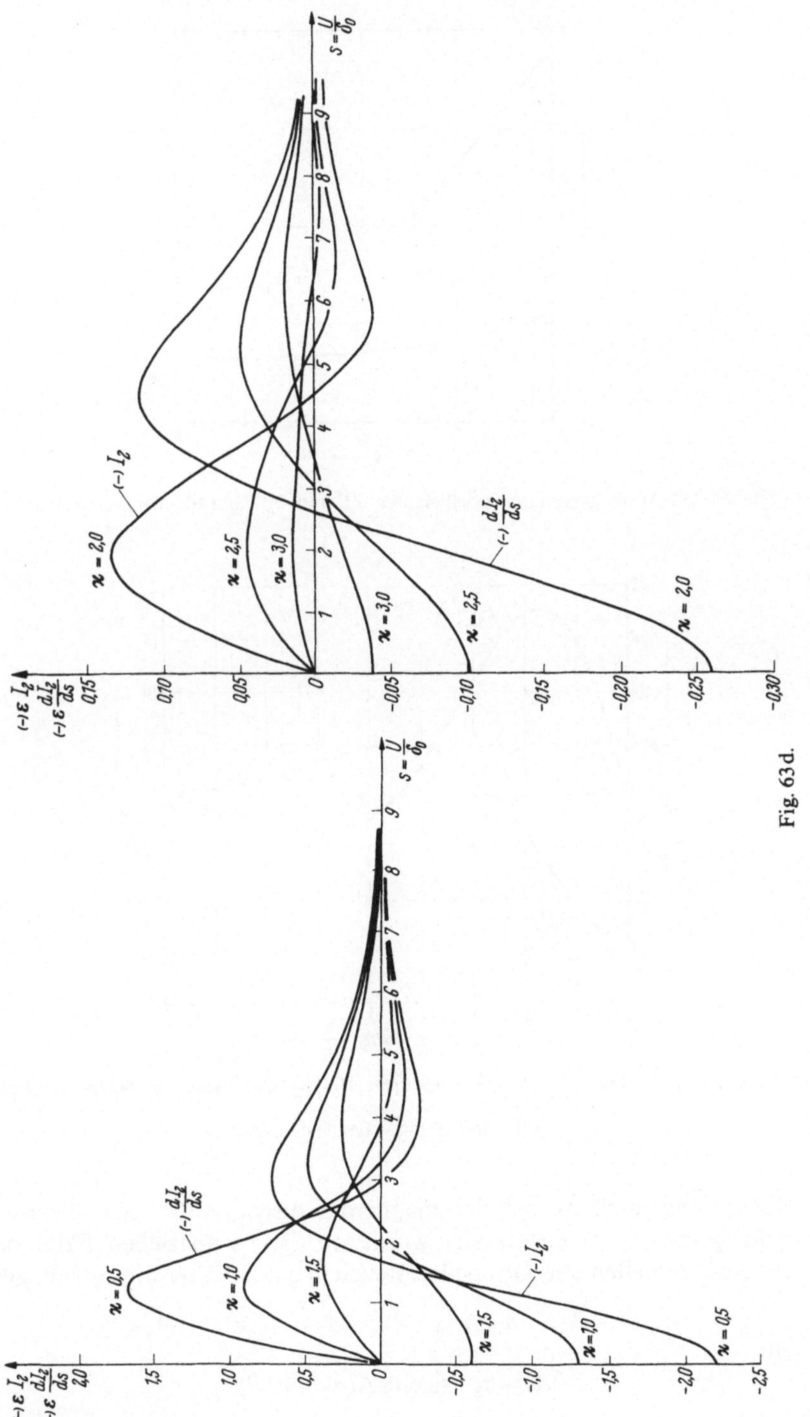

Fig. 63 d.

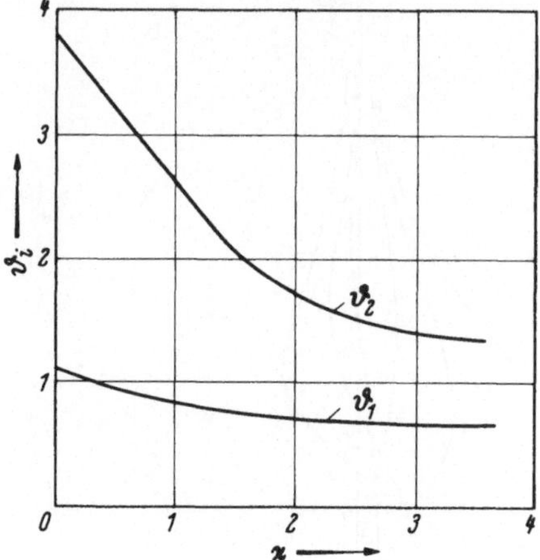

Fig. 64. Die Abhängigkeit der Koeffizienten $\vartheta_N^{(1)}$ und $\vartheta_N^{(2)}$ vom Blochwandparameter.

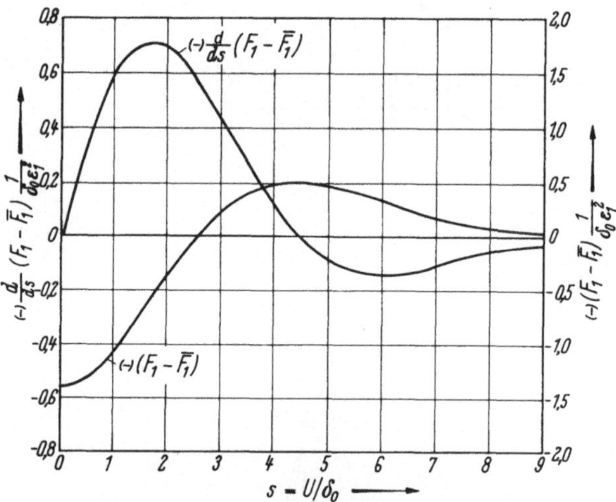

Fig. 65. Die Funktion $\dfrac{1}{\delta_0\,\varepsilon_1^2}\,(F_1-\bar{F}_1)$ bei der (110)-180°-Blochwand in Nickel für Fehlstellen mit tetragonaler Symmetrie.

$Z\,22$ durchgeführt, wobei der magnetoelastische Anteil der Wechselwirkungsenergie vernachlässigt wurde. In diesem speziellen Falle, der z. B. bei Leerstellen und Doppelleerstellen in guter Näherung zutrifft, gilt

$$A_2/A_1 = 2; \quad A_3 = A_4 = 0; \quad A_5 = A_6 = (2\,A_1\,A_2)^{1/2}$$

mit

$$A_1 = \varepsilon_1 \quad \text{(siehe Abschnitt 7)}.$$

Der Verlauf der Funktion $F_1(U) - \bar{F}_1(U)$ sowie deren Ableitung nach s ist in Fig. 65 für den erwähnten Sonderfall dargestellt.

4. (001)-71°-Blochwand in Nickel:

$$F_1(U) - \bar{F}_1(U) = A_2 \frac{2U}{\mathfrak{Sin}\,(U/\delta_0)} = A_2 \delta_0 \frac{2s}{\mathfrak{Sin}\,s} \tag{10.20}$$

mit

$$\delta_0 = (2\,|K_1|/3\,A)^{1/2}\,.$$

Der Verlauf der Funktion $F_1(U) - \bar{F}_1(U)$ ist in Fig. 66 wiedergegben. Bei großen Auslenkungen aus der Ruhelage streben die Funktionen $F_1(U) - \bar{F}_1(U)$ bei sämtlichen Blochwänden einem konstanten Wert zu.

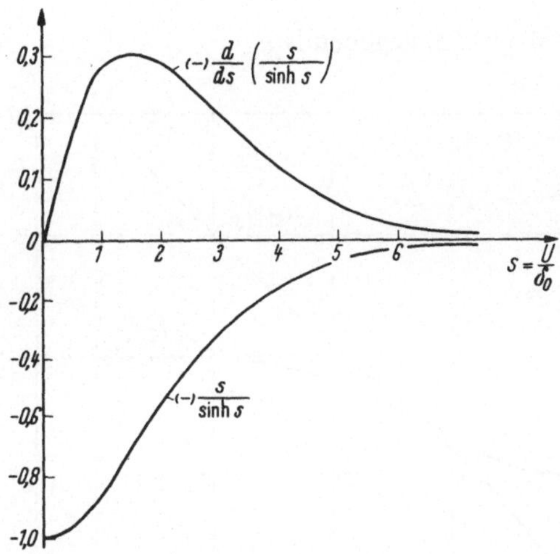

Fig. 66. Die Funktion $\dfrac{s}{\mathfrak{Sin}\,s}$ und ihre Ableitung.

Das bedeutet, daß bei Nickel die Blochwände für große Auslenkungen keine Kraft mehr erfahren. Dieses Ergebnis können wir leicht verstehen, wenn wir bedenken, daß die drei $\langle 100 \rangle$-Richtungen bezüglich den $\langle 111 \rangle$-Vorzugsrichtungen energetisch gleichwertig sind. Innerhalb der Weiss-schen Bezirke findet demnach keine Umordnung der Fehlstellen statt. Die Umordnung ist vielmehr allein auf einen Bereich von der Ausdehnung der Blochwand beschränkt. Bei Auslenkungen, die wesentlich größer als die Blochwanddicke sind, erfährt die spontane Magnetisierung an einer bestimmten Stelle eine Drehung um 180°, so daß im zeitlichen Mittel die Wechselwirkungsenergie praktisch unverändert bleibt und nur geringfügige Umordnungen stattfinden. Die auf die Blochwand wirkende rücktreibende Kraft erreicht ein Maximum, wenn die Auslenkung der Blochwand von der Größenordnung der halben Blochwanddicke ist.

b) Eigenzwischengitteratome und Fremdzwischengitteratome (C, N, O) mit tetragonaler Symmetrie in α-Fe

Die Funktion $F_1 - \bar{F}_1$ besitzt in Eisen dieselbe Form wie bei den Zwischengitterhanteln in Nickel. Die in Gl. (10.11) auftretenden Konstanten A_1 uns A_2 sind in Tab. 11 für die (001)-180°- und die (001)-90°-Blochwand angegeben. Die Ausführung der Integration gemäß Gl. (10.11) liefert bei Berücksichtigung der Blochwandbeziehung (6.23) für die (001)-180°-Blochwand

$$F_1(U) - \bar{F}_1(U) = A_1 I_2(s), \tag{10.21}$$

wobei I_1 durch Gl. (10.13) gegeben ist.

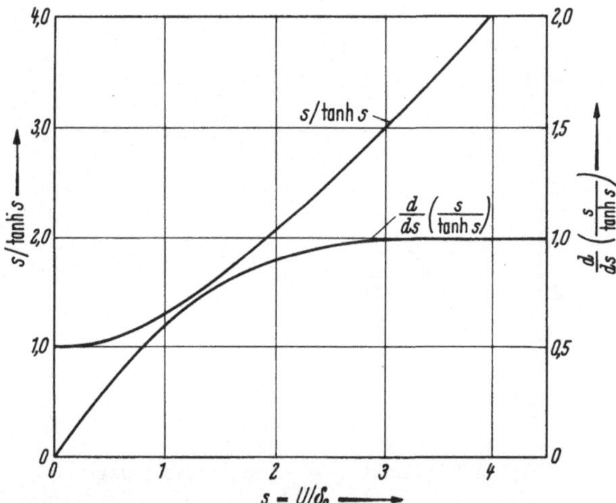

Fig. 67. Die Funktion $s\,\mathfrak{Cotg}\,s$ und ihre Ableitung.

Für die (001)-90°-Blochwand ergibt sich bei Berücksichtigung der Blochwandbeziehung (6.22)

$$F_1(U) - \bar{F}_1(U) = 2 A_2 \, U \, \mathfrak{Cotg}(U/\delta_0) \tag{10.22}$$

$$= 2 A_2 \delta_0 \, s \, \mathfrak{Cotg}\, s.$$

Die Funktion $s\,\mathfrak{Cotg}\,s$ und ihre Ableitung ist in Fig. 67 dargestellt.

Der Vergleich von Fig. 67 mit Fig. 63 zeigt, daß sich im Gegensatz zu den Blochwänden in Nickel, die qualitativ alle dasselbe Verhalten zeigen, in Eisen die 90°- und die 180°-Blochwand verschieden verhalten. Während bei großen Auslenkungen aus der Ruhelage bei der 180°-Blochwand die Nachwirkungskraft verschwindet, besitzt die Nachwirkungskraft bei der 90°-Blochwand einen konstanten Betrag. Dies ist auf die $\langle 100 \rangle$-Vorzugsrichtungen in Eisen zurückzuführen. Qualitativ haben wir dieses Ergebnis schon in Abschnitt 5.b am Beispiel der Kohlenstoffnachwirkung abgeleitet.

Innerhalb der Weissschen Bezirke sind diejenigen Fehlstellen, deren $\langle 100 \rangle$-Anisotropieachsen parallel zur Richtung der spontanen Magnetisierung liegen, gegenüber den anderen beiden $\langle 100 \rangle$-Richtungen ausgezeichnet. Bei einer Verschiebung der 90°-Blochwand verändert sich demnach im Gegensatz zur 180°-Blochwand die Wechselwirkungsenergie der Fehlstellen in den Weissschen Bezirken. Dieses unterschiedliche Verhalten der Blochwandtypen wurde ursprünglich von NÉEL [5, 6] theoretisch untersucht. Messungen von BINDELS u. Mitarb. sowie BOSMAN und DE VRIES [4], die an Fe-3,25% Si-Einkristallen durchgeführt wurden, die nur wenige Blochwände enthielten, haben die theoretische Vorhersage im Falle der in Fe gelösten Kohlenstoffatome bestätigt.

c) Aufgespaltene Leerstellen in kubisch raumzentrierten Gittern

Die aufgespaltene Leerstelle in Fe besitzt trigonale Symmetrie und kann sämtliche möglichen Einstellungen mit einem Sprung erreichen. Da bei Gitterlücken die Verzerrungen im allgemeinen klein sind, genügt es, allein die magnetokristalline Kopplungsenergie bei der Berechnung der Funktion $F_1 - \bar{F}_1$ zu berücksichtigen. Beschränken wir uns bei der Summation über die verschiedenen Einstellungen auf das erste Glied der Wechselwirkungsenergie, so folgt aus Gl. (7.14)

$$F_1 - \bar{F}_1 = (4/3)\varepsilon_2^2 \int_{-\infty}^{\infty} X_2 \, dz \tag{10.23}$$

mit

$$X_2 = \sum_{i>j} \alpha_i \alpha_j \alpha_i' \alpha_j'. \tag{10.24}$$

Für die (001)-180°-Blochwand sowie für die (001)-90°-Blochwand entnimmt man Tab. 10

$$X_2 = \tfrac{1}{4} \sin 2\varphi \sin 2\varphi'. \tag{10.25}$$

Unter Berücksichtigung von Gl. (6.23) führt die Integration von Gl. (10.23) auf dieselben Integrale wie bei den Fehlstellen mit tetragonaler Symmetrie. Insbesondere liefert die Integration bei der 180°-Blochwand

$$F_1 - \bar{F}_1 = (1/3)\varepsilon_2^2 I_2(U), \tag{10.26}$$

und bei der 90°-Blochwand ergibt sich

$$F_1 - \bar{F}_1 = (1/3)\frac{2\varepsilon_2^2\, U}{\mathfrak{Sin}\,(U/\delta_0)} = \frac{2}{3}\,\varepsilon_2^2\,\frac{s\delta_0}{\mathfrak{Sin}\,s}, \qquad (10.27)$$

wobei I_2 durch Gl. (10.16) gegeben ist.

Der Verlauf der Funktion $I_2(U)$ ist in Fig. 63 dargestellt, und die Funktion $\dfrac{2U/\delta_0}{\mathfrak{Sin}\,(U/\delta_0)}$ ist in Fig. 66 wiedergegeben. Als wichtigstes Ergebnis entnehmen wir Fig. 63 und Fig. 66, daß sowohl bei der 90°-Blochwand als auch bei der 180°-Blochwand die Nachwirkungskraft bei großen Auslenkungen der Blochwand verschwindet. Man kann daher sagen, daß sich Fehlstellen mit trigonaler Symmetrie in Eisen ähnlich verhalten wie Fehlstellen mit tetragonaler Symmetrie in Nickel. Im vorhergehenden Abschnitt wurde gezeigt, daß dieses Verhalten in engem Zusammenhang mit den Vorzugsrichtungen in Nickel und Eisen steht.

d) Die 60°-Dreifachleerstelle in Nickel

Wie in Abschnitt 7.3.c.β besprochen wurde, ist die 60°-Dreifachleerstelle die einfachste Konfiguration eines höheren Leerstellenagglomerates. Da sämtliche vier Positionen mit einem Sprung erreicht werden

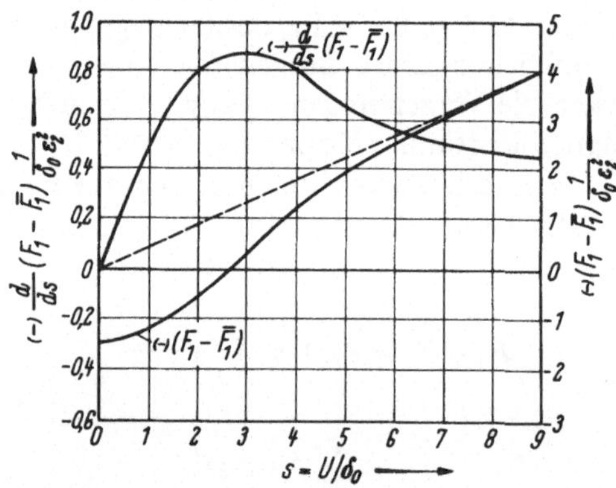

Fig. 68. Die Funktion $\dfrac{1}{\delta_0\varepsilon_2^2}\,(F_1 - \bar{F}_1)$ bei der (001)-109°-Blochwand in Nickel für Fehlstellen mit trigonaler Symmetrie.

können, ist zur Berechnung der Stabilisierungsenergie wieder Gl. (9.11) maßgebend. Für die Funktion $F_1 - \bar{F}_1$ ergibt sich bei Zugrundelegung von Gl. (7.14) für die Wechselwirkungsenergie bei Vernachlässigung der magnetoelastischen Kopplungsenergie nach Tab. 9

$$F_1 - \bar{F}_1 = \tfrac{4}{9}\varepsilon_2^2 \int\limits_{-\infty}^{\infty} X_2\, dz. \qquad (10.28)$$

Die Integration von Gl. (10.28) kann im Falle der (001)-(109)°- und der (110)-180°-Blochwand nur numerisch durchgeführt werden. Die Ergebnisse sind in Fig. 68 und 69 wiedergegeben. Für die (112)-180°-Blochwand findet man

$$F_1 - \bar{F}_1 = \tfrac{4}{9}\varepsilon_2^2\{\tfrac{11}{12}I_1 + \tfrac{1}{12}I_2\},\qquad(10.29)$$

wobei $I_{1,2}$ durch Gl. (10.13) und Gl. (10.16) gegeben sind. Ihr Verlauf mit U ist Fig. 63 zu entnehmen.

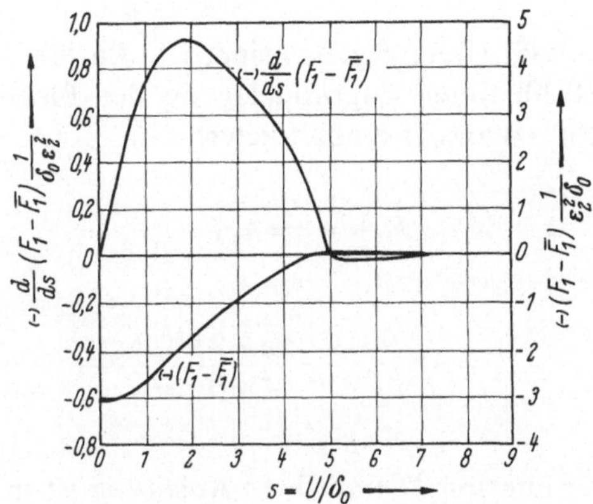

Fig. 69. Die Funktion $\dfrac{1}{\delta_0\varepsilon_2^2}\,(F_1 - \bar{F}_1)$ bei der (110)-180°-Blochwand in Nickel für Fehlstellen mit trigonaler Symmetrie.

Unsere Rechnung zeigt, daß sich Fehlstellen mit trigonaler Symmetrie in Nickel ähnlich verhalten wie die Zwischengitteratome mit tetragonaler Symmetrie in Eisen. 109°-Wände erfahren auch bei großen Auslenkungen aus ihrer Ruhelage eine Kraftwirkung. Ein Vergleich mit den entsprechenden Ergebnissen für die Doppelleerstelle (vgl. Abschnitt 10.2.f) zeigt, daß sich in Nickel trigonale Fehlstellen ähnlich verhalten wie die Fehlstellen mit orthorhombischer Symmetrie.

e) Doppelleerstellen in hexagonal dichtest gepacktem Kobalt

α) Konfiguration AB

Die Konfiguration AB der Doppelleerstelle in Kobalt besitzt orthorhombische Symmetrie und drei verschiedene Einstellmöglichkeiten in der Basisebene (siehe Fig. 48 a). Die magnetische Wechselwirkungsenergie ist durch Gl. (7.37) und Gl. (7.41) gegeben. Beschränken wir uns, wie in den vorhergehenden Fällen, auf die magnetokristalline Kopplungsenergie, so ergibt sich nach Gl. (9.101)

$$F_1 - \bar{F}_1 = A'_1 \int_{-\infty}^{\infty} \sin^2 \varphi \sin^2 \varphi' \, dz \tag{10.30}$$

mit

$$A'_1 = \tfrac{2}{3}\left(\sum_n a_n^2 - \sum_{i>j} a_i a_j\right), \tag{10.31}$$

wobei die a_n durch Gl. (7.36) gegeben sind. Die Ausführung der Integration von Gl. (10.30) unter Zugrundelegung der Blochwandgleichung (6.23.b) für die 180°-Wand in Kobalt liefert

$$F_1 - \bar{F}_1 = A'_1 I'_1$$

mit

$$I'_1 = -\frac{4}{\kappa_K} \frac{1 - \kappa_K U \, \mathfrak{Cotg}(\kappa_K U)}{\mathfrak{Sin}(\kappa_K U)}. \tag{10.32}$$

Der Verlauf der Funktion I'_1 und ihrer Ableitung ist in Fig. 70 dargestellt.

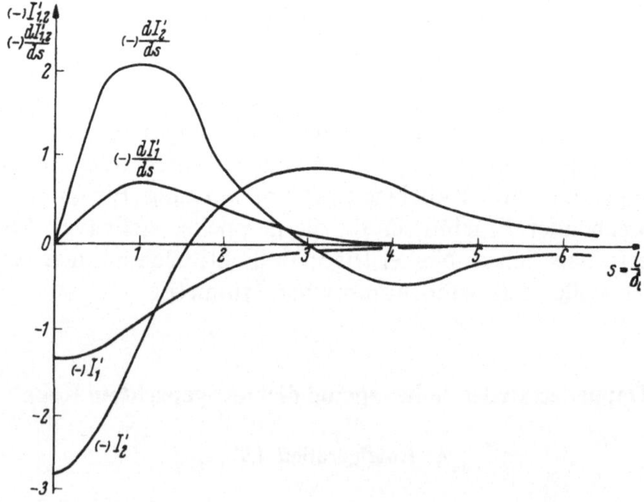

Fig. 70. Verlauf der Funktionen $I'_1(s)$ und $I'_2(s)$ sowie ihrer Ableitungen in hexagonalem Kobalt.

β) Konfiguration AA'

Die Konfiguration AA' der Doppelleerstelle besitzt orthorhombische Symmetrie und wie die Konfiguration AB drei energetisch verschiedene Einstellmöglichkeiten in den Pyramidenebenen. Legt man die magnetokristallinen Wechselwirkungsenergie gemäß Gl. (7.35) zugrunde, so erhält man

$$F_1 - \bar{F}_1 = \int_{-\infty}^{\infty} (A'_1 \sin^2 \varphi \sin^2 \varphi' + A'_2 \sin 2\varphi \sin 2\varphi') dz$$

mit

$$A'_2 = \tfrac{2}{3}\left(\sum_n b_n^2 - \sum_{i>j} b_i b_j\right), \tag{10.33}$$

wobei die b_n durch Gl. (7.36) gegeben sind. Die Ausführung der Integration ergibt für die 180°-Wand

$$F_1 - \bar{F}_1 = A_1 I'_1 + A_2 I'_2,$$

wobei

$$I'_2 = -4 I'_1 \mathfrak{Cos}(\kappa_K U) + \frac{8}{\kappa_K} \frac{U \kappa_K}{\mathfrak{Sin}(\kappa_K U)} . \tag{10.34}$$

Die Funktion $I'_2(U)$ und ihre Ableitung ist in Fig. 70 dargestellt. Sowohl bei der Konfiguration AB als auch bei der Konfiguration AA' verschwindet bei großen Auslenkungen U die Kraft auf die Blochwand. Das Maximum der Nachwirkungskraft liegt jeweils bei Auslenkungen, die etwa der halben Blochwanddicke entsprechen.

f) Die Doppelleerstelle in Nickel

Die Doppelleerstelle in kubisch-flächenzentrierten Gittern besitzt orthorhombische Symmetrie und ist ausführlich in Abschnitt 7.3.e behandelt worden. Die Stabilisierungsenergie bei der statischen Versuchsführung berechnet sich nach Gl. (9.107.a) Zunächst müssen die Ausdrücke F_+, F_- und F'_1 nach Gl. (9.105) und Gl. (9.106) bestimmt werden. Da die Doppelleerstelle nach Rechnungen von Schottky, Seeger und Schmid [3, 4] nur ein kleines elastisches Dipolmoment besitzt, ist es berechtigt, den magnetoelastischen Anteil der Wechselwirkungsenergie im folgenden zu vernachlässigen. In dieser Näherung ergibt sich nach Gl. (7.31) und Tab. 9

$$F_+ - 2\bar{F}_1 = \varepsilon_1^2 \int_{-\infty}^{\infty} X_1(\alpha_i^2, \alpha_i'^2) dZ ,$$

$$F_- = \varepsilon_2^2 \int_{-\infty}^{\infty} X_2(\alpha_i^2, \alpha_i'^2) dZ$$

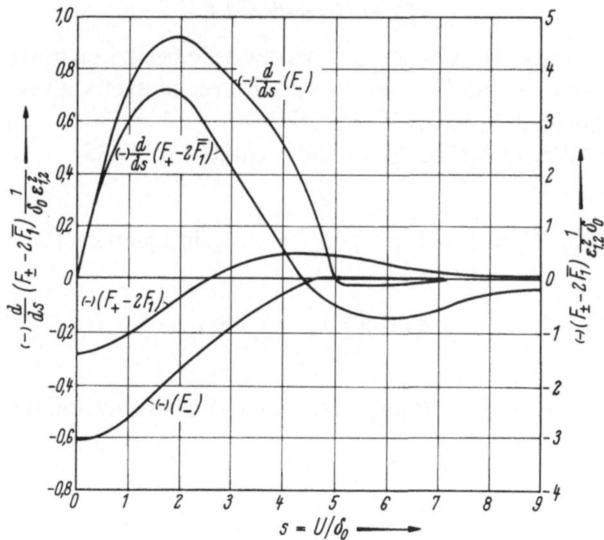

Fig. 71. Die Funktionen $\dfrac{1}{\delta_0 \varepsilon_1^2} (F_+ - 2\bar{F}_1)$ und $\dfrac{1}{\delta_0 \varepsilon_2^2} (F_-)$ bei der (110)-180°-Blochwand für Fehlstellen mit orthorhombischer Symmetrie (nach KLEIN und KRONMÜLLER [2]).

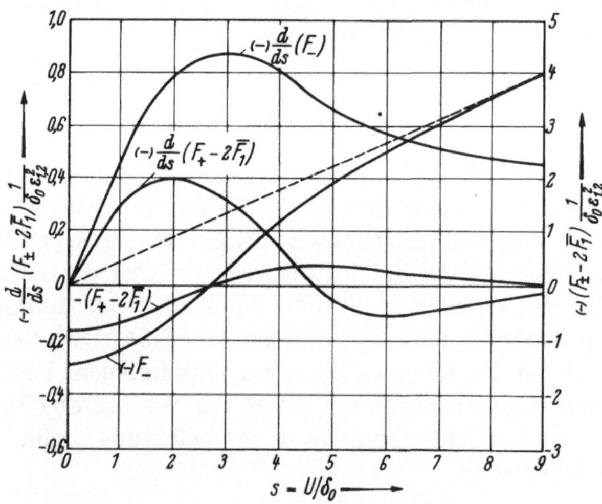

Fig. 72. Die Funktionen $\dfrac{1}{\delta_0 \varepsilon_1^2} (F_+ - 2\bar{F}_1)$ und $\dfrac{1}{\delta_0 \varepsilon_2^2} (F_-)$ bei der (001)-109°-Blochwand in Nickel für Fehlstellen mit orthorhombischer Symmetrie (nach KLEIN und KRONMÜLLER [2]).

mit

$$X_1 = \sum_i (\alpha_i^2 \alpha_i'^2) - \tfrac{1}{3}$$

und

$$X_2 = \sum_{i>j} \alpha_i \alpha_j \alpha_i' \alpha_j'.$$

In Tab. 10 sind die Ausdrücke für X_1 und X_2 als Funktion des Blochwandwinkels φ für verschiedene Blochwände des Nickels angegeben. Bei der Auswertung der Integrale unter Zugrundelegung von Gl. (6.23) zeigt sich, daß die Integration über X_2 bei der (001)-109°-Blochwand und der (110)-180°-Blochwand nur numerisch ausgeführt werden kann. Die Ergebnisse dieser Rechnung sind in Fig. 71 und Fig. 72 dargestellt. Bei der (112)-180°-Blochwand läßt sich die Integration geschlossen ausführen, und man erhält

$$F_+ - 2\bar{F}_1 = \frac{\varepsilon_1^2}{6} I_1 + \frac{\varepsilon_1^2}{3} I_2,$$

$$F_- = \varepsilon_2^2 \tfrac{11}{12} I_1 + \varepsilon_2^2 \tfrac{1}{12} I_2,$$

(10.35)

wobei I_1 und I_2 dieselbe Bedeutung wie in Abschnitt 10.2.a haben.

Fig. 71 und Fig. 72 entnimmt man, daß sich F_+ genauso verhält wie die Funktion $F_1 - \bar{F}_1$ bei den Zwischengitterhanteln. Bei großen Auslenkungen der Blochwand verschwindet der Anteil von $F_+ - 2\bar{F}_1$ zur magnetischen Nachwirkung. Anders verhält sich die Funktion F_-. Diese verschwindet zwar bei den 180°-Blochwänden bei großen Auslenkungen der Blochwand ebenfalls, wächst jedoch bei der (001)-109°-Blochwand linear mit der Auslenkung an. Die 109°-Blochwände besitzen demnach bezüglich den Doppelleerstellen ein ähnliches Verhalten wie die 90°-Blochwände in Eisen bezüglich den Zwischengitteratomen. Dieses Ergebnis, das schon in Abschnitt 10.1 abgeleitet wurde, hängt mit der leichten Magnetisierungsrichtung zusammen, die in Nickel die $\langle 111 \rangle$-Richtung ist. Bei einer Richtungsänderung der spontanen Magnetisierung von [111] nach [1$\bar{1}\bar{1}$] verändert die Funktion X_1 ihren Wert nicht, während X_2 von 7/12 auf $-1/12$ abnimmt. Dies bedeutet aber, daß sich bei einer Verschiebung einer 109°-Blochwand die Wechselwirkungsenergie in den angrenzenden Weissschen Bezirken verändert und daher auf die 109°-Blochwand auch bei großen Auslenkungen eine konstante Kraft wirkt. Für $R_N(t)$ erhalten wir bei Berücksichtigung von Gl. (10.17) aus Gl. (9.119)

$$R_N(t) = R_1(\infty)(1 - e^{-t/\tau_1}) + R_2(\infty)(1 - e^{-t/\tau_2}) \qquad (10.36.a)$$

mit

$$R_1(\infty) = \frac{c}{2 n_E k T} \frac{L_3^2}{\delta_0} \varepsilon_1^2 (\tfrac{1}{6} \vartheta_N^{(1)} + \tfrac{1}{3} \vartheta_N^{(2)})$$

und

$$R_2(\infty) = \frac{c}{2n_E kT}\,\frac{L_3^2}{\delta_0}\,\varepsilon_2^2(\tfrac{11}{12}\vartheta_N^{(1)} + \tfrac{1}{12}\vartheta_N^{(2)}).\tag{10.36.b}$$

Bei Raumtemperatur gilt nach Tab. 6 für die (112)-180°-Blochwand $\kappa = 1{,}43$. Fig. 64 entnimmt man für diesen Wert $\vartheta_N^{(1)} = 0{,}75$ und $\vartheta_N^{(2)} = 2{,}1$. Die Nachwirkungskonstanten $R_1(\infty)$ und $R_2(\infty)$ lauten somit

$$R_1(\infty) = \frac{c}{2n_E kT}\,\frac{L_3^2}{\delta_0}\,\varepsilon_1^2 \cdot 0{,}825,$$

$$R_2(\infty) = \frac{c}{2n_E kT}\,\frac{L_3^2}{\delta_0}\,\varepsilon_2^2 \cdot 0{,}862.\tag{10.36.c}$$

g) Das Zwischengitteratom mit orthorhombischer Symmetrie in α-Fe

In Abschnitt 7.3.e.β wurde die von JOHNSON theoretisch behandelte Hantellage des Zwischengitteratoms mit einer $\langle110\rangle$-Achse in α-Fe besprochen. Die Sprungkinetik dieser Fehlstelle entspricht der der Doppelleerstellen in kubisch-flächenzentrierten Kristallen. Zur Berechnung der Stabilisierungsenergie bei statischer Versuchsführung ist demnach Gl. (9.107.a) anzuwenden. Da man bei Zwischengitteratomen im allgemeinen die magnetoelastische Wechselwirkungsenergie nicht vernachlässigen kann, müssen wir diese im folgenden bei der Berechnung der Stabilisierungsenergie mitberücksichtigen. Es ist zweckmäßig, die in Gl. (9.107.a) auftretenden Funktionen $F_+ - 2\bar F_1$ und F_- in drei Anteile zu zerlegen, die von der magnetokristallinen, der magnetoelastischen und den Mischgliedern zwischen magnetokristalliner und magnetoelastischer Kopplungsenergie herrühren. Wir kennzeichnen diese drei Anteile durch einen oberen Index K, M und KM. Unter Zugrundelegung der in Abschnitt 7.3.e abgeleiteten Ausdrücke für die Wechselwirkungsenergie E_i orthorhombischer Fehlstellen ergibt sich allgemein für die Integranden von Gl. (9.107a), die wir im folgenden mit kleinen Buchstaben bezeichnen,

$$
\begin{aligned}
(f_+ - 2\,\bar f_1)^K &= \varepsilon_1^2 X_1, \qquad\qquad f_-^K = \varepsilon_2^2 X_2,\\[2mm]
(f_+ - 2\bar f_1)^M &= \varepsilon_I(\varphi)\varepsilon_I(\varphi')\left(2P_I P_{33} - \frac{P_I^2}{3} - 2P_{33}^2\right)\\[2mm]
&\quad + \sum_{k=1}^{3}\varepsilon''^{M}_{kk}(\varphi)\varepsilon''^{M}_{kk}(\varphi')(3P_{33} - P_I)^2,\\[2mm]
f_-^M &= 2\sum_{i>j}\varepsilon''^{M}_{ij}(\varphi)\varepsilon''^{M}_{ij}(\varphi')(P_{11} - P_{22})^2,\\[2mm]
(f_+ - 2\bar f_1)^{KM} &= \varepsilon_1(3P_{33} - P_I)\left\{\frac{1}{3}\left(\varepsilon_I(\varphi) + \varepsilon_I(\varphi')\right)\right.\\[2mm]
&\quad \left. - \sum_{k=1}^{3}(\alpha_k^2(\varphi)\varepsilon''^{M}_{kk}(\varphi') + \alpha_k^2(\varphi')\varepsilon''^{M}_{kk}(\varphi))\right\}.
\end{aligned}
\tag{10.37}
$$

(Die Verzerrungskomponenten ε''^{M}_{ij} beziehen sich auf das Koordinatensystem der kubischen Achsen.)

$$f^{KM}_{-} = -2\varepsilon_2(P_{11}-P_{22})\sum_{i>j}\left(\alpha_i(\varphi')\alpha_j(\varphi')\varepsilon''^{M}_{ij}(\varphi)+\alpha_i(\varphi)\alpha_j(\varphi)\varepsilon''^{M}_{ij}(\varphi')\right). \quad (10.37)$$

Die Gleichungen (10.37) gelten zunächst für jede beliebige Blochwand in Fe oder Ni. Man erhält die erforderlichen Ausdrücke für $f_+-2\bar{f}_1$ und f_- in Abhängigkeit vom Blochwandwinkel φ bzw. φ', indem man in Gl. (10.37) für die Verzerrungen ε''^{M}_{ij} und die Richtungskosinus α_i die in Tab. 5 angegebenen Werte einsetzt und über die einzelnen Anteile für K, M und KM summiert. Im Falle der (001)-180°-Blochwand in Fe liefert die Rechnung

$$f_+-2\bar{f}_1 = A_1^+ \sin^2\varphi\sin^2\varphi' + A_2^+ \sin 2\varphi\sin 2\varphi',$$
$$f_- = A_2^- \sin 2\varphi\sin 2\varphi' \quad (10.38)$$

mit

$$A_1^+ = 2\left(\varepsilon_1^2 - \varepsilon_1(3P_{33}-P_I)\lambda_{100}\right),$$
$$A_2^+ = \tfrac{9}{8}(3P_{33}-P_I)^2\lambda_{100}^2, \quad (10.39)$$

$$A_2^- = \left(\frac{\varepsilon_2^2}{4} + \frac{9}{8}\lambda_{111}^2(P_{11}-P_{22})^2 - \frac{3}{2}\varepsilon_2(P_{11}-P_{22})\lambda_{111}\right).$$

Für die (001)-90°-Blochwand in Fe findet man

$$f_+-2\bar{f}_1 = B^+\{\sin 2\varphi\sin 2\varphi' - 1\},$$
$$f_- = B^- \cos 2\varphi\cos 2\varphi',$$

mit
$$B^+ = +\tfrac{9}{8}\lambda_{100}^2(3P_{33}-P_I)^2 - \tfrac{3}{2}\varepsilon_1\lambda_{100}(3P_{33}-P_I), \quad (10.40)$$
$$B^- = +\tfrac{9}{8}\lambda_{111}^2(P_{11}-P_{22})^2 - \tfrac{3}{2}\varepsilon_2\lambda_{111}(P_{11}-P_{22}).$$

Die Ausführung der Integration ergibt für die (001)-180°-Blochwand

$$F_+-2\bar{F}_1 = A_1^+ I_1 + A_2^+ I_2$$

und
$$F_- = A_2^- I_2, \quad (10.41)$$

wobei I_1 und I_2 gemäß Gl. (10.13) und Gl. (10.16) definiert sind. Der Verlauf von I_1 und I_2 als Funktion der Auslenkung ist in Fig. 63.a bis 63.d dargestellt.

Bei der (001)-90°-Blochwand erhält man

$$F_+-2\bar{F}_1 = 2B^+ U\,\mathfrak{Cotg}(U/\delta_0) = 2B^+\delta_0 s\,\mathfrak{Cotg}\,s$$

und
$$F_- = 2B^-\,\frac{U}{\mathfrak{Sin}\,(U/\delta_0)} = 2B^-\delta_0\,\frac{s}{\mathfrak{Sin}\,s}. \quad (10.42)$$

Die in Gl. (10.42) auftretenden Funktionen sind in Fig. 66 und Fig. 67 dargestellt.

Von besonderem Interesse ist der Verlauf der Funktion $F_+ - 2\bar{F}_1$ bei der (001)-90°-Blochwand. Diese Funktion steigt bei großen Auslenkungen linear an. Auf die Blochwand wirkt deshalb eine konstante rücktreibende Kraft. Die 90°-Blochwände in Fe verhalten sich demnach gegenüber Fehlstellen mit orthorhombischer Symmetrie wie die 109°- oder 71°-Blochwände in Nickel.

10.3. Anwendungsbeispiele zur Diffusionsnachwirkung

a) Leerstellen mit kubischer Symmetrie in α-Fe und Nickel

Die Wechselwirkungsenergie von Fehlstellen mit kubischer Symmetrie lautet entsprechend unseren Ausführungen in Abschnitt 7.3.a

$$E = \bar{\varepsilon} Q + P_1 \varepsilon_I^M. \tag{10.43}$$

Dabei bedeutet $Q = \sum\limits_{i>j} \alpha_i^2 \alpha_j^2$, P_1 die Komponente des isotropen Kräftedipols und ε_I^M die Spur des Tensors der magnetostriktiven Extradehnungen. Die Größen Q und ε_I^M sind in Tab. 10 und 5 für die wichtigsten Blochwände in Ni und Fe angegeben. Allgemein läßt sich E in der Form

$$E = A_1^D \sin^2 \varphi + A_2^D \sin^4 \varphi + A_3^D \sin 2\varphi + A_4^D \sin 2\varphi \sin^2 \varphi \tag{10.44}$$

darstellen. Die Konstanten A_3^D und A_4^D sind nur bei der (110)-180°-Blochwand in Ni von Null verschieden. Werte für A_1^D bis A_4^D sind in Tab. 12

Tabelle 12. *Die Wechselwirkungskonstanten A_n^D bei der Diffusionsnachwirkung für Fehlstellen mit kubischer Symmetrie. ($P_1 =$ Komponente des Kräftedipols, $\bar{\varepsilon} =$ mittlere magnetokristalline Kopplungskonstante).*

Blochwandtyp	A_1^D	A_2^D	A_3^D	A_4^D
Ni (001)$-$109°	$\frac{4}{9}\bar{\varepsilon}$	$-\frac{4}{9}\bar{\varepsilon}$	$-$	$-$
Ni (110)$-$180°	$-\frac{13}{18}\bar{\varepsilon} + \frac{P_I}{4}(\lambda_{111} - \lambda_{100})$	$-\frac{5}{9}\bar{\varepsilon}$	$\frac{\sqrt{2}}{18}\bar{\varepsilon} - \frac{\sqrt{2}}{4}P_I(\lambda_{111} - \lambda_{100})$	$\frac{\sqrt{2}}{18}\bar{\varepsilon}$
Ni ($\bar{1}\bar{1}2$)$-$180°	$-\frac{P_I}{4}(\lambda_{100} - \lambda_{111}) - \frac{2}{3}\bar{\varepsilon}$	$\frac{7}{12}\bar{\varepsilon}$	$-$	$-$
Ni (001)$-$71°	$\frac{4}{9}\bar{\varepsilon}$	$-\frac{4}{9}\bar{\varepsilon}$	$-$	$-$
Fe (001)$-$180°	$\bar{\varepsilon}$	$-\bar{\varepsilon}$	$-$	$-$
Fe (001)$-$90°	$\bar{\varepsilon}$	$-\bar{\varepsilon}$	$-$	$-$

aufgeführt. Man erkennt, daß bei zahlreichen Blochwänden die Bedingung $A_1^D = -A_2^D$ erfüllt ist. In diesem Falle lautet die Wechselwirkungsenergie

$$E = A_1^D \sin^2 \varphi \cos^2 \varphi = \tfrac{1}{4} A_1^D \sin^2 2\varphi. \tag{10.45}$$

Die Berechnung der Stabilisierungsenergie führen wir im folgenden für Blochwände erster und zweiter Art durch.

α) Blochwände erster Art ((001)-90°-Blochwand in Eisen und (001)-71°-Blochwand in Nickel)

Für die Blochwände erster Art ist die Wechselwirkungsenergie durch Gl. (10.45) gegeben, und mit $\mathrm{tg}\,\varphi = \exp(-\xi)$, wobei $\xi = \kappa_K z$ gesetzt wurde, ergibt sich

$$E = \frac{A_1^D}{4\,\mathfrak{Cos}^2 \xi}. \tag{10.46}$$

Zur Bestimmung der Stabilisierungsenergie gemäß Gl. (9.121.a) benötigen wir die Fouriertransformierten der Wechselwirkungsenergie, die folgendermaßen lauten:

$$\tilde{E}_{(\pm)}(\lambda) = \frac{1}{2\pi} \frac{A_1^D}{4} \int\limits_{-\infty}^{\infty} \frac{e^{\pm i\lambda\xi}}{\mathfrak{Cos}^2 \xi}\, d\xi = \frac{A_1^D \pi \lambda}{2\,\mathfrak{Sin}\dfrac{\pi\lambda}{2}}. \tag{10.47}$$

Für die Stabilisierungsenergie folgt aus Gl. (9.121.a)

$$w_s^B(t_0) = -\frac{\pi \bar{c}(A_1^D)^2 \delta_0}{8kT} \int\limits_{-\infty}^{\infty} (1-\exp(-\lambda^2 t_0)) \frac{\lambda^2 \cos \lambda s}{\mathfrak{Sin}^2 \dfrac{\pi\lambda}{2}}\, d\lambda \tag{10.48}$$

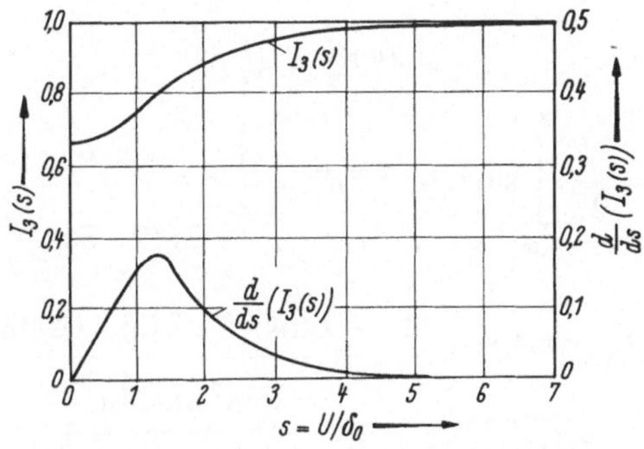

Fig. 73. Die Funktion $I_3(s)$ und ihre Ableitung.

und insbesondere

$$w_s^B(\infty) = \frac{\pi\,\bar{c}(A_1^D)^2\,\delta_0}{8\,kT}\int\limits_{-\infty}^{\infty}\frac{\lambda^2\cos\lambda s}{\mathfrak{Sin}^2\dfrac{\pi\lambda}{2}}\,d\lambda = \frac{(-)\bar{c}(A_1^D)^2\,\delta_0}{8\,kT}\,\pi I_3(s) \qquad (10.49)$$

mit

$$I_3(s) = \frac{8}{\pi\,\mathfrak{Sin}^2 s}\,(1+\mathfrak{Sin}^2 s - s\,\mathfrak{Cotg}\,s). \qquad (10.50)$$

Der Verlauf der Funktion $I_3(s)$ ist in Fig. 73 dargestellt.

β) Blochwände zweiter Art in Ni und α-Fe
(mit Ausnahme der (110)–180°-Blochwand in Nickel)

Bei Blochwänden 2. Art ist der Drehwinkel φ durch Gl. (6.23.a) gegeben. Zur Bestimmung der Fouriertransformierten $\tilde{E}_\pm$ müssen wir $\sin^2\varphi$ und $\sin^4\varphi$ berechnen. Mit $\mathrm{ctg}\,\varphi = -\sqrt{\varepsilon}\,\mathfrak{Sin}\dfrac{z}{\delta_0}$ ergibt sich

$$\sin^2\varphi = \frac{1}{1+\mathrm{ctg}^2\varphi} = \frac{1}{1+\varepsilon\,\mathfrak{Sin}^2\xi} = \frac{2}{\varepsilon}\,\frac{1}{\mathfrak{Cos}\,2\xi+\mathfrak{Cos}\,2\kappa}\,,$$

$$\cos^2\varphi = \frac{\mathrm{ctg}^2\varphi}{1+\mathrm{ctg}^2\varphi} = \frac{2\,\mathfrak{Sin}^2\xi}{\mathfrak{Cos}\,2\xi+\mathfrak{Cos}\,2\kappa} \qquad (10.51.\mathrm{a})$$

$$\sin^4\varphi = \frac{4}{\varepsilon^2}\,\frac{1}{(\mathfrak{Cos}\,2\xi+\mathfrak{Cos}\,2\kappa)^2}$$

mit $\xi = \dfrac{z}{\delta_0}$ und

$$\mathfrak{Cos}\,2\kappa = \frac{2-\varepsilon}{\varepsilon}. \qquad (10.51.\mathrm{b})$$

Die Fouriertransformierte der Wechselwirkungsenergie E läßt sich in der Form

$$\tilde{\tilde{E}}_\pm = A_1^D I_\pm^{(1)} + A_2^D I_\pm^{(2)} \qquad (10.52)$$

schreiben, wobei

$$I_\pm^{(1)} = \frac{1}{2\pi}\int\limits_{-\infty}^{\infty}\sin^2\varphi\,e^{\pm i\lambda\xi}\,d\xi = \frac{1}{\varepsilon}\,\frac{\sin\kappa\lambda}{\mathfrak{Sin}\,2\kappa\,\mathfrak{Sin}\dfrac{\pi\lambda}{2}} \qquad (10.53)$$

und

$$I_\pm^{(2)} = \frac{1}{2\pi}\int\limits_{-\infty}^{\infty}\sin^4\varphi\,e^{\pm i\lambda\xi}\,d\xi = \frac{1}{\varepsilon^2}\,\frac{-\lambda\cos\kappa\lambda+2\sin\kappa\lambda\,\mathfrak{Cotg}\,2\kappa}{\mathfrak{Sin}^2 2\kappa\,\mathfrak{Sin}\dfrac{\pi\lambda}{2}} \qquad (10.54)$$

bedeutet.

Unter Zugrundelegung von Gl. (10.52) ergibt sich für die Stabilisierungsenergie der Blochwände 2. Art

$$w_s^B(t_0) = \frac{(-)2\pi\bar{c}\delta_0}{kT} \int\limits_{-\infty}^{\infty} (1-e^{-\lambda^2 t_0})\{B_4^D \sin^2\kappa\lambda + B_5^D\lambda\sin\kappa\lambda\cos\kappa\lambda$$

$$+ B_6^D\lambda^2\cos^2\kappa\lambda\}\,\frac{\cos\lambda s}{\mathfrak{Sin}^2\dfrac{\pi\lambda}{2}}\,d\lambda \tag{10.55}$$

und für die Stabilisierungsenergie bei $t_0\to\infty$

$$w_s^B(\infty) = -\frac{2\pi\bar{c}\delta_0}{kT}\frac{1}{\varepsilon^4}\left[B_4^D I_4(s,\kappa) + B_5^D I_5(s,\kappa) + B_6^D I_6(s,\kappa)\right] \tag{10.56}$$

mit

$$B_4^D = \left[(A_1^D)^2\varepsilon^2\,\mathfrak{Sin}^2 2\kappa + 4(A_2^D)^2\,\mathfrak{Cotg}^2 2\kappa + 4\varepsilon A_1^D A_2^D\,\mathfrak{Cos}\,2\kappa\right]\frac{1}{\mathfrak{Sin}^4 2\kappa},$$

$$B_5^D = -\left[2\varepsilon A_1^D A_2^D\,\mathfrak{Sin}\,2\kappa + 4(A_2^D)^2\,\mathfrak{Cotg}\,2\kappa\right]\frac{1}{\mathfrak{Sin}^4 2\kappa}, \tag{10.57}$$

$$B_6^D = \frac{(A_2^D)^2}{\mathfrak{Sin}^4 2\kappa}.$$

Ferner bedeuten $I_4 - I_6$ die folgenden Integrale:

$$I_4(s,\kappa) = \int\limits_{-\infty}^{\infty}\frac{\sin^2\kappa\lambda\cos\lambda s}{\mathfrak{Sin}^2\dfrac{\pi\lambda}{2}}\,d\lambda = -\frac{2s}{\pi}\mathfrak{Cotg}\,s + \frac{s+2\kappa}{\pi}\mathfrak{Cotg}(s+2\kappa)$$

$$+\frac{s-2\kappa}{\pi}\mathfrak{Cotg}(s-2\kappa) + \frac{8\kappa^2}{\pi}; \tag{10.58.a}$$

$$I_5(s,\kappa) = \int\limits_{-\infty}^{\infty}\frac{\lambda\sin\kappa\lambda\cos\kappa\lambda\cos\lambda s}{\mathfrak{Sin}^2\dfrac{\pi\lambda}{2}}\,d\lambda$$

$$= \frac{1}{\pi}\left\{\begin{array}{l}\mathfrak{Cotg}(s+2\kappa) - \dfrac{s+2\kappa}{\mathfrak{Sin}^2(s+2\kappa)}\\[2ex]+\,\mathfrak{Cotg}(2\kappa-s) - \dfrac{2\kappa-s}{\mathfrak{Sin}^2(s-2\kappa)}\end{array}\right\} - \frac{4\kappa}{\pi}; \tag{10.58.b}$$

$$
\begin{aligned}
I_6(s,\kappa) = &\int_{-\infty}^{\infty} \frac{\lambda^2 \cos^2 \kappa\lambda \cos\lambda s}{\mathfrak{Sin}^2 \dfrac{\pi\lambda}{2}}\, d\lambda \\[2ex]
= &-\frac{4}{\pi}\,\frac{1}{\mathfrak{Sin}^2 s}\,(1 - s\,\mathfrak{Cotg}\,s) \\[2ex]
&-\frac{2}{\pi}\,\frac{1}{\mathfrak{Sin}^2(2\kappa+s)}\{1-(s+2\kappa)\mathfrak{Cotg}(s+2\kappa)\} \\[2ex]
&-\frac{2}{\pi}\,\frac{1}{\mathfrak{Sin}^2(s-2\kappa)}\{1-(s-2\kappa)\mathfrak{Cotg}(s-2\kappa)\} \\[2ex]
&-\frac{8}{\pi}\,.
\end{aligned}
\tag{10.58.c}
$$

b) Die Stabilisierungsenergie der Leerstellen bei kleinen Zeiten $(t_\circ < 1)$

Die allgemeine Theorie der Stabilisierungsenergie bei kleinen Zeiten wurde in Abschnitt 9.4.c.γ behandelt. Entsprechend den dort gemachten Ausführungen ist die Stabilisierungsenergie bei kleinen Zeiten durch Gl. (9.124) gegeben. Für die Stabilisierungsenergie ergeben sich ähnliche Beziehungen wie im vorhergehenden Abschnitt 10.3.a. Insbesondere erhält man für die 90°-Blochwand und die 71°-Blochwand

$$
w_s^B(t_0) = -\frac{\pi\bar c\,\delta_0\,A_1^D}{8kT}\,I_3'(s,t_0).
\tag{10.59}
$$

Die Stabilisierungsenergie der 180°-Blochwände lautet

$$
w_s^B(t_0) = -\frac{2\pi\bar c\,\delta_0}{\varepsilon^4 kT}\big[B_4^D I_4'(s,\kappa,t_0) + B_5^D I_5'(s,\kappa,t_0) + B_6^D I_6'(s,\kappa,t_0)\big],
\tag{10.60}
$$

wobei die Konstanten B_4^D bis B_6^D durch Gl. (10.57) gegeben sind.

Die in Gl. (10.59) und Gl. (10.60) auftretenden Integrale I_3' bis I_6' lassen sich aus den im vorhergehenden Abschnitt definierten Integralen I_3 bis I_6 gemäß

$$
I_m' = \sum_{n=1}^{\infty} \frac{(-t_0)^n}{n!}\,\frac{d^{2n}}{ds^{2n}}\,(I_m(s))
\tag{10.61}
$$

ableiten.

α) Kleine Blochwandverschiebungen $(s \ll 1)$

Beschränken wir uns auf kleine Auslenkungen der Blochwände, d.h. auf den Fall $s \ll 1$, so lauten die Integrale (10.61) nach Gl. (9.125), wenn wir nur die von s abhängigen Glieder 4. Ordnung in λ berücksichtigen, folgendermaßen:

$$I'_3(s,t_0)=t_0 s^2 \int_{-\infty}^{\infty} \frac{\lambda^6}{\operatorname{Sin}^2 \dfrac{\pi\lambda}{2}}\, d\lambda = \frac{256\, B_6}{\pi}\, t_0 s^2,$$

$$I'_4(s,\kappa,t_0)=t_0 s^2 \int_{-\infty}^{\infty} \frac{\lambda^4 \sin^2 \kappa\lambda}{\operatorname{Sin}^2 \dfrac{\pi\lambda}{2}}\, d\lambda = \left\{-\frac{32}{\pi}B_4 + \frac{2}{\pi}\frac{d^4}{d(2\kappa)^4}(2\kappa\operatorname{Cotg}2\kappa)\right\} t_0 s^2$$

$$(10.62)$$

$$I'_5(s,\kappa,t_0)=t_0 s^2 \int_{-\infty}^{\infty} \frac{\lambda^5 \sin\kappa\lambda \cos\kappa\lambda}{\operatorname{Sin}^2 \dfrac{\pi\lambda}{2}}\, d\lambda = \frac{2}{\pi}\frac{d^5}{d\kappa^5}(2\kappa\operatorname{Cotg}2\kappa)\, t_0 s^2,$$

$$I'_6(s,\kappa,t_0)=t_0 s^2 \int_{-\infty}^{\infty} \frac{\lambda^6 \cos^2 \kappa\lambda}{\operatorname{Sin}^2 \dfrac{\pi\lambda}{2}}\, d\lambda = \left\{\frac{128}{\pi}B_6 + \frac{2}{\pi}\frac{d^6}{d(2\kappa)^6}(2\kappa\operatorname{Cotg}2\kappa)\right\} t_0 s^2.$$

Dabei bedeuten die B_{2n} die Bernoullischen Konstanten.

Die zur numerischen Berechnung dieser Integrale erforderlichen höheren Ableitungen der Funktion $x\operatorname{Cotg}x$ sind durch folgende Beziehungen gegeben:

$$\frac{d^4}{dx^4}(x\operatorname{Cotg}x)= -4(2-4x\operatorname{Cotg}x-5\operatorname{Cotg}^2 x+10x\operatorname{Cotg}^3 x+3\operatorname{Cotg}^4 x \\ -6x\operatorname{Cotg}^5 x),$$

$$\frac{d^5}{dx^5}(x\operatorname{Cotg}x)= -8(-2x-7\operatorname{Cotg}x+17x\operatorname{Cotg}^2 x+16\operatorname{Cotg}^3 x \\ -30x\operatorname{Cotg}^4 x-9\operatorname{Cotg}^5 x+15x\operatorname{Cotg}^6 x), \qquad (10.63)$$

$$\frac{d^6}{dx^6}(x\operatorname{Cotg}x)= -8(-9+34x\operatorname{Cotg}x+72\operatorname{Cotg}^2 x-154x\operatorname{Cotg}^3 x \\ -123\operatorname{Cotg}^4 x+210x\operatorname{Cotg}^5 x+60\operatorname{Cotg}^6 x-90x\operatorname{Cotg}^7 x).$$

β) Große Blochwandverschiebungen ($s\gg 1$)

Bei großen Blochwandverschiebungen ist Gl. (10.60) zur Berechnung der Stabilisierungsenergie nicht sehr geeignet, da die Integrale $I'_m(s)$ bereits relativ komplizierte Funktionen sind. Man erhält eine geeignete

Darstellung der Funktionen I'_m für große s, indem man die Integrale mit Hilfe des Residuensatzes bestimmt. Die Integrale $I'_m(s)$ lauten allgemein

$$I'_m(s) = -\sum_{n=1}^{\infty} \frac{(-t_0)^n}{n!} \int_{-\infty}^{\infty} \begin{Bmatrix} \lambda^{2n+2} \\ \lambda^{2n}\sin^2\kappa\lambda \\ \lambda^{2n+1}\sin\kappa\lambda \\ \lambda^{2n+2}\cos^2\kappa\lambda \end{Bmatrix} \frac{e^{i\lambda s}}{\mathfrak{Sin}^2\dfrac{\pi\lambda}{2}}\, d\lambda. \qquad (10.64)$$

Um den Residuensatz anwenden zu können, führen wir für $\mathfrak{Sin}^{-2}\dfrac{\pi\lambda}{2}$ die Partialbruchzerlegung

$$\frac{1}{\mathfrak{Sin}^2\dfrac{\pi\lambda}{2}} = \frac{4}{\pi^2}\sum_{k=-\infty}^{k=+\infty} \frac{1}{(\lambda-2ki)^2} \qquad (10.65)$$

ein. Wie aus Gl. (10.65) hervorgeht, liegen die Pole der Funktion $\mathfrak{Sin}^{-2}\left(\dfrac{\pi\lambda}{2}\right)$ auf der imaginären Achse bei $\lambda=2ki$. Unter Zugrundelegung von Gl. (10.65) ergeben sich dann die Integrale $I'_m(s)$ durch Anwendung des erweiterten Cauchyschen Integraltheorems, welches besagt, daß

$$\frac{df(z)}{dz}\bigg|_{(z=a)} = \frac{1}{2\pi i}\int_c \frac{f(z)}{(z-a)^2}\, dz \qquad (10.66)$$

gilt, falls $f(z)$ auf dem gewählten Integrationsweg C regulär ist und außer an der Stelle $z=a$ keine weiteren Pole vorliegen.

Wird Gl. (10.65) in Gl. (10.64) eingesetzt und die Integration entsprechend Gl. (10.66) durchgeführt, wobei der Weg C längs der reellen Achse verläuft und sich über die obere Halbebene schließt, so ergibt sich unmittelbar

$$I'_m(s) = \frac{(-)2}{\pi^3}\sum_{n=1}^{\infty}\frac{(t_0)^n}{n!}\sum_{k=1}^{\infty} \begin{Bmatrix} (2k)^{2n+1}(2n+2-2sk) & ;m=3 \\[4pt] (2k)^{2n-1}(-2n\,\mathfrak{Sin}^2 2\kappa k \\ \quad -2\kappa k\,\mathfrak{Sin}4\kappa k+2ks\,\mathfrak{Sin}^2\kappa k) & ;m=4 \\[4pt] (2k)^{2n}((2n+1)\,\mathfrak{Sin}2\kappa k \\ \quad +2\kappa k\,\mathfrak{Cos}2\kappa k-2ks\,\mathfrak{Sin}2\kappa k) & ;m=5 \\[4pt] (2k)^{2n+1}((2n+2)\,\mathfrak{Cos}^2 2\kappa k \\ \quad +2\kappa k\,\mathfrak{Sin}4\kappa k-2ks\,\mathfrak{Sin}^2 2\kappa k) & ;m=6 \end{Bmatrix} e^{-2ks}$$

$$(10.67)$$

Die durch Gl. (10.67) gegebenen Reihenentwicklungen der Integrale I'_m sind nicht für beliebige s konvergent. Allein die Darstellung der Funktion I'_3 ist ohne jede Einschränkung für $s > 0$ konvergent. Die Reihe I'_5 konvergiert nur, wenn die Bedingung $s > \kappa$ erfüllt ist. Ebenso konvergieren die Reihen für I'_4 und I'_6 nur, falls $s > 2\kappa$ gilt.

Bei hinreichend großem s dürfen wir die Reihen über k nach dem 1. Glied abbrechen und erhalten dann

$$I'_m(s) = \frac{(-)2}{\pi^3} \sum_{n=1}^{\infty} \frac{(t_0)^n}{n!} \begin{cases} (2)^{2n+1}(2n+2-2s) & ;m=3 \\ (2)^{2n-1}(-2n\operatorname{Sin}^2 2\kappa \\ \qquad -2\kappa\operatorname{Sin} 4\kappa + 2s\operatorname{Sin}^2 2\kappa) & ;m=4 \\ (2)^{2n}((2n+1)\operatorname{Sin} 2\kappa \\ \qquad +2\kappa\operatorname{Cos} 2\kappa - 2s\operatorname{Sin} 2\kappa) & ;m=5 \\ (2)^{2n+1}((2n+2)\operatorname{Cos}^2 2\kappa \\ \qquad +2\kappa\operatorname{Sin} 4\kappa - 2s\operatorname{Cos}^2 2\kappa) & ;m=6. \end{cases} \cdot e^{-2s}$$

$$(10.68)$$

Wie man Gl. (10.68) entnimmt, verschwinden bei großen s sämtliche Funktionen $I'_m(s)$ wie $\exp(-2s)$.

Um auch eine Darstellung der Integrale $I'_{4,5,6}(s)$ für $s < 2\kappa$ bzw. $s < \kappa$ zu erhalten, formen wir die im Zähler von Gl. (10.64) stehenden Ausdrücke folgendermaßen um:

$$\lambda^{2n}\sin^2\kappa\lambda\, e^{i\lambda s} = -\frac{\lambda^{2n}}{4}(e^{i(2\kappa-s)\lambda} + e^{-i(2\kappa+s)\lambda} - 2e^{-is\lambda}) \quad ;m=4$$

$$\lambda^{2n+1}\sin\kappa\lambda\, e^{i\lambda s} = -\frac{i}{2}\lambda^{2n+1}(e^{i(\kappa-s)\lambda} - e^{-i(\kappa+s)\lambda}) \qquad ;m=5 \qquad (10.69)$$

$$\lambda^{2n+2}\cos^2\kappa\lambda\, e^{i\lambda s} = \frac{\lambda^{2n+2}}{4}(e^{i(2\kappa-s)\lambda} + e^{-i(2\kappa+s)\lambda} + 2e^{-is\lambda}) \quad ;m=6.$$

Bei der Integration des ersten Gliedes in den Klammern von Gl. (10.64) ist der Integrationsweg für $s < 2\kappa(I'_4, I'_6)$ bzw. $s < \kappa(I'_5)$ über die positive Halbebene zu schließen. In allen anderen Fällen ist der Integrationsweg über die negative Halbebene zu schließen, um Konvergenz des Integrals zu gewährleisten. Für die Integrale erhält man dann

$$I'_{\substack{(4)\\(5)\\(6)}} = \frac{(-)1}{2\pi^3} \sum_{n=1}^{\infty} \frac{(t_0)^n}{n!} \sum_{k=1}^{\infty} \begin{cases} +4n(2k)^{2n-1}(e^{-4\kappa k}\operatorname{Sin} 2ks + e^{-2ks}) - \\ -4(2n+1)(2k)^{2n}e^{-2\kappa k}\operatorname{Sin} 2ks + \\ +2(2n+2)(2k)^{2n+1}(e^{-4\kappa k}\operatorname{Sin} 2ks - 2e^{-2ks}) - \end{cases}$$

$$\begin{aligned} &-2(2k)^{2n}(2e^{-4\kappa k}\operatorname{Cos} 2ks - se^{4\kappa k}\operatorname{Sin} 2ks - se^{-2ks}) \\ &+4(2k)^{2n+1}(e^{-2\kappa k}\operatorname{Cos} 2ks - se^{-2\kappa k}\operatorname{Sin} 2ks) \\ &-2(2k)^{2n+2}(e^{-4\kappa k}(2\operatorname{Cos} 2ks - s\operatorname{Sin} 2ks) + se^{-2ks}) \end{aligned} \Bigg\} . \qquad (10.70)$$

c) Berechnung der Stabilisierungsenergie bei großen Zeiten $(t_0 > 1)$

Wie in Kapitel 9 dargelegt wurde, ist zur Berechnung der Stabilisierungsenergie $w_s^B(t_0)$ bei großen Zeiten die Kenntnis der in Gl. (9.128) eingeführten Entwicklungskoeffizienten a_{2n} erforderlich. Diese ergeben sich aus einer Reihenentwicklung der Funktion $\bar{\tilde{E}}_{(+)}\,\bar{\tilde{E}}_{(-)}$ nach kleinen Werten von λ.

Nach Gl. (10.49) und Gl. (10.55) treten in den Ausdrücken für $\bar{\tilde{E}}_{(+)}(\lambda) \cdot \bar{\tilde{E}}_{(-)}(-\lambda)$ die folgenden Funktionen auf:

$$f_3 = \frac{\lambda^2}{\mathfrak{Sin}^2 \dfrac{\pi\lambda}{2}} = \sum_{n=0}^{\infty} a_{2n}^{(3)} \lambda^{2n},$$

$$f_4 = \frac{\sin^2 \kappa\lambda}{\mathfrak{Sin}^2 \dfrac{\pi\lambda}{2}} = \sum_{n=0}^{\infty} a_{2n}^{(4)} \lambda^{2n},$$

$$f_5 = \frac{\lambda \sin \kappa\lambda \cos \kappa\lambda}{\mathfrak{Sin}^2 \dfrac{\pi\lambda}{2}} = \sum_{n=0}^{\infty} a_{2n}^{(5)} \lambda^{2n}, \tag{10.71}$$

$$f_6 = \frac{\lambda^2 \cos^2 \kappa\lambda}{\mathfrak{Sin}^2 \dfrac{\pi\lambda}{2}} = \sum_{n=0}^{\infty} a_{2n}^{(6)} \lambda^{2n},$$

wobei
$$a_{2n}^{(6)} = a_{2n}^{(3)} - a_{2n-2}^{(4)} \tag{10.72}$$

gilt. Für die Koeffizienten a_{2n} ergibt sich bei der 71°- und der 90°-Blochwand

$$a_{2n} = \tfrac{1}{16}(A_1^D)^2 \, a_{2n}^{(3)}. \tag{10.73}$$

Die Koeffizienten a_{2n} der Blochwände 2. Art erhält man durch Einsetzen von Gl. (10.71) in Gl. (10.55)

$$a_{2n} = \sum_{m=4}^{6} a_{2n}^{(m)} B_m^D. \tag{10.74}$$

Gl. (10.73) in Gl. (10.49) eingesetzt ergibt für die Stabilisierungsenergie der beiden Blochwände 1. Art

$$w_s^B(t_0) = \frac{(-)\bar{c}\,\delta_0 (A_1^D)^2}{8kT} \sum_{n=0}^{\infty} a_{2n}^{(3)} J_{2n}(t_0, s). \tag{10.75}$$

Mit Gl. (10.74) finden wir für die Stabilisierungsenergie der Blochwände 2. Art

$$w_s^B(t_0) = -\frac{2\pi\bar{c}\,\delta_0}{kT} \sum_{m=4}^{6} \sum_{n=0}^{\infty} a_{2n}^{(m)} B_m^D J_{2n}(t_0, s). \tag{10.76}$$

Dabei sind die Integrale J_{2n} durch Gl. (9.130) gegeben. Für die Koeffizienten $a_0^{(m)}$ bis $a_6^{(m)}$ liefert die Rechnung, wenn wir die Abkürzung $v = \dfrac{\kappa^2}{\pi^2}$ einführen:

$$a_0^{(m)} = \begin{cases} \dfrac{4}{\pi^2} & ; m=3 \\[2ex] 4v & ; m=4 \\[2ex] 4v/\kappa & ; m=5; \end{cases}$$

$$a_2^{(m)} = \begin{cases} -\dfrac{1}{3} & ; m=3 \\[2ex] -\dfrac{\kappa}{3}(1+4v) & ; m=4 \\[2ex] -\dfrac{\kappa}{3}(1+8v) & ; m=5; \end{cases}$$

(10.77)

$$a_4^{(m)} = \begin{cases} \dfrac{\pi^2}{60} & ; m=3 \\[2ex] \kappa^4\left(\dfrac{1}{60v} + \dfrac{1}{9} + \dfrac{8}{45}v\right) & ; m=4 \\[2ex] \kappa^3\left(\dfrac{1}{60v} + \dfrac{2}{9} + \dfrac{8}{45}v\right) & ; m=5; \end{cases}$$

$$a_6^{(m)} = \begin{cases} -\dfrac{1}{1512}\pi^4 & ; m=3 \\[2ex] -\kappa^4\pi^2\left(\dfrac{1}{1512}\,\dfrac{1}{v} + \dfrac{1}{180} + \dfrac{2v}{135} + \dfrac{4}{7\cdot45}v^2\right) & ; m=4 \\[2ex] -\kappa^3\pi^2\left(\dfrac{1}{1512}\,\dfrac{1}{v} + \dfrac{1}{90} + \dfrac{2v}{45} + \dfrac{16}{315}v^2\right) & ; m=5. \end{cases}$$

d) Die Stabilisierungsenergie der Crowdionen in kubisch flächenzentrierten Gittern

Die Stabilisierungsenergie der Crowdionen beträgt bei großen Zeiten t nach Gl. (9.135)

$$w_s^B = -\frac{2\pi\delta_0\bar{c}}{6kT} \int\limits_{-\infty}^{\infty} e^{-i\lambda s} \sum_i \tilde{E}_{i,(-)}(-\lambda)\tilde{E}_{i,(+)}(\lambda)\,d\lambda. \qquad (10.78)$$

Zur Berechnung der Summe in Gl. (10.78) können wir auf die Ergebnisse, die wir in Abschnitt 10.2.g) für die Orientierungsnachwirkung der Zwischengitterhanteln mit orthorhombischer Symmetrie in kubisch-raumzentrierten Metallen abgeleitet haben, zurückgreifen. Die Größe $\sum_i E_i(\eta)E_i(\xi-s)$ berechnet sich aus den dort angegebenen Beziehungen für $f_+ - 2\bar{f}_1$ und f_- gemäß

$$\sum_i E_i(\eta)E_i(\xi-s)=\tfrac{1}{2}(f_+ + f_- - 2\bar{f}_1)+\bar{f}_1. \tag{10.79}$$

Die Berechnung der Stabilisierungsenergie liefert für 180°-Blochwände ähnliche Ergebnisse wie im Falle der kubisch-symmetrischen Fehlstellen, d.h. eine Stabilisierungsenergie, die bei großen Auslenkungen der Blochwand aus der Ruhelage einen konstanten Wert annimmt, so daß die Stabilisierungskraft Null wird. Anders liegen die Verhältnisse bei der 109°- und der 71°-Blochwand. Bei diesen Blochwänden wächst die Stabilisierungsenergie bei großen Auslenkungen aus der Ruhelage linear mit der Auslenkung s, d.h. die Nachwirkungskraft besitzt einen konstanten Wert. Es liegen demnach dieselben Verhältnisse vor wie bei der Doppelleerstelle in Nickel. Bei der 109°-Blochwand lautet die durch Gl. (10.79) gegebene Summe, wenn wir die Argumente η und $\xi-s$ durch die Winkel φ und φ' ausdrücken,

$$\sum_i^{n_E} E_i(\varphi)E_i(\varphi')=\tfrac{1}{2}\varepsilon_2^2\, X_2(\varphi,\varphi') + A_1^C \sin 2\varphi \sin 2\varphi' + A_2^C \sin^2\varphi \sin^2\varphi', \tag{10.80}$$

wobei X_2 in Tab. 10 angegeben ist und $A_{1,2}^C$ folgende Werte besitzt:

$$A_1^C = \frac{1}{9}\varepsilon_1^2 + \frac{1}{2}\lambda_{100}(3P_{33}-P_I)\left\{\frac{1}{2}\lambda_{100}(3P_{33}-P_I)-\frac{\varepsilon_1}{3}\right\},$$

$$A_2^C = \lambda_{111}(P_{11}-P_{22})\left\{\lambda_{111}(P_{11}-P_{22})-\frac{4}{3}\varepsilon_2\right\}.$$

Im folgenden ist es zweckmäßig, die Stabilisierungsenergie gemäß

$$w_s^B = w_s^{B,1} + w_s^{B,2} \tag{10.81}$$

in zwei Anteile aufzuspalten, von denen $w_s^{B,1}$ bei großen Auslenkungen der Blochwand einen konstanten Wert annimmt und $w_s^{B,2}$ linear mit der Auslenkung anwächst. Die beiden Beiträge sind dann durch folgende Beziehungen gegeben:

$$w_s^{B,1} = -\frac{\delta_0\bar{c}}{12\pi kT}\iiint\limits_{-\infty}^{\infty}(A_1^C \sin 2\varphi \sin 2\varphi' + A_2^C \sin^2\varphi \sin^2\varphi')\cdot\exp[i\lambda(\xi-\eta)]\,d\eta\,d\xi\,d\lambda, \tag{10.82}$$

$$w_s^{B,2} = - \frac{\delta_0 \bar{c} \varepsilon_2^2}{12 \pi k T} \iiint\limits_{-\infty}^{\infty} X_2(\varphi, \varphi') \exp[i\lambda(\xi - \eta)] \, d\eta \, d\xi \, d\lambda. \tag{10.83}$$

Der Beitrag $w_s^{B,1}$ kann unmittelbar berechnet werden und beträgt

$$w_s^{B,1}(s) = - \frac{2\bar{c}\delta_0}{6\varepsilon k T} \left[A_1^C \frac{I_7(s,\kappa)}{\mathfrak{Sin}^2 \kappa} + A_2^C \frac{I_4(s,\kappa)}{\mathfrak{Sin}^2 2\kappa} \right], \tag{10.84}$$

wobei $I_4(s,\kappa)$ durch Gl. (10.58.a) gegeben ist und

$$I_7(s,\kappa) = \int\limits_{-\infty}^{\infty} \frac{\sin^2 \kappa \, \lambda \cos \lambda s}{\mathfrak{Cos}^2 \dfrac{\pi \lambda}{2}} \, d\lambda$$

$$= \frac{4}{\pi} \left(\frac{s}{\mathfrak{Sin}\, s} - \frac{2\kappa + s}{2\mathfrak{Sin}(2\kappa + s)} - \frac{2\kappa - s}{2\mathfrak{Sin}(2\kappa - s)} \right) \tag{10.85}$$

bedeutet.

Bei großen Auslenkungen nimmt $w_s^{B,1}$ einen konstanten Wert an. Die Nachwirkungskraft dieses Beitrages ist daher bei großen Auslenkungen Null.

Die Stabilisierungsenergie $w_s^{B,2}$ kann nicht explizit berechnet werden, da die auftretenden Integrale auf unvollständige elliptische Funktionen dritter Art führen, die nicht tabelliert sind. Deshalb beschränken wir uns im folgenden auf eine Näherungslösung für große Auslenkungen der Blochwand aus der Ruhelage, d.h. für $s \gg 1$. Führen wir die Fouriertransformation in Gl. (10.83) durch, so ergibt sich zunächst

$$w_s^{B,2} = - \frac{\bar{c}\delta_0 \varepsilon_2^2}{12 \pi k T} \int\limits_{-\infty}^{\infty} X_2(\varphi(\xi),\, \varphi'(\xi - s)) \, d\xi. \tag{10.86}$$

Sofern die Auslenkungen der Blochwand als groß angenommen werden, dürfen wir von der endlichen Blochwanddicke absehen und den Übergang von der einen Magnetisierungsrichtung in die andere als eine unstetige Funktion betrachten. Die Funktion $X_2(\varphi, \varphi')$ lautet dann folgendermaßen:

$$\begin{aligned} X_2 &= 0 && \text{für} \quad \xi < 0, \\ X_2 &= -4/9 && \text{für} \quad 0 < \xi < s, \\ X_2 &= 0 && \text{für} \quad \xi > s. \end{aligned} \tag{10.87}$$

Mit Gl. (10.87) ergibt sich für die Stabilisierungsenergie

$$w_s^{B,\,2} = \frac{1}{27}\,\frac{\bar{c}\,\delta_0\,\varepsilon_2^2}{kT}\,s \tag{10.88}$$

und für die Stabilisierungskraft

$$P_s^{B,\,2} = -\frac{1}{27}\,\frac{\bar{c}\,\varepsilon_2^2}{kT}\,\mathrm{sgn}\,s, \tag{10.89}$$

wobei $\qquad\qquad\qquad \mathrm{sgn}\,s = +1 \quad \text{für} \quad s > 1$

und $\qquad\qquad\qquad \mathrm{sgn}\,s = -1 \quad \text{für} \quad s < 1$

bedeutet.

10.4. Anwendungsbeispiele zur kombinierten Orientierungs-Diffusionsnachwirkung

In diesem Abschnitt wollen wir die aufgespaltene Leerstelle mit trigonaler Symmetrie in kubisch-raumzentrierten Metallen und die Doppelleerstellen mit orthorhombischer Symmetrie in kubisch-flächenzentrierten und hexagonalen Metallen behandeln. Die Stabilisierungsenergie $w_{s,\,I}$ dieser Fehlstellen infolge ihrer Orientierungsnachwirkung wurde bereits in Abschnitt 10.2 berechnet.

Bei der Berechnung der in Abschnitt 9.4.e definierten Stabilisierungsenergien $w_{s,\,II}^B$ und $w_{s,\,III}^B$ werden wir uns auf den magnetokristallinen Anteil beschränken, da die elastischen Verzerrungen der Gitterlücken klein sind.

a) Aufgespaltene Leerstelle in kubisch raumzentrierten Gittern

α) (001)-90°-Blochwand

Zur Berechnung der Stabilisierungsenergien $w_{s,\,II}^B$ und $w_{s,\,III}^B$ für große Zeiten t führen wir in Gl. (9.144) die Integration über η und λ aus. Dann ergibt sich

$$w_{s,\,II}^B = \frac{(-)\bar{c}\,\delta_0}{n_E(kT)^2}\int\limits_{-\infty}^{\infty}\bar{E}(\xi)\sum_i\{(E_i(\xi)-\bar{E}(\xi))E_i(\xi-s)\}\,d\xi. \tag{10.90}$$

Die Ausdrücke für $\bar{E}$ und $f_1 = (E_i(\xi)-\bar{E}(\xi))E_i(\xi-s)$ entnehmen wir Tab. 10. Gl. (10.90) lautet dann

$$w^B_{s,II} = \frac{(-)\bar{c}\,\delta_0}{12\,n_E(kT)^2}\,\bar{\varepsilon}\,\varepsilon_2^2 \int\limits_{-\infty}^{\infty} \sin^3 2\,\varphi(\xi)\sin 2\,\varphi(\xi-s)\,d\xi. \tag{10.91}$$

Durch Anwendung des Faltungssatzes auf Gl. (10.91) läßt sich folgender Ausdruck für $w^B_{s,II}$ ableiten:

$$w^B_{s,II} = -\frac{\bar{c}\,\delta_0}{12\,n_E(kT)^2}\,\bar{\varepsilon}\,\varepsilon_2^2 \int\limits_{-\infty}^{\infty} \overbrace{(\sin^3 2\,\varphi)}\,\overbrace{(\sin 2\,\varphi)}\,e^{i\lambda s}\,d\lambda, \tag{10.92}$$

wobei die Klammern folgende Fouriertransformierten bedeuten

$$\overbrace{(\sin^3 2\,\varphi)} = \frac{1}{2\pi}\int\limits_{-\infty}^{\infty}\sin^3 2\,\varphi\, e^{i\lambda\xi}\,d\xi = \frac{1}{2\pi}\int\limits_{-\infty}^{\infty}\frac{\cos\lambda\xi}{\mathfrak{Cos}^3\xi}\,d\xi = \frac{1}{4}\frac{\lambda^2+1}{\mathfrak{Cos}\dfrac{\lambda\pi}{2}},$$

$$\tag{10.93}$$

$$\overbrace{(\sin 2\,\varphi)} = \frac{1}{2\pi}\int\limits_{-\infty}^{\infty}\sin 2\,\varphi\, e^{i\lambda\xi}\,d\xi = \frac{1}{2\pi}\int\limits_{-\infty}^{\infty}\frac{\cos\lambda\xi}{\mathfrak{Cos}\,\xi}\,d\xi = \frac{1}{2\mathfrak{Cos}\dfrac{\lambda\pi}{2}}.$$

Gl. (10.93) in Gl. (10.92) eingesetzt, liefert

$$\begin{aligned}
w^B_{s,II} &= -\frac{\bar{c}\,\delta_0}{8\cdot 12\,n_E}\frac{1}{(kT)^2}\,\bar{\varepsilon}\,\varepsilon_2^2 \int\limits_{-\infty}^{\infty}\frac{\lambda^2+1}{\mathfrak{Cos}^2\dfrac{\pi\lambda}{2}}\cos\lambda s\,d\lambda \\[2mm]
&= -\frac{\bar{c}\,\delta_0}{24\,n_E}\frac{1}{(kT)^2}\,\bar{\varepsilon}\,\varepsilon_2^2\,\frac{1}{\mathfrak{Sin}^3 s}\{\mathfrak{Sin}\,2s - 2s\}. \tag{10.94}
\end{aligned}$$

Die Stabilisierungsenergie der reinen Diffusionsnachwirkung ergibt sich aus Gl. (9.147). Mit

$$\begin{aligned}
\bar{\tilde{E}}_{(+)} &= \frac{1}{2\pi}\frac{\bar{\varepsilon}}{4}\int\limits_{-\infty}^{\infty}\sin^2 2\,\varphi\, e^{i\lambda\xi}\,d\xi \\[2mm]
&= \frac{1}{8\pi}\int\limits_{-\infty}^{\infty}\frac{\cos\lambda\xi}{\mathfrak{Cos}^2\xi}\,d\xi = \frac{\bar{\varepsilon}\lambda}{4\,\mathfrak{Sin}\dfrac{\pi\lambda}{2}} \tag{10.95}
\end{aligned}$$

erhält man

$$w_{s,III}^{B} = - \frac{2\pi\bar{c}\,\delta_0\,\bar{\varepsilon}^2}{16 n_E kT} \int\limits_{-\infty}^{\infty} \frac{\lambda^2 \cos\lambda s}{\mathfrak{Sin}^2 \dfrac{\pi\lambda}{2}}\, d\lambda = \frac{\pi}{8}\, \frac{\bar{c}\,\delta_0\,\bar{\varepsilon}^2}{n_E kT}\, I_3(s)$$

$$= - \frac{\bar{c}\,\delta_0\,\bar{\varepsilon}^2}{n_E kT}\, \frac{1}{\mathfrak{Sin}^2 s}\,(1 - s\,\mathfrak{Cotg}\,s + \mathfrak{Sin}^2 s). \qquad (10.96)$$

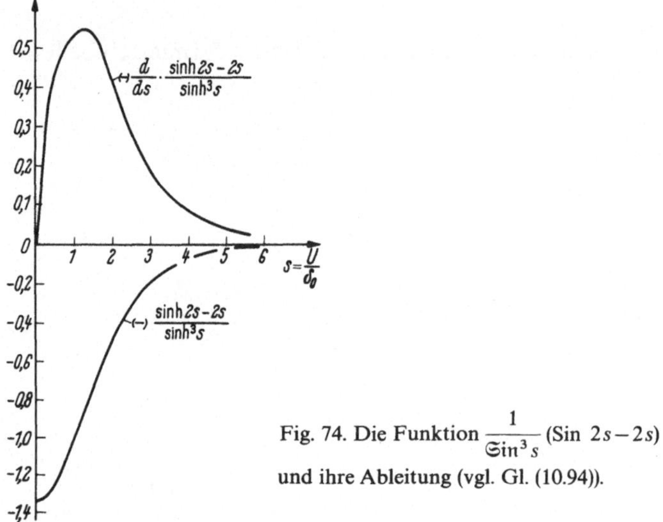

Fig. 74. Die Funktion $\dfrac{1}{\mathfrak{Sin}^3 s}\,(\mathrm{Sin}\ 2s - 2s)$ und ihre Ableitung (vgl. Gl. (10.94)).

Die Abhängigkeit der Stabilisierungsenergie $w_{s,II}^{B}$ und $w_{s,III}^{B}$ von der Blochwandverschiebung s ist Fig. 74 und Fig. 73 zu entnehmen.

β) Die Stabilisierungsenergie $w_{s,II}^{B}$ der 180°-Blochwände bei Fehlstellen mit trigonaler und orthorhombischer Symmetrie

Die Berechnung der Stabilisierungsenergien $w_{s,II}^{B}$ und $w_{s,III}^{B}$ führt bei den 180°-Blochwänden für aufgespaltene Einfachleerstellen in α-Fe (trigonal), die Doppelleerstellen (orthorhombisch) in kubisch-flächen-zentrierten und hexagonal dichtest gepackten Kristallen und die auf-gespaltene Einfachleerstelle (orthorhombisch) in hexagonal dichtest ge-packten Kristallen auf dieselben Integrale. Für diese Fehlstellen können wir daher eine allgemeine Beziehung angeben. Die Berechnung wird im folgenden für die (001)-180°-Blochwände in α-Fe, die (112)-180°-Bloch-wand in Ni und die 180°-Blochwand in Kobalt durchgeführt. Die Stabilisierungsenergien der (110)-180°-Blochwand in Nickel und die

Stabilisierungsenergie $w_{s,II}^{B}$ der (001)-109°-Blochwand in Nickel lassen sich nicht explizit berechnen, da die auftretenden Integrale nicht in geschlossener Form bestimmt werden können.

Für die erwähnten Blochwände läßt sich die mittlere Energie $\bar{E}$ sowie die Funktion $F_1 - \bar{F}_1$ für die zu diskutierenden Fehlstellen in der Form

$$\bar{E} = A_1^D \sin^2 \varphi + A_2^D \sin^4 \varphi \tag{10.97}$$

und

$$F_1 - \bar{F}_1 = A_1 \sin^2 \varphi \sin^2 \varphi' + A_2 \sin 2\varphi \sin 2\varphi' + A_3 \sin^2 \varphi' + \cdots \tag{10.98}$$

darstellen. Die Konstanten $A_{1,2}^D$ und die A_i sind in Tab. 12 und Tab. 11 angegeben. Nach Gl. (9.144) und Gl. (9.145) sind zur Bestimmung von $w_{s,II,III}^{B}$ die Fouriertransformierten $\tilde{E}_{\pm}(\lambda)$ und $\tilde{F}_1(\lambda) - \tilde{\bar{F}}_1(\lambda)$ zu berechnen. $\tilde{E}_{(\pm)}$ wurde bereits in Abschnitt 10.3.a.β bestimmt und lautet

$$\tilde{\tilde{E}}_{(\pm)}(\lambda) = A_1^D I_{\pm}^{(1)} + A_2^D I_{\pm}^{(2)},$$

wobei $I_{\pm}^{(1)}$ und $I_{\pm}^{(2)}$ durch Gl. (10.53) und Gl. (10.54) gegeben sind. Für die Fouriertransformierten der in der Gl. (10.98) auftretenden Ausdrücke ergibt sich

$$\tilde{I}_1(s,\lambda) = \frac{1}{2\pi} \int_{-\infty}^{\infty} \sin^2 \varphi \sin^2 \varphi' \, e^{i\lambda\xi} \, d\xi = \frac{1}{\pi\varepsilon^2} \frac{1}{\mathfrak{Sin}\, 2\kappa\, \mathfrak{Sin}\, s} (I_0^{(-)} - I_0^{(+)}), \tag{10.99}$$

$$\tilde{I}_2(s,\lambda) = \frac{1}{2\pi} \int_{-\infty}^{\infty} \sin 2\varphi \sin 2\varphi' \, e^{i\lambda\xi} \, d\xi$$

$$= \frac{2}{\pi\varepsilon} \{ I_0^{(-)} + I_0^{(+)} - \mathfrak{Cotg}\, s\, \mathfrak{Cotg}(I_0^{(-)} - I_0^{(+)}) \}, \tag{10.100}$$

$$\tilde{I}_3(s,\lambda) = \frac{1}{2\pi} \int_{-\infty}^{\infty} \sin^2 \varphi' \, e^{i\lambda\xi} \, d\xi = I_{(+)}^{(1)}\, e^{i\lambda s} = \frac{1}{\varepsilon} \frac{e^{i\lambda s} \sin \kappa\lambda}{\mathfrak{Sin}\, 2\kappa\, \mathfrak{Sin}^2 \dfrac{\pi\lambda}{2}}, \tag{10.101}$$

wobei

$$I_0^{(\pm)}(s,\lambda) = \int_{-\infty}^{\infty} \frac{\cos\lambda\xi \, d\xi}{\mathfrak{Cos}\, 2\xi + \mathfrak{Cos}(2\kappa \pm s)} = \frac{\pi \sin \dfrac{\lambda}{2}(2\kappa \pm s)}{\mathfrak{Sin}(2\kappa \pm s)\, \mathfrak{Sin} \dfrac{\lambda\pi}{2}} \tag{10.102}$$

bedeutet. Zwischen den Integralen $\tilde{I}_{1,2}(s,\lambda)$ und den in Abschnitt 10.2.a definierten Integralen $I_{1,2}$ besteht, wie man sich leicht überzeugt, der Zusammenhang

$$I_{1,2}(s) = 2\pi \tilde{I}_{1,2}(s,0).$$

Für die Stabilisierungsenergie $w^B_{s,III}(\infty)$ der reinen Diffusionsnachwirkung erhält man für die erwähnten 180°-Wände sowie die (001)--109°-Blochwand denselben Ausdruck wie Gl. (10.55) für die Fehlstellen mit kubischer Symmetrie. Die zur Berechnung der Stabilisierungsenergie bei großen Zeiten erforderlichen Entwicklungskoeffizienten a_{2n} sind durch Gl. (10.74) gegeben.

Für die Stabilisierungsenergie $w^B_{s,II}(t_0)$ erhält man bei Berücksichtigung von Gl. (10.97) und Gl. (10.98) aus Gl. (9.146)

$$w^B_{s,II}(t_0) = -\frac{2\pi \bar{c} \delta_0}{n_E (kT)^2} \int\limits_{-\infty}^{\infty} (A^D_1 I^{(1)}_{(-)} +$$

$$+ A^D_2 I^{(2)}_{(-)})(A_1 \tilde{I}_1 + A_2 \tilde{I}_2 + A_3 \tilde{I}_3)(1 - e^{-\lambda^2 t_0}) d\lambda \tag{10.103}$$

Die Ausführung der Integration liefert für $w^B_s(\infty)$ folgendes Ergebnis:

$$w^B_{s,II}(\infty) =$$

$$-\frac{2\pi \bar{c} \delta_0}{n_E (kT)^2} \left[\frac{1}{\varepsilon^4 \mathfrak{Sin}\, s\, \mathfrak{Sin}(2\kappa - s)} \frac{B^D_5}{A^D_2} \{\tfrac{1}{2} A_1 + A_2(1 - \mathfrak{Cotg}\, s\, \mathfrak{Cotg}\, \kappa)\} \times \right.$$

$$\times \{I_4(0, \tfrac{1}{2}(3\kappa - s)) - I_4(0, \tfrac{1}{2}(-\kappa - s))\} +$$

$$+ \frac{1}{\varepsilon^4 \mathfrak{Sin}\, s\, \mathfrak{Sin}(2\kappa + s)} \frac{B^D_5}{A^D_2} \{\tfrac{1}{2} A_1 - A_2(1 + \mathfrak{Cotg}\, s\, \mathfrak{Cotg}\, \kappa)\} \times$$

$$\times \{I_4(0, \tfrac{1}{2}(3\kappa + s)) - I_4(0, \tfrac{1}{2}(-\kappa + s))\} -$$

$$-\frac{A^D_2}{4} \frac{I_5(\kappa, \tfrac{1}{2}(2\kappa - s))}{\mathfrak{Sin}^2 2\kappa\, \mathfrak{Sin}(2\kappa - s)\, \mathfrak{Sin}\, s} \times \tag{10.104}$$

$$\times \{A_1 + 2\varepsilon A_2 \mathfrak{Sin}\, s\, \mathfrak{Sin}\, 2\kappa (1 - \mathfrak{Cotg}\, s\, \mathfrak{Cotg}\, \kappa)\} -$$

$$-\frac{A^D_2}{\varepsilon^4} \frac{I_5(\kappa, \tfrac{1}{2}(2\kappa + s))}{\mathfrak{Sin}^2 2\kappa\, \mathfrak{Sin}(2\kappa + s)\, \mathfrak{Sin}\, s} \times$$

$$\times \{-A_1 + 2\varepsilon A_2 \mathfrak{Sin}\, s\, \mathfrak{Sin}\, 2\kappa (1 + \mathfrak{Cotg}\, s\, \mathfrak{Cotg}\, \kappa)\} -$$

$$\left. -\frac{A_3}{2\varepsilon^3} \frac{B^D_5}{A^D_2} I_4(s, \kappa) - \frac{1}{2\varepsilon_3} \frac{A^D_2 A_3}{\mathfrak{Sin}^2 2\kappa} I_5(s, 2\kappa) \right].$$

Die in Gl. (10.104) auftretende Konstante B_5^D ist durch Gl. (10.57) definiert. Die Integrale I_4 und I_5 ergeben sich aus Gl. (10.58.a) und Gl. (10.58.b) durch Einsetzen der entsprechenden Argumente. Die Stabilisierungsenergien $w_{s,II}^B$ und $w_{s,III}^B$ besitzen die Eigenschaft, bei sämtlichen Blochwänden für große Auslenkungen einen konstanten Wert anzunehmen, so daß die Stabilisierungsfeldstärke verschwindet. Aus Messungen dieser Energieanteile können daher keine spezifischen Aussagen über die Symmetrie der Gitterfehler gewonnen werden. Dies gilt insbesondere auch für die (001)-109°- und die (001)-90°-Blochwand. In Fig. 55 ist die Zeitabhängigkeit der gemäß Gl. (10.103) für eine (112)-180°-Wand berechneten Nachwirkungskonstanten wiedergegeben.

11. Die Stabilisierungsenergie IV
Die Stabilisierungsenergie der Domänen bei Drehprozessen

11.1. Der Einfluß der Symmetrie der Gitterfehler auf die Stabilisierungsenergie

Messungen der Stabilisierungsenergie stellen ein wertvolles Hilfsmittel zur Bestimmung der Symmetrie der Gitterfehler dar. In Kapitel 10 wurde dargelegt, wie man anhand von Messungen der Stabilisierungsenergie der Blochwände Aussagen über die Symmetrie der Punktfehler gewinnen kann. Die Schwierigkeiten bei diesem Verfahren beruhen vor allem darauf, daß die Domänenstruktur im allgemeinen eine Vielzahl von verschiedenen Blochwandtypen enthält, die sich bezüglich der Stabilisierungsenergie sehr unterschiedlich verhalten. Um eindeutige Aussagen zu erhalten, müssen deshalb Domänenstrukturen erzeugt werden, die z. B. in Fe nur bewegliche 90°-Wände und in Ni nur bewegliche 71°- und 109°-Blochwände enthalten. Dieses Verfahren ist ziemlich kompliziert und kann durch Untersuchungen der Stabilisierungsenergie der Drehprozesse umgangen werden. Wie in Abschnitt 10.1 werden wir in dem nun folgenden Abschnitt den Einfluß der Symmetrie der Gitterfehler und der Richtung der spontanen Magnetisierung in den Domänen auf die Stabilisierungsenergie der Drehprozesse genauer behandeln. Grundlage unserer Betrachtungen sind dabei die in Abschnitt 8.1 und Abschnitt 9.8 gewonnenen Ergebnisse zur Stabilisierungsenergie der Domänen.

a) Fehlstellen mit tetragonaler Symmetrie (aufgespaltenes Zwischengitteratom in k. f. z.-Kristallen)

Bei Fehlstellen mit tetragonaler Symmetrie lautet die Funktion f_1 nach Tab. 9

$$f_1(\alpha,\alpha') = \varepsilon_1^2 X_1(\alpha,\alpha') = \varepsilon_1^2 \sum_{i=1}^{3} \alpha_i^2(\alpha_i')^2. \tag{11.1}$$

Für die Stabilisierungsenergie erhalten wir somit aus Gl. (9.178)

$$w_s^D(t) = \frac{(-)c\varepsilon_1^2}{n_E kT}\left\{\sum_i(\alpha_i^2(\alpha_i')^2 - \alpha_i^4)(1-e^{-t/\tau})\right\}. \tag{11.2}$$

Zunächst betrachten wir den Fall, daß die Probe im Zeitintervall $0 < t' < t$ parallel zu einer $\langle 111 \rangle$-Richtung magnetisiert sei. Dann folgt aus Gl. (11.2) mit $\alpha_i^2 = 1/3$

$$w_s^D = 0. \tag{11.3}$$

Dieses Ergebnis ist leicht einzusehen, wenn man bedenkt, daß die $\langle 100 \rangle$-Hauptachsen der Gitterfehler bezüglich der spontanen Magnetisierung parallel zur $\langle 111 \rangle$-Richtung energetisch gleichwertig sind und daher keine Reorientierung der Fehlstellen stattfindet. Gl. (11.3) bringt u.a. zum Ausdruck, daß man bei einer derartigen Versuchsführung keine Relaxation messen kann.

Anders liegen die Verhältnisse, wenn die Probe im Zeitintervall $0 < t' < t$ parallel zur i-ten $\langle 100 \rangle$-Achse magnetisiert wird. In diesem Falle sind die Fehlstellen mit einer $\langle 100 \rangle$-Hauptachse energetisch ausgezeichnet, und für die Stabilisierungsenergie ergibt sich

$$w_s^D(t) = \frac{(-)c\,\varepsilon_1^2}{n_E kT}\left((\alpha_i')^2 - 1\right)(1 - e^{-t/\tau}) \tag{11.4}$$

oder, wenn wir den Winkel zwischen der spontanen Magnetisierung und der i-ten $\langle 100 \rangle$-Achse mit φ bezeichnen,

$$w_s^D(t) = \frac{c\,\varepsilon_1^2}{n_E kT}\sin^2\varphi\,(1 - e^{-t/\tau}). \tag{11.5}$$

Für die in Abschnitt 8.3 eingeführte Wechselwirkungskonstante $K_N(t)$ folgt aus Gl. (11.5)

$$K_N(t) = \frac{c\,\varepsilon_1^2}{n_E kT}(1 - e^{-t/\tau}). \tag{11.6}$$

b) Fehlstellen mit trigonaler Symmetrie (aufgespaltene Leerstelle in α-Fe, 60°-Dreifachleerstelle in Ni)

Die Funktion $f_1(\alpha, \alpha')$ lautet bei Fehlstellen mit trigonaler Symmetrie nach Tab. 9

$$f_1(\alpha, \alpha') = \tfrac{4}{9}\varepsilon_2^2 X_2(\alpha, \alpha') = \tfrac{4}{9}\varepsilon_2^2 \sum_{i>j} \alpha_i \alpha_j \alpha_i' \alpha_j'. \tag{11.7}$$

Gl. (11.7) in Gl. (9.178) eingesetzt liefert für die Stabilisierungsenergie

$$w_s^D(t) = \frac{(-)4}{9}\frac{c\,\varepsilon_2^2}{n_E kT}\left\{\sum_{i>j}(\alpha_i\alpha_j\alpha_i'\alpha_j' - \alpha_i^2\alpha_j^2)\right\}(1 - e^{-t/\tau}). \tag{11.8}$$

Wird die Probe im Zeitintervall $0 < t' < t$ parallel zur $\langle 100 \rangle$-Achse magnetisiert, so erhält man, da in diesem Falle $\alpha_i\alpha_j = 0$ gilt,

$$w_s^D = 0. \tag{11.9}$$

Dieses Resultat, das dem Ergebnis bei tetragonalen Fehlstellen und Magnetisierung parallel zur $\langle 111 \rangle$-Achse entspricht, ist wiederum leicht verständlich, da Fehlstellen mit einer $\langle 111 \rangle$-Hauptachse bezüglich den $\langle 100 \rangle$-Achsen energetisch gleichberechtigt sind und daher bei Magnetisierung in dieser Richtung keine Reorientierung auftritt.

Die Stabilisierungsenergie besitzt einen endlichen Wert, wenn die spontane Magnetisierung im Zeitintervall $0 < t' < t$ parallel zur $\langle 111 \rangle$-Richtung liegt. In diesem Falle sind diejenigen Fehlstellen, deren $\langle 111 \rangle$-Achse parallel zur spontanen Magnetisierung ist, energetisch gegenüber den anderen ausgezeichnet. Für die Stabilisierungsenergie findet man

$$w_s^D(t) = -\frac{4}{27}\frac{c\varepsilon_2^2}{n_E kT}\left\{\sum_{i>j}\alpha_i'\alpha_j' - 1\right\}(1 - e^{-t/\tau}). \qquad (11.10)$$

Führen wir die Drehung der spontanen Magnetisierung von $\mathfrak{n}_1$ nach $\mathfrak{n}_2$ in der $\langle 110 \rangle$-Ebene durch, die sowohl die leichte Magnetisierungsrichtung $\langle 111 \rangle$ als auch die $\langle 100 \rangle$-Achse enthält, so gilt

$$w_s^D(t) = \frac{4}{27}\frac{c\varepsilon_2^2}{n_E kT}\left\{\frac{1}{2}\sin^2\varphi + \frac{\sqrt{2}}{2}\sin 2\varphi - 1\right\}(1 - e^{-t/\tau}), \qquad (11.11)$$

wenn φ den Winkel zwischen der spontanen Magnetisierung und der $\langle 100 \rangle$-Achse bedeutet. Für die Konstante $K_N(t)$ ergibt sich

$$K_N(t) = \frac{2}{27}\frac{c\varepsilon_2^2}{n_E kT}(1 - e^{-t/\tau}). \qquad (11.12)$$

c) Fehlstellen mit orthorhombischer Symmetrie
(Doppelleerstelle in Ni, aufgespaltenes Zwischengitteratom in α-Fe)

Fehlstellen mit orthorhombischer Symmetrie verhalten sich qualitativ wie eine Mischung von Fehlstellen mir tetragonaler und trigonaler Symmetrie. Die Funktionen $f_+ - 2\bar{f}_1$ und f_-, die nach Gl. (9.181) zur Berechnung der Stabilisierungsenergie benötigt werden, lauten nach Tab. 10

$$f_+ - 2\bar{f}_1 = \varepsilon_1^2 X_1(\alpha,\alpha')$$
$$f_- = \varepsilon_2^2 X_2(\alpha,\alpha'). \qquad (11.13)$$

Mit Gl. (11.13) erhalten wir aus Gl. (9.181) für die Stabilisierungsenergie

$$w_s^D(t_0) = \frac{(-)c}{2n_E kT}\left\{\varepsilon_1^2\sum_i(\alpha_i^2(\alpha_i')^2 - \alpha_i^4)(1 - e^{-\frac{3}{2}\frac{t}{\tau}})\right.$$
$$\left. + \varepsilon_2^2\sum_{i>j}(\alpha_i\alpha_j\alpha_i'\alpha_j' - \alpha_i^2\alpha_j^2)(1 - e^{-t/\tau})\right\}. \qquad (11.14)$$

Anhand von Gl. (11.14) überzeugt man sich leicht, daß es im allgemeinen keine Richtung n_1 der spontanen Magnetisierung gibt, bei der die Stabilisierungsenergie und damit auch die Relaxation verschwindet. Man kann jedoch den tetragonalen oder den trigonalen Anteil der Stabilisierungsenergie zum Verschwinden bringen, indem man im Zeitintervall $0 < t' < t$ die Probe parallel zur $\langle 111 \rangle$-Achse oder parallel zur $\langle 100 \rangle$-Achse magnetisiert. Wird die spontane Magnetisierung in einer (110)-Ebene aus ihrer Vorzugsrichtung herausgedreht, so ergibt sich für die Stabilisierungsenergie

$$w_s^D(t) = \frac{(-)c}{2n_E kT} \left\{ -\varepsilon_1^2 \sin^2 \varphi (1 - e^{-\frac{3}{2}\frac{t}{\tau}}) - \frac{\varepsilon_2^2}{6} \left(\frac{1}{2}\sin^2 \varphi + \frac{\sqrt{2}}{2}\sin 2\varphi - 1 \right) \right.$$
$$\left. \times (1 - e^{-t/\tau}) \right\} \tag{11.15}$$

und für die Konstante $K_N(t)$

$$K_N(t) = \frac{c}{2n_E kT} \left\{ \varepsilon_1^2 (1 - e^{-\frac{3}{2}\frac{t}{\tau}}) + \frac{\varepsilon_2^2}{12}(1 - e^{-t/\tau}) \right\}, \tag{11.16}$$

wobei φ den Winkel zwischen der spontanen Magnetisierung und der nächstgelegenen $\langle 100 \rangle$-Richtung bedeutet.

11.2. Experimentelle Untersuchung der Nachwirkung bei Drehprozessen

Über die ferromagnetische Relaxation der Drehprozesse wurden bisher keine experimentellen Untersuchungen vorgenommen. In diesem Abschnitt soll diskutiert werden, wie derartige Experimente auszuführen sind. Dabei wird sich zeigen, daß die ferromagnetische Relaxation der Drehprozesse unter bestimmten experimentellen Bedingungen zur Bestimmung der Symmetrie des Gitterfehlers hervorragend geeignet ist.

Zunächst könnte man daran denken, die Nachwirkungskonstante $K_N(t)$ aus Messungen der Anfangssuszeptibilität, wie in Abschnitt 8.2 erläutert wurde, zu bestimmen. Diese Methode besitzt den Nachteil, daß die mittlere Richtung der spontanen Magnetisierung bei dieser Versuchsführung immer parallel zur leichten Magnetisierungsrichtung verläuft. Man hat daher nicht die Möglichkeit, spezifische Aussagen über die Symmetrie der Gitterfehler zu machen. Ein weiterer Nachteil besteht darin, daß neben den Rotationen auch Blochwandverschiebungen auftreten, die ebenfalls einen Beitrag zur Nachwirkung liefern, der im allgemeinen wesentlich größer ist als der der Drehprozesse, so daß es experimentell praktisch unmöglich ist, beide Anteile voneinander zu trennen. Bei der Untersuchung der Nachwirkung durch Drehprozesse muß daher in erster Linie darauf geachtet werden, daß keine Blochwände mehr im Material vorhanden sind. Man erreicht dies durch Anlegen eines hinreichend großen magnetischen Gleichfeldes. Bei stabförmigen Nickeleinkristallen, deren Stabachse parallel zur leichten Magnetisierungsrichtung $\langle 111 \rangle$ ist, beträgt dieses Feld $\sim 10\,\mathrm{Oe}$, während bei einem $\langle 100 \rangle$-orientierten Einkristall bei Raumtemperatur ein Feld von $\sim 200\,\mathrm{Oe}$ aufzuwenden ist, um eine näherungsweise homogene Magnetisierung parallel zur $\langle 100 \rangle$-Achse zu erhalten.

Zur Bestimmung der Nachwirkungskonstanten $K_N(t)$ an einem homogen magnetisierten Kristall ist die folgende Versuchsführung geeignet:

Durch ein Gleichfeld H_0 werde die Probe entweder parallel zur $\langle 111 \rangle$-Richtung oder parallel zur $\langle 100 \rangle$-Richtung homogen magnetisiert. Senkrecht zur Richtung des Gleichfeldes werde nun ein Wechselfeld

$$H_\perp = \hat{H}_0 \, e^{i\omega t} \tag{11.17}$$

mit der Amplitude $\hat{H}_0$ und der Frequenz ω angelegt. Bezeichnen wir den Entmagnetisierungsfaktor der Probe parallel zu $H_\perp$ mit $N_\perp$, so ergibt sich für den Drehwinkel φ der spontanen Magnetisierung aus der Richtung des Gleichfeldes

$$\sin \varphi = \frac{J_s H_\perp}{2 c_K K_1 + K_N(t) + N_\perp J_s^2 + H_0 J_s}, \tag{11.18}$$

mit $c_K = \mp 2/3$ für $\mathfrak{H}_0 \| \langle 111 \rangle$ und $c_K = \pm 1$ für $\mathfrak{H}_0 \| \langle 100 \rangle$.

Das obere Vorzeichen bezieht sich dabei auf Nickel, das untere auf Eisen. Für die Suszeptibilität parallel zum Wechselfeld $H_\perp$ erhalten wir mit Hilfe von Gl. (11.18) und Gl. (3.7.b) mit $v_1 = 1$ und $v_i = 0$ für $i > 1$

$$\chi_\perp = \frac{J_s^2}{2 c_K K_1 + K_N(t) + N_\perp J_s^2 + H_0 J_s}. \tag{11.19}$$

Aus Gl. (11.19) folgt unmittelbar für die Amplitude der Reluktivität

$$\Delta r_N(t_1, t_2) = \frac{1}{J_s^2} (K_N(t_1) - K_N(t_2)) \tag{11.20}$$

und für die Stabilisierungsreluktivität

$$\Delta r_s = - \frac{K_N(\infty)}{J_s^2}. \tag{11.21}$$

Ob es gelingt, eine Messung in der vorgeschlagenen Weise durchzuführen, hängt vor allem davon ab, wie groß das vom Streufeld herrührende Glied $N_\perp J_s^2$ im Vergleich zu $2 K_1$ ist (für K_N erwartet man Werte von der Größenordnung 10^{-3} bis $10^{-2}\,K_1$). Bei Ni sind zylinderförmige Ni-Einkristalle nicht sehr geeignet, weil in diesem Fall bei Raumtemperatur $N_\perp J_s^2$ etwa einen Faktor 15 größer ist als $2K_1$. Man ist daher in diesem Falle auf plattenförmige Einkristalle angewiesen, deren Entmagnetisierungsfaktor parallel zur Plattenebene und senkrecht zur Stabachse kleiner als 1/5 ist. Bei derartigen Einkristallen sollte es möglich sein, anhand von Gl. (11.19) oder Gl. (11.20) $K_N(t)$ zu bestimmen und damit Aussagen über die Symmetrie der Gitterfehler zu machen. Für $K_N(t)$ sind dabei die in Abschnitt 11.1 abgeleiteten Werte einzusetzen.

12. Mikromagnetische Theorie der komplexen Suszeptibilität

In Kapitel 4 wurde die Berechnung der magnetischen Verluste unter Vernachlässigung der Bereichsstruktur des Ferromagnetikums durchgeführt. In dieser phänomenologischen Theorie gelingt es, die Nachwirkung durch die Stabilisierungssuszeptibilität $\Delta\chi_s$ und die Relaxationszeit der Fehlstellen vollständig zu beschreiben. Mit Hilfe unserer Ausführungen in Kapitel 8 und 10 ist es möglich, die Größe $\Delta\chi_s$ auf die Parameter der Bereichsstruktur und der Wechselwirkungsenergie einer einzelnen Fehlstelle zurückzuführen. Die mikromagnetische Betrachtungsweise wird dabei ergeben, daß auch die magnetischen Verluste von der Symmetrie des Gitterfehlers und dem Blochwandtyp abhängen. Im folgenden werden wir die magnetischen Verluste für die reversiblen Blochwandverschiebungen und die reversiblen Drehprozesse berechnen.

12.1. Blochwandverschiebungen

Die Bewegungsgleichung einer Blochwand lautet, wie in Abschnitt 8.2 ausgeführt wurde,

$$P_H + P_R + P_N(U,t) = 0$$

oder (12.1)

$$P_H + P_R - \frac{d}{dU}\, w_s^B(U,t) = 0,$$

wo P_H die magnetostatische Kraft des äußeren Feldes, P_R die rücktreibende Kraft des Grundpotentials, $P_N(U,t)$ die Nachwirkungskraft und $w_s^B(U,t)$ die Stabilisierungsenergie bedeutet. P_H und P_R sind durch Gl. (3.14) und Gl. (3.17) gegeben. Die lineare Beziehung zwischen P_R und der Verschiebung U ist dabei nur im Rayleighgebiet gültig. Die Stabilisierungskraft P_N berechnet sich gemäß Gl. (8.16) aus der Stabilisierungsenergie. Im Kapitel 10 wurde die Stabilisierungsenergie zahlreicher Fehlstellen berechnet. Im folgenden wollen wir den Fall der Zwischengitterhanteln und der Doppelleerstellen genauer betrachten.

a) Zwischengitteratome mit tetragonaler Symmetrie in k.f.z. Kristallen

Bei den Zwischengitterhanteln lautet die Stabilisierungsenergie nach Gl. (9.100)

$$w_s^B(t) = \frac{(-)c}{n_E kT} \int\limits_0^t (F_1(U) - \bar{F}_1(U)) e^{-\frac{t-t'}{\tau}} \frac{dt'}{\tau}, \tag{12.2}$$

wobei die Verschiebung U der Blochwände durch

$$U = u(t) - u'(t') \tag{12.3}$$

gegeben ist. u entspricht der Auslenkung der Blochwand zur Zeit t und u' der Auslenkung der Blochwand zur Zeit t' aus ihrer Ruhelage. Mit Gl. (12.2) und Gl. (8.16) erhält man nun für die Bewegungsgleichung der Blochwand

$$P_H(t) + P_R(u) + \frac{c}{n_E kT} \frac{d}{dU} \int\limits_0^t (F_1(U) - \bar{F}_1(U)) e^{-\frac{t-t'}{\tau}} \frac{dt'}{\tau} = 0. \tag{12.4}$$

Gl. (12.4) stellt eine Integralgleichung für die Unbekannte $U(t)$ dar. Mit Hilfe von Gl. (12.4) ist es im Prinzip möglich, die Bewegung der Blochwand exakt zu berechnen. Im allgemeinen ist man jedoch auf Näherungslösungen angewiesen. Bei kleinen Verschiebungen der Blochwand gilt, wie in Abschnitt 10.2 gezeigt wurde,

$$P_N(U, \infty) = \frac{c}{n_E kT} \frac{d}{dU} (F_1(U) - \bar{F}_1(U)) = -R_N(\infty) \frac{U}{L_3^2} \tag{12.5}$$

mit

$$R_N(\infty) = \frac{c}{n_E kT} \frac{L_3^2}{\delta_0} \sum_{i=1}^{2} \vartheta_N^{(i)} A_i. \tag{12.6}$$

Die Integralgleichung der Blochwand lautet dann, wenn wir P_R gemäß Gl. (8.24.a) ersetzen,

$$P_H(t) = \frac{R_0}{L_3^2} u(t) + \frac{R_N(\infty)}{L_3^2} (1 - e^{-t/\tau}) u(t) - \frac{R_N(\infty)}{L_3^2} \int\limits_0^t u(t') e^{-\frac{t-t'}{\tau}} \frac{dt'}{\tau}. \tag{12.7}$$

Für große Zeiten $t \gg \tau$, d. h. nachdem der Einschwingvorgang abgelaufen ist, dürfen wir in Gl. (12.7) den Term $u(t) e^{-t/\tau}$ vernachlässigen; Gl. (12.7) geht dann in die inhomogene Volterrasche Integralgleichung zweiter Art über, die in unserem Falle folgendermaßen lautet:

$$L_3^2 P_H(t) = ((R_0 + R_N(\infty)) u(t) - R_N(\infty) \int\limits_0^t u(t') \exp\left(\frac{t'-t}{\tau}\right) \frac{dt'}{\tau}. \tag{12.8}$$

Gl. (12.8) ist im Prinzip mit Hilfe einer Laplace-Transformation exakt lösbar. Wir beschränken uns hier jedoch auf den Fall einer Lösung für große Zeiten $t \gg \tau$, wenn das angelegte äußere Feld eine periodische Funktion der Zeit ist. Für die magnetostatische Kraft können wir dann mit $H = \hat{H}_0 \, e^{i\omega t}$ schreiben

$$P_H = J_s \, p \, \hat{H}_0 \, e^{i\omega t}. \tag{12.9}$$

Für große Zeiten ist

$$u(t) = \hat{u}_0 \, e^{i\omega t} \tag{12.10}$$

mit

$$\hat{u}_0 = \frac{\hat{H}_0 \, J_s \, p \, L_3^2}{R_0 + R_N(\infty) - \dfrac{R_N(\infty)}{1 + i\omega\tau}} \tag{12.11}$$

eine Lösung der Integralgleichung (12.8). Nehmen wir nun vereinfachend an, daß sämtliche Blochwände dieselbe Wechselwirkungskonstante R_0 besitzen, so ergibt sich für die komplexe Suszeptibilität nach Gl. (3.21.a)

$$\chi = J_s^2 \, p^2 \, \bar{S} \, L_3^2 \; \frac{R_0 + R_N(\infty) \dfrac{\omega^2 \tau^2}{1 + \omega^2 \tau^2} - i R_N(\infty) \dfrac{\omega\tau}{1 + \omega^2 \tau^2}}{\left(R_0 + R_N(\infty) \dfrac{\omega^2 \tau^2}{1 + \omega^2 \tau^2}\right)^2 + R_N^2(\infty) \dfrac{\omega^2 \tau^2}{(1 + \omega^2 \tau^2)^2}}, \tag{12.12}$$

wobei $\bar{S}$ die gesamte Blochwandfläche pro Einheitsvolumen bedeutet. Hieraus folgt für den Verlustwinkel $\mathrm{tg}\,\delta$

$$\mathrm{tg}\,\delta = \frac{R_N(\infty)}{R_0 + R_N(\infty) \dfrac{\omega^2 \tau^2}{1 + \omega^2 \tau^2}} \; \frac{\omega\tau}{1 + \omega^2 \tau^2} \tag{12.13}$$

oder, wenn die Bedingung $R_N(\infty) \ll R_0$ erfüllt ist,

$$\mathrm{tg}\,\delta = \frac{R_N(\infty)}{R_0} \; \frac{\omega\tau}{1 + \omega^2 \tau^2}. \tag{12.14}$$

Ersetzen wir in Gl. (12.14) R_0 gemäß Gl. (8.33) durch die Anfangssuszeptibilität χ_0, so ergibt sich für $\mathrm{tg}\,\delta$ bei Berücksichtigung von Gl. (10.18)

$$\mathrm{tg}\,\delta = \frac{c}{n_E \, k \, T} \; \frac{\chi_0}{J_s^2 \, p^2 \, \bar{S}} \sum_{i=1}^{2} \vartheta_N^{(i)} A_i \frac{\omega\tau}{1 + \omega^2 \tau^2}. \tag{12.15}$$

Gl. (12.14) besitzt dieselbe Form wie Gl. (4.49.a), wie man mit Hilfe von Gl. (8.36.b) und Gl. (8.33) unmittelbar zeigen kann.

Bei großen Auslenkungen ($u > 2\delta_B$) verschwindet bei Fehlstellen mit tetragonaler Symmetrie in Nickel die Nachwirkungskraft bei sämtlichen Blochwänden, so daß auch keine magnetischen Nachwirkungsverluste auftreten. Dieses Verhalten ist völlig im Gegensatz zu unseren Ergebnissen in Kapitel 4, die für das Rayleighgebiet der Magnetisierungskurve unabhängig vom Fehlstellentyp einen konstanten Verlustwinkel ergaben.

Man ersieht daraus, daß die Berücksichtigung der Blochwandstruktur zu gänzlich neuen Resultaten führt und Gl. (4.49.b) nur im Grenzfall $H\to 0$ gültig ist.

Das Verschwinden der Nachwirkungsverluste bei großen Auslenkungen der Blochwand hängt damit zusammen, daß sich in Nickel bei einer Drehung der spontanen Magnetisierung von der einen $\langle 111\rangle$-Richtung in eine andere die Wechselwirkungsenergie mit Fehlstellen tetragonaler Symmetrie nicht verändert und daher auch keine Nachwirkung auftritt.

b) Doppelleerstellen mit orthorhombischer Symmetrie in k. f. z. Kristallen

1. Kleine Auslenkungen $(u < \delta_B)$

Die Stabilisierungsenergie der Blochwände bei Anwesenheit von Doppelleerstellen ist durch Gl. (9.104) gegeben. Bei kleinen Auslenkungen der Blochwände läßt sich die Stabilisierungskraft für sämtliche Blochwände folgendermaßen schreiben:

$$P_N(u,t) = -\frac{1}{L_3^2}\int_0^t\left\{\frac{R_1(\infty)}{\tau_1}\exp\left[\frac{t'-t}{\tau_1}\right] + \frac{R_2(\infty)}{\tau_2}\exp\left[\frac{t'-t}{\tau_2}\right]\right\}(u-u')dt'.$$

$$(12.16)$$

Die Nachwirkungskonstanten $R_1(\infty)$ und $R_2(\infty)$ lauten nach Gl. (10.36.b) bei der (112)-180°-Blochwand

$$R_1(\infty) = \frac{c\varepsilon_1^2 L_3^2}{2kTn_E}\left(\frac{1}{6}\vartheta_N^{(1)} + \frac{1}{3}\vartheta_N^{(2)}\right), \qquad R_2(\infty) = \frac{c\varepsilon_2^2 L_3^2}{2kTn_E}\left(\frac{11}{12}\vartheta_N^{(1)} + \frac{1}{12}\vartheta_N^{(2)}\right).$$

$$(12.17)$$

Wird Gl. (12.17) in die Bewegungsgleichung der Blochwand eingesetzt, so ergibt sich als Bestimmungsgleichung für $u(t)$ wiederum die Volterrasche Integralgleichung 2. Art. Die Lösung dieser Integralgleichung erfolgt wieder mit derselben Methode wie im Falle der Zwischengitteratome. Für die komplexe Suszeptibilität erhalten wir dann bei großen Zeiten t

$$\chi = J_s^2 p^2 \bar{S} L_3^2 \frac{\left\{\begin{array}{l} R_0 + R_1(\infty)\dfrac{\omega^2\tau_1^2}{1+\omega^2\tau_1^2} + R_2(\infty)\dfrac{\omega^2\tau_2^2}{1+\omega^2\tau_2^2} - \\[2mm] -i\left\{R_1(\infty)\dfrac{\omega\tau_1}{1+\omega^2\tau_1^2} + R_2(\infty)\dfrac{\omega\tau_2}{1+\omega^2\tau_2^2}\right\} \end{array}\right\}}{\left\{\begin{array}{l}\left\{R_0 + R_1(\infty)\dfrac{\omega^2\tau_1^2}{1+\omega^2\tau^2} + R_2(\infty)\dfrac{\omega^2\tau_2^2}{1+\omega^2\tau_2^2}\right\}^2 + \\[2mm] + \left\{R_1(\infty)\dfrac{\omega\tau_1}{1+\omega^2\tau_1^2} + R_2(\infty)\dfrac{\omega\tau_2}{1+\omega^2\tau_2^2}\right\}^2\end{array}\right\}} \cdot (12.18)$$

Wenn die Nachwirkungskonstanten $R_{1,2}(\infty)$ klein im Vergleich zu R_0 sind, ergibt sich für (12.18)

$$\chi = \frac{J_s^2 p^2 \bar{S} L_3^2}{R_0}\left(1 - i\,\frac{R_1(\infty)}{R_0}\,\frac{\omega\tau_1}{1+\omega^2\tau_1^2} - i\,\frac{R_2(\infty)}{R_0}\,\frac{\omega\tau_2}{1+\omega^2\tau_2^2}\right). \qquad (12.19)$$

Für den Verlustwinkel folgt aus Gl. (12.19)

$$\operatorname{tg}\delta = \frac{R_1(\infty)}{R_0}\,\frac{\omega\tau_1}{1+\omega^2\tau_1^2} + \frac{R_2(\infty)}{R_0}\,\frac{\omega\tau_2}{1+\omega^2\tau_2^2}. \qquad (12.20)$$

2. Große Auslenkungen der Blochwände

Bei großen Auslenkungen verschwindet bei 180°-Blochwänden die von den Doppelleerstellen erzeugte Nachwirkungskraft. 180°-Blochwände weisen daher bei großen Auslenkungen keine Nachwirkungsverluste auf. Wie in Abschnitt 10.1 und in Abschnitt 10.2f ausgeführt wurde, wirkt jedoch auf die 109°- und die 71°-Blochwände bei großen Auslenkungen eine konstante rücktreibende Nachwirkungskraft, die nach Gl. (10.10) und Gl. (9.104)

$$P_N(t) = P_S^K \int_0^t \operatorname{sgn}(u-u')\exp\left\{\frac{t'-t}{\tau_2}\right\} dt' \qquad (12.21)$$

beträgt. P_S^K bedeutet die Nachwirkungskraft der magnetokristallinen Wechselwirkungsenergie für $t\to\infty$. Bei einer 109°-Blochwand gilt nach Gl. (10.10)

$$P_S^K = -\frac{2}{9}\,\frac{c\varepsilon_2^2}{n_E kT}. \qquad (12.22)$$

Die Funktion $\operatorname{sgn}(u-u')$ ist folgendermaßen definiert:

$$\operatorname{sgn}(u-u') = 1 \quad \text{für } u-u' > 1$$
$$\text{und} \qquad \operatorname{sgn}(u-u') = -1 \quad \text{für } u-u' < 1. \qquad (12.23)$$

Wird Gl. (12.21) in Gl. (12.1) eingesetzt, so erhält man eine Integralgleichung, für die keine geschlossene Lösung bekannt ist. Falls die Nachwirkungskraft P_N jedoch klein im Vergleich zu P_R ist, können wir leicht eine Näherungslösung berechnen. In diesem Falle gilt für die Blochwandverschiebung in nullter Näherung

$$u(t) = \frac{P_H(t) L_3^2}{R_0}. \qquad (12.24)$$

Für ein sinusförmiges Magnetfeld $H = \hat{H}_0 e^{i\omega t}$ erhält man dann

$$u(t) = \hat{u}_0 \sin\omega t \qquad (12.25)$$
$$\text{mit} \qquad \hat{u}_0 = \frac{\hat{H}_0 J_s p L_3^2}{R_0}. \qquad (12.26)$$

Mit Gl. (12.25) lautet nun die Funktion $\operatorname{sgn}(u-u')$

$$\operatorname{sgn}(u-u') = \operatorname{sgn}(\sin\omega t - \sin\omega t'). \qquad (12.27)$$

Diese Funktion ist periodisch in t' mit der Periode $2\pi/\omega$. Für die weitere Rechnung ist es zweckmäßig, $\operatorname{sgn}(u-u')$ in eine Fourierreihe zu entwickeln. Im folgenden setzen wir

$$\omega t = k\pi + \varphi_0, \quad k = \text{ganz}. \qquad (12.28)$$

Um die Eindeutigkeit der Funktion $\text{sgn}(u - u')$ zu sichern, müssen wir φ_0 noch der Bedingung

$$0 < \varphi_0 < \frac{\pi}{2}$$

unterwerfen. Dann erhält man

$$\text{sgn}(\sin\omega t - \sin\omega t') = \frac{4}{\pi} \sum_{n=0}^{\infty} \left\{ \frac{1}{2n+1} \cos(2n+1)\varphi_0 \sin(2n+1)\omega t' \right.$$
$$\left. - \text{sgn}(\sin\omega t)\frac{1}{2n+2}\sin(2n+2)\varphi_0\cos(2n+2)\omega t' \right\}, \tag{12.29}$$

wobei $\text{sgn}(\sin\omega t)$ durch folgende Fourierreihe gegeben ist:

$$\text{sgn}(\sin\omega t) = \frac{4}{\pi} \sum_{m=0}^{\infty} \frac{1}{2m+1}\sin(2m+1)\omega t. \tag{12.30}$$

Gl. (12.29) in Gl. (12.21) eingesetzt liefert für die Nachwirkungskraft bei großen Zeiten

$$P_N(t) = P_S^K \sum_{n=0}^{\infty} \left\{ \frac{1}{2n+1}\cos(2n+1)\varphi_0 \frac{\sin(2n+1)\omega t - (2n+1)\omega\tau_2\cos(2n+1)\omega t}{1 + \omega^2\tau_2^2(2n+1)^2} \right.$$
$$\left. - \text{sgn}(\sin\omega t)\frac{1}{2n+2}\sin(2n+2)\varphi_0 \frac{\cos(2n+2)\omega t + (2n+2)\omega\tau_2\sin(2n+2)\omega t}{1 + (2n+2)^2\omega^2\tau_2^2} \right\}. \tag{12.31}$$

Für die Blochwandverschiebung ergibt sich nun in erster Näherung aus Gl. (12.1)

$$u(t) = \hat{u}_0\sin\omega t + \frac{P_N(t)}{R_0}L_3^2. \tag{12.32}$$

Der Energieverlust pro Zyklus beträgt

$$\Delta E = \hat{H}_0 \int_0^{\frac{2\pi}{\omega}} \sin\omega t\,\frac{dJ}{dt}\,dt, \tag{12.33}$$

wobei dJ/dt nach Gl. (3.20) durch

$$dJ/dt = J_s\bar{S}p\,du(t)/dt$$

gegeben ist. Mit Gl. (12.32) erhalten wir für ΔE aus Gl. (12.33)

$$\Delta E = \frac{pJ_s\bar{S}L_3^2}{R_0}\int_0^{\frac{2\pi}{\omega}} \hat{H}_0\sin\omega t\,\frac{dP_N(t)}{dt}\,dt. \tag{12.34}$$

Bei der Integration von Gl. (12.34) spielen nur diejenigen Glieder der Nachwirkungskraft eine Rolle, die proportional zu $\cos\omega t$ sind, denn nur diese liefern bei der Integration einen von Null verschiedenen Wert. Unter Berücksichtigung dieser Tatsache erhält man für den Energieverlust

$$\Delta E = P_S^K \frac{L_3^2 p \hat{H}_0 J_s \bar{S}}{R_0} V(\omega \tau_2) \tag{12.35}$$

mit

$$V(\omega \tau_2) = \frac{4}{\pi} \sum_{n=0}^{\infty} \left[\frac{1}{2n+1} \left\{ \frac{4n+2}{(4n+2)^2-1} - (-)^n \left(1 + \frac{1}{1-(4n+2)^2} \right) \right\} \frac{1}{1+(2n+1)^2 \omega^2 \tau_2^2} \right.$$

$$\left. - \left\{ (-)^n \frac{4n+2}{(4n+2)^2-1} + \left(1 + \frac{1}{(4n+2)^2-1} \right) \right\} \frac{\omega \tau_2}{1+(2n+1)^2 \omega^2 \tau_2^2} \right]. \tag{12.36}$$

Der Verlustwinkel $\mathrm{tg}\,\delta$ ergibt sich nach Gl. (4.49.b) aus der Beziehung

$$\mathrm{tg}\,\delta = \frac{\Delta E}{2 E_0}, \tag{12.37}$$

wo E_0 die während eines halben Zyklus geleistete Arbeit darstellt. Diese beträgt

$$E_0 = \tfrac{1}{2} \chi_0 \hat{H}_0^2, \tag{12.38}$$

oder, wenn wir χ_0 gemäß Gl. (3.22) durch R_0 ausdrücken,

$$E_0 = \frac{1}{2} \frac{J_s^2 p^2 \bar{S} L_3^2}{R_0} \hat{H}_0^2. \tag{12.39}$$

Gl. (12.35) und Gl. (12.39) in Gl. (12.37) eingesetzt liefert nun

$$\mathrm{tg}\,\delta = P_S^K \frac{1}{\pi p \hat{H}_0 J_s} V(\omega \tau_2). \tag{12.40}$$

Um die Abhängigkeit der Verluste von der Frequenz genauer untersuchen zu können, leiten wir für den Koeffizienten $V(\omega \tau_2)$ einen Näherungsausdruck ab. Im zweiten Glied von Gl. (12.36) können wir die Summation über n für folgenden Ausdruck ausführen:

$$\frac{4}{\pi} \sum_{n=0}^{\infty} \frac{\omega \tau_2}{1+(2n+1)^2 \omega^2 \tau_2^2} = \mathfrak{Tg} \frac{\pi}{2 \omega \tau_2}. \tag{12.41}$$

Von den restlichen Gliedern der zweiten Klammer spielt nur das Glied für $n=0$, das

$$-\frac{4}{\pi} \frac{\omega \tau_2}{1+\omega^2 \tau_2^2}$$ lautet, eine Rolle.

Das Glied mit $n=1$ beträgt für $\omega \tau_2 = 1$ nur $1/35$ des Gliedes mit $n=0$ und darf daher vernachlässigt werden.

Auch in der ersten Klammer kann die Summation teilweise durchgeführt werden: und zwar gilt dann

$$-\frac{4}{\pi} \frac{1}{\omega^2 \tau_2^2} \sum_{n=0}^{\infty} \frac{(-)^n}{2n+1} \frac{1}{\frac{1}{\omega^2 \tau_2^2}+(2n+1)^2} = -\left(1 - \frac{1}{\mathfrak{Cos} \frac{\pi}{2 \omega \tau_2}} \right). \tag{12.42}$$

Von den übrigen Gliedern spielt wiederum nur das Glied für $n=0$ eine Rolle, für das man

$$\frac{4}{\pi} \frac{1}{1+\omega^2 \tau_2^2}$$

erhält. Das restliche Glied für $n=1$ beträgt bei $\omega \tau_2 = 1$ nur $1/105$ des Gliedes für $n=0$.

Die Vernachlässigung der restlichen Glieder ($n>0$) ist daher eine recht gute Näherung.
Für den Koeffizienten $V(\omega\tau_2)$ finden wir somit folgenden Näherungswert:

$$V(\omega\tau_2)\sim -\left[\mathfrak{Tg}\,\frac{\pi}{2\omega\tau_2}+2\,\frac{\mathfrak{Sin}^2\dfrac{\pi}{4\omega\tau_2}}{\mathfrak{Cos}\dfrac{\pi}{2\omega\tau_2}}+\frac{4}{\pi}\,\frac{(\omega\tau_2-1)}{1+\omega^2\tau_2^2}\right].\tag{12.43}$$

Der Verlauf von $V(\omega\tau_2)$ ist in Fig. 75 dargestellt. $V(\omega\tau_2)$ variiert zwischen $V=0{,}728$ bei $\omega\tau_2=0$ und $V=0$ bei $\omega\tau_2=\infty$. Das Maximum liegt bei $\omega\tau_2=0{,}83$. Die Abhängigkeit des Verlustwinkels von der Meßfrequenz weist einige charakteristische Eigenschaften

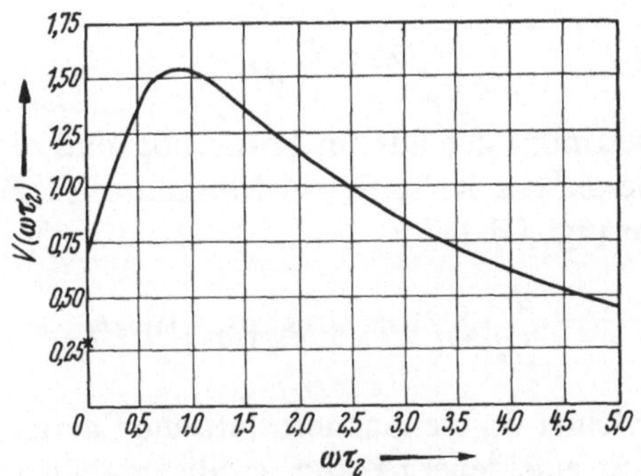

Fig. 75. Die Funktion $V(\omega\tau_2)$.

auf, die bei kleinen Auslenkungen der Blochwände nicht auftreten. Z.B. ergibt sich nach Gl. (12.40) der Verlustwinkel als amplitudenabhängig, denn mit steigender Feldamplitude nimmt tgδ wie $1/\hat{H}_0$ ab. Bei großen Frequenzen verhält sich tgδ wie bei kleinen Auslenkungen, wogegen der Verlustwinkel bei kleinen Frequenzen im Gegensatz zum Verhalten bei kleinen Auslenkungen einen konstanten Wert besitzt.

12.2. Drehprozesse

Ähnlich wie bei den Blochwandverschiebungen treten auch bei der Nachwirkung der Drehprozesse magnetische Verluste auf, die auf eine Phasenverschiebung zwischen dem angelegten Wechselfeld und dem Drehwinkel φ der spontanen Magnetisierung zurückzuführen sind. Die Aufgabe besteht darin, die von einem Wechselfeld hervorgerufene Rotation der spontanen Magnetisierung aus einer durch ein Gleichfeld vorgegebenen Richtung zu berechnen. Den folgenden Rechnungen denken wir uns dabei die bereits in Abschnitt 9.6 beschriebene Versuchsführung zugrundegelegt. Durch ein Gleichfeld H_0 werde die spontane Magnetisierung parallel zur $\langle100\rangle$- oder $\langle111\rangle$-Richtung ausgerichtet. Ein Wechselfeld $H_\perp$ senkrecht zur Richtung des Gleichfeldes lenke die spontane Magnetisierung aus der Richtung des Gleichfeldes aus. Die komplexe Suszeptibilität $\chi_\perp$ parallel zu $H_\perp$ wollen wir im folgenden berechnen.

Bezeichnen wir den Winkel zwischen der spontanen Magnetisierung und der Richtung des Gleichfeldes mit φ, so gilt für die Komponente der Magnetisierung parallel zu $H_\perp$

$$J_\perp = J_s \sin\varphi. \tag{12.44}$$

Hieraus folgt für die komplexe Suszeptibilität

$$\chi_\perp = J_s \cos\varphi\, d\varphi/dH \tag{12.45}$$

oder, wenn der Winkel φ sehr klein ist,

$$\chi_\perp = J_s \frac{d\varphi}{dH}. \tag{12.46}$$

Der Winkel φ bestimmt sich aus der Forderung, daß zu jedem Zeitpunkt t die Gesamtenergie des Kristalls ein Minimum ist. Dies führt auf die Extremalaufgabe (vgl. Gl. (3.9))

$$\frac{d}{d\varphi}(\Phi_H + \Phi_K + \Phi_S + w_s^D(t)) = 0. \tag{12.47}$$

In Gl. (12.47) bedeutet Φ_H die magnetostatische Energie, Φ_K die Kristallenergie, Φ_S die Streufeldenergie und w_s^D die Stabilisierungsenergie der Drehprozesse. Im einzelnen lauten diese Energieanteile

$$\Phi_H = -H_0 J_s \cos\varphi - H_\perp J_s \sin\varphi, \tag{12.48}$$

$$\Phi_K = c_K K_1 \sin^2\varphi. \tag{12.49}$$

Bei einer prismatischen Probe dürfen wir die von den Polbelegungen der Stirnflächen herrührende Streufeldenergie vernachlässigen. Die Streufeldenergie infolge einer Quermagnetisierung beträgt

$$\Phi_S = \tfrac{1}{2} N_\perp J_s^2 \sin^2\varphi, \tag{12.50}$$

wobei angenommen wurde, daß die Richtung des Gleichfeldes parallel zur Achse des Prismas sei. Bei Fehlstellen, die alle energetisch verschiedenen Positionen mit einem Sprung erreichen können, lautet die Stabilisierungsenergie bei einer dynamischen Versuchsführung nach Gl. (9.178)

$$w_s^D(t) = \frac{(-)c}{n_E k T} \int_0^\infty (f_1(\alpha',\alpha) - f_1(\alpha',\alpha') - \bar{f}_1(\alpha',\alpha) - \bar{f}_1(\alpha',\alpha'))e^{-\frac{t-t'}{\tau}}\frac{dt'}{\tau}. \tag{12.51}$$

Gl. (12.48) bis Gl. (12.51) in Gl. (12.47) eingesetzt, ergibt

$$H_\perp(t)J_s\cos\varphi = H_0 J_s \sin\varphi + c_K K_1 \sin 2\varphi + \frac{1}{2}N_\perp J_s^2 \sin 2\varphi + \frac{d}{d\varphi}w_s^D(t). \tag{12.52}$$

Gl. (12.52) stellt eine Integralgleichung für den Winkel φ dar, wobei im allgemeinen H_0 als konstant angenommen wird und $H_\perp$ gemäß

$$H_\perp = \hat{H}_0 e^{i\omega t}, \tag{12.53}$$

periodisch von der Zeit abhängt. Gl. (12.52) können wir noch vereinfachen, wenn wir bedenken, daß im allgemeinen die Auslenkungen aus der Gleichfeldrichtung klein sind und daher $\cos\varphi = 1$ gesetzt werden darf. Dann ergibt sich

$$H_\perp(t)J_s = \sin\varphi(H_0 J_s + 2c_K K_1 + N_\perp J_s^2) + \frac{dw_s^D(t)}{d\varphi}. \tag{12.54}$$

a) Tetragonale Gitterfehler

Die Stabilisierungsenergie tetragonaler Fehlstellen beträgt bei dynamischer Versuchsführung nach Gl. (12.51) und (11.1)

$$w_s^D(t) = -\frac{c\varepsilon_1^2}{n_E kT} \int_0^t (\alpha_i^2 \alpha_i'^2 - \alpha_i^4)\, e^{-\frac{t-t'}{\tau}} \frac{dt'}{\tau}, \tag{12.55}$$

wobei die α_i und α_i' die Richtungskosinus der spontanen Magnetisierung bezüglich der kubischen Achsen zur Zeit t bzw. t' bedeuten. Im folgenden bezeichnen wir den Winkel zwischen der [100]-Achse und der [111]-Achse mit φ_0. Ferner sollen φ und φ' die Winkel zwischen der spontanen Magnetisierung und der [111]-Richtung zur Zeit t bzw. t' bedeuten. Wird das Wechselfeld $H_\perp$ senkrecht zur Gleichfeldstärke in der $(0\bar{1}1)$-Ebene angelegt, so erhalten wir

$$\frac{dw_s^D(t)}{d\varphi} = \frac{(-)c\varepsilon_1^2}{n_E kT} \int_0^t (\sin 2\varphi_0 \cos 2\varphi - \cos 2\varphi_0 \sin 2\varphi)\{\cos^2(\varphi_0 - \varphi')$$
$$-\frac{1}{2}\sin^2(\varphi_0 - \varphi')\}\, e^{-\frac{t-t'}{\tau}}\frac{dt'}{\tau}. \tag{12.56}$$

Da wir uns, wie bereits oben ausgeführt, auf kleine Drehwinkel der Magnetisierung beschränken wollen, dürfen wir in Gl. (12.56) $\cos 2\varphi$ und $\cos 2\varphi' = 1$ setzen. Für die magnetischen Verluste spielen ferner nur diejenigen Glieder eine Rolle, die sich als proportional zu $\sin 2\varphi'$ ergeben. Die restlichen Glieder sind entweder reell oder verschwinden bei der Integration. Die Integralgleichung für den Drehwinkel φ lautet damit bei Magnetisierung parallel zur $\langle 111 \rangle$-Achse

$$H_\perp(t)J_s = \sin\varphi(H_0 J_s + 2c_K K_1 + N_\perp J_s^2) - \frac{\varepsilon_1^2}{n_E kT}\int_0^t \frac{3}{4}\sin^2 2\varphi_0 \sin 2\varphi'\, e^{-\frac{t-t'}{\tau}}\frac{dt'}{\tau}. \tag{12.57}$$

Für ein periodisches Wechselfeld gemäß Gl. (12.53) ergibt sich als Lösung von Gl. (12.57) bei großen Zeiten

mit
$$\varphi(t) = \hat{\varphi}_0 \, e^{i\omega t} \tag{12.58}$$

$$\hat{\varphi}_0 = \frac{\hat{H}_0 J_s}{H_0 J_s + 2c_K K_1 + N_\perp J_s^2 - \dfrac{4}{3} K_N(\infty) \dfrac{1 - i\omega\tau}{1 + \omega^2\tau^2}} . \tag{12.59}$$

Hieraus erhält man nach Gl. (12.46) für die Suszeptibilität parallel zum Wechselfeld

$$\chi_\perp = \frac{J_s^2}{H_0 J_s + 2c_K K_1 + N_\perp J_s^2 - \dfrac{4}{3} K_N(\infty) \dfrac{1}{1 + \omega^2\tau^2} + \dfrac{4}{3} K_N(\infty) \dfrac{i\omega\tau}{1 + \omega^2\tau^2}} , \tag{12.60}$$

und für den Verlustwinkel

$$\operatorname{tg}\delta = \frac{K_N(\infty)}{H_0 J_s + 2c_K K_1 + N_\perp J_s^2 + \dfrac{4}{3} K_N(\infty) \dfrac{1}{1 + \omega^2\tau^2}} \frac{1}{1 + \omega^2\tau^2} , \tag{12.61}$$

wobei K_N durch Gl. (11.6) gegeben ist.

Führt man dieselbe Rechnung für die Magnetisierungsrichtung $\langle 100 \rangle$ durch, so findet man, daß in der Lösung für $\varphi(t)$ keine Glieder auftreten, die in Phase mit der angelegten Wechselfeldstärke sind. In diesem Falle sind deshalb keine magnetischen Verluste vorhanden. Die magnetischen Verluste eines kubischen Einkristalls mit tetragonalen Fehlstellen, der durch ein Wechselfeld in der $\{110\}$-Ebene magnetisiert wird, besitzen demnach dieselbe Orientierungsabhängigkeit wie die von SEEGER u. Mitarb. [*12, 16*] untersuchten mechanischen Verluste bei der inneren Reibung.

b) Trigonale Gitterfehler

Bei dynamischer Versuchsführung ergibt sich für die Stabilisierungsenergie trigonaler Fehlstellen

$$w_s^D(t) = \frac{(-)4c\varepsilon_2^2}{9n_E kT} \int\limits_0^t \sum_{i>j} (\alpha_i \alpha_j \alpha_i' \alpha_j' - \alpha_i'^2 \alpha_j'^2) e^{-\frac{t-t'}{\tau}} \frac{dt'}{\tau} , \tag{12.62}$$

wobei α_i und α_i' dieselbe Bedeutung haben wie im vorhergehenden Abschnitt. Bezeichnen wir wieder den Winkel zwischen der spontanen Magnetisierung und der $\langle 111 \rangle$-Achse mit φ, so erhält man

$$\frac{d}{d\varphi}\, w_s^D(t) = \frac{(-)4}{9}\, \frac{c\varepsilon_2^2}{n_E k T} \int\limits_0^t \left\{ -\frac{1}{4}\cos 2(\varphi_0-\varphi)\sin 2(\varphi_0-\varphi') \right. \tag{12.63}$$

$$\left. -\frac{1}{8}\sin 2(\varphi_0-\varphi)+\frac{1}{8}\sin 2(\varphi_0-\varphi)\cos 2(\varphi_0-\varphi')\right\} e^{-\frac{t-t'}{\tau}}\, \frac{dt'}{\tau}.$$

Wie im Falle der tetragonalen Gitterfehlstellen spielen in Gl. (12.63) nur diejenigen Glieder für die magnetischen Verluste eine Rolle, die sich als proportional zu $\sin 2\varphi'$ ergeben. Bei alleiniger Berücksichtigung dieser Glieder folgt aus Gl. (12.63) für die Integralgleichung des Drehwinkels φ, wenn das Gleichfeld parallel zur [111]-Achse verläuft ($\cos\varphi_0 = \dfrac{\sqrt{3}}{3}$; $H_\perp$ liege in der von H_0 und der [100]-Richtung gebildeten (110)-Ebene),

$$H_\perp(t)J_s = \sin\varphi(H_0 J_s + c_K K_1 + N_\perp J_s^2) - \frac{1}{27}\, \frac{c\varepsilon_2^2}{kT}\int\limits_0^t \sin 2\varphi'\, e^{-\frac{t-t'}{\tau}}\, \frac{dt'}{\tau}.$$

$$\tag{12.64}$$

Als Lösung von Gl. (12.64) erhält man für ein periodisches Wechselfeld bei großen Zeiten

$$\varphi(t) = \hat{\varphi}_0\, e^{i\omega t} \tag{12.65}$$

mit

$$\hat{\varphi}_0 = \frac{\hat{H}_0 J_s}{H_0 J_s + 2c_K K_1 + N_\perp J_s^2 - K_N(\infty)\dfrac{1-i\omega\tau}{1+\omega^2\tau^2}}. \tag{12.66}$$

Für die Suszeptibilität $\chi_\perp$ ergibt sich hieraus nach Gl. (12.46)

$$\chi_\perp = \frac{J_s^2}{H_0 J_s + 2c_K K_1 + N_\perp J_s^2 - K_N(\infty)\dfrac{1-i\omega\tau}{1+\omega^2\tau^2}}; \tag{12.67}$$

der Verlustwinkel beträgt

$$\mathrm{tg}\,\delta = \frac{K_N(\infty)}{H_0 J_s + 2c_K K_1 + N_\perp J_s^2 - K_N(\infty)\dfrac{1}{1+\omega^2\tau^2}}\, \frac{\omega\tau}{1+\omega^2\tau^2}, \tag{12.68}$$

wobei $K_N(\infty)$ durch Gl. (11.12) gegeben ist.

Wird die komplexe Suszeptibilität bei einer Gleichfeldmagnetisierung parallel zur $\langle 100\rangle$-Achse gemessen, so ist in Gl. (12.54)

$$\frac{dw_s^D(t)}{d\varphi} = \frac{(-)1}{9}\, \frac{c\varepsilon_2^2}{n_E k T}\int\limits_0^t \sin 2\varphi'\, e^{-\frac{t-t'}{\tau}}\, \frac{dt'}{\tau}, \tag{12.69}$$

zu setzen, wobei jetzt φ den Winkel zwischen der spontanen Magnetisierung und der $\langle 100 \rangle$-Achse bedeutet. Als Lösung der Integralgleichung ergibt sich bei großen Zeiten wiederum

$$\varphi(t) = \hat{\varphi}_0\, e^{i\omega t} \tag{12.70}$$

mit

$$\hat{\varphi}_0 = \frac{\hat{H}_0 J_s}{H_0 J_s + 2 c_K K_1 + N_\perp J_s^2 + 3 K_N(\infty)\dfrac{1-i\omega\tau}{1+\omega^2\tau^2}} \, . \tag{12.71}$$

Für die Suszeptibilität erhält man

$$\chi_\perp = \frac{J_s^2}{H_0 J_s + 2 c_K K_1 + N_\perp J_s^2 + 3 K_N(\infty)\dfrac{1-i\omega\tau}{1+\omega^2\tau^2}} \, , \tag{12.72}$$

und der Verlustwinkel beträgt

$$\operatorname{tg}\delta = \frac{3 K_N(\infty)}{H_0 J_s + 2 c_K K_1 + N_\perp J_s^2 + 3 K_N(\infty)\dfrac{1}{1+\omega^2\tau^2}} \, \frac{\omega\tau}{1+\omega^2\tau^2} \, . \tag{12.73}$$

13. Experimentelle Untersuchung von Gitterfehlstellen mit Hilfe der magnetischen Nachwirkung

13.1. Die Untersuchung von Gitterfehlstellen in Metallen

Seit den ersten theoretischen Arbeiten über Punktfehler in Kristallen, die auf FRENKEL, WAGNER und SCHOTTKY sowie JOST zurückgehen, wurden unsere Kenntnisse über die Art der auftretenden Gitterfehler und ihre Eigenschaften besonders bei den kubisch-flächenzentrierten Metallen (Cu, Ag, Ni) durch zahlreiche Experimente und theoretische Arbeiten wesentlich erweitert. Für ein weitergehendes Studium der Punktfehler in Metallen sei auf die zusammenfassenden Arbeiten von SEEGER [2,6,5], FRIEDEL, DAMASK und DIENES, DIEHL sowie SEEGER und SCHUMACHER [15] verwiesen. Im Vergleich zu den kubisch-flächenzentrierten Metallen sind unsere heutigen Kenntnisse über die Punktfehler in kubisch-raumzentrierten und hexagonalen Metallen noch sehr beschränkt. Im Rahmen dieses Kapitels werden wir nach einem Überblick über die in Metallen auftretenden Erholungsstufen einige Resultate, die mit Hilfe der magnetischen Nachwirkung gewonnen wurden, eingehend behandeln.

Konventionelle Methoden zur Untersuchung von Gitterfehlstellen sind die Messung des elektrischen Widerstandes, der Dichte und Längenänderung sowie der gespeicherten Energie. Man gewinnt bei diesen Methoden Aussagen über die Gitterfehler infolge der Veränderungen, die sie beim Ausheilen an den erwähnten Eigenschaften hervorrufen. Die genannten Meßmethoden machen daher grundsätzlich von der Eigenschaft der Gitterfehler Gebrauch, daß diese in einem bestimmten Temperaturbereich ausheilen. Anhand derartiger Erholungsmessungen ist es im allgemeinen nur möglich, die Wanderungsenergie und den Frequenzfaktor für die Verlagerung einer Fehlstelle zu bestimmen. Speziellere Eigenschaften der Fehlstelle, wie z. B. ihre Konfiguration, sind bei diesen Methoden keiner Untersuchung zugänglich. Unter anderem wird die Identifizierung bestimmter Fehlstellen vor allem auch dadurch erschwert, daß diese im allgemeinen *den elektrischen Widerstand in gleichem Maße* beeinflussen, dieser also auf bestimmte Fehlstellen nicht in spezifischer Weise anspricht. Ein weiterer Nachteil ist auch darin zu sehen, daß als Indikator zum Nachweis der Fehlstellen deren Verschwinden benützt wird, so daß nach Ausführung des Experimentes dessen Wiederholung an derselben Probe nicht mehr möglich ist.

Auf die Tatsache, daß man *Eigenfehlstellen* auch mit Hilfe mechanischer und magnetischer Nachwirkungserscheinungen studieren kann, wurde erstmals von HASIGUTI [*1,2*] sowie SEEGER u. Mitarb. [*10,14*] hingewiesen. Seither wurde diese Methode von verschiedenen Arbeitsgruppen zum Studium der Gitterfehler in Ni und Fe angewandt.

Messungen der magnetischen Nachwirkung haben gegenüber anderen Methoden den Vorzug, daß eine Untersuchung der Fehlstellen möglich ist, ohne daß diese ausheilen. Z. B. genügen im Falle der Orientierungsnachwirkung bereits ein bis zwei Sprünge der Fehlstelle, um einen großen Effekt zu erhalten. Diese Sprungzahl ist wesentlich kleiner als die zum Ausheilen erforderliche, die von der Größenordnung 500–1000 ist. Ein weiterer Vorteil der magnetischen Methode ist darin zu sehen, daß es möglich ist, zwischen isotropen und anisotropen Fehlstellen zu unterscheiden, denn nur anisotrope Fehlstellen rufen eine Orientierungsnachwirkung hervor, während isotrope Fehlstellen eine Diffusionsnachwirkung erzeugen. Wie in Kapitel 10 erläutert wurde, ist es aus den Messungen der Stabilisierungssuszeptibilität ferner möglich, die Symmetrie der Gitterfehler zu bestimmen.

13.2. Das Erholungsspektrum in Metallen

Die Erholungsmessungen des elektrischen Widerstandes nach Tieftemperaturbestrahlung mit schnellen Elektronen oder Neutronen haben zu einer Einteilung des Erholungsspektrums in sog. Erholungsstufen geführt. Wie von VAN BUEREN vorgeschlagen wurde, unterscheidet man in kubisch-flächenzentrierten Metallen fünf derartige Erholungsstufen. In Fig. 76a ist das typische Erscheinungsbild einer Erholungskurve bei Cu nach Tieftemperaturbestrahlung wiedergegeben. Die Entstehung der einzelnen Erholungsstufen ist folgendermaßen zu verstehen:

Bei der Bestrahlungstemperatur unterhalb 20° K wird eine große Anzahl Gitterfehler durch primäre Rückstoßteilchen erzeugt (vgl. SEEGER [*2*]). Die gebildeten Gitterfehler sind bei diesen tiefen Temperaturen praktisch unbeweglich, da diese zur Bewegung eine Potentialschwelle überwinden müssen und die hierzu erforderliche Aktivierungsenergie von den thermischen Schwingungen nicht aufgebracht werden kann. Die Punktfehler sind deshalb nicht im thermischen Gleichgewicht. Wird die Temperatur erhöht, so sind die Gitterfehler in zunehmendem Maße in der Lage, ihre Potentialmulde durch thermische Aktivierung zu überwinden, und so das thermische Gleichgewicht einzustellen. Das Ausheilen der verschiedenen Gitterfehlertypen erfolgt dabei jeweils in bestimmten Temperaturintervallen, die von der Höhe der Potentialschwelle und der Senkendichte abhängig sind. Da die verschiedenartigen Gitterfehler auch

verschiedene Wanderungsenergien und Senken haben, erfolgt der Ausheilvorgang, wenn man gleiche Anlaßdauer betrachtet, bei verschiedenen
Anlaßtemperaturen. Wird daher die bestrahlte Probe mit gleichmäßiger
Aufheizgeschwindigkeit erwärmt (1°/min), so findet man nacheinander
verschiedene Ausheilstufen, die in einfachen Fällen einer einzigen Fehlstellenart mit einer diskreten Wanderungsenergie zuzuschreiben sind.

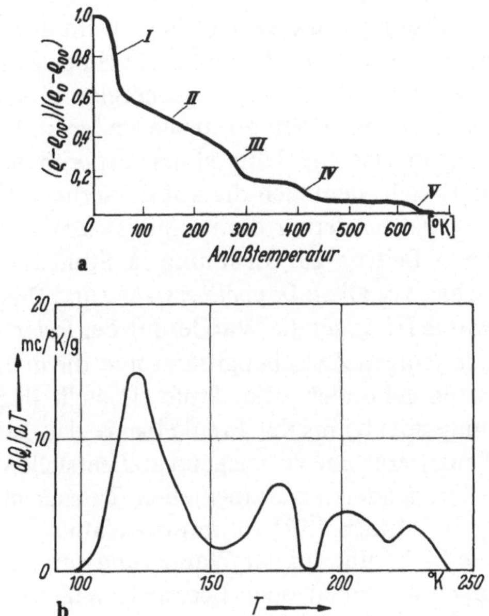

Fig. 76. a) Die Erholung des elektrischen Widerstandes von Kupfer nach Tieftemperaturbestrahlung mit schnellen Teilchen. Aufgetragen ist die relative Änderung des bei einer
Fixtemperatur gemessenen elektrischen Widerstandes. $\rho_{00} =$ el. Widerstand vor der Bestrahlung; $\rho_0 =$ el. Widerstand nach Bestrahlung (nach DIEHL, schematisch). b) Differentielle
Erholungskurve der gespeicherten Energie in neutronenbestrahltem reinen Eisen. Bestrahlungsdosis $6{,}2 \cdot 10^{17}$ nvt. Aufheizgeschwindigkeit $\sim 1{,}5°$/min. Bestrahlungstemperatur
78° K. (Nach BONJOUR und MOSER).

Die in kubisch-flächenzentrierten Metallen gefundenen Erholungsstufen hängen empfindlich von der Erzeugungsart der Gitterfehler
und der Vorbehandlung der Probe ab. Im folgenden geben wir einen
Überblick über die Fehlstellen, die den einzelnen Erholungsstufen zuzuordnen sind. Wir legen unseren Betrachtungen dabei die von SEEGER [2, 5]
gegebene Deutung der Erholungsstufen zugrunde, da sich diese in letzter
Zeit anderen Deutungsvorschlägen als überlegen erwiesen hat.

Stufe I: Stufe I ist der Annihilation nahe benachbarter *Frenkelpaare*
zuzuschreiben. Da im allgemeinen Frenkelpaare mit verschiedenen Abständen zwischen Leerstelle und Zwischengitteratom vorhanden sind,

ist es verständlich, daß man experimentell in Stufe I eine Vielzahl von *Unterstufen* ($I_A - I_E$) findet, von denen jede einer bestimmten Konfiguration des Frenkelpaares entspricht. Außer der Annihilation naher Frenkelpaare kann in Stufe I nach SEEGER [2,6] sowie MEECHAN, SOSIN und BRINKMAN auch die Annihilation *metastabiler Crowdionen* an Leerstellen oder deren Umwandlung in stabile Hantelzwischengitteratome eine Rolle spielen (I_E).

Stufe II: Die Erholungsstufe II liegt bei Cu im Temperaturbereich von 60° K bis 200° K. SEEGER [6] schreibt Stufe II der Erholung *weit entfernter* Frenkelpaare zu. Die Aktivierungsenergien dieser Frenkelpaare liegen im Gegensatz zu den in Stufe I ausheilenden so eng beieinander, daß eine Trennung in einzelne Unterstufen experimentell nicht mehr möglich ist. Stufe II stellt demnach die kontinuierliche Fortsetzung der Stufe I dar. SEEGER [6] hat ferner darauf hingewiesen, daß auch Mehrfachleerstellen einen Beitrag zur Erholung in Stufe II liefern können. In Frage kommen hier vor allem *Doppelleerstellen* und *Dreifachleerstellen*.

Stufe III: In Stufe III findet die Wanderung der *freien Zwischengitteratome* statt, d. h. derjenigen Zwischengitteratome, die nicht mehr an eine bestimmte Leerstelle gebunden sind. Stufe III stellt damit die Seriengrenze des Erholungsspektrums der Frenkelpaare dar. In reinen Proben heilen die Zwischengitteratome vorwiegend an Leerstellen aus. Die dieser Deutung zugrundeliegenden experimentellen Tatsachen sind in einer Arbeit von SEEGER u. Mitarb. [12] zusammengefaßt.

Stufe IV: Stufe IV beruht auf der Wanderung von *Einfachleerstellen*, die an Versetzungen ausheilen oder Leerstellenagglomerate bilden. In reinen Proben ist Stufe IV sehr klein, da die Mehrzahl der Leerstellen schon in Stufe III durch Annihilation mit den Zwischengitteratomen verschwindet.

Stufe V: Stufe V entspricht der *Selbstdiffusion* des Materials. Die im Kristall vorhandenen inneren Spannungen werden durch Annihilation der Versetzungen, Bildung von Kleinwinkelkorngrenzen und Polygonisation abgebaut; große Fehlstellenagglomerate werden aufgelöst.

Neben den hier aufgezählten wohldefinierten Erholungsstufen gibt es noch zahlreiche *Zwischenstufen*, die im gesamten Temperaturbereich auftreten können und auf Agglomerate von Leerstellen, Zwischengitteratomen sowie den Komplexen zwischen Fremdatomen und den Eigenfehlstellen zurückgehen. Die Stufen I–IV treten grundsätzlich bei der Bestrahlung mit schnellen Elektronen oder Neutronen in Erscheinung. Bei plastischer Verformung tritt Stufe I nicht auf, da bei dieser Art der Fehlstellenerzeugung nahe Frenkelpaare nicht bevorzugt gebildet werden. Werden die Fehlstellen durch Abschrecken von hohen Temperaturen erzeugt, so spielen bei Erholungsexperimenten nur Leerstellen und Leerstellenagglomerate eine Rolle.

Die bisher an kubisch-raumzentrierten und hexagonalen Metallen durchgeführten Erholungsexperimente zeigen, daß auch hier definierte Erholungsstufen auftreten. Fig. 76b gibt ein Beispiel für die Erholung der gespeicherten Energie einer neutronenbestrahlten reinen Eisenprobe. Aufgetragen ist in Fig. 76b die Steigung dQ/dT der abgegebenen Energie. In Fig. 77 ist die Erholungskurve des elektrischen Widerstandes einer plastisch verformten Kobaltprobe wiedergegeben. Auch hier sind zumindest drei Erholungsstufen zu erkennen.

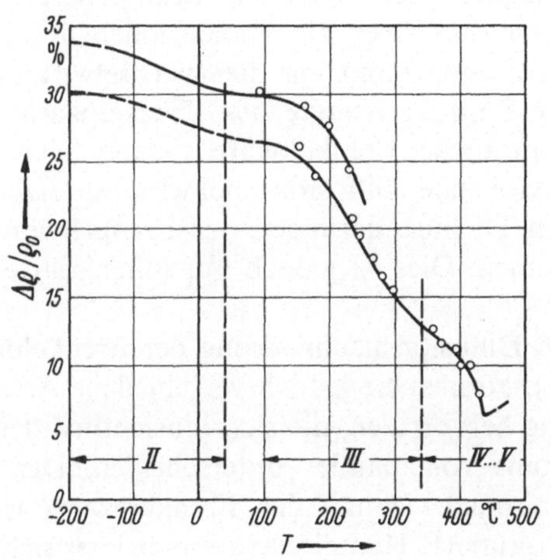

Fig. 77. Die Erholungskurve des elektrischen Widerstandes einer plastisch verformten Kobaltprobe. Obere Kurve: Anlaßzeit pro Meßpunkt 5 min. Untere Kurve: Anlaßzeit pro Meßpunkt 15 min. (Nach ZWETAEV u. Mitarb.).

Diese Untersuchungen zeigen, daß in kubisch-raumzentrierten und hexagonalen Metallen ähnliche Verhältnisse vorliegen wie bei den kubisch-flächenzentrierten Metallen. Es ist zu erwarten, daß auch die Interpretation der einzelnen Erholungsstufen bei diesen Metallen in ähnlicher Weise zu erfolgen hat wie bei den kubisch-flächenzentrierten.

13.3. Das magnetische Nachwirkungsspektrum in kubisch-flächenzentrierten Metallen

Die in verschiedenen Temperaturbereichen ausheilenden Gitterfehler verursachen spezifische Nachwirkungserscheinungen, anhand derer über die Natur und die Symmetrie der Gitterfehler Aussagen gemacht werden können. Wir wollen im folgenden überlegen, welche Nachwirkungserscheinungen in den fünf Erholungsstufen zu erwarten sind.

Stufe I: In Stufe I werden die Nachwirkungserscheinungen besonders kompliziert sein, da die hier ausheilenden Frenkelpaare sowohl zur Orientierungsnachwirkung als auch zu einer der Diffusionsnachwirkung verwandten Relaxation Anlaß geben können. Es darf angenommen werden, daß die Leerstellen der Frenkeldefekte unbeweglich sind und die Rekombination durch eine Bewegung der Zwischengitteratome zustandekommt. Dabei muß man beachten, daß jedes Zwischengitteratom einer bestimmten Leerstelle zugehört. Dies hat zur Folge, daß eine von der magnetischen Wechselwirkungsenergie erzeugte Drift der Zwischengitteratome über die Dimensionen der Blochwanddicke praktisch nicht auftreten kann, da die Wechselwirkungsenergie klein im Vergleich zur Bindungsenergie des Frenkelpaares ist. Eine reine Diffusionsnachwirkung der Frenkelpaare ist demnach nicht zu erwarten. Damit Frenkelpaare eine Diffusionsnachwirkung erzeugen, müßte es zu weitreichenden Dichteänderungen der Frenkelpaare innerhalb der Blochwände kommen. Dies ist jedoch nur unter sehr extremen Bedingungen möglich.

Während eine Diffusionsnachwirkung der Frenkelpaare so gut wie ausgeschlossen ist, können sie jedoch verschiedene Arten der Orientierungsnachwirkung hervorrufen, die sich hinsichtlich der Bewegung des Zwischengitteratoms voneinander unterscheiden. Der einfachste Typ einer Orientierungsnachwirkung des Frenkelpaares ist die schon in Abschnitt 7.3.d diskutierte Hantelrelaxation, bei der sich die tetragonale Achse des in zwei Halbzwischengitteratome dissoziierten Zwischengitteratoms entsprechend der magnetischen Kopplungsenergie reorientiert, wobei sich der Schwerpunkt des Zwischengitteratoms nicht verschiebt. Damit diese Reorientierung in Stufe I stattfindet, muß die Aktivierungsenergie für die Hantelrotation gegenüber der des freien Zwischengitteratoms durch die Anwesenheit der Leerstelle beträchtlich erniedrigt werden.

Wesentlich komplizierter liegen die Verhältnisse, wenn das Zwischengitteratom einen Diffusionsschritt ausführt, bei dem sich sowohl die Orientierung der Hantelachse als auch die Richtung der Verbindungslinie Zwischengitteratom–Leerstelle verändert. Zur besseren Übersicht bezeichnen wir im folgenden diejenigen Zwischengitteratomplätze, die denselben Abstand von der Leerstelle besitzen als eine *Gruppe*. Nach PERETTO [*1*] sowie PERETTO u. Mitarb. [*4*] sind nun diejenigen Gruppen von besonderem Interesse, bei denen das Zwischengitteratom innerhalb der Gruppe nächst benachbarte Gitterplätze einnehmen kann. Dann ist das Zwischengitteratom in der Lage, einen Diffusionsschritt auszuführen, ohne dabei der Leerstelle näher zu kommen. Den angeführten Bedingungen genügen die in Fig. 78a und Fig. 78b dargestellten Frenkelpaare der 3. und 7. Gruppe. Bei den Frenkelpaaren der 3. Gruppe sind die Achsen Leerstelle-Zwischengitteratom parallel zu den $\langle 112 \rangle$-Richtungen und bei den Frenkelpaaren der 7. Gruppe parallel zu den $\langle 123 \rangle$-Richtungen. Man spricht daher von der $\langle 112 \rangle$- bzw. der $\langle 123 \rangle$-Konfiguration des Frenkelpaares.

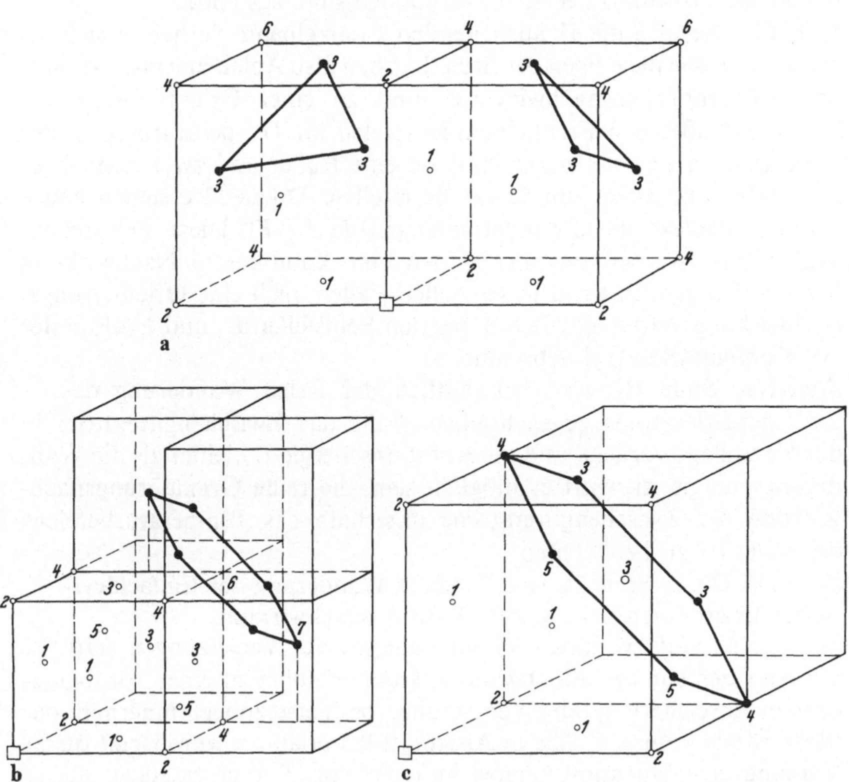

Fig. 78. Die Konfiguration der Frenkelpaare. □ Leerstelle. ● bedeutet ein Zwischengitteratom in der Hantellage. Die Hantelachse kann parallel zu einer der drei $\langle 100 \rangle$-Richtungen sein. a) Die Frenkelpaare der 3. Gruppe. $\langle 112 \rangle$-Konfiguration. b) Die Frenkelpaare der 7. Gruppe. $\langle 123 \rangle$-Konfiguration. c) Frenkelpaare der 3., 4. und 5. Gruppe.

Zwischengitteratome, die auf Gitterplätzen der 2., 4., 5. oder 6. Gruppe liegen, müssen bei einer Reorientierung der Achse Zwischengitteratom-Leerstelle auf die Position einer anderen Gruppe springen. Dies ist in Fig. 78 c am Beispiel der 3., 4. und 5. Gruppe dargestellt.

Neben den Frenkelpaaren können in Stufe I auch metastabile Crowdionen Relaxationen hervorrufen. Dabei handelt es sich, wie in Abschnitt 9.4.d ausgeführt wurde, um eine reine Diffusionsnachwirkung. Wie von SEEGER u. Mitarb. [11] diskutiert wurde, können Crowdionen, die von einer benachbarten Leerstelle eingefangen wurden, auch Anlaß zu einer Orientierungsnachwirkung geben. Bei diesem Fehlstellenpaar besitzt das Crowdion auf seiner Laufgeraden zwei stabile Lagen. Die Orientierungsnachwirkung der Crowdion-Leerstellenpaare kommt durch Sprünge zwischen diesen zwei Lagen, die mit einer Reorientierung der Achse Crowdion-Leerstelle verbunden sind, zustande.

Stufe II: Die in Stufe II ausheilenden Frenkelpaare verhalten sich magnetisch wie diejenigen der Stufe I, geben also Anlaß zu einer „scheinbaren Orientierungsnachwirkung" und zu einer Orientierungsnachwirkung. Außer den Frenkelpaaren spielen im Temperaturbereich der Stufe II auch Leerstellenagglomerate eine Rolle; und zwar handelt es sich dabei vor allem um Doppelleerstellen, Dreifachleerstellen sowie deren Komplexe mit Fremdatomen (L_2–F, L_3–F). Diese Fehlstellenagglomerate werden im allgemeinen eine kombinierte Nachwirkung hervorrufen, jedoch kann in speziellen Fällen auch eine Orientierungsnachwirkung auftreten, wie z. B. bei den Fehlstellen L_3 und L_3–F in der 60°-Konfiguration (vgl. Abschnitt 7).

Stufe III: Stufe III wird bekanntlich der freien Wanderung des Zwischengitteratoms zugeschrieben. Falls das Zwischengitteratom in der Hantellage vorliegt, und die Rotationsenergie R kleiner als die Wanderungsenergie ist, wird es möglich sein, die reine Orientierungsnachwirkung der Zwischengitteratome unterhalb des Temperaturbereichs der Stufe III zu beobachten.

Stufe IV: Die in Stufe IV stattfindende Wanderung der Einfachleerstellen liefert einen Beitrag zur Diffusionsnachwirkung.

Stufe V: In Stufe V finden Verschiebungen der Versetzungen statt. Bei Anwesenheit von Blochwänden kann es dabei zu einer vorübergehenden Anreicherung oder Verarmung von Versetzungen innerhalb der Blochwände kommen. Wie in Abschnitt 9.5 erläutert wurde, ruft dieser Vorgang eine Diffusionsnachwirkung hervor. Ferner erzeugen die in Stufe V im thermischen Gleichgewicht vorhandenen Leerstellen, wie von Dietze [*1*] gezeigt wurde, ebenfalls eine Diffusionsnachwirkung.

13.4. Das Nachwirkungsspektrum in Nickel unterhalb 50° C

a) Tieftemperaturbestrahlung

Im Zusammenhang mit der Erforschung der Tieftemperaturstrahlenschädigung in Metallen sind neuerdings auch Messungen der Desakkommodation neutronen- und elektronenbestrahlter Nickelproben zur Deutung herangezogen worden. In Fig. 79 sind die Messungen an neutronenbestrahlten und elektronenbestrahlten Proben, die von verschiedenen Autoren (Balthesen u. Mitarb. [*2, 3*]; Peretto u. Mitarb. [*2*]) erhalten wurden, miteinander verglichen. Im einzelnen kommen die in Fig. 79

wiedergebenden Kurven folgendermaßen zustande: Während die Probe mit konstanter Geschwindigkeit von 1°/min. aufgeheizt wurde, wurde in kurzen Zeitabständen, jeweils nach dem Entmagnetisieren der Probe, die Desakkommodation eine bestimmte Zeit lang gemessen. Diese Zeit betrug bei der neutronenbestrahlten Probe 120 s, bei der elektronenbestrahlten 162 s. Aufgetragen ist in Fig. 79 die nach diesen Zeiten gemessene

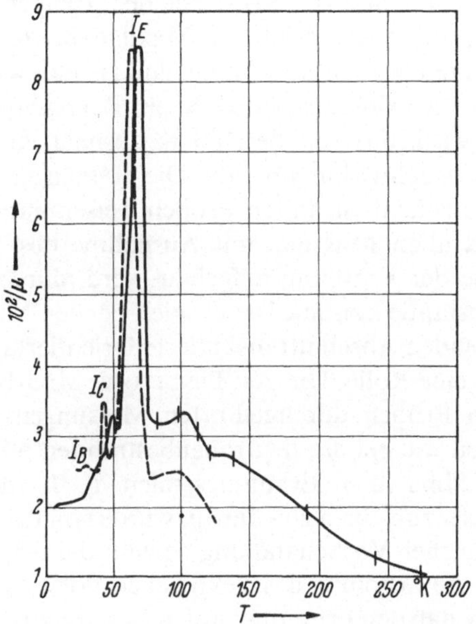

Fig. 79. Das Spektrum der ferromagnetischen Nachwirkung in Nickel nach Tieftemperaturbestrahlung. ——— neutronenbestrahlt; Bestrahlungsdosis $1{,}3 \cdot 10^{18}$ nvt; Bestrahlungstemperatur $\sim 25°$ K: Aufheizgeschwindigkeit 1°/min. Meßzeit der Desakkommodation betrug 2 min. Die vertikalen Striche geben an, wo die Messung unterbrochen wurde (nach BALTHESEN u. Mitarb. [2]). .... elektronenbestrahlt; Bestrahlungsdosis $10^{18}\,\dfrac{e}{\text{cm}^2}$ (2,5 MeV); Bestrahlungstemperatur $\sim 20°$K; Aufheizgeschwindigkeit 1°/min. Die Meßzeit der Desakkommodation betrug 162 s (nach PERETTO u. Mitarb. [3]).

reziproke Permeabilität, Bei der hier angewandten Meßmethode werden keine exakten isothermen Nachwirkungskurven gemessen. Die Messung kann außerdem noch dadurch verfälscht werden, daß u. U. die Nachwirkungserscheinung bereits bei der Temperatur der Messung auszuheilen beginnt. Das Meßverfahren ist jedoch dazu geeignet, einen ersten Überblick über das Nachwirkungsspektrum zu geben; besonders dann, wenn der Erholungseffekt während einer Nachwirkungsmessung klein im Vergleich zur Nachwirkung ist und außerdem die Veränderung der

Relaxationszeit infolge der Temperaturerhöhung von 2° K während der Meßzeit klein ist. Diese beiden Bedingungen sind im allgemeinen in den aufsteigenden Ästen der Relaxationsmaxima von Fig. 79 am besten erfüllt. Die Messungen haben jedoch ergeben, daß ein Abfall der Maxima auch durch eine Erholung der Gitterfehlstellen zustandekommt, so daß die Temperatur des Maximums keinesfalls durch Gl. (2.12) gegeben ist. U. a. geben BALTHESEN u. Mitarb. [2] an, daß die ersten Maxima bei 35° K(I_B) und 46° K(I_C) bei der Temperatur der Nachwirkungsmessung ausheilen. Auch die Maxima bei 63° K und 100° K heilen bei der Meßtemperatur aus. Interessant ist, daß während des Ausheilens des großen Maximums bei 63° K ein Relaxationsmaximum bei 52° K aufgebaut wird, das erst bei 100° K ausheilt, und demnach auf einer Orientierungsnachwirkung beruht. Die Messungen von BALTHESEN u. Mitarb. an neutronenbestrahlten Proben weisen darauf hin, daß die Nachwirkung bei allen Maxima, mit Ausnahme des 52°-Maximums, das erst im Laufe der Erholung aufgebaut wird, durch eine Diffusion der Fehlstellen zustande kommt. Dabei spielt bei den Maxima I_B und I_C die im vorhergehenden Abschnitt diskutierte Orientierungsnachwirkung der Frenkelpaare eine Rolle. Die von PERETTO u. Mitarb. [2–4] an elektronenbestrahlten Proben durchgeführten Messungen führen zu denselben Ergebnissen wie bei der neutronenbestrahlten Ni-Probe. Um die Nachwirkungsmaxima den Erholungsstufen I_A–I_E des elektrischen Widerstandes besser zuordnen zu können, wurde von PERETTO u. Mitarb. [4] an Proben gleicher Vorbehandlung sowohl die magnetische Nachwirkung als auch die Erholung des elektrischen Widerstandes gemessen. Hierbei ergab sich, daß den Erholungsstufen I_B, I_C und I_E des elektrischen Widerstandes die Nachwirkungsmaxima bei 35° K, 46° K und 63° K entsprechen. Die beim elektrischen Widerstand gefundene große Erholungsstufe I_D tritt jedoch nach den Messungen von PERETTO u. Mitarb. [4] bei der magnetischen Nachwirkung nicht auf.

Zur Deutung der Meßergebnisse knüpfen wir an die von SEEGER u. Mitarb. [11] gegebene Diskussion der Nachwirkungsmaxima bei 52° K und 100° K an. Da das 52°-Maximum zusammen mit dem Maximum bei 100° K ausheilt, muß angenommen werden, daß diese beiden Maxima von ein und derselben Fehlstelle herrühren, oder aber die für das Maximum bei 100° K verantwortlichen Fehlstellen die Fehlstellen des 52°-Maximums vernichten bzw. in ein nicht nachwirkungsfähiges Gebilde verwandeln. Eine mögliche Erklärung dieses komplizierten Sachverhalts besteht in der Annahme, daß das 63°-Maximum auf die Diffusionsnachwirkung metastabiler Crowdionen zurückzuführen ist. Ein Teil dieser Crowdionen wird nicht mit ihrer Leerstelle annihilieren können, da sie von Fremdatomen daran gehindert werden. Der Komplex Crowdion–Fremdatom stellt ein relaxationsfähiges Gebilde dar, das für das Maximum bei 52° K verantwortlich wäre. Das Maximum bei 100° K entspricht in dieser Vorstellung dann dem Zerfall des Crowdion-Fremdatom-Komplexes durch Diffusion des Crowdions zu seiner Leerstelle.

Im Gegensatz zu der hier dargelegten Deutung der Erholungsstufe I_E vertreten PERETTO u. Mitarb. [3, 4] die Ansicht, daß für die Erholungsstufe I_E nicht das metastabile Crowdion, sondern die Reorientierung des freien Zwischengitteratoms in der Hantelkonfiguration (vgl. Fig. 41a, b) verantwortlich ist. Diesem Deutungsvorschlag steht entgegen, daß das Maximum bei 63 °K eine Halbwertsbreite von etwa 18 °K besitzt, während man für die Orientierungsnachwirkung in diesem Bereich eine Halbwertsbreite von ~8° K erwartet. Die experimentell gefundene große Halbwertsbreite ist jedoch in Einklang mit der Vorstellung, daß es sich um eine Diffusionsnachwirkung des Crowdions handelt. In Abschnitt 13.5.a werden wir zudem zeigen, daß das freie Zwischengitteratom bei wesentlich höheren Temperaturen, nämlich bei ~283° K, Anlaß zu einem Nachwirkungsmaximum gibt und erst in Stufe III bei ~100° C ausheilt.

Die Nachwirkungsmaxima I_B und I_C sind der Umordnung naher Frenkelpaare zuzuschreiben. Dabei kann der Nachwirkungseffekt sowohl durch eine Umordnung innerhalb einer Gruppe oder durch Sprünge zwischen verschiedenen Gruppen zustandekommen (vgl. Abschnitt 13.3). Es ist naheliegend, der Stufe I_B die Orientierungsnachwirkung der 3. Gruppe zuzuschreiben, während die Nachwirkung in Stufe I_C wohl auf der Orientierungsnachwirkung infolge von Übergängen zwischen der 4. und 5. Gruppe beruht. Das Fehlen der Erholungsstufe I_D bei der magnetischen Nachwirkung ist nach PERETTO u. Mitarb. [4] folgendermaßen zu verstehen: Frenkelpaare mit der Verbindungsachse zwischen Leerstelle und Zwischengitteratom parallel zur ⟨100⟩-Richtung heilen aus, ohne eine Orientierungsnachwirkung hervorzurufen, da die Wanderung des Zwischengitteratoms längs der ⟨100⟩-Verbindungslinie stattfindet.

Die hier beschriebenen Experimente und ihre Deutung sind keinesfalls als abschließende Betrachtung aufzufassen, sondern sind als die ersten richtungsweisenden Untersuchungen anzusehen. Um endgültige Aussagen über die Vorgänge im Bereich der Stufe I machen zu können, müssen die Nachwirkungsmessungen wesentlich genauer durchgeführt werden. Außerdem müssen anstelle des gleichförmigen Aufheizens der Probe während der Messung isotherme Nachwirkungskurven aufgenommen werden.

b) Tieftemperaturnachwirkung bei abgeschreckten Ni-Proben

An Nickelproben, die von 1200 °C in Wasser abgeschreckt wurden, konnten WUTTIG und BIRNBAUM neuerdings eine magnetische Relaxation

nachweisen, die bei $-118\,°C$ ein Maximum besitzt und im Temperaturintervall zwischen $20\,°C$ und $80\,°C$ ausheilt. Die Nachwirkungsamplitude
der Reluktivität ist in Fig. 80 für verschiedene Erholungsgrade wiedergegeben. Die Breite des Maximums schließt eine Deutung durch eine
diskrete Relaxationszeit aus. Außerdem fällt an Fig. 80 auf, daß neben
dem Hauptmaximum bei $-118\,°C$ noch einige Nebenmaxima vorhanden sind, die bei $-160\,°C$, $-135\,°C$, $-100\,°C$ und $-80\,°C$ liegen. In Abschnitt 13.5.b werden wir sehen, daß diese Maxima z. T. auch an bei
hohen Temperaturen neutronenbestrahlten Proben beobachtet werden
können. Das Maximum bei $-160\,°C$ wurde auch nach Tieftemperaturbestrahlung von BALTHESEN u. Mitarb. [2] gefunden, wie aus Fig. 79
hervorgeht.

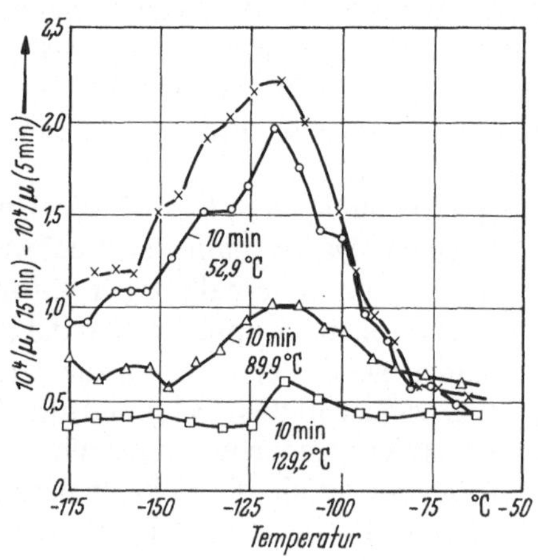

Fig. 80. Das Nachwirkungsspektrum einer abgeschreckten Nickelprobe nach WUTTIG
und BIRNBAUM. Abschrecktemperatur $1200\,°C$. Abschreckgeschwindigkeit $\sim 10^3\,°K/s$ in
$CO-CO_2$ Atmosphäre. Die einzelnen Nachwirkungsisochronen ($t_1 = 5\,min$, $t_2 = 15\,min$)
beziehen sich auf verschiedene Erholungstemperaturen. Die Anlaßzeit bei jeder Erholungsstufe betrug 10 min. Die obere Kurve wurde unmittelbar nach dem Abschrecken gemessen.

Eine endgültige Deutung dieser Nachwirkungserscheinung liegt z. Z.
noch nicht vor. Aus der Tatsache, daß sie nach Abschrecken gefunden
wird, müssen wir jedoch schließen, daß es sich um Leerstellenagglomerate
oder deren Verbindungen mit Fremdatomen handelt. Infrage kommen
also die Fehlstellen L_2, L_3, $L–F$, $L_2–F$ und $L_3–F$. Von den erwähnten
Fehlstellen genügt die $60°$-Dreifachleerstelle am besten der experimentellen Tatsache, daß die Erholung weit oberhalb der Temperatur stattfindet, bei der man die Nachwirkung beobachtet. Die Nebenmaxima
wären dann auf Komplexe des Typs $L_3–F$ (vgl. Abschnitt 7.3.c) zurückzuführen. Unter Umständen können die Nebenmaxima auch durch

verschiedene Konfigurationen der Dreifachleerstelle zustandekommen. Bis zu einer endgültigen Klärung des Sachverhaltes müssen jedoch noch weitere Experimente, insbesondere Untersuchungen der Symmetrie mit Hilfe von Messungen der Stabilisierungsenergie, vorgenommen werden.

13.5. Das Nachwirkungsspektrum in Nickel nach Bestrahlung mit schnellen Teilchen oberhalb Raumtemperatur

a) Die Nachwirkung der Zwischengitteratome

α) Experimentelle Ergebnisse

In Nickel befindet sich Stufe III des Erholungsspektrums bei $100\,°\mathrm{C}$. Wird die Bestrahlung zwischen R.T. und $100\,°\mathrm{C}$ ausgeführt, so erwartet man nach den in Abschnitt 13.3 gemachten Ausführungen eine Nachwirkung der Zwischengitteratome unterhalb der Erholungstemperatur, sofern die Zwischengitteratome in der Hantellage auftreten und die Rotationsenergie R kleiner als die Wanderungsenergie ist. Die hohe Bestrahlungstemperatur führt insofern zu einer Vereinfachung der Verhältnisse, da die mit der Erholung der Frenkelpaare in Zusammenhang stehende Nachwirkung sofort während der Bestrahlung ausheilt.

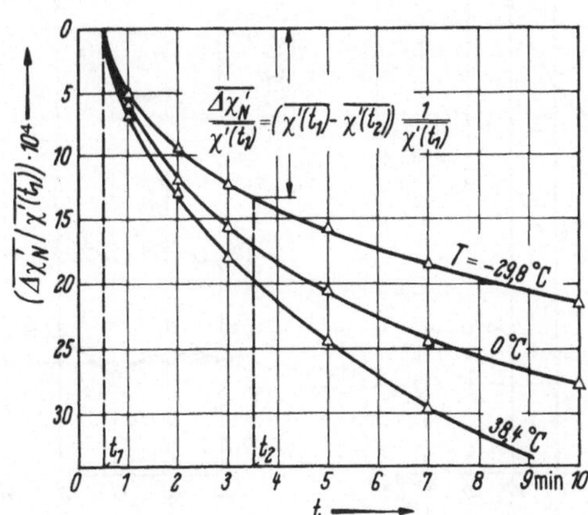

Fig. 81. Isotherme Nachwirkungskurve einer elektronenbestrahlten polykristallinen Ni-Probe zwischen den Zeiten $t_1 = 30\,\mathrm{s}$ und $t_2 = 10\,\mathrm{min}$ nach dem Entmagnetisieren. An einem Beispiel ist die Konstruktion der isochronen Nachwirkungskurven erläutert. Anlaßtemperatur $T_A = 60\,°\mathrm{C}$; Anlaßdauer 30 min. Bestrahlungstemperatur $41\,°\mathrm{C}$. Bestrahlungsdosis $5,3.10^{17}\,\mathrm{e/cm^2}$ (nach KRONMÜLLER u. Mitarb. [4]).

Die ersten Experimente, die an neutronenbestrahlten Proben mit dem Ziele, Zwischengitteratome zu untersuchen, von SEEGER u. Mitarb. [14] ausgeführt wurden, hatten im Jahre 1961 ergeben, daß nach Bestrahlung bei 25 °C im Temperaturbereich zwischen 0 °C und 20 °C eine Nachwirkung auftritt, die nach KRONMÜLLER u. Mitarb. [4, 5] erst im Temperaturbereich der Stufe III bei 100 °C mit einer Aktivierungsenergie von 1,02 eV ausheilt. Dieser Wert für die Wanderungsenergie war auch von SOSIN und BRINKMAN, SCHUMACHER u. Mitarb., SIMSON und SIZMANN sowie MEHRER u. Mitarb. aus Erholungsmessungen des elektrischen Widerstandes bestimmt worden. Den experimentellen Befund einer Nachwirkung bei tieferen Temperaturen als der Erholungstemperatur der Stufe III vermag, wie SEEGER u. Mitarb. [10–12] gezeigt haben, das Zwischengitteratom in der Hantellage am besten zu deuten.

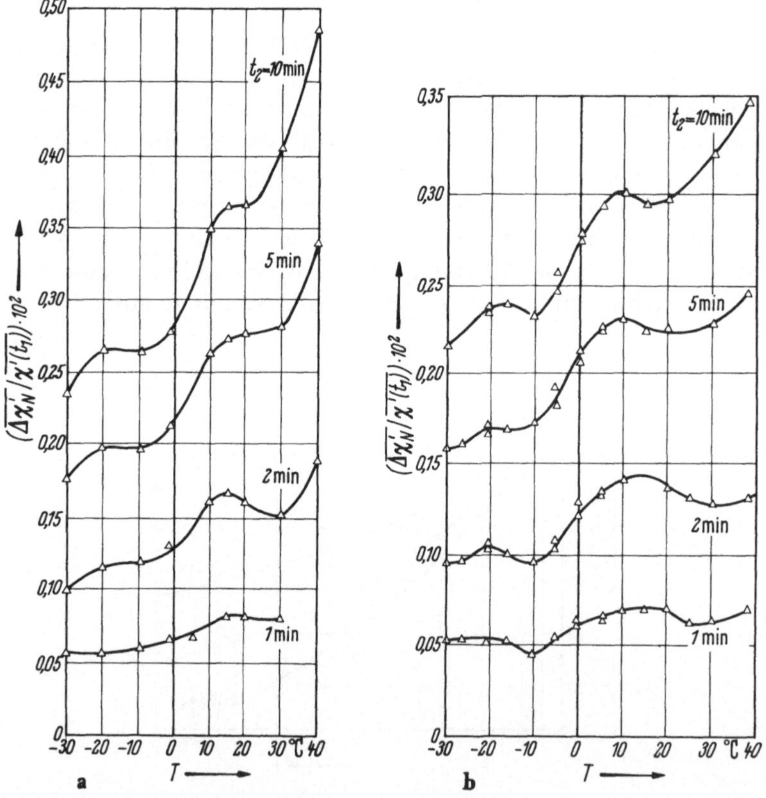

Fig. 82a–d. Isochrone Nachwirkungskurven einer elektronenbestrahlten Ni-Probe für $t_1 = 30\,\mathrm{s}$ und verschiedene Meßzeiten t_2. Bestrahlungsdaten wie in Fig. 81 (nach KRONMÜLLER u. Mitarb. [4]). a) Anlaßtemperatur 40 °C, Anlaßdauer 30 min. b) Anlaßtemperatur 60 °C, Anlaßdauer 30 min.

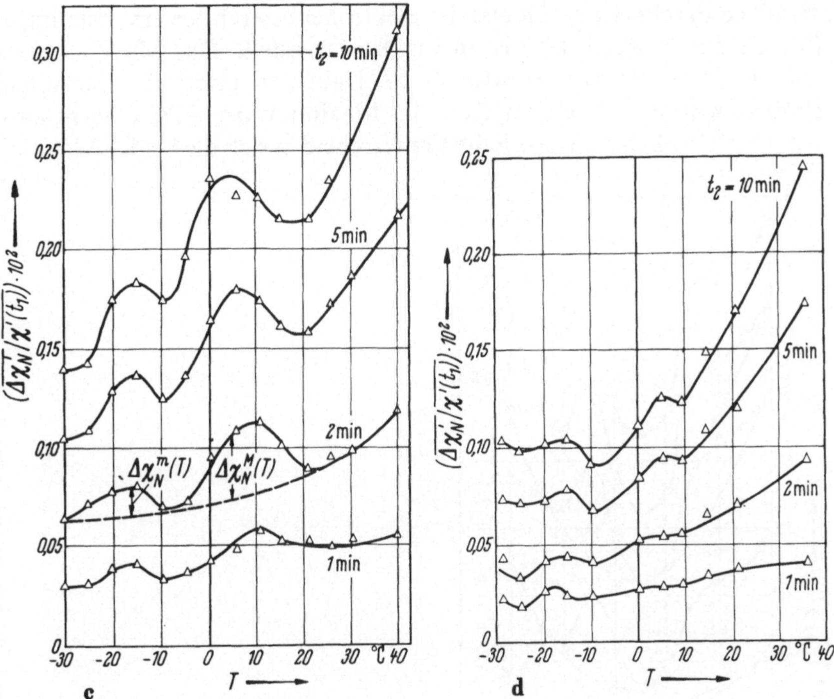

Fig. 82. c) Anlaßtemperatur 80 °C, Anlaßdauer 30 min. d) Anlaßtemperatur 100 °C, Anlaßdauer 30 min.

Die ursprünglich an neutronenbestrahlten Proben ausgeführten Experimente wurden zu einem späteren Zeitpunkt an elektronenbestrahlten Proben von KRONMÜLLER u. Mitarb. [4] wiederholt. Fig. 81 zeigt drei isotherme Nachwirkungskurven einer elektronenbestrahlten, polykristallinen Probe. Aus den Isothermen wurden nach dem in Fig. 81 angedeuteten Verfahren die bereits in Kapitel 2 erwähnten isochronen Nachwirkungskurven gewonnen. Für die relative Nachwirkungsamplitude $\dfrac{\Delta\chi_N(t_1,t_2)}{\chi_0}$ ergibt sich dann der in Fig. 82 a)–d) als Funktion der Temperatur für verschiedene Erholungsgrade wiedergegebene Verlauf. Durch Variation der Meßzeit t_2, bei festgehaltenem $t_1 = 30$ s, konnten für jede Anlaßstufe verschiedene isochrone Nachwirkungskurven bestimmt werden. Die in Fig. 82 dargestellten Nachwirkungskurven weisen alle bei —20 °C und $+10$ °C ein Maximum auf. Das Maximum bei $+10$ °C ist umso deutlicher, je höher die Probe angelassen wurde (vgl. Fig. 82.a bis 82.c). Dies hängt damit zusammen, daß der Untergrund, dem das Maximum überlagert ist, schneller ausheilt als das Maximum. Praktisch dieselben Ergebnisse erhält man bei elektronenbestrahlten einkristallinen Proben. Ein Beispiel dazu ist in Fig. 83 dargestellt. Das Maximum bei $+10\,°C$ finden SEEGER u. Mitarb. [11] auch in plastisch verformten Proben, wogegen in diesem Falle das Maximum bei $-20\,°C$ nicht auftritt. Auch im Erholungsverhalten unterscheiden sich die beiden Maxima

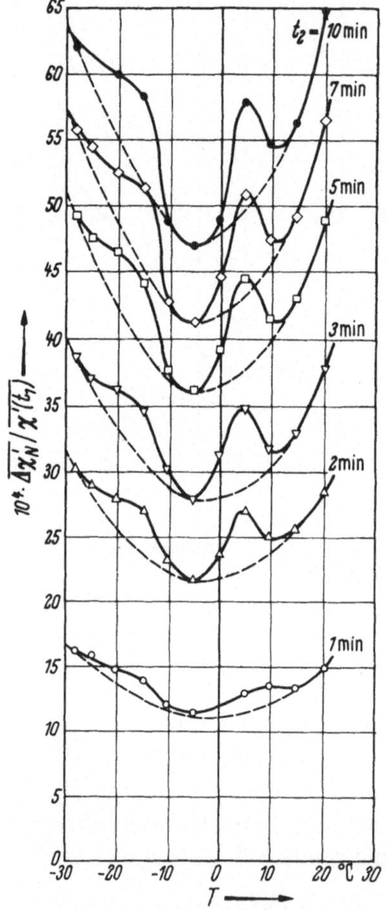

Fig. 83. Nachwirkungsisochronen eines elektronenbestrahlten ⟨110⟩-Nickel-Einkristalls. $t_1 = 30\,\mathrm{s}$; Bestrahlungstemperatur $-2\,°C$. Bestrahlungsdosis $10{,}4\cdot10^{17}\,e^-/\mathrm{cm}^2$ (nach SCHAEFER).

deutlich. Während das Maximum bei $+10\,°C$ praktisch vollkommen in Stufe III ausheilt, verschwindet das $-20\,°C$-Maximum nur zu etwa 50%. Auch dieses Verhalten spricht dafür, daß es sich bei dem $+10\,°C$-Maximum um die Zwischengitteratome handelt. Das $-20\,°C$-Maximum ist, wie wir in Abschnitt 13.5 noch sehen werden, auf die Doppelleerstellen zurückzuführen.

Zur quantitativen Auswertung der Isochronen ist es erforderlich, die Maxima vom Untergrund der Relaxation abzutrennen. Dies erfolgt auf die in Fig. 82.c dargestellte Weise. Die Relaxationsmaxima verschieben sich mit abnehmender Meßzeit t_2 nach höheren Temperaturen. Für die auf 60 °C angelassene polykristalline Probe sind die extrapolierten Maxima in Fig. 84 wiedergegeben.

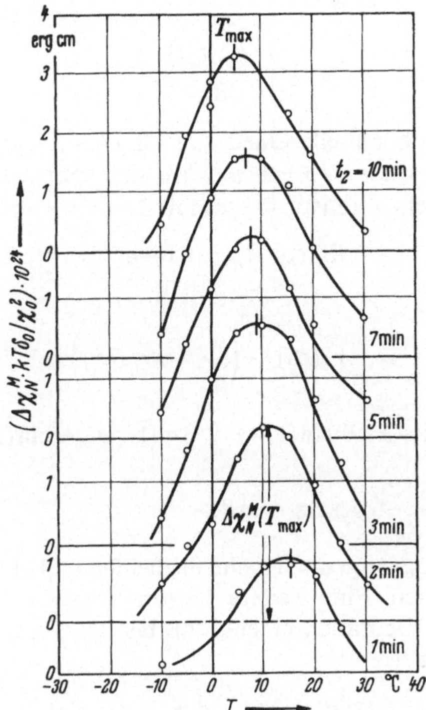

Fig. 84. Die extrapolierten Relaxationsmaxima bei $+10$°C. Die Maxima wurden Fig. 82b entnommen.

β) Quantitative Auswertung der Meßergebnisse

1. Theoretische Grundlagen

Mit Hilfe der im vorhergehenden Abschnitt experimentell bestimmten Relaxationsmaxima sollte es im Prinzip möglich sein, die Relaxationszeit und die Stabilisierungssuszeptibilität der Zwischengitterhanteln zu ermitteln. Bei Kenntnis der Stabilisierungssuszeptibilität kann dann anhand der in Abschnitt 10.2 gemachten Ausführungen die magnetokristalline Wechselwirkungskonstante ε_1 der Zwischengitterhanteln bestimmt werden, sofern die Konzentration der Zwischengitteratome bekannt ist. Zur Auswertung der experimentellen Ergebnisse legen wir die in Kapitel 8 für die Anfangssuszeptibilität bei einer Streuung der Wechselwirkungskonstanten R_0 des Grundpotentials abgeleitete Beziehung (8.54) zugrunde. Aus Gl. (8.54) ergibt sich für die Nachwirkungsamplitude zwischen den Zeiten t_1 und t_2

$$\frac{\Delta\chi_N(t_1,t_2)}{\chi_0} = \frac{2}{\pi}\frac{1}{\bar{R}_0}\left\{\frac{C}{2}\left(R_N(t_1)-R_N(t_2)\right)+R_N(t_1)\ln\frac{R_N(t_1)}{\bar{R}_0}\right.$$

$$\left. - R_N(t_2)\ln\frac{R_N(t_2)}{\bar{R}_0}\right\}, \tag{13.1}$$

wobei wir das exponentielle Glied von Gl. (8.54) vernachlässigt haben. Die Berechtigung dieses Vorgehens wird sich später erweisen. Im Falle eines einfachen Relaxationsprozesses mit

$$R_N(t)=R_N(\infty)(1-e^{-t/\tau}) \tag{13.2}$$

lautet Gl. (13.1)

$$\frac{\Delta\chi_N(t_1,t_2)}{\chi_0} = \frac{2}{\pi}r_N(\infty)\;\left\{\left(\frac{C}{2}+\ln r_N(\infty)\right)(e^{-t_2/\tau}-e^{-t_1/\tau})\right.$$

$$\left. + (1-e^{-t_1/\tau})\ln(1-e^{-t_1/\tau})-(1-e^{-t_2/\tau})\ln(1-e^{-t_2/\tau})\right\} \tag{13.3}$$

wobei $r_N(\infty) = \dfrac{R_N(\infty)}{\bar{R}_0}$ gesetzt wurde.

Gl. (13.3) allein genügt noch nicht, die beiden Unbekannten $R_N(\infty)/\bar{R}_0$ und τ zu bestimmen. Eine weitere Bestimmungsgleichung erhält man, wenn man davon Gebrauch macht, daß bei der Temperatur des Maximums näherungsweise

$$\frac{d}{dT}\left(\frac{\Delta\chi_N(t_1,t_2)}{\chi_0}\right) \sim \frac{d}{d\tau}\left(\frac{\Delta\chi_N(t_1,t_2)}{\chi_0}\right)=0 \tag{13.4}$$

gilt, da die Temperaturabhängigkeit von τ diejenige der Größe $R_N(\infty)/\bar{R}_0$ bei weitem überwiegt[1]. Differentiation von Gl. (13.3) nach τ liefert

$$\left(1+\frac{C}{2}+\ln\frac{R_N(\infty)}{\bar{R}_0}\right)(t_2 e^{-t_2/\tau}-t_1 e^{-t_1/\tau}) = t_1[\exp-t_1/\tau]\ln(1-e^{-t_1/\tau})$$

$$-t_2\exp[-t_2/\tau]\ln(1-e^{-t_2/\tau}). \tag{13.5}$$

---

[1] Die Temperaturabhängigkeit der relativen Nachwirkungskonstanten ist durch eine Funktion der Form $\dfrac{\chi_0}{\delta_0 kT}$ gegeben. In dem hier interessierenden Temperaturbereich zwischen $-20\,°\text{C}$ und $+20\,°\text{C}$ hängt diese Funktion, wie KRONMÜLLER u. Mitarb. [4] gezeigt haben, nur geringfügig von der Temperatur ab.

Gl. (13.3) und Gl. (13.5) stellen nun den Ausgangspunkt zur Bestimmung der beiden Unbekannten dar. Eine exakte explizite Auflösung dieses Gleichungssystems ist nicht möglich, jedoch kann für den Fall $t_1 < \tau$ und $t_2 > \tau$ ein einfaches Iterationsverfahren angegeben werden. Im allgemeinen sind die angeführten Bedingungen erfüllt; dann darf in Gl. (13.5) das Glied auf der rechten Seite in erster Näherung Null gesetzt werden, und man findet für die Relaxationszeit bei der Temperatur des Maximums in 1. Näherung

$$\tau^{(1)}(T_{\max}) = \frac{t_2 - t_1}{\ln \dfrac{t_2}{t_1}}. \tag{13.6}$$

Für die Nachwirkungskonstante ergibt sich aus Gl. (13.3) folgende Bestimmungsgleichung

$$r_N(\infty) \left(\frac{C}{2} + \ln r_N(\infty) \right) = \frac{\sqrt{\pi}}{2} \frac{\Delta \chi_N(t_1, t_2)}{\chi_0} \frac{1}{e^{-t_2/\tau^{(1)}} - e^{-t_1/\tau^{(1)}}}, \tag{13.7}$$

wobei die rechte Seite von Gl. (13.7) bei Berücksichtigung von Gl. (13.6) aufgrund der experimentellen Ergebnisse bekannt ist. Der Ausdruck $r_N \left(\dfrac{C}{2} + \ln r_N \right)$ ist in Fig. 85 in Abhängigkeit von r_N dargestellt. Mit

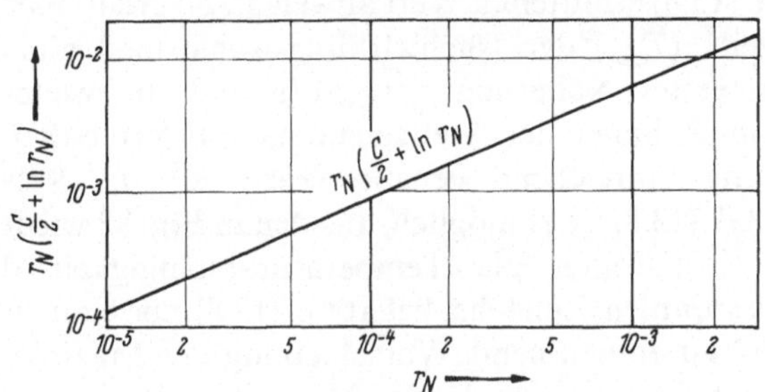

Fig. 85. Die Funktion $r_N \left(\dfrac{C}{2} + \ln r_N \right)$ in Abhängigkeit von $\ln r_N$.

Hilfe der so gewonnenen Näherungslösung können wir nun einen genaueren Wert für die Relaxationszeit τ ermitteln, indem wir in Gl. (13.5) auf der rechten Seite für τ den gemäß Gl. (13.6) berechneten Wert einsetzen und auf der linken Seite dieser Gleichung uns den Ausdruck $1 + C/2 + \ln(R_N(\infty)/\bar{R}_0)$ mit Hilfe von Gl. (13.7) berechnet denken. Dann erhalten wir für die Relaxationszeit in zweiter Näherung

$$\tau^{(2)}(T_{\max}) = \frac{t_2 - t_1}{\ln \dfrac{t_2}{t_1 + t_0}}, \tag{13.8}$$

und die Nachwirkungskonstante bestimmt sich aus der Gleichung

$$r_N(\infty)\,(C/2+\ln r_N(\infty)) = \frac{\sqrt{\pi}}{2}\,\frac{\Delta\chi_N(t_1,t_2)}{\chi_0}\,\frac{1}{e^{-t_2/\tau^{(1)}}-e^{-t_1/\tau^{(1)}}+\dfrac{t_0}{\tau^{(1)}}},\qquad (13.9)$$

wobei die in Gl. (13.8) eingeführte Korrekturzeit t_0 durch

$$t_0 = \frac{t_1\ln\{1-\exp[-t_1/\tau^{(1)}]\}+t_1\ln\{1-\exp[-t_2/\tau^{(1)}]\}}{1+\dfrac{C}{2}+\ln r_N(\infty)},$$

$$t_0 \simeq \frac{t_1\ln(t_1/\tau^{(1)})}{1+\dfrac{C}{2}+\ln r_N(\infty)}$$

$$(13.10)$$

gegeben ist.

2. Die Relaxationszeit der Zwischengitteratome

Eine quantitative Rechnung zeigt, daß die in erster Näherung nach Gl. (13.6) ermittelte Relaxationszeit nur 4% von dem in zweiter Näherung nach Gl. (13.8) ermittelten Wert abweicht. So erhält man z. B. für die Relaxationszeit $\tau(T_{\max})$ der Nachwirkungsisochronen von Fig. 82 bei $t_2=5$ min. in erster Näherung $\tau^{(1)}=117$ s und in zweiter Näherung $\tau^{(2)}=122$ s. Im Rahmen der Meßgenauigkeit liefert daher bereits die erste Näherung hinreichend genaue Werte für die Relaxationszeit. Anhand von Gl. (13.8) ist es möglich, aus den in Fig. 82 wiedergegebenen Nachwirkungsisochronen die Temperaturabhängigkeit der Relaxationszeit zu bestimmen. Zunächst liefert Gl. (13.8) eine einfache Erklärung für die Fig. 82 zu entnehmende Verschiebung der Maxima zu höheren Temperaturen bei kleiner werdender Meßzeit t_2. Wenn wir davon ausgehen, daß die Relaxationszeit τ einer Arrheniusgleichung gehorcht, so nimmt τ mit steigender Temperatur ab. Nach Gl. (13.8) nimmt auch die Relaxationszeit $\tau(T_{\max})$ mit kleiner werdender Meßzeit t_2 ab, wodurch die Verschiebung zu höheren Temperaturen verständlich wird. Das Zustandekommen der Nachwirkungsmaxima ist folgendermaßen zu erklären: Bei tiefen Temperaturen ist die Relaxationszeit des Prozesses so groß, daß die Bedingung $t_2\ll\tau$ erfüllt ist. In diesem Falle hat der Nachwirkungsprozeß bis zum Ende der Messung praktisch noch gar nicht eingesetzt, und die gemessene Nachwirkungsamplitude ist verschwindend klein. Bei hohen Temperaturen dagegen gilt, $t_1\gg\tau$. Der Nachwirkungsprozeß ist bereits abgelaufen, wenn mit der Messung begonnen wird, so daß man wiederum keine Nachwirkungsamplitude messen kann. Zwischen diesen beiden extremen Temperaturen gibt es eine Temperatur, bei der der Nachwirkungseffekt maximal wird.

Mit Hilfe von Gl. (13.8) können wir aus der Verschiebung der Maxima die Temperaturabhängigkeit der Relaxationszeit bestimmen. Gehorcht τ einer Arrheniusgleichung, so gilt

$$\ln \tau(T_{max}) = \ln \tau_0 + \frac{R}{kT_{max}} - \frac{S^R}{k}.$$

$\ln \tau_0 - S^R/k$ und die Aktivierungsenergie R ergeben sich als Achsenabschnitt bzw. aus der Steigung einer Arrheniusgeraden, die man erhält, wenn man $\ln \tau$ gegen $1/T$ aufträgt. Die Ergebnisse dieses Verfahrens sind für die Maxima in Fig. 86 wiedergegeben. Mit eingetragen sind in Fig. 86 die Relaxationszeiten, die nach SEEGER u. Mitarb. [12,16] aus

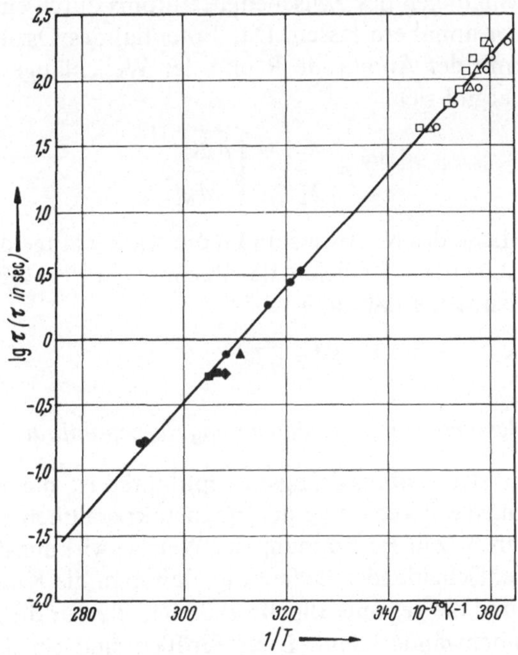

Fig. 86. Arrheniusgerade $\log \tau(T_{max}) \rightarrow \dfrac{1}{T_{max}}$ für die Relaxationszeit der Zwischengitteratome (nach SEEGER u. Mitarb. [12]). Volle Zeichen: Mechanische Messungen. ■: plastisch verformter $\langle 111\rangle$-Kristall; ◆: plastisch verformter $\langle 110\rangle$-Kristall; ●: plastisch verformter Polykristall; ▲: plastisch verformter $\langle 112\rangle$-Kristall. Offene Zeichen: Magnetische Messungen. □. elektronenbestrahlter Polykristall; 30 min. bei 60°C angelassen; ○: gleiche Probe wie □; 30 min bei 80°C angelassen; △: plastisch verformter $\langle 112\rangle$-Kristall.

Messungen der inneren Reibung gewonnen wurden. Die Meßpunkte liegen auf einer Arrheniusgeraden mit der Aktivierungsenergie

$$R = 0{,}87 \pm 0{,}03\,\text{eV}$$

und dem Frequenzfaktor

$$\frac{1}{\tau_0}\, e^{-S^R/k} = 10^{13,6}\,s^{-1}.$$

Diese beiden Ergebnisse können zur Berechnung der in Gl. (9.33) und Gl. (9.39) eingeführten Aktivierungsentropie herangezogen werden. Aus Gl. (3.39) folgt mit Hilfe von Tab. 3 für das Zwischengitteratom

$$\exp[-S^R/k] = 6v_0\,10^{-13,6}\,s.$$

Die atomare Sprungfrequenz v_0 berechnen wir unter der Annahme, daß sich kleine Schwingungen des Zwischengitteratoms durch einen harmonischen Oszillator annähern lassen. Das Potential des Oszillators wird als sinusförmig mit der Amplitude R und der Wellenlänge $\sqrt{2}\,a$ angenommen. Dann ergibt sich

$$v_0^{\text{theo}} = \frac{1}{2\sqrt{2}\,a}\sqrt{\frac{R}{M_{Ni}}},$$

wobei M_{Ni} die Masse des Ni-Atoms und a die Kantenlänge des Elementarwürfels bedeutet. Für v_0^{theo} liefert die Rechnung $v_0^{\text{theo}} = 1{,}20 \cdot 10^{12}\,s^{-1}$. Mit diesem Zahlenwert erhält man

$$S^R = 1{,}7\,k.$$

3. Bestimmung der Stabilisierungssuszeptibilität

Die Kenntnis der Stabilisierungssuszeptibilität ist die notwendige Voraussetzung für die Berechnung der magnetokristallinen Kopplungsenergiekonstanten ε_1. Zur Bestimmung der Wechselwirkungskonstanten ist es dabei von entscheidender Bedeutung, daß man die Konzentration der Gitterfehler und die gesamte Blochwandfläche der für die Relaxation maßgebenden Blochwände kennt. Diese Größen sind bei den elektronenbestrahlten Einkristallen am besten bekannt. Wir berechnen daher im folgenden die relative Stabilisierungssuszeptiblität für die in Fig. 83 dargestellten Nachwirkungsisochronen eines $\langle 110 \rangle$-Einkristalls.

Die relative Nachwirkungsamplitude des Maximums der für $t_2 = 5\,\text{min.}$ gemessenen Nachwirkungsisochronen beträgt $\dfrac{\overline{\Delta\chi_N'}}{\chi_0'} = 8 \cdot 10^{-4}$.

Aus diesem für die Meßfrequenz von $f = 1020\,\mathrm{Hz}$ gemessenen Wert ergibt sich die Nachwirkungsamplitude für den entsprechenden Schaltversuch gemäß Gl. (4.69.c) aus der Beziehung

$$\frac{\Delta\chi_N}{\chi_0} = \frac{\overline{\Delta\chi'_N}}{\chi'_0}\,\frac{\mu'/\mu_0}{S'_z}\,.$$

Zur Berechnung des Faktors $\dfrac{\mu'/\mu_0}{S'_z}$ benötigen wir die Wolmannsche Grenzfrequenz ω_w, die sich aus Gl. (4.62) für $\chi_0 = 5\,\mathrm{G/Oe}$, $d = 2,5\,\mathrm{mm}$, $\rho = 7 \cdot 10^{-6}\,\Omega\mathrm{cm}$ zu

$$\omega_w = 1,12 \cdot 10^3\,s^{-1}$$

ergibt. Mit dieser Grenzfrequenz und $\omega = 1020\,\mathrm{Hz}$ erhalten wir für den Korrekturfaktor aus Fig. 23

$$\frac{\mu'/\mu_0}{S'_z} = 2,55.$$

Die relative Nachwirkungsamplitude beim Schaltversuch beträgt somit

$$\frac{\Delta\chi_N}{\chi_0} = 2,04 \cdot 10^{-3}.$$

Die Bestimmungsgleichung für $r_N(\infty) = R_N(\infty)/\bar{R}_0$ lautet nun nach Gl. (13.7)

$$r_N(\infty) = R_N(\infty)/\bar{R}_0 = 3,5 \cdot 10^{-4}.$$

Als Lösung dieser transzendenten Gleichung ergibt sich aus Fig. 85

$$r_N(\infty)\,(C/2 + \ln r_N(\infty)) = 2,63 \cdot 10^{-3}.$$

Dieser kleine Wert für die relative Nachwirkungskonstante rechtfertigt die eingangs gemachte Vernachlässigung des exponentiellen Gliedes von Gl. (8.54).

γ) Berechnung der magnetokristallinen Wechselwirkungsenergie

Zur Berechnung der Wechselwirkungskonstanten knüpfen wir an die in Abschnitt 10.2.a gewonnenen Ergebnisse an. Dort wurde für die Nachwirkungskonstante $R_N(\infty)$ der Zwischengitteratome die Beziehung

$$R_N(\infty) = \frac{c_z L_3^2}{n_E kT \delta_0}\sum_{i=1} \vartheta_N^{(i)} A_i \tag{13.11}$$

abgeleitet. Die $\vartheta_N^{(i)}$ sind in Fig. 64 als Funktion des Blochwandparameters κ dargestellt (vgl. Tab. 6), und die Konstante A_i sind Tab. 11 zu entnehmen. Im folgenden beschränken wir unsere Rechnung auf die (112)-180°-Blochwand, bei der $\vartheta_N^{(i)}$ und A_i folgende Werte besitzen:

$$\vartheta_N^{(1)} = 0{,}75; \quad A_1 = \tfrac{1}{6}(\tfrac{1}{4}(P_1 - P_2)(5\lambda_{111} + \lambda_{100}) - \varepsilon_1)^2;$$

$$\vartheta_N^{(2)} = 2{,}1; \quad A_2 = \tfrac{1}{3}(\tfrac{1}{2}(P_1 - P_2)(2\lambda_{100} + \lambda_{111}) + \varepsilon_1)^2. \tag{13.12}$$

Zusammen mit Gl. (13.12) erhalten wir aus Gl. (13.11) folgende Bestimmungsgleichung für die Wechselwirkungskonstante ε_1

$$3\sqrt{\pi}\, n_E r_N(\infty) kT J_s^2 \delta_0 \frac{p^2 \bar{S}}{\chi_0 c_z} = \sum_{i=1}^{\infty} \vartheta_N^{(i)} A_i, \tag{13.13}$$

wobei $\bar{R}_0$ gemäß Gl. (8.48) durch χ_0 ersetzt wurde. Mit Hilfe von Gl. (13.3) kann die Wechselwirkungskonstante ε_1 berechnet werden, sofern für $P_1 - P_2$ ein numerischer Wert bekannt ist. Im Prinzip ist es zwar nach SEEGER und WAGNER [16] möglich, die Größe $c_z(P_1 - P_2)^2$ aus Messungen der inneren Reibung zu bestimmen. An elektronenbestrahlten Kristallen wurden jedoch bisher noch keine Messungen dieser Art durchgeführt. Einen Näherungswert für $P_1 - P_2$ können wir aus der für Kupfer berechneten dimensionslosen Größe

$$\frac{s'}{6kT}(P_1 - P_2)^2 = 24 \tag{13.14}$$

bestimmen, da Gl. (13.14) auch bei Nickel näherungsweise gültig sein sollte. Für $T = 280°\mathrm{K}$ und $s' = 2(s_{11} - s_{12}) = 2{,}016 \cdot 10^{-11}\,\mathrm{erg}^{-1}$ findet man

$$(P_1 - P_2) \sim 5 \cdot 10^{-12}\,\mathrm{erg}.$$

Zur Bestimmung der Konzentration c_z der Zwischengitteratome knüpfen wir an Erholungsmessungen des elektrischen Restwiderstandes an elektronenbestrahlten Ni-Proben an. Messungen von MEHRER u. Mitarb. haben ergeben, daß nach einer Bestrahlungsdosis von $\Phi = 7{,}5 \cdot 10^{17}\,\mathrm{e}^-/\mathrm{cm}^2$ die Änderung des elektrischen Restwiderstandes bei $78°\mathrm{K}$

$$\Delta\rho = 1{,}5 \cdot 10^{-9}\,\Omega\mathrm{cm}$$

beträgt. Diese Änderung des Restwiderstandes ist bekanntlich auf die bei der Bestrahlung erzeugten Zwischengitteratome und Leerstellen zurückzuführen. Da sich beim Erholungsprozeß die Zwischengitteratome an den Leerstellen annihilieren, ist die Widerstandsänderung in Stufe III auf das Verschwinden von Frenkelpaaren zurückzuführen. Bei Kenntnis des Widerstandes eines Frenkelpaares kann man daher die Konzentration c_z der Zwischengitteratome, die gleich der Konzentration der Frenkelpaare ist, bestimmen. Für den elektrischen Restwiderstand der Leerstellen gibt SEEGER [1] einen Wert von $6\cdot10^{-4}\,\dfrac{\Omega\,\mathrm{cm}}{\%\,\mathrm{L.S.}}$ an, der aus den von CLAREBROUGH u. Mitarb. durchgeführten Messungen der Dichteänderung und der Widerstandsänderung in Stufe IV erhalten wurde. Bedenkt man, daß die Zwischengitteratome einen Restwiderstand besitzen, der mit dem der Leerstellen vergleichbar ist, so dürfen wir für den Restwiderstand der Frenkelpaare in Nickel

$$\Delta\rho_{\mathrm{F.P.}} = 10^{-3}(\Omega\,\mathrm{cm})/\%\ \mathrm{F.P.}$$

annehmen. Mit diesem Wert für den Widerstand eines Frenkelpaares erhalten wir für die Konzentration der Zwischengitteratome bei Raumtemperaturbestrahlung bezogen auf die Bestrahlungsdosis, d.h. für die Schädigungsrate,

$$c_z/\Phi = 2\cdot10^{-24}\ \frac{\mathrm{cm}^2}{e^-}\ . \tag{13.15}$$

Die Betrahlungsdosis betrug im Falle des $\langle 110\rangle$-Kristalls $\Phi=10,4\cdot10^{17}\,e^-/\mathrm{cm}^2$. Aus Gl. (13.15) ergibt sich für die atomare Konzentration der Zwischengitteratome $c_z=2,1\cdot10^{-6}$. Die Konzentration der Zwischengitteratome pro cm^3 beträgt somit

$$c_z=1,9\cdot10^{17}\,\mathrm{cm}^{-3}.$$

Die zur weiteren Berechnung der Wechselwirkungskonstanten ε_1 erforderlichen Größen sind in Tab. 13 aufgeführt. Mit der Substitution

$$p_\varepsilon = \frac{\varepsilon_1}{P_1-P_2} \tag{13.16}$$

ergibt sich aus Gl. (13.13)

$$p_\varepsilon = \frac{\left\{\frac{1}{4}\vartheta_N^{(1)}(5\lambda_{111}+\lambda_{100}) - \vartheta_N^{(1)}(2\lambda_{100}+\lambda_{111})\pm \atop \pm\sqrt{(2\vartheta_N^{(2)}+\vartheta_N^{(1)})K - \frac{1}{8}\vartheta_N^{(1)}\vartheta_N^{(2)}(7\lambda_{111}+5\lambda_{100})^2}\right\}}{2\vartheta_N^{(2)}+\vartheta_N^{(1)}}, \tag{13.17.a}$$

wobei

$$K=18n_E\sqrt{\pi}\,r_N(\infty)kT\,J_s^2\,\bar{S}\,p^2\,\delta_0\,\frac{1}{\chi_0\,c_z(P_1-P_2)^2} \tag{13.17.b}$$

gesetzt wurde. Mit den genannten Zahlenwerten findet man $K = 2,33 \cdot 10^{-8}$. Mit $\lambda_{100} = 50 \cdot 10^{-6}$ und $\lambda_{111} = 20 \cdot 10^{-6}$ erhält man schließlich

$$p_\varepsilon = \left. \begin{array}{r} 1,01 \\ -0,18 \end{array} \right\} \cdot 10^{-4}, \quad \varepsilon_1 = \left. \begin{array}{r} 5,05 \\ -0,9 \end{array} \right\} \cdot 10^{-16} \text{erg}.$$

Dieses Ergebnis zeigt, daß beim Zwischengitteratom die magnetoelastische Wechselwirkungsenergie mit der magnetokristallinen vergleichbar. Welche der beiden Wechselwirkungskonstanten jedoch für das Z.G.A. zutrifft, kann auf Grund dieser Rechnung nicht entschieden werden.

Tabelle 13. *Die numerischen Werte der Kenngrößen des elektronenbestrahlten* $\langle 110 \rangle$-*Nickeleinkristalls.*

$\Delta r_N(\infty)$	χ_0	$\bar{S}$	p_0^2	$\delta_0((112) - 180°\text{-Wand})$	J_s	kT
$3,5 \cdot 10^{-4}$	$5\left[\dfrac{G}{Oe}\right]$	$480\,[\text{cm}^{-1}]$	$0,5$	$1,66\,\kappa_K^{-1} = 7,53 \cdot 10^{-6}\,[\text{cm}]$	$484\,[G]$	$3,91 \cdot 10^{-14}\,[\text{erg}]$

b) Die Nachwirkung von Leerstellenagglomeraten in Nickel

α) Erzeugung von Gitterlücken

Leerstellen und Agglomerate von Leerstellen erzeugt man im allgemeinen durch Abschrecken von hohen Temperaturen. Bei diesem Verfahren wird die bei hohen Temperaturen im thermischen Gleichgewicht vorliegende Leerstellenkonzentration nahezu vollständig „eingefroren", wenn die Abschreckgeschwindigkeit von der Größenordnung 10^3 bis 10^5 °K pro Sekunde ist. Um diese großen Abschreckgeschwindigkeiten zu erhalten, müssen die Proben die Form dünner Folien oder dünner Drähte besitzen. Andererseits sind für die Nachwirkungsmessungen Proben mit einem Querschnitt von 5–10 mm² Querschnitt günstiger, um eine ausreichende Meßgenauigkeit zu erhalten. Um magnetische Messungen an abgeschreckten Proben mit hinreichender Genauigkeit ausführen zu können, müsssen daher zahlreiche Proben zusammengebündelt werden. Die dabei unvermeidlichen plastischen Verformungen beeinflussen die Nachwirkungseffekte jedoch in starkem Maße, so daß dieses Verfahren nicht sehr geeignet zur Untersuchung von Gitterlücken ist.

Außer durch Abschrecken kann man Leerstellen auch durch Bestrahlung der Probe mit schnellen Teilchen im Temperaturbereich zwischen Stufe III und Stufe IV erzeugen. In diesem Temperaturbereich heilen die Zwischengitteratome noch während der Bestrahlung aus. Da nicht alle Zwischengitteratome an Leerstellen annihilieren – ein gewisser Prozentsatz wird an Versetzungen und Fremdatomen ausheilen sowie Zwischengitteragglomerate bilden – bleibt ein Überschuß an Leerstellen übrig, die nun einer Untersuchung zugänglich sind, ohne daß Zwischengitteratome die Untersuchung störend beeinflussen.

β) Experimentelle Ergebnisse

Das Nachwirkungsspektrum eines bei 90 °C mit schnellen Neutronen bestrahlten Nickeleinkristalls ist in Fig. 87a im Temperaturbereich zwischen −160 °C und +120 °C nach Messungen von SEEGER, WALZ und KRONMÜLLER [17] wiedergegeben. Die Nachwirkungsisochronen weisen zahlreiche mehr oder weniger ausgeprägte Maxima auf. U.a. tritt das bereits bei der elektronenbestrahlten Probe gefundene Maxima bei −25 °C und ein besonders großes Maximum bei ∼80 °C auf, während das Maximum der Zwischengitteratome bei +10 °C erwartungsgemäß vollkommen fehlt. Ein Vergleich der in Fig. 87a dargestellten Nachwirkungsisochronen mit den nach Abschrecken von hohen Temperaturen erhaltenen Isochronen, die in Fig. 80 wiedergegeben sind, zeigt, daß sowohl bei der abgeschreckten als auch bei der bestrahlten Probe Maxima

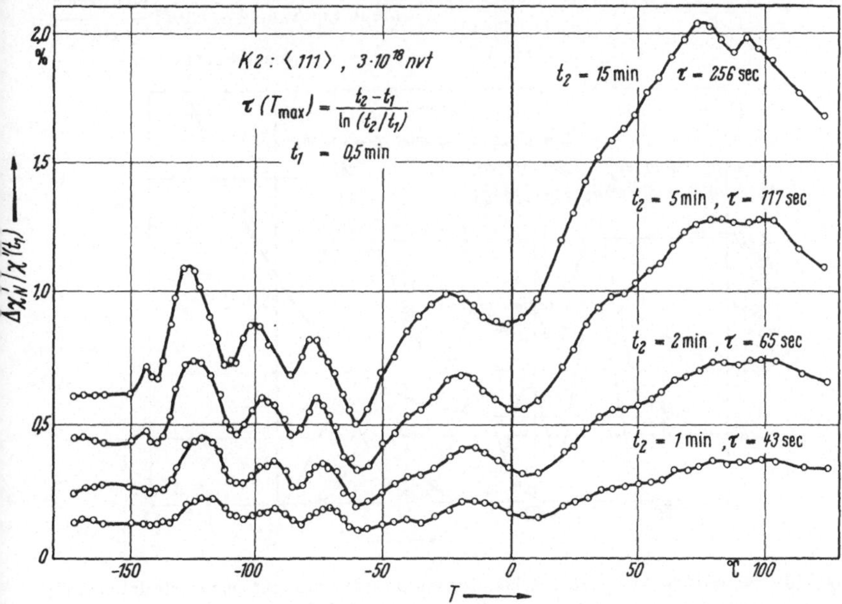

Fig. 87. a) Nachwirkungsisochronen eines bei ∼90 °C mit Neutronen bestrahlten ⟨111⟩-Nickeleinkristalls; $t_1 = 30$ s; Bestrahlungsdosis ∼3·10¹⁸ Neutronen/cm²; Bestrahlungstemperatur ∼90 °C (nach SEEGER u. Mitarb. [17])

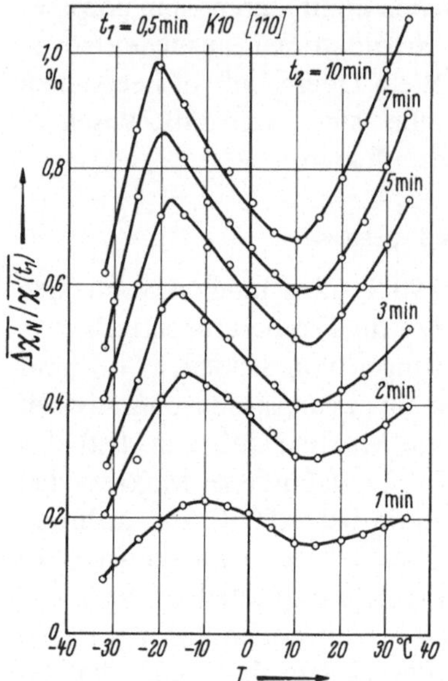

Fig. 87 b) Nachwirkungsisochronen eines
⟨110⟩-Nickeleinkristalls (nach BELLER).

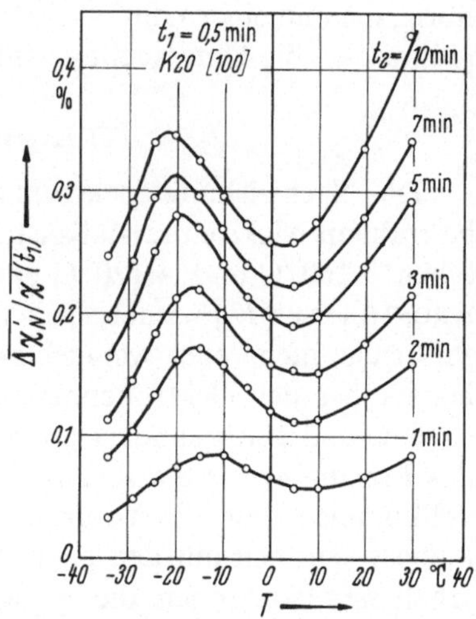

Fig. 87 c) Nachwirkungsisochronen eines
⟨100⟩-Nickeleinkristalls; Vorbehandlung
wie in Fig. 87 a; $\Phi \sim 3 \cdot 10^{18} \dfrac{\text{Neutronen}}{\text{cm}^2}$

(nach BELLER).

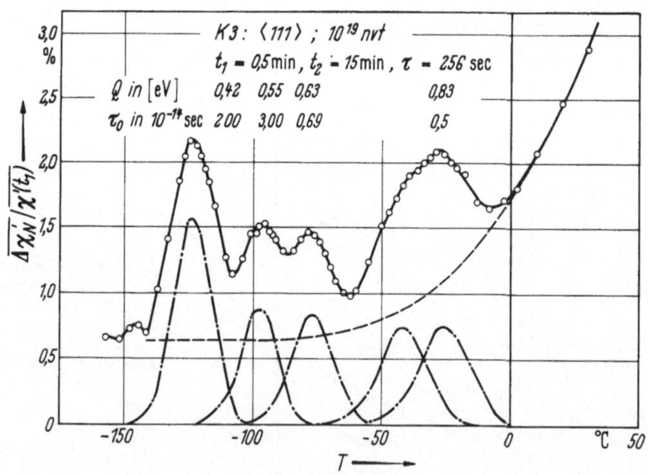

Fig. 87 d) Theoretische Analyse der Relaxationsamplitude eines neutronenbestrahlten ⟨111⟩-
Ni-Einkristalls. Bestrahlungsdosis 10^{19} Neutronen/cm². Bestrahlungstemperatur $\sim 90\,°$C.
------ Nach Gl. (13.18) berechnet. ------ Untergrund nach Subtraktion der theoretischen
Maxima von den gemessenen Nachwirkungsisochronen. ———— Summe der berechneten
Maxima und des Untergrundes. ○ Experimentelle Punkte (nach SEEGER und Mitarb. [17]).

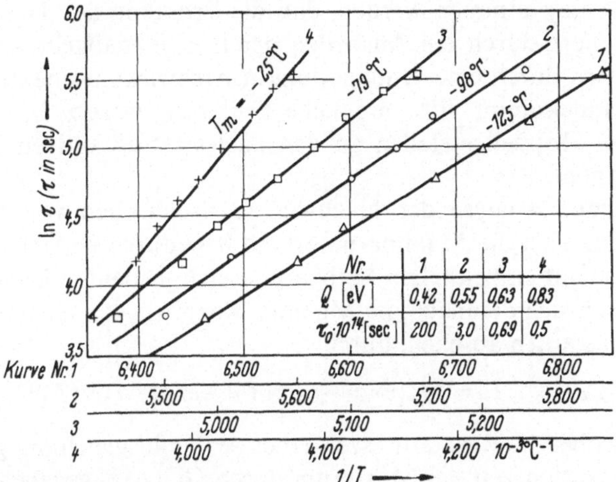

Nr.	1	2	3	4
Q [eV]	0,42	0,55	0,63	0,83
$\tau_0 \cdot 10^{14}$ [sec]	200	3,0	0,69	0,5

Fig. 87e) Arrheniusgeraden $\log \tau(T_{max}) \to \dfrac{1}{T}$ für die Relaxationszeiten der Maxima bei $-25\,°C$, $-79\,°C$, $-98\,°C$ und $-118\,°C$ (nach WALZ).

bei $-120\,°C$, $-98\,°C$ und $-79\,°C$ vorhanden sind. Leider kann nichts darüber ausgesagt werden, ob das $-25\,°C$-Maximum auch in der abgeschreckten Probe vorhanden ist, da die Messungen nur unterhalb $-60\,°C$ durchgeführt wurden. Weitere Messungen des Nachwirkungsmaximums bei $-25\,°C$ sind in Fig. 87b–c für einen $\langle 110 \rangle$- und einen $\langle 100 \rangle$-Einkristall dargestellt.

Die Erholungsmessungen von WUTTIG und BIRNBAUM an abgeschreckten Proben haben ferner ergeben, daß die Nachwirkungsmaxima, die bei $-120\,°C$ auftreten, bei $\sim 50\,°C$ in einer definierten Erholungsstufe ausheilen. Demgegenüber heilt das Maximum bei $-25\,°C$ nach Messungen von BELLER in einem weiten Temperaturintervall zwischen $80\,°C$ und $250\,°C$ aus. Auch die Maxima bei $-120\,°C$, $-98\,°C$ und $-79\,°C$ heilen bei der neutronenbestrahlten Probe erst oberhalb der Bestrahlungstemperatur von $90\,°C$ aus. Die isochronen Erholungskurven der bei $-20\,°C$ und $+20\,°C$ gemessenen Nachwirkungsamplitude sind in Fig. 88 dargestellt. Die Nachwirkung bei $-20\,°C$ und die Nachwirkung bei $+20\,°C$ heilen völlig identisch aus. Der Ausheilvorgang erfolgt dabei, wie die Messungen von BELLER sowie MEHRER, KRONMÜLLER und SEEGER zeigen, in beiden Fällen nicht mit einer einheitlichen Aktivierungsenergie. Bei tiefen Temperaturen um $80\,°C$ wird eine Aktivierungsenergie von $0,5\,eV$ und bei höheren Temperaturen ($\sim 200\,°C$) eine solche von $1,45\,eV$ gefunden. Letztere Aktivierungsenergie ist der Wanderung der Einfachleerstelle zuzuschreiben. Da andererseits bei der abgeschreckten Probe das Ausheilen der Tieftemperaturmaxima bereits um $50\,°C$

erfolgt, muß angenommen werden, daß die Erholung der Tieftemperaturmaxima nicht durch ein Ausheilen der hierfür maßgebenden Fehlstellen sondern durch eine Umlagerung in nachwirkungsinaktive Fehlstellen zustandekommt. Eine mögliche Erklärung wäre z. B. die Wanderung freier Doppelleerstellen zu den nachwirkungsaktiven Leerstellenagglomeraten.

Eine genaue Analyse der Nachwirkungsisochronen von Fig. 87a zeigt nun, daß sich die Maxima unterhalb 0°C durch einfache Relaxationsprozesse mit einheitlicher Aktivierungsenergie deuten lassen. Nach Gl. (2.3) lassen sich demnach die Maxima, wenn wir von einer Streuung der Kraftkonstanten absehen, durch

$$\Delta\chi_N(t_1, t_2, T) = \Delta\chi_s \{\exp(-t_1/\tau(T)) - \exp(-t_2/\tau(T))\} \qquad (13.18)$$

darstellen, wobei die Relaxationszeit einer Arrheniusgleichung gehorcht und die Relaxationszeit am Maximum durch Gl. (2.12) gegeben ist. Die nach obiger Gleichung berechneten Nachwirkungsisochronen der verschiedenen Maxima sind in Fig. 87d wiedergegeben. Die zur Berechnung erforderlichen Aktivierungsenergien wurden gemäß Gl. (2.12) aus der Temperaturverschiebung der Maxima mit kleiner werdendem t_2 ermittelt. In Fig. 87e sind die nach diesem Verfahren bestimmten Arrheniusgeraden sowie die Aktivierungsenergien und der vorexponentielle Faktor mehrerer Maxima angegeben. Die Höhe der einzelnen Maxima wurde aus der Halbwertsbreite der gemessenen Maxima ermittelt. Auf diese Weise konnten die berechneten Kurven ohne Anpassung eines Parameters bestimmt werden. Die Analyse ergab, daß die Maxima einem schwach temperaturabhängigen Untergrund überlagert sind und das Maximum bei $\sim -25\,°C$ aus zwei separaten Maxima zusammengesetzt ist. Das in Fig. 87a zu erkennende große Maximum bei $\sim 80\,°C$ beruht sicherlich nicht auf einem einfachen Relaxationsprozeß, da seine Halbwertsbreite mehr als $50\,°C$ beträgt. Hier liegt vermutlich der Fall einer Diffusionsnachwirkung vor. Eine endgültige Entscheidung über diese Frage erfordert jedoch noch weitere Experimente.

γ) Deutung der Meßergebnisse

Wie in Abschnitt 13.4b schon erwähnt wurde, handelt es sich bei den Maxima in der Umgebung von $-120\,°C$ vermutlich um eine Relaxation, die mit der 60°-Dreifachleerstelle und ihren Komplexen mit Fremdatomen im Zusammenhang steht. Eine endgültige Bestätigung dieser Ansicht kann jedoch erst gegeben werden, wenn es gelingt, die trigonale Symmetrie dieser Fehlstellen mit Hilfe von Messungen der Stabilisierungsenergie von 109°-Wänden nachzuweisen (vgl. hierzu Kapitel 10 und Abschnitt 8.3).

Das Auftreten eines Spektrums der Aktivierungsenergien bei der Erholung des $-25°$-Maximums ist scheinbar nicht mit der Annahme verträglich, daß es sich hier um eine einzige Fehlstelle handelt. Dieser Widerspruch findet jedoch eine einfache Deutung, wenn wir in Analogie zu den Verhältnissen in abgeschreckten Edelmetallen (vgl. hierzu SCHOTTKY [1,2], DE JONG und KOEHLER sowie SEEGER [7] und SEEGER u. Mitarb. [8,9]) davon ausgehen, daß in der neutronenbestrahlten

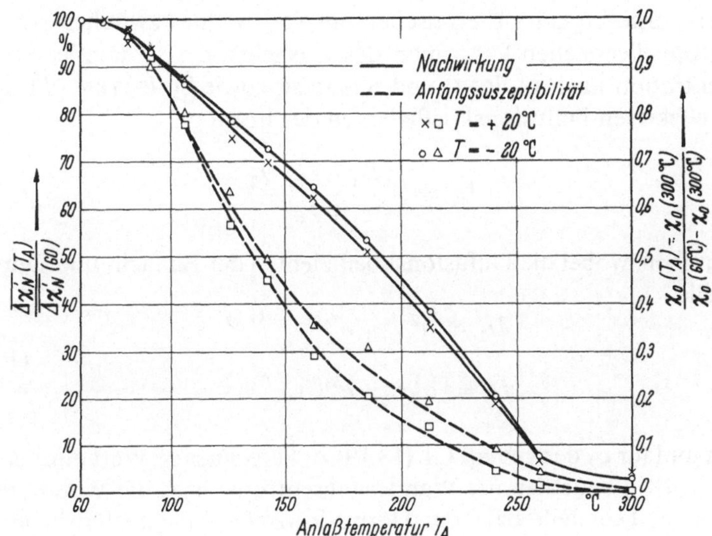

Fig. 88. Isochrone Erholungskurven der in Fig. 87b dargestellten Nachwirkungsisochronen bei zwei verschiedenen Meßtemperaturen. Die Meßzeit betrug $t_2 = 20$ min. Anlaßzeit pro Meßpunkt 1 h (Nach SEEGER u. Mitarb. [11]).

Ni-Probe Einfach- und Mehrfachleerstellen nebeneinander im thermischen Gleichgewicht auftreten. Allgemein gilt im thermischen Gleichgewicht für die Konzentration c_n des n-fachen Leerstellenkomplexes nach SCHOTTKY [1]

$$c_n = \gamma_n c_1^n \exp(\Delta S_n/k)\exp(B_n/kT), \qquad (13.19)$$

wo c_1 die Konzentration der Einfachleerstellen, ΔS_n die Bindungsentropie und B_n die Bindungsenergie der n-fachen Leerstelle bedeutet. γ_n ist eine Konstante, die von der jeweiligen Fehlstelle und ihrer Konfiguration abhängt. Für die Doppelleerstelle gilt $\gamma_2 = 6$ und bei der 60°-Dreifachleerstelle $\gamma_3 = 8$. Zwischen der Gesamtkonzentration c der leeren Gitterplätze und den Konzentrationen c_n besteht der Zusammenhang

$$c = \sum_{n=1} n c_n. \qquad (13.20)$$

Im allgemeinen genügt es für die Diskussion der experimentellen Ergebnisse, allein Einfach- und Doppelleerstellen in Betracht zu ziehen. Die Tatsache, daß Dreifachleerstellen trotz ihrer vermutlich kleineren Konzentration dennoch eine meßbare Orientierungsnachwirkung hervorrufen, mag damit zusammenhängen, daß Dreifachleerstellen infolge ihrer großen Ausdehnung eine wesentlich größere Wechselwirkungsenergie mit der Magnetisierung besitzen als Zwischengitteratome oder Doppelleerstellen.

Bei Vorliegen eines thermischen Gleichgewichtes zwischen Einfach- und Doppelleerstellen kann man das Ausheilen der Gesamtleerstellenkonzentration nach DE JONG und KOEHLER sowie SCHOTTKY [1] durch einen effektiven Diffusionskoeffizienten der Form

$$D_L = \frac{c_1 D_1 + 2 c_2 D_2}{c_1 + 2 c_2} \tag{13.21}$$

beschreiben, wobei die Diffusionskoeffizienten der Einfach- und Doppelleerstelle

$$D_1 = a^2 v_{0,1}\, e^{S_1/k} e^{-W_1/kT}$$

bzw.

$$D_2 = \tfrac{1}{6} a^2 v_{0,2}\, e^{S_2/k} e^{-W_2/kT} \tag{13.22}$$

lauten und für c_2 der gemäß Gl. (13.19) zu berechnende Wert einzusetzen ist. $S_{1,2}$, $W_{1,2}$ bedeuten die Wanderungsentropie bzw. die Wanderungsenergie der Leerstelle bzw. der Doppelleerstelle. Eine ausführliche Diskussion des effektiven Diffusionskoeffizienten findet man in einer zusammenfassenden Arbeit von SEEGER und SCHUMACHER [15]. Mit Hilfe von Gl. (13.19), Gl. (13.20) und Gl. (13.21) können wir die effektive Aktivierungsenergie, die durch

$$W_{\mathrm{eff}} = -k \frac{d(\ln D_{\mathrm{eff}})}{d(1/T)} \tag{13.23}$$

gegeben ist, als Funktion der Gesamtleerstellenkonzentration bestimmen. Mit $W_1 = 1{,}45\,\mathrm{eV}$, $B_2 = 0{,}3\,\mathrm{eV}$, $\Delta S_2 = 1{,}2k$ ergibt sich für W_{eff} der in Fig. 89 dargestellte Verlauf. Die Aktivierungsenergie W_1 wurde aus Erholungsmessungen der Anfangssuszeptibilität (MEHRER u. Mitarb.) und des elektrischen Widerstandes ermittelt (SCHUMACHER u. Mitarb., SIMSON und SIZMAN). Die Aktivierungsenergie W_2 der Doppelleerstelle kann, wie wir noch sehen werden, aus den Nachwirkungsmessungen bestimmt werden. Der Wert für die Bindungsentropie wurde der theoretischen Arbeit über Doppelleerstellen von SCHOTTKY, SEEGER und SCHMID [4] entnommen. Die Bindungsenergie B_2 wurde aus dem Verlauf der Aktivierungsenergie mit steigender Anlaßtemperatur bestimmt. Fig. 89

gibt eine zwanglose Deutung für den experimentellen Befund einer mit steigender Erholungstemperatur anwachsenden Aktivierungsenergie. Wie aus Fig. 89 hervorgeht, ist die Aktivierungsenergie bei großen Kon-

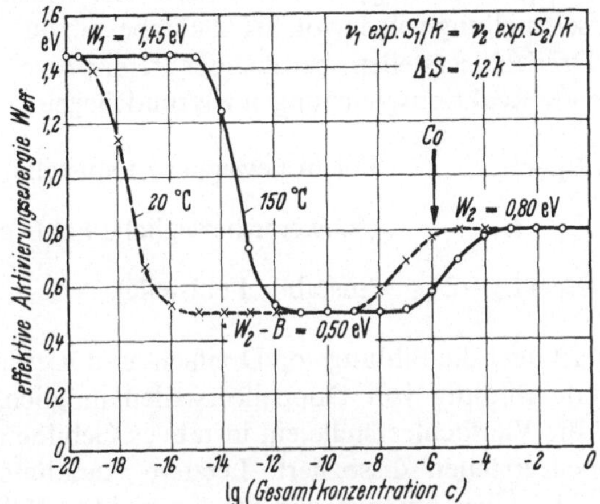

Fig. 89. Die effektive Aktivierungsenergie W_{eff} der Gitterlücken als Funktion der Gesamtkonzentration c für 20 °C und 150 °C.

zentrationen, wenn die Bedingung $2c_2 > c_1$ erfüllt ist, gleich der Wanderungsenergie W_2 der Doppelleerstelle, da in diesem Falle die Gitterlücken in Form von Doppelleerstellen vorliegen. In einem mittleren Konzentrationsbereich ist die Bedingung $c_1 D_1 \ll 4 c_2 D_2$ erfüllt. Die Aktivierungsenergie erreicht in diesem Gebiet einen minimalen Wert von $W_2 - B_2$, der dem oben angegebenen Wert von $W_2 - B_2 = 0,5$ eV entsprechen dürfte. Bei bekanntem W_2 erhält man damit für die Bindungsenergie

$$B_2 = W_2 - 0,5 \, \text{eV}.$$

Bei sehr kleinen Konzentrationen schließlich nähert sich die effektive Aktivierungsenergie der Wanderungsenergie der Einfachleerstellen. Wie man Fig. 89 entnimmt, findet der Übergang von $W_2 - B_2$ nach W_1 bei einer Temperatur von 150 °C erst bei $c = 10^{-14} - 10^{-12}$ statt.

Tatsächlich wird dieser Übergang jedoch schon bei größeren Gesamtleerstellenkonzentrationen erfolgen, da im Realkristall die Einstellung des Gleichgewichts zwischen Einfachleerstellen und Doppelleerstellen durch die stets vorhandenen Senken, wie Versetzungen und Fremdatome, gestört wird. Ist nämlich die Konzentration der Senken größer als die Gesamtleerstellenkonzentration, so treffen die Doppelleerstellen bei ihrer Wanderung mit größerer Wahrscheinlichkeit auf eine Senke als auf eine Leerstelle. Dadurch wird die Bildung von Doppelleerstellen ver-

hindert, und die Erholung erfolgt im wesentlichen durch Einfachleerstellen. Ist dagegen die Konzentration der Gitterlücken größer als die
der Senkendichte, so kann sich das zu einer bestimmten Temperatur
gehörende Gleichgewicht ungestört einstellen. Als Mechanismus der
Gleichgewichtseinstellung wurde von SEEGER dabei ein auf den schwerer
beweglichen Dreifachleerstellen beruhender Kreisprozeß vorgeschlagen, dem folgende Reaktionsgleichungen zugrundeliegen:

$$L_1 + L_1 \rightarrow L_2 \qquad \text{(leicht bewegliche Fehlstelle)}$$

$$L_2 + L_1 \rightarrow L_3 \qquad \text{(schwerer bewegliche Fehlstelle)}$$

$$L_3 + L_1 \rightarrow L_4 \rightarrow 2L_2 \quad \text{(instabile Fehlstelle)}.$$

Wie man sieht, ist über die Bildung von Dreifach- und Vierfachleerstellen
eine fortlaufende Bildung von Doppelleerstellen möglich, wenn man
annimmt, daß die Vierfachleerstelle ein instabiles Gebilde darstellt, das
in zwei Doppelleerstellen dissoziiert. Letztere Annahme wird auch
durch theoretische Überlegungen von SEEGER u. Mitarb. [*11*] nahege-
legt.

Unsere bisherigen Betrachtungen weisen alle darauf hin, daß es sich
bei dem Nachwirkungsmaximum bei $-25\,°C$ um die Orientierungsnachwirkung der Doppelleerstellen handelt. Die daran anschließende Nachwirkung oberhalb von $0\,°C$ müßte dann der Diffusionsnachwirkung der
Doppelleerstellen zugeschrieben werden. Diese Deutung wird auch durch
die Erholungsexperimente gestützt, die – wie aus Fig. 88 hervorgeht –
zeigen, daß die Nachwirkung bei $-20\,°C$ und $+20\,°C$ vollkommen
identisch ausheilt. Eine weitere Bestätigung der hier gegebenen Deutung
ist die Tatsache, daß man das $-25\,°C$-Maximum in plastisch verformten
Nickelproben nicht beobachtet.

Um diese Hypothese zu erhärten, wurde die Temperaturabhängigkeit
der Nachwirkungsamplitude für die Diffusionsnachwirkung der Doppelleerstellen berechnet. Die Temperaturabhängigkeit von $\Delta\chi_N$ bestimmt sich dabei aus derjenigen der Nachwirkungskonstanten $R_N^{III}(t_0)$,
die in Fig. 56 für eine (112)-180°-Blochwand wiedergegeben ist, gemäß

$$\Delta\chi_N(t_1, t_2) \propto R_N^{III}\left(\frac{t_2}{\tau_D}\right) - R_N^{III}\left(\frac{t_1}{\tau_D}\right).$$

Die nach dieser Gleichung für eine Wanderungsenergie von 0,83 eV berechnete Nachwirkungsamplitude ist in Fig. 90 zusammen mit der Nachwirkungsamplitude der dazugehörigen Orientierungsnachwirkung dargestellt. Dabei wurden für die Amplituden der beiden Maxima willkür-
liche Einheiten angenommen, während der Temperaturmaßstab den
tatsächlichen Verhältnissen entspricht. Es fällt auf, daß zwischen $0\,°C$

und 50°C die Nachwirkungsamplitude sehr klein ist, sowie daß die Halbwertsbreite des Diffusionsmaximums etwa doppelt so groß ist wie die des Maximums der Orientierungsnachwirkung. Das in Fig. 87.a zu erkennende Maximum bei ~80°C entspricht qualitativ dem theoretischen Maximum der Diffusionsnachwirkung. Die Nachwirkung zwischen +10°C und +60°C läßt sich durch ein weiteres Maximum darstellen.

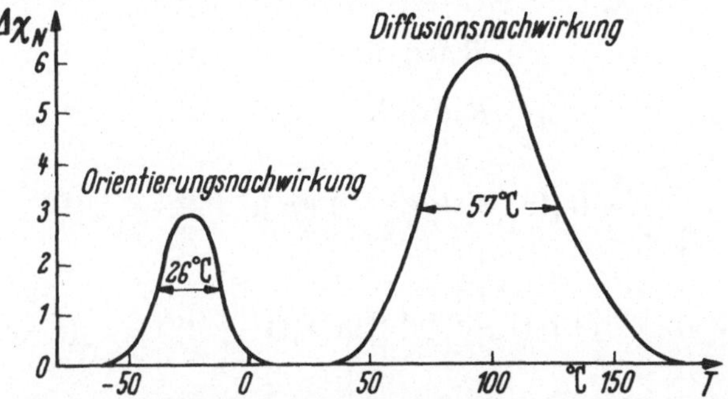

Fig. 90. Theoretischer Verlauf der Nachwirkungsamplitude in Abhängigkeit von der Temperatur bei Doppelleerstellen. Der Rechnung wurde Gl. (13.18) für die Orientierungsnachwirkung und die in Fig. 56 dargestellte Temperaturabhängigkeit der Nachwirkungskonstanten $R_N^{III}(t_0)$ für die Diffusionsnachwirkung zugrunde gelegt. Die Nachwirkungsisochrone bezieht sich auf $t_1 = 30\,$s und $t_2 = 10\,$min. Für die Relaxationszeit τ_1 wurde $\tau_0 = 5\cdot 10^{-15}\,$s und $Q = 0,83\,$eV angenommen. Die Relaxationszeit der Diffusionsnachwirkung beträgt nach Gl. (9.46) und Gl. (9.66):

$$\tau_D = \frac{1}{2} N \tau_1 \frac{3}{2}\left(\frac{\delta_0}{a}\right)^2 = 7{,}45\cdot 10^{-9}\exp\left(0{,}83\,\text{eV}/kT\right)\text{ s},\quad \left(N = 8, \bar{\tau} = \frac{3}{2}\tau_1, \delta_0 = 157a\right).$$

Ob es sich hierbei um eine Orientierungs- oder eine Diffusionsnachwirkung handelt, kann im Augenblick noch nicht beantwortet werden. Die Erholungsmessung von Fig. 88 zeigt zumindest, daß die Nachwirkung bei +20°C durch ausheilende Leerstellen und Leerstellenagglomerate beseitigt wird. Diese Tatsache weist darauf hin, daß es sich möglicherweise um einen Zwischengitter-Fremdatomkomplex oder um Zwischengitteratome, die an Versetzungen angelagert sind, handelt.

δ) Quantitative Auswertung der Meßergebnisse für das Maximum bei —25°C

1. Theoretische Grundlagen

Zur Bestimmung der Relaxationszeit und der Nachwirkungsamplitude der Doppelleerstellen können wir das gleiche Verfahren wie beim Zwischengitteratom anwenden. Die Rechnung ist jedoch etwas komplizierter, da die Zeitabhängigkeit der Nachwirkungskonstanten, wie in Abschnitt 10.2.f gezeigt wurde, durch zwei Relaxationszeiten τ_1

und τ_2 zu beschreiben ist. Entsprechend unseren Ausführungen in Abschnitt 10.2.f lautet die Nachwirkungskonstante bei Doppelleerstellen

$$R_N(t) = R_1(\infty)(1-e^{-t/\tau_1}) + R_2(\infty)(1-e^{-t/\tau_2}), \tag{13.24}$$

wobei $R_1(\infty)$ und $R_2(\infty)$ durch Gl. (10.36.b) gegeben sind und $\tau_1 = \frac{2}{3}\tau_2$ gilt. Wird Gl. (13.24) in Gl. (13.1) eingesetzt, so ergibt sich mit

und
$$
\begin{aligned}
R_1(\infty)/\bar{R}_0 &= r_1 \\
R_2(\infty)/\bar{R}_0 &= r_2
\end{aligned}
\tag{13.25}
$$

$$\frac{\Delta\chi_N(t_1,t_2)}{\chi_0} = \frac{2}{\sqrt{\pi}}\frac{C}{2}\{r_1(e^{-t_2/\tau_1}-e^{-t_1/\tau_1})+r_2(e^{-t_2/\tau_2}-e^{-t_1/\tau_2})\}$$

$$+ \frac{2}{\sqrt{\pi}}\{r_1(1-e^{-t_1/\tau_1})+r_2(1-e^{-t_1/\tau_2})\}\ln\left[r_1(1-e^{-t_1/\tau_1})+r_2(1-e^{-t_1/\tau_2})\right]$$

$$- \frac{2}{\sqrt{\pi}}\{r_1(1-e^{-t_2/\tau_1})+r_2(1-e^{-t_2/\tau_2})\}\ln\left[r_1(1-e^{-t_2/\tau_1})+r_2(1-e^{-t_2/\tau_2})\right].$$

$$\tag{13.26}$$

Da r_1 und r_2 verglichen mit den Exponentialfunktionen nur schwach temperaturabhängig sind, gilt für das Maximum wieder Gl. (13.4), die im Falle der Doppelleerstelle auf folgende Bestimmungsgleichung für die Relaxationszeit τ_1 führt:

$$r_1\left(1 + \frac{C}{2} + \ln r_1\right)(t_2 e^{-t_1/\tau_1} - t_1 e^{-t_1/\tau_2})$$

$$+ \frac{3}{2}r_2\left(1 + \frac{C}{2} + \ln r_1\right)(t_2 e^{-t_2/\tau_1} - t_1 e^{-t_2/\tau_2}) = \tag{13.27}$$

$$= t_1\left(r_1 e^{-t_1/\tau_1} + \frac{3}{2}r_2 e^{-t_1/\tau_2}\right)\ln\left\{1-e^{-t_1/\tau_1} + \frac{r_2}{r_1}(1-e^{-t_1/\tau_2})\right\}$$

$$- t_2\left(r_1 e^{-t_2/\tau_1} + \frac{3}{2}r_2 e^{-t_2/\tau_2}\right)\ln\left\{1-e^{-t_2/\tau_1} + \frac{r_2}{r_1}(1-e^{-t_2/\tau_2})\right\}.$$

Eine explizite Lösung dieser Gleichung für τ_1 ist nicht möglich. Wir suchen daher wie im Falle des Zwischengitteratoms nach einer Näherungslösung. Falls die Nachwirkungsamplitude klein im Vergleich zur Anfangssuszeptibilität ist, also die Bedingung $r_{1,2} \ll 1$ erfüllt ist, dürfen wir in 1. Näherung die rechte Seite von Gl. (13.27) Null setzen. Mit den Abkürzungen

$$t_1/t_2 = v; \quad t_2/\tau_1 = x \tag{13.28}$$

erhält man folgende Bestimmungsgleichung für x:

$$e^{-x(1-v)} = v \frac{1 + \dfrac{3}{2}\dfrac{r_2}{r_1} e^{\frac{xv}{3}}}{1 + \dfrac{3}{2}\dfrac{r_2}{r_1} e^{x/3}}. \tag{13.29}$$

Gl. (13.29) entspricht der Bestimmungsgleichung für x, wenn keine Streuung der Wechselwirkungskonstanten R_0 vorliegt. Der weiteren Lösung von Gl. (13.29) steht entgegen, daß das Verhältnis r_2/r_1 nicht bekannt ist. Unter Zugrundelegung von Gl. (10.36.c) gilt bei einer (112)-180°-Blochwand, auf die wir uns hier beschränken wollen,

$$\frac{r_2}{r_1} = \frac{0{,}862\,\varepsilon_2^2}{0{,}825\,\varepsilon_1^2}. \tag{13.30}$$

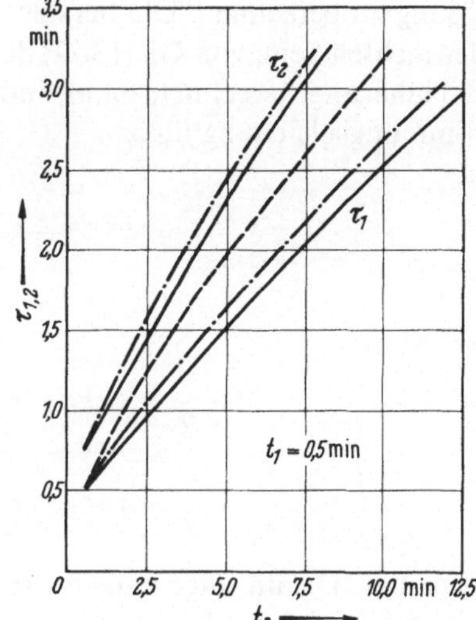

Fig. 91. Die Relaxationszeiten $\tau_1(T_{\max})$ und $\tau_2(T_{\max})$ in Abhängigkeit von der Meßzeit t_2 für $t_1 = 30\,\text{s}; r_1/r_2 = 1$. ———— 1. Näherung nach Gl. (13.29). ·········· 2. Näherung nach Gl. (13.33). ------ Relaxationszeit falls r_1 oder r_2 Null gesetzt wird.

Wie aus Gl. (13.30) hervorgeht, gilt im Falle $\varepsilon_1 \sim \varepsilon_2$ näherungsweise $\dfrac{r_2}{r_1} \sim 1$. Da die beiden Wechselwirkungskonstanten ε_1 und ε_2 nicht allzusehr voneinander verschieden sein dürften, ist es demnach eine brauchbare Näherung, im weiteren Verlauf der Rechnung

$$\frac{r_1}{r_2} = 1 \quad \text{oder} \quad 0{,}862\,\varepsilon_1^2 = 0{,}825\,\varepsilon_2^2 = \varepsilon_{\text{eff}}^2, \tag{13.31}$$

zu setzen. Für diesen Fall ist in Fig. 91 der Verlauf von $\tau_1(T_{\max})$ und $\tau_2(T_{\max})$ als Funktion von t_2 angegeben. Mit eingezeichnet ist in Fig. 91

die Relaxationszeit τ, die man erhalten würde, wenn r_1 oder r_2 Null wäre. Da man für $r_1=0$ die Relaxationszeit τ_2 und für $r_2=0$ die Relaxationszeit τ_1 erhält, ist in diesem Falle die Bestimmung der Relaxationszeit mit einem Fehler von bis zu 50% behaftet. Unter der Voraussetzung $r_1=r_2$ erhalten wir als Bestimmungsgleichung für r_1 aus Gl. (13.26) in 1. Näherung

$$r_1\left(\frac{C}{2}+\ln r_1\right)=\frac{\sqrt{\pi}}{2}\frac{\Delta\chi_N}{\chi_0}\frac{1}{e^{-t_2/\tau_1}+e^{-t_2/\tau_2}-e^{-t_1/\tau_1}-e^{-t_1/\tau_2}}. \tag{13.32}$$

Diese Gleichung entspricht der bereits für das Zwischengitteratom abgeleiteten Beziehung zur Bestimmung von r_1. Mit Hilfe der nach Gl. (13.20) bzw. Fig. 91 bestimmten Relaxationszeit und dem experimentellen Wert für $\frac{\Delta\chi_N}{\chi_0}$ ist die rechte Seite von Gl. (13.32) bekannt, und somit kann aus Fig. 85 der Wert für r_1 ermittelt werden. Die Ergebnisse der 1. Näherung $(\tau_1^{(1)},\tau_2^{(1)})$ können nun dazu benützt werden, eine zweite Näherungslösung zu berechnen. Die bei der 1. Näherung vernachlässigten Glieder der rechten Seite von Gl. (13.27) denken wir uns mit den Ergebnissen der 1. Näherung berechnet, dann findet man in 2. Näherung folgende Bestimmungsgleichung für x

$$e^{-x(1-v)}=Kv\frac{1+\dfrac{3}{2}\dfrac{r_2}{r_1}e^{\frac{xv}{3}}}{1+\dfrac{3}{2}\dfrac{r_2}{r_1}e^{x/3}}, \tag{13.33}$$

wobei

$$K=\frac{1+\dfrac{C}{2}+\ln r_1+\ln\left\{1-e^{-\frac{t_1}{\tau_1^{(1)}}}+\dfrac{r_2}{r_1}\left(1-e^{-\frac{t_1}{\tau_2^{(1)}}}\right)\right\}}{1+\dfrac{C}{2}+\ln r_1+\ln\left\{1-e^{-\frac{t_2}{\tau_1^{(1)}}}+\dfrac{r_2}{r_1}\left(1-e^{-\frac{t_2}{\tau_2^{(1)}}}\right)\right\}} \tag{13.34}$$

bedeutet. Da im allgemeinen die Bedingung $t_2/\tau_{1,2}\ll1$ und $t_1/\tau_{1,2}<1$ gilt, ergibt sich für K

$$K=\frac{1+\dfrac{\ln\dfrac{t_1}{\tau_1^{(1)}}\left(1+\dfrac{2}{3}\dfrac{r_2}{r_1}\right)}{1+\dfrac{C}{2}+\ln r_1}}{1+\dfrac{\ln\left(1+\dfrac{r_2}{r_1}\right)}{1+\dfrac{C}{2}+\ln r_1}}. \tag{13.35}$$

2. Die Relaxationszeit der Doppelleerstellen

Anhand der Ausführungen im vorhergehenden Abschnitt kann man die Temperaturabhängigkeit der Relaxationszeit τ_1 aus der Lage der Nachwirkungsmaxima von Fig. 87.b und Fig. 87.c bestimmen. Wie wir gesehen haben, gilt in 1. Näherung für die Relaxationszeit $\tau_1(T_{max})$ bei der Temperatur des Maximums Gl. (13.29). Für eine bestimmte Meßzeit t ergibt sich die zugehörige Relaxationszeit $\tau_1(T_{max})$ in erster Näherung unmittelbar aus Fig. 91. Für die in Fig. 87.b und Fig. 87.c wiedergegebenen Nachwirkungsisochronen erhält man die in Fig. 92 dargestellte

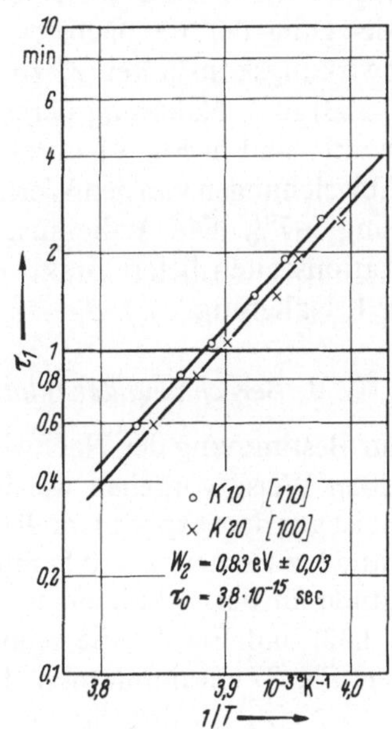

Fig. 92. Arrheniusgeraden $\log\tau_1(T_{max}) \to \dfrac{1}{T_{max}}$ für die Relaxationszeit im Nachwirkungsmaximum. $\bigcirc\,\langle 110\rangle$-Einkristall. $\times\,\langle 100\rangle$-Einkristall.

Temperaturabhängigkeit der Relaxationszeiten. Die einzelnen Meßpunkte liegen auf einer Arrheniusgeraden, aus deren Steigung sich eine Aktivierungsenergie von

$$W_2 = 0,83 \pm 0,03 \text{ eV,}$$

ergibt. Für den Frequenzfaktor erhält man aus dem Achsenabschnitt bei $1/T = 0$

$$\frac{1}{\tau_0}e^{-S/k} = 2,6 \cdot 10^{14}\,s^{-1}.$$

Diese experimentellen Ergebnisse können wiederum dazu benützt werden, um die Aktivierungsentropie S für die Reorientierung der Doppelleerstelle zu ermitteln. Nach der in Abschnitt 13.5.β angegebenen

Methode findet man für die atomare Sprungfrequenz $v_0^{\text{theo}} = 1{,}18 \cdot 10^{12} s^{-1}$. Aus Gl. (9.46) und Tab. 3 ergibt sich

$$\exp(-S/k) = 12 v_0 \frac{10^{-14}}{2{,}6} s.$$

Hieraus folgt für die Aktivierungsentropie

$$S = 2{,}9 k.$$

Wir können nun nachprüfen, ob bei Berechnung der Relaxationszeiten in zweiter Näherung sich die oben erhaltenen Zahlenwerte ändern. Hierzu müssen wir den Faktor K bestimmen. Dieser ergibt sich unter Zugrundelegung der im nächsten Abschnitt zu bestimmenden relativen Nachwirkungskonstanten r_1 zu $K = 1{,}18$. Die mit diesem Faktor nach Gl. (13.33) in 2. Näherung berechneten Relaxationszeiten in Abhängigkeit von t_2 sind in Fig. 91 durch die strichpunktierten Kurven gegeben. Die Abweichungen von den Werten der 1. Näherung sind von der Größenordnung 5–7%. Die Arrheniusgerade der in 2. Näherung berechneten Relaxationszeiten liefert praktisch dieselben Werte für W_2 und v_1 wie in der 1. Näherung.

3. Berechnung der relativen Nachwirkungskonstanten

Zur Bestimmung der Nachwirkungskonstanten müssen wir in genau derselben Weise vorgehen wie im Falle des Zwischengitteratoms. Zunächst ist aus dem experimentell bestimmten Wert für die Nachwirkungsamplitude zwischen $t_1 = 0{,}5$ min und $t_2 = 5$ min die Nachwirkungsamplitude für den Schaltversuch zu ermitteln. Hieraus kann dann nach Gl. (13.32) und Fig. 87 die relative Nachwirkungskonstante berechnet werden. Fig. 87 entnimmt man, daß die relative Nachwirkungsamplitude des Maximums bei $t_2 = 5$ min $\dfrac{\overline{\Delta \chi_N'}}{\chi_0'} = 1{,}8 \cdot 10^{-3}$ beträgt. Die Meßfrequenz betrug 1020 Hz, und der Kristall besaß einen Durchmesser von 5 mm. Für die Wolmannsche Grenzfrequenz dieses Kristalls ergibt sich nach Gl. (4.62) unter Zugrundelegung derselben Zahlenwerte für ρ_0 und μ_0 wie im Falle des elektronenbestrahlten Einkristalls (vgl. Abschnitt 13.5.a) $\omega_w = 2{,}8 \cdot 10^2$ Hz. Die Nachwirkungsamplitude beim Schaltversuch erhalten wir aus

$$\frac{\Delta \chi_N}{\chi_0} = \frac{\overline{\Delta \chi_N'}}{\chi_0'} \frac{\mu'/\mu_0}{S_z'},$$

wobei für den Korrekturfaktor des Skineffektes aus Fig. 23 für

$$\sqrt{\frac{2\omega}{\omega_w}} = 6{,}75, \quad \frac{\mu'/\mu_0}{S_z'} = 2$$

folgt und damit

$$\frac{\Delta \chi_N}{\chi_0} = 3{,}6 \cdot 10^{-3}$$

beträgt. Mit diesem Wert und den im vorhergehenden Abschnitt bestimmten Relaxationszeiten erhalten wir aus Gl. (13.32) und Fig. 87 für die relative Nachwirkungskonstante

$$r_1 = 2{,}8 \cdot 10^{-4}.$$

ε) Berechnung der effektiven Wechselwirkungskonstanten

Für die Nachwirkungskonstante $R(\infty)$ der Doppelleerstellen gilt nach Gl. (13.24), wenn wir die durch Gl. (13.31) eingeführte Näherung zugrundelegen und die magnetoelastische Kopplungsenergie vernachlässigen,

$$R(\infty) = 2R_1(\infty) = \frac{c_2}{n_E k T} \frac{L_3^2}{\delta_0} \varepsilon_{\mathrm{eff}}^2. \tag{13.36}$$

Zusammen mit Gl. (8.47) folgt aus Gl. (13.36) für die relative Nachwirkungskonstante

$$r_1 = \frac{c_2}{2 n_E k T \delta_0} \frac{\chi_0}{\sqrt{\pi J_s^2 \bar{S} p^2}} \varepsilon_{\mathrm{eff}}^2. \tag{13.37}$$

Gl. (13.37) dient zur Berechnung der effektiven Wechselwirkungskonstanten $\varepsilon_{\mathrm{eff}}$. Für $\bar{S}$, p^2, δ_0 und χ_0 legen wir dabei dieselben Werte wie bei der elektronenbestrahlten Probe zugrunde, da es sich in beiden Fällen um einen $\langle 110 \rangle$-Einkristall handelt. Die Konzentration c_2 der Doppelleerstellen ist gemäß den in Abschnitt 13.5.b.γ gemachten Ausführungen als Gleichgewichtskonzentration zwischen Einfach- und Doppelleerstellen zu bestimmen. Die Gesamtkonzentration der Gitterlücken wurde dabei den Erholungsmessungen des elektrischen Widerstandes einer gleichartig bestrahlten Probe entnommen. MEHRER u. Mitarb. finden für die Widerstandsänderung bei Stickstofftemperatur infolge der ausgeheilten Gitterlücken $\Delta \rho = 7 \cdot 10^{-10} \,\Omega\mathrm{cm}$. Der elektrische Restwiderstand der Gitterlücken beträgt nach SEEGER [1] $\Delta \rho_L \sim 6 \cdot 10^{-4} \,\Omega\mathrm{cm}/\%$ L.S. Demnach lag im Kristall eine Gesamtleerstellenkonzentration von $1{,}3 \cdot 10^{-6} \cong 1{,}2 \cdot 10^{17} \mathrm{cm}^{-3}$ vor. Aus Gl. (13.19) und Gl. (13.20) folgt für diese Gesamtleerstellenkonzentration und die Bestrahlungstemperatur von $\sim 90\,°\mathrm{C}$ eine Doppelleerstellenkonzentration von $c_2 = 1{,}33 \cdot 10^{16} \mathrm{cm}^{-3}$. Aus Gl. (13.37) erhält man für die Wechselwirkungskonstante

$$\varepsilon_{\mathrm{eff}} = \pm 1{,}16 \cdot 10^{-15} \mathrm{erg} = \pm 7{,}3 \cdot 10^{-4} \,\mathrm{eV}.$$

Dieser Wert bestätigt die eingangs gemachte Vernachlässigung der magnetoelastischen Kopplungsenergie, denn diese ist einen Faktor 20 kleiner als der berechnete Wert für $\varepsilon_{\mathrm{eff}}$.

Literatur

ADLER, E., u. C. RADLOFF: [1] Die Anisotropie der magnetischen Wasserstoffnachwirkung in flächenzentrierten Ni-Fe und Ni-Cu-Legierungen. Z. angew. Physik **18**, 428—484 (1965).
— — [2] Magnetische Kohlenstoffnachwirkung in kubisch flächenzentrierten Legierungen. Z. angew. Physik **20**, 46—51 (1965).
— — [3] Diffusionsnachwirkung in ferromagnetischen Metallen und Legierungen. Z. angew. Physik **20**, 346—354 (1966).

ALBENGA, G.: Sul problema delle coazion elastiche. Atti Accad. Sci. Torino, Cl. Sci., fis.mat.natur. **54**, 864—868 (1918/19).

ATORF, H.: Die zeitliche Desakkommodation kleiner symmetrischer und unsymmetrischer Hystereseschleifen. Z. Physik **76**, 513—526 (1932).

BALLUFFI, R. W., J. S. KOEHLER and R. O. SIMMONS: Present knowledge about point defects in deformed f.c.c. metals. In: Recovery and recrystallisation of metals, S. 1—62, ed. by L. Himmel. New York: Interscience Publishers, Inc. 1963.

BALTHESEN, E.: [1] Desakkommodation und Frequenzabhängigkeit der magnetischen Nachwirkung bei hohen Temperaturen an Fe-Si-Legierungen. Phys. stat. sol. **3**, 2321—2335 (1963).
—, K. ISEBECK und H. WENZL: [2] Magnetic after-effects in Ni after low temperature irradiation with neutrons. Phys. stat. sol. **8**, 593—602 (1965).
— — [3] Magnetic after-effects in iron after low temperature irradiation with neutrons. Phys. stat. sol. **8**, 603—611 (1965).

BARBIER, J. C.: [1] Traînage magnétique dans le domaine de Rayleigh. C. R. Acad. Sci., Paris **230**, 1040—1041 (1950).
— [2] Le traînage irréversible dans les champs faibles. J. Phys. Rad. **12**, 352—354 (1951).
— [3] Étude de la constante de trainage dans tout le domaine d'hystérésis. C. R. Acad. Sci., Paris **234**, 415 (1952).
— [4] Le traînage magnétique de fluctuation. Ann. de Phys., Paris **9**, 84—140 (1954).

BARKHAUSEN, H.: Zwei mit Hilfe der neuen Verstärker entdeckten Erscheinungen. Phys. Z. **20**, 401—403 (1919).

BARNIER, Y., R. PAUTHENET et G. RIMET: Sur la variation de l'aimantation d'un monocristal de cobalt en function du champ. C. R. Acad. Sci., Paris **252**, 3024—3026 (1961).

BECKER, R.: [1] Elastische Nachwirkung und Plastizität. Z. f. Physik **33**, 185—213 (1925).
—, u. W. DÖRING: [2] Ferromagnetismus. Berlin; Springer-Verlag 1939.

BELLER, M.: Diplomarbeit, T. H. Stuttgart, unveröffentlicht.

BINDELS, J. F. M., J. BIJVOET und G. W. RATHENAU: Stabilization of definable domain structures by interstitial atoms. Physica **26**, 163—174 (1960).

BIRSS, P. R.: Symmetry and Magnetism, edited by E. P. Wohlfarth, Amsterdam: North-Holland Publishing Company 1964.

BOLL, R.: [1] Metallische Magnetwerkstoffe bei hohen Frequenzen. Ber. d. A. G. Ferromagnetismus, 66—73 (1959).
— [2] Wirbelstrom- und Spinrelaxationsverluste in dünnen Metallbändern bei Frequenzen bis zu etwa 1 MHz. Z. angew. Physik **12**, 212—223 (1960).

BOLTZMANN, L.: Zur Theorie der elastischen Nachwirkung. Ann. d. Physik **7**, 624—654 (1876).

BONJOUR, E., et P. MOSER: Energie stockée dans le fer pur irradié sur neutrons rapides à 78 °K. C. R. Acad. Sci. Paris 257, 1256—1259 (1963).

BOSER, O., H. KRONMÜLLER, A. SEEGER und H. TRÄUBLE: Ferromagnetic properties of hexagonal cobalt single crystals. Proc. Int. Conf. on Magnetism, Nottingham, S. 720—723 (1964).

BOSMAN, A. J.: [1] Investigation on magnetic after-effects due to interstitials. Dissertation Amsterdam, 1960.

—, P. E. BROMMER, H. J. VAN DAAL and G. W. RATHENAU: [2] Time decrease of permeability of iron. Physica 23, 989—1000 (1957).

— — and G. W. RATHENAU: [3] The influence of pressure on the mean time of stay of interstitial nitrogen in iron. Physica 23, 1001—1006 (1957).

—, en G. DE VRIES: [4] Magnetische nawerking in ijzer en ijzer-silicum ten gevolge van epgeloste koolstof of stikstof. Ned. T. Natuurk. 27, 65—83 (1961).

BOZORTH, R. M.: [1] Time-lag in magnetization. Phys. Rev. 32, 124—132 (1928).

— [2] Ferromagnetism. Princetown: D. van Nostrand 1951.

BRISSONNEAU, P.: [1] Contribution à l'étude quantitative du trainage magnétique de diffusion du carbone dans le fer α. J. Phys. Chem. Solids 7, 22—51 (1958).

— [2] Le trainage magnétique. J. Phys. Rad. 19, 490—504 (1958).

BROWN, W. F.: The theory of thermal and imperfection fluctuation in ferromagnetic solids, In: Fluctuation phenomena in solids, p. 37—78. New York: Academic Press Inc. 1965.

VAN BUEREN, H. G.: Imperfections in Crystals, 2. ed. Amsterdam: North-Holland Publishing Company 1961.

CHANG, R.: Mechanical relaxation associated with paired point defects in cubic lattices of O point group symmetry. J. Phys. Chem. Solids 25, 1081—1090 (1964).

CHIK, K. P.: [1] Elektronenmikroskopische Untersuchungen der Bildung von Leerstellenagglomeraten in abgeschrecktem Gold. Phys. stat. sol. 10, 659—674 (1965).

— [2] Ein Modell für die Keimbildung der Stapelfehlertetraeder in abgeschrecktem Gold. Phys. stat. sol. 10, 675—688 (1965).

CHIKAZUMI, S.: [1] Ferromagnetic properties and superlattice formation of Iron-Nickel-Alloys (I). J. Phys. Soc. Japan 5, 327—333 (1950).

— [2] Ferromagnetic properties and superlattice formation of Iron-Nickel-Alloys (II). J. Phys. Soc. Japan 5, 333—338 (1950).

—, and T. OOMURA: [3] On the origin of magnetic anisotropy induced by magnetic annealing. J. Phys. Soc. Japan 10, 842—849 (1955).

CLAREBROUGH, L. M., M. E. HARGREAVES and G. W. WEST: The release of the energy stored in deformed Ni. Phil. Mag. 44, 913—915 (1953).

COURVOISIER, P.: Über irreversible magnetische Nachwirkung. Sitzg. Ber. Bayr. Akad. Wiss. 10, 89—107 (1945/46).

DAMASK, A.-C., and G. J. DIENES: Point defects in metals. New York: Gordon and Breach 1963.

DEBYE, P.: Polare Molekeln. Leipzig: S. Hirzel 1929.

DEHLINGER, U., u. E. KRÖNER: Der elastische Dipol. Z. Metallkde. 51, 457—461 (1960).

DIEHL, J.: Atomare Fehlstellen und Strahlenschädigung. In: Moderne Probleme der Metallphysik, Bd. I., S. 227—329, herausgeg. von A. Seeger, Berlin-Heidelberg-New York: Springer-Verlag 1965.

DIETZE, H.-D.: [1] Zur Deutung der magnetischen Nachwirkung bei hohen Temperaturen in Fe-Si-Legierungen. Techn. Mitt. Krupp 17, 67—81 (1959).

— [2] Desakkommodation und Frequenzabhängigkeit der magnet. Nachwirkung bei hohen Temperaturen an Fe-Si-Legierungen. (I) Theorie. Phys. stat. sol. 3, 2309—2320 (1963).

—, u. E. BALTHESEN: [3] Diffusion von Leerstellen in Eisen-Silizium unter Bestrahlung mit schnellen Neutronen. Nukleonik 3, 93—98 (1961).

—— [4] Magnetic relaxation in silicon-iron under irradiation by neutrons. J. Phys. Soc. Japan 17, B-1, 331—332 (1962).

—, und H. THOMAS: [5] Bloch- und Néel-Wände in dünnen ferromagnetischen Schichten. Z. Physik 163, 523—534 (1961).

EWING, J. A.: On time-lag in the magnetization of iron. Proc. Roy. Soc. 46, 269—286 (1889).

FAHLENBRACH, H.: [1] Über den Zusammenhang von Permeabilitätsanomalien ferromagnetischer Werkstoffe bei verschiedenen Temperaturen mit der magnetischen Nachwirkung. Naturwissenschaften 32, 302—303 (1944).

— [2] Über die Temperaturabhängigkeit der Permeabilität und der Nachwirkung ferromagnetischer Werkstoffe. Ann. Physik 2, 355—369 (1948).

—, u. G. SOMMERKORN: [3] Untersuchungen über die anormale Temperaturbeständigkeit der Anfangspermeabilität und der magnetischen Nachwirkung von Fe und Fe-Si-Legierungen bei Temperaturen zwischen 300°C und 700°C. Techn. Mitt. Krupp 15, 161—164 (1957).

FELDTKELLER, R.: [1] Die Formänderung der Hystereseschleife von Transformatorenblech beim magnetischen Kriechen. Z. angew. Physik 4, 281—284 (1952).

— [2] Spulen und Übertrager. 3. Auflage, Stuttgart: S. Hirzel 1958.

—, u. O. KOLB: [3] Die komplexe Permeabilität eines hochpermeablen Ferritkerns. Z. angew. Physik 4, 448—451 (1952).

—, u. H. SORGER: [4] Magnetische Nachwirkung der Anfangspermeabilität und der Barkhausensprünge. Archiv el. Übertr. 7, 79—87 (1953).

—— [5] Die Jordan-Nachwirkung in ferromagnetischen Blechen. Z. angew. Physik 6, 390—396 (1954).

—, H. WILDE und G. HOFFMANN: [6] Über systematische Zusammenhänge zwischen Hysterese, dem Kriechen der Nichtlinearitätsprodukte und der Richterschen Nachwirkung. Z. angew. Physik 3, 401—409 (1951).

—— [7] Hysterese in weichmagnetischen Werkstoffen. E. T. Z.-A. 77, 449—453 (1956).

FRENKEL, J.: Über die Wärmebewegung in festen und flüssigen Körpern. Z. Physik 35, 652—669 (1926).

FRIEDEL, J.: In: Physique des basses températures, pp. 551—628, New York: Gordon und Breach 1962.

GERSTNER, D., and E. KNELLER: High temperature magnetic lag in iron nickel alloys. J. Appl. Phys. 32, 364 S—365 S (1961).

GIBSON, J. A., A. N. GOLAND, M. MILGRAM and G. H. VINEYARD: Dynamics of radiation Damage. Phys. Rev. 120, 1229—1235 (1960).

GILDEMEISTER, M.: Über das Verschwinden der Magnetisierung. Ann. d. Physik 23, 401—414 (1907).

GORSKI, W. S.: Theorie der elastischen Nachwirkung in ungeordneten Mischkristallen (elastische Nachwirkung zweiter Art). Physikal. Zeitschrift der Sowjetunion 8, 457—471 (1935).

HAMPE, W.: [1] Rayleigh-Potential und Diffusionsnachwirkung im kohlenstoffhaltigen Si. Z. angew. Physik 15, 249—250 (1963).

— [2] Relaxationen und Resonanzen im Spektrum der Permeabilität ferromagnetischer Werkstoffe. Z. angew. Physik 18, 395—404 (1965).

— [3] Blochwand-Resonanz und natürliche ferromagnetische Resonanz in stark verspannten Permalloy-Bändern. Z. angew. Physik 20, 201—208 (1966).

—, u. R. FELDTKELLER: [4] Spektrum der Suszeptibilität ferromagnetischer Werkstoffe, in Vorbereitung.

—, u. D. WIDMANN: [5] Die Kenngrößen ferromagnetischer Werkstoffe für den Rayleigh-Bereich. Z. angew. Physik **15**, 360 (1963).

HASIGUTI, R. R.: [1] Internal friction of metal crystals due to vacancies. J. Phys. Soc. Japan **8**, 798 (1953).

— [2] Intern. Conf. of Theor. Physics, Kyoto und Tokio, p. 577 (1953).

HELMHOLTZ, H. v.: Über die Dauer und den Verlauf der durch Stromschwankungen induzierten elektrischen Ströme. Pogg. Ann. **83**, 505—540 (1851).

HERMANN, P. C.: Über magnetische Verluste. Z. f. Physik **84**, 565—570 (1933).

HOLBORN, L.: [1] Über den zeitlichen Verlauf der magnetischen Induktion. Sitzungsber. der Preussischen Akad. d. Wissenschaften zu Berlin **11**, 173—178 (1896).

— [2] Über die Magnetisierung von Stahl und Eisen durch kleine Kräfte. Wied. Ann. **61**, 281—292 (1897).

HOLMES, D. K., J. W. CORBETT, R. M. WALKER, J.-S. KOEHLER, and F. SEITZ: On the interpretation of radiation effects in the noble metals, Proc. 2nd Intern. Conf. Peaceful Uses of Atomic Energy, Genf, Bd. 6, S. 274—283. New York: United Nations 1958.

HUZIMURA, T.: On the Barkhausen jumps in the course of magnetic after-effect. J. phys. Soc. Japan **5**, 293—297 (1950).

INTERNATIONAL TABLES for X-Ray Crystallography, Bd. I, edited by The Kynoch Press, p. 36, Birmingham 1952.

JÄGER, H.: Die Relaxation der Anfangssuszeptibilität und ihre Erholung bei Ni, untersucht an vielkristallinen Proben nach Verformen, Abschrecken und Neutronenbestrahlung. Z. Metallkde. **55**, 17—29 (1964).

JAHN, H. A., and E. TELLER: Stability of polyatomic molecules in degenerate electronic states. Proc. Roy. Soc. (London) A **161**, 220—235 (1937).

JAHNKE, E., u. F. EMDE: Tafeln höherer Funktionen. Stuttgart: Teubner 1948.

JOHNSON, R. A.: Interstitials and vacancies in α-iron. Phys. Rev. **134**A, 1329—1336 (1964).

DE JONG, M., and S. KOEHLER: Diffusion of single vacancies and divacancies in quenched gold. Phys. Rev. **129**, 40—44 (1963).

JORDAN, H.: [1] Die ferromagnetischen Konstanten für schwache Wechselfelder. El. Nachr. Techn. **1**, 7—24 (1924).

— [2] Zum Gültigkeitsbereich der Rayleigh-Jordanschen Beziehungen. Z. f. techn. Physik **11**, 2—8 (1930).

JOST, W.: Diffusion and electrolytic conduction crystals (ionic semiconductors). J. Chem. Phys. **1**, 466—475 (1933).

KIESSLING, G.: Über das magnetische Verhalten ferromagnetischer Stoffe bei Ausschaltvorgängen. Ann. d. Physik **22**, 402—420 (1935).

KINDLER, H., u. A. THOMA: Über magnetische Nachwirkung. Arch. Elektrotechn. **30**, 514—527 (1936).

KLEIN, M. V.: [1] A possible magnetic after-effect caused by diffusion of axially symmetric point defects. Phys. stat. sol. **2**, 881—903 (1962).

—, and H. KRONMÜLLER: [2] Contribution of divacancies to the magnetic after-effect in Ni. J. Appl. Physics **33**, 2191—2197 (1962).

KLEMENČIČ, I.: Über magnetische Nachwirkung. Wied. Ann. **62**, 68—84 (1897).

KNELLER, E.: Ferromagnetismus. Berlin-Göttingen-Heidelberg: Springer-Verlag 1962.

KÖSTER, E., and H. KRONMÜLLER: Investigation of rotational magnetization processes in Ni. Phys. Lett. **20**, 476—477 (1966).

KRÖNER, E.: Kontinuumstheorie der Versetzungen und Eigenspannungen. Berlin-Göttingen-Heidelberg: Springer-Verlag 1958.

KRONMÜLLER, H.: [1] Mikromagnetische Theorie der Anfangssuszeptibilität und ihre Anwendung auf magnetische einachsige Einkristalle. Z. angew. Physik **15**, 197—200 (1963).

— [2] Theorie der plastischen Verformung. In: Moderne Probleme der Metallphysik, Bd. I, S. 126—191, herausgeg. von A. Seeger, Berlin-Heidelberg-New York: Springer-Verlag 1965.

— [3] Mikromagnetische Grundlagen, Einmündung in die ferromagnetische Sättigung und Nachwirkungseffekte. In: Moderne Probleme der Metallphysik, Bd. II, S. 24—156, herausgeg. von A. Seeger. Berlin-Heidelberg-New York: Springer-Verlag 1966.

—, H.-E. Schaefer u. H. Rieger: [4] Die magnetische Relaxation von Hantel-ZG-Atomen in elektronenbestrahltem Nickel. Phys. stat. sol. 9, 863—872 (1965).

—, A. Seeger u. P. Schiller: [5] Ferromagnetische Desakkommodation durch Zwischengitteratome in neutronenbestrahltem Nickel. Z. Naturforschg. 15a, 740—741 (1960).

—, H. Träuble, A. Seeger und O. Boser: [6] Theorie der Anfangssuszeptibilität und der Magnetisierungskurve von hexagonalen Kobalt-Einkristallen. Mat. Sci. and Eng. 1, 91—109 (1966).

Kühlewein, H.: Einige Versuche über die magnetische Nachwirkung. Phys. Zeitschrift 32, 472—480 (1931).

Lawton, H., and K. H. Stewart: Magnetization curves for ferromagnetic single crystals. Proc. Roy. Soc. (London) A 193, 72—88 (1948).

Lidiard, A. B.: The influence of solutes on self-diffusion in metals. Phil. Mag. 5, 1171—1180 (1960).

Liliboutry, L.: [1] Quelques lois relatives au trainage magnétique. C. R. Acad. Sci. (Paris) 230, 1042—1044 (1950).

— [2] L'aimantation des aciers dans les champs magnétiques faibles: effets du temps, des tensions, des chocs, des champs magnétiques transversaux. Ann. de Phys. (Paris) 6, 731—829 (1951).

Lilley, B. A.: Energies and widths of domain boundaries in ferromagnetics. Phil. Mag. 41, 792—813 (1950).

Mager, A.: Über die Wirkung von Fremdstoffen in weichmagnetischen Metallen und Legierungen. Z. angew. Physik 14, 230—237 (1962).

Martens, F. F.: Die magnetische Induction horizontaler, im Erdfelde rotierender Scheiben. Wied. Ann. 60, 61—81 (1897).

Meechan, C. J., A. Sosin and J., A. Brinkman: Thermally activated point defect migration in copper. Phys. Rev. 120, 411—419 (1960).

Mehrer, H., H. Kronmüller u. A. Seeger: Die Erholung von Ni oberhalb der Raumtemperatur. Phys. stat. sol. 10, 725—738 (1965).

Morkowski, J.: On desakkommodation effect in nickel. Acta Phys. polon. 18, 75—79 (1959).

Moser, P.: [1] Étude au moyen du trainage magnétique de diffusion des défauts crées par irradiation dans le fer. Thesis, Grenoble 1965.

—, D. Dautreppe et P. Brissonneau: [2] Trainage magnétique de diffusion dans le fer pur irradié aux neutrons. C. R. Acad. Sci. 250, 3963—3965 (1960).

Néel, L.: [1] Les lois de l'aimantation et de la subdivision en domaines élémentaires d'un monocristal de fer. J. Phys. Rad. 5, 241—276 (1944).

— [2] Influence des fluctuations thermiques sur l'aimantation des substances ferromagnétiques massives. C. R. Acad. Sci. Paris 228, 1210—1212 (1949).

— [3] Théorie du trainage magnétique des substances massives dans le domaine de Rayleigh. J. Phys. Rad. 11, 49—61 (1950).

— [4] Influence de la subdivision en domaines élémentaires sur la perméabilité en haute fréquence des corps ferromagnétiques conducteurs. Ann. Inst. Fourier 3, 301 (1951).

— [5] Le trainage magnétique. J. Phys. Rad. 12, 339—351 (1951).

— [6] Théorie du trainage magnétique de diffusion. J. Phys. Rad. 13, 249—264 (1952).

— [7] L'anisotropie superficielle des substances ferromagnétiques. C. R. Acad. Sci. (Paris) 237, 1468—1470 (1953).

— [8] Les surstructures d'orientation. C. R. Acad. Sci. (Paris) **237**, 1613—1616 (1953).

— [9] Surstructure d'orientation dues aux déformation mécaniques. C. R. Acad. Sci. (Paris) **238**, 305—308 (1954).

— [10] Anisotropie magnétique superficielle et surstructures d'orientation. J. Phys. Rad. **15**, 225—239 (1954).

— [11] Die magnetische Untersuchung und die Bedeutung von Punktfehlern die durch Strahlung in einem ferromagnetischen Metall erzeugt werden. Z. angew. Phys. **17**, 113—120 (1964).

NEUMANN, F. E.: Vorlesungen über mathematische Physik, Elastizität, herausgeg. von O. E. Meyer, Leipzig: Teubner 1885; Beiträge zur Kristallonomie. Berlin und Posen 1823 (zitiert nach M. v. Laue: Röntgenstrahlinterferenzen, 2. Auflage. Akademische Verlagsges. Geest und Portig K.-G: Leipzig 1948).

NOWICK, A. S., and W. R. HELLER: [1] Anelasticity and stress-induced ordering of point defects in crystals. Advances in Physics **12**, 251—298 (1963).

— — [2] Dielectric and anelastic relaxation of crystals containing point defects. Advances in Physics **14**, 101—166 (1965).

NYE, J. F.: Physical properties of crystals. London: Oxford Press 1957.

PEACH, M., and J. S. KOEHLER: Forces exerted on dislocations and the stress fields produced by them. Phys. Rev. **80**, 436—439 (1950).

PENDER, H., and R. L. JONES: The annealing of steel in an alternating magnetic field. Phys. Rev. **1**, 259—273 (1913).

PERETTO, P.: [1] Les défauts ponctuels dans le nickel. Thèse, Université de Grenoble 1967.

—, P. MOSER et D. DAUTREPPE: [2] Trainage magnétique de diffusion dans le nickel pur irradié aux neutrons à 28°K. C. R. Acad. Sci. **258**, 499—501 (1964).

— — [3] Étude et essai d'interprétation du stade III de recuit dans le nickel. Phys. stat. sol. **13**, 325—330 (1966).

—, J. L. ODDOU, C. MINIER-CASSAYRE, D. DAUTREPPE et P. MOSER: [4] Etude et interprétation du stade I dans le nickel irradié aux électrons à 20°K. Phys. stat. sol. **16**, 281—287 (1966).

PREISACH, F.: Über die magnetische Nachwirkung. Z. f. Physik **94**, 277—302 (1935).

RATHENAU, G.: Time effects in magnetization. In: Magnetic properties of metals and alloys, herausgeg. von der American Soc. for Metals. Cleveland, Ohio, pp. 168—199, 1959.

RAYLEIGH, LORD: On the behaviour of iron and steel under the operation of feeble magnetic forces. Phil. Mag. **23**, 225—245 (1887).

RICHTER, G.: [1] Über die magnetische Nachwirkung am Carbonyleisen. Ann. d. Physik **29**, 605—635 (1937).

— [2] Über die mechanische und magnetische Nachwirkung des Carbonyleisens. Ann. d. Physik **32**, 683—700 (1938).

— [3] Über magnetische und mechanische Nachwirkung. In: Probleme der technischen Magnetisierungskurve, S. 93—113, herausgegeb. von R. Becker, Berlin: Springer-Verlag 1938.

RIEDER, G.: [1] Plastische Verformung und Magnetostriktion. Z. angew. Physik **9**, 187—202 (1957).

— [2] Zum Einfluß der Magnetostriktion auf Energie und Dicke Blochscher Wände. Z. Naturf. **14a**, 96—97 (1959).

— [3] Eigenspannungen in unendlich geschichteten und elastisch anisotropen Medien, insbesondere in Weissschen Bezirken und in geschichteten Platten. Abhandl. der Braunschweigischen wissensch. Ges. **11**, 20—61 (1959).

RIEGER, H.: Eine magnetische Nachwirkung bei neutronenbestrahlten Nickel-Einkristallen, Z. Metallkde. **54**, 229—239 (1963).

SCHAEFER, H.-E.: Diplomarbeit, T. H. Stuttgart, unveröffentlicht.

SCHOLZ, A.: [1] Bildungsenergie für eine Leerstelle im Germanium und dazugehörige Gitterverzerrung. Phys. stat. sol. **3**, 42—51 (1963).

—, u. A. Seeger: [2] Verzerrungsfeld und mechanische Relaxation von Leerstellen in Germanium. Phys. stat. sol. **3**, 1480—1490 (1963).

— — [3] Vacancies and divacancies in diamond-structure valence crystals. In: Effect des Rayonnements sur les Semiconducteurs, S. 315—322. Dunod Paris: Rayaumont 1964.

Schottky, G.: [1] Theoretische Untersuchungen über Leerstellenkomplexe in Edelmetallen. Z. Physik **159**, 584—601 (1960).

— [2] Zur Deutung der Abschreckexperimente an Gold. Z. Physik **160**, 16—32 (1960).

—, A. Seeger u. G. Schmid: [3] Bildungsentropie und andere Eigenschaften von Fehlstellen in Metallen. Phys. stat. sol. **4**, 439—451 (1964).

— — [4] Wanderungsenergien und Aktivierungsvolumina von Leerstellen in Edelmetallen. Phys. stat. sol. **4**, 419—438 (1964).

Schreiber, F.: Hysterese-Relaxation und Permeabilität von kohlenstoffhaltigem Si-Fe. Z. angew. Physik **8**, 539—551 (1956).

Schulze, H.: Versuche zur magnetischen Nachwirkung bei Wechselstrom. In: Probleme der technischen Magnetisierungskurve, herausgeg. von R. Becker, S. 114—128. Berlin: Springer-Verlag 1938.

Schumacher, D., W. Schüle u. A. Seeger: Untersuchungen atomarer Fehlstellen in verformtem und abgeschrecktem Nickel. Z. Naturforschg. **17a**, 228—235 (1962).

Seeger, A.: [1] Elektronentheoretische Untersuchungen über Fehlstellen in Metallen. Z. Physik **144**, 637—647 (1956).

— [2] On the Theory of Radiation Damage and Radiation Hardening. In: Proc. 2nd Intern. Conf. Peaceful Uses Atomic Energy, Genf, Bd. 6, S. 250—273, New York: United Nations 1958.

— [3] Kristallplastizität. In: Handbuch der Physik, Bd. 7/2, S. 1—210. Berlin: Springer-Verlag 1958.

— [4] unveröffentlicht.

— [5] Theorie der Gitterfehlstellen, In: Handbuch der Physik, Bd. VII/1, S. 383—665. Berlin-Göttingen-Heidelberg: Springer-Verlag 1955.

— [6] The Nature of Radiation Damage in Metals. In: symposium on radiation damage in solids and reactor materials, pp. 101—127, Venedig, Vol. I. Wien: Intern. Atomic Energie Agency 1962.

— [7] The interpretation of quenching experiments and the binding energy of di-vacancies in silver. Phys. Lett. **9**, 311—313 (1964).

—, V. Gerold, K. P. Chik and M. Rühle: [8] Migration energy and binding energy of di-vacancies in copper. Phys. Lett. **5**, 107—109 (1963).

— — u. M. Rühle: [9] Nachweis von dreidimensionalen Leerstellenagglomeraten in abgeschreckten Cu-Einkristallen mit Hilfe der Kleinwinkelstreuung von Röntgenstrahlen. Z. Metallkde. **54**, 493—504 (1963).

—, H. Kronmüller, P. Schiller and H. Jäger: [10] The ferromagnetic after-effect in irradiated nickel and its application to the study of point defects in F. C. C. Metals. In: Radiation Damage in Solids (Scuola Intern. di Fisica E. Fermi XVIII Corso), pp. 809—818. New York-London: Academic Press 1962.

— — u. H. Rieger: [11] Untersuchung von Fehlstellen in ferromagnetischen Kristallen mit magnetischen Verfahren. Z. angew. Physik **18**, 377—395 (1965).

— —, H.-E. Schaefer and F.-J. Wagner: [12] The mechanical and magnetic relaxation effects due to dumb bell interstitials in f. c. c. metals. Phys. Letters **16**, 110—111 (1965).

—, E. Mann and R. v. Jan: [13] Zwischengitteratome in k. f. z.-Metallen, insbesondere in Kupfer. J. Phys. Chem. Solids **23**, 639—658 (1962).

—, P. Schiller and H. Kronmüller: [14] Observation of interstitial atoms in f. c. c. metals. Phil. Mag. **5**, 853—857 (1960).

—, and D. Schumacher: [15] Quenching effects in the noble metals and in nickel and Ni-Co alloys. In: Lattice defects in quenched metals, pp. 15—76. New York: Academic Press Inc. 1965.

—, u. F.-J. Wagner: [16] Die mechanische Relaxation von Hantel-Zwischengitteratomen. Phys. stat. sol. 9, 583—600 (1965).

—, F. Walz, and H. Kronmüller: [17] The spectrum of the magnetic after-effect in neutron-irradiated Ni single crystals. J. Appl. Phys. 38, 1312—1313 (1967).

Seitz, F.: On the generation of vacancies by moving dislocations. Advances in Physics 1, 43—90 (1952).

Shubnikov, A. V.: Symmetrie und Antisymmetrie endlicher Figuren (in russisch). Moskau 1951.

Simmons, R. O., J. S. Koehler and R. W. Balluffi: Present knowledge of point defects in irradiated f.c.c. metals. symposium on radiation damagne in solids and reactor materials, Venedig, Vol. I, pp. 155—204, Wien: Intern. Atomic Energy Agency 1962.

Simson, D., u. R. Sizmann: Reaktionskinetische Analyse der Erholung von kaltverformtem Ni im Temperaturbereich 0—300 °C. Z. Naturforschung 17a, 596—603 (1962).

Snoek, J. L.: [1] Time Effects in magnetization. Physica 5, 663—688 (1938).

— [2] Magnetic after effect and chemical constitution. Physica 6, 161—170 (1939).

— [3] Magnetic after effect and chemical constitution. Physica, 6, 591—592 (1939).

— [4] Magnetic after effects at higher inductions. Physica 6, 797—805 (1939).

— [5] Effect of small quantities of carbon and nitrogen on the elastic and plastic properties of iron. Physica 8, 711—733 (1941).

Sosin, A., and J. A. Brinkman: Electrical resistivity recovery in coldworked and electronical-irradiated Ni. Acta Met. 7, 478—494 (1959).

Stoll, H.: Die Jordansche Nachwirkung und die kleinsten erreichbaren Verlustfaktoren von Spulenkernen. Dissertation Stuttgart 1964.

Street, R., and J. C. Wolley: [1] A study of magnetic viscosity. Proc. Phys. Soc. (London), 62 A, 562 (1949).

— — [2] Time decrease of magnetic permeability in AlNiCo. Proc. Phys. Soc. (London) 63 B, 509—519 (1950).

— — and P. B. Smith: [3] Magnetic viscosity under discontinuously and continuously variable field conditions. Proc. Phys. Soc. (London) 65 B, 679—696 (1952).

Taniguchi, S.: [1] A theory of the uniaxial ferromagnetic anisotropy induced by magnetic annealing in cubic solid solutions. Sci. Rep. Res. Inst., Tohôku Univ. A 7, 269—281 (1955).

— [2] The effect of the induced uniaxial anisotropy on the domain wall displacements and magnetic behaviour of ferromagnetic cubic solid solutions. Sci. Rep. Res. Inst., Tohôku Univ., A 8, 173—192 (1956).

—, and M. Yamamoto: [3] A note on a theory of the uniaxial ferromagnetic anisotropy induced by cold work or by magnetic annealing in cubic solid solutions. Science Rep. Res. Inst., Tohôku Univ. A 6, 330—332 (1954).

Taoka, T.: [1] Magnetic after-effect in Ni_3 Mn-alloy. J. Phys. Soc. Japan 11, 537—547 (1956).

—, und T. Oktsuka: [2] The magnetic properties and their temperature dependence of ferromagnetic alloys with an order- disorder transformation. II. Ni_3Mn. J. Phys. Soc. Japan 9, 723—729 (1954).

Tobusch, H. Über elastische und magnetische Nachwirkung (Hysterese). Ann. d. Physik 26, 439—482 (1908).

Tomono, Y.: Magnetic after-effect of cold rolled iron. J. Phys. Soc. Japan 7, 174—182 (1952).

Träuble, H.: [1] Magnetisierungskurve und magnetische Hysterese ferromagnetischer Einkristalle. In: Moderne Probleme der Metallphysik, Bd. II, S. 157—475, herausgeg. von A. Seeger. Berlin-Heidelberg-New York: Springer-Verlag 1966.

—, O. Boser, H. Kronmüller u. A. Seeger: [2] Ferromagnetische Eigenschaften hexagonaler Kobalt-Einkristalle. Phys. stat. sol. 10, 283—302 (1965).

VOIGT, W.: Lehrbuch der Kristallphysik. Leipzig: Teubner (1910).

DE VRIES, G.: [1] The influence of interstitially dissolved carbon and nitrogen on the magnetic anisotropy of iron and on the mobility of Blochwalls. Physica **25**, 1211—1230 (1959).

—, P. W. VAN GEEST, R. VAN GERSDORF and G. W. RATHENAU: [2] Determination of the magnetic anisotropy energy caused by interstitial carbon or nitrogen in iron. Physica **25**, 1131—1138 (1959).

WACHTMAN Jr., J. B.: [1] Mechanical and electrical relaxation in ThO_2 containing CaO. Phys. Rev. **131**, 517—527 (1963).

—, and L. R. DOYLE: [2] Internal friction in rutile containing point defects. Phys. Rev. **135A**, 276—286 (1964).

—, and H. S. PEISER: [3] Symmetry conditions on jump rates occuring in relaxation times associated with point defect motion between equivalent general sites in crystals. J. Phys. Chem. Solids **27**, 975—982 (1966).

— — and E. P. LEVINE: [4] Symmetry splitting of equivalent sites in oxyd crystals and related mechanical effects. J. Res. Bur. Stand. **67A**, 281—289 (1963).

WAGNER, C., u. W. SCHOTTKY: Theorie der geordneten Mischphasen. Z. physik. Chem. **B 11**, 163—210 (1930).

WALKER, R. M.: Radiation damage in solids (Rendiconti della Scuola Internazionale di Fisica Enrico Fermi XVIII Corso). pp. 594—629. New York and London: Academic Press 1962.

WALZ, F.: Untersuchung der magnetischen Nachwirkung in Nickel nach Neutronenbestrahlung und plastischer Verformung. Dissertation, Universität Stuttgart (1968).

WEISS, P.: L'hypothese du champ moléculaire et les propriétées ferromagnétiques. J. Phys. **6**, 661—690 (1907).

WIECHERT, E.: Gesetze der elastischen Nachwirkung für konstante Temperatur. Wied. Ann. **50**, 546—570 (1893).

WILDE, H.: Die Vorteile der Gegeninduktivitätsmeßbrücke bei ferromagnetischen Messungen. Arch. el. Übertragung **6**, 354—360 (1952).

WOLMAN, W.: Der Frequenzgang des Wirbelstromeinflusses bei Übertragerblechen. Z. techn. Physik **10**, 595—598 (1929).

WUTTIG, M. und H. K. BIRNBAUM: Magnetic relaxation studies of low symmetry defects in quenched Ni. J. Phys. Chem. Solids **27**, 225—234 (1966).

WWEDENSKY, B.: [1] Über die Wirbelströme bei der spontanen Änderung der Magnetisierung. Ann. d. Physik **64**, 609—620 (1921).

— [2] Über die magnetische Viskosität in sehr dünnen Eisendrähten und ihre Abhängigkeit von der Magnetisierung und der Temperatur. Ann. d. Physik **66**, 110—129 (1921).

ZENER, C.: Elasticity and anelasticity of metals. Chicago: University of Chicago Press 1948.

ZWETAEV, A., R. K. TSCHUSCHKO u. N. GOLOVANOV: Kinetische Rekombination gepaarter Punktfehler von verformten Metallen. Phys. stat. sol. **4**, 299—309 (1964).

Namenverzeichnis

Adler, E. 113
Atorf, H. 5

Balluffi, R. W. 101
Balthesen, E. 10, 278, 279, 280, 282
Barbier, J. C. 8, 38
Barkhausen, H. 21
Barnier, Y. 27, 149
Becker, R. 7, 43, 44
Beller, M. 298, 299
Birnbaum, H. K. 281, 299
Birss, P. R. 85
Boll, R. 18
Boltzmann, L. 10
Bonjour, E. 273
Boser, O. 22, 27, 149
Bosman, A. J. 10, 16, 17, 39, 43, 65, 70, 71, 74, 148
Bozorth, R. M. 5, 7
Brinkman, J. A. 274, 284
Brissonneau, P. 7, 10, 11, 33, 35
Brommer, P. E. 10, 39
Brown, W. F. 6
van Bueren, H. G. 101

Chang, R. 164
Chik, K. P. 301
Chikazumi, S. 79
Clarebrough, L. M. 295
Courvoisier, P. 7, 38, 39

van Daal, H. J. 10, 39
Damask, A. C. 101, 271
Dautreppe, D. 10, 276, 278, 280, 281
Debye, P. 50
Dehlinger, U. 92
Dienes, G. J. 101, 271
Diehl, J. 101, 271, 273
Dietze, H.-D. 10, 19, 72, 174, 178, 180, 278
Döring, W. 7
Doyle, L. R. 164

Emde, F. 45
Ewing, J. A. 1, 5, 10

Fahlenbrach, H. 10
Feldtkeller, R. 7, 11, 16, 18, 50, 52
Frenkel, J. 102, 271
Friedel, J. 101, 271

van Geest, P. W. 65, 78
Gerold, V. 301
Gerstner, D. 79
van Gersdorf, R. 65, 78
Gibson, J. A. 80, 113
Gildemeister, M. 5
Goland, A. N. 80
Golovanov, N. 275
Gorski, W. S. 9

Hampe, W. 18, 43
Hargreaves, M. E. 295
Hasiguti, R. R. 272
Heller, W. R. 83
Helmholtz, H. v. 5
Hermann, P. C. 6
Hoffmann, G. 50
Holborn, L. 5

Isebeck, K. 10, 278, 279, 280, 282

Jäger, H. 10, 272, 284
Jahnke, E. 45
Jan, R. v. 10, 80, 92, 113
Johnson, R. A. 109, 119
Jones, R. L. 79
de Jong, M. 301, 302
Jordan, H. 5, 6, 9, 15, 46
Jost, W. 271

Kiessling, G. 5
Kindler, H. 7
Klein, M. V. 105, 108, 121, 168, 178, 179, 198, 230
Klemencic, F. I. 5

Kneller, E. 7, 11, 16, 18, 26, 79
Koehler, J. S. 101, 201, 301, 302
Köster, E. 22, 149, 207
Kolb, O. 7, 16, 18, 50
Kröner, E. 92
Kronmüller, H. 10, 11, 22, 27, 39, 94, 98, 121, 149, 168, 204, 207, 230, 272, 274, 277, 283, 284, 285, 286, 288, 291, 294, 297, 299, 304, 311
Kühlewein, H. 5

Lawton, H. 20, 22
Levine, E. P. 164
Lidiard, A. B. 122
Lilley, B. A. 98

Mager, A. 11
Mann, E. 10, 80, 92, 113
Martens, F. F. 5
Meechan, C. J. 274
Mehrer, H. 284, 294, 299, 311
Milgram, M. 80
Minier-Cassayre, C. 10, 276, 280, 281
Morkowski, J. 10
Moser, P. 10, 273, 276, 278, 280, 281
Néel, L. 6, 7, 8, 11, 14, 20, 22, 36, 37, 52, 68, 79, 210
Nowick, A. S. 83
Nye, J. F. 85

Oddou, J. L. 10, 276, 280, 281
Oktsuka, T. 7
Oomura, T. 79

Pauthenet, R. 27, 149
Peach, M. 201

Sachverzeichnis

Springer Tracts in Natural Philosophy